研　究　生　规　划　教　材

先进材料成形技术与理论

Advanced Processing Technologies and Theories of Materials

樊自田　王从军　熊建钢　王桂兰　张海鸥　编著
魏华胜　主审

·北京·

本书概述了材料的分类及其成形加工方法的选择、先进材料成形技术在先进制造技术中的作用、21世纪材料成形加工技术的发展趋势，重点介绍了以精密成形、复合成形、材料制备与成形一体化、数字化成形等技术为代表的新一代材料成形技术的原理及应用，其主要内容包括液态金属精密成形理论及应用、金属材料塑性精确成形工艺及理论、先进连接技术理论及应用、复合化成形加工方法及技术基础、粉末材料及其成形技术五部分。

本书主要用作材料加工工程、数字化材料成形、材料学等专业的研究生和高年级本科生教材，也可供从事材料科学与工程的科技工作者及相关专业的本科生、研究生学习参考。

图书在版编目（CIP）数据

先进材料成形技术与理论 / 樊白田主编. -- 北京 ：化学工业出版社，2006. 7（2024. 10 重印）. --（研究生规划教材）. -- ISBN 978-7-5025-8752-9

Ⅰ. TB3

中国国家版本馆 CIP 数据核字第 20248RM400 号

责任编辑：彭喜英　杨　菁　　　装帧设计：韩　飞

责任校对：李　林

出版发行：化学工业出版社（北京市东城区青年湖南街 13 号　邮政编码 100011）

印　　装：北京科印技术咨询服务有限公司数码印刷分部

787mm×1092mm　1/16　印张 17¼　字数 435 千字　2024 年 10 月北京第 1 版第 2 次印刷

购书咨询：010-64518888　　　售后服务：010-64518899

网　　址：http://www.cip.com.cn

凡购买本书，如有缺损质量问题，本社销售中心负责调换。

定　　价：49.00 元

前　言

“先进材料成形技术与理论”课程是研究生培养计划修订后（2004）设立的新课程，它是材料加工工程专业和材料数字化成形专业研究生的专业核心课程之一。它的前身为“精密塑性成形工艺及理论”、“液态金属精密成形理论及应用”、“先进材料连接技术”、“材料精确成形工艺及理论”。近十年来，这些课程为研究生选修课。

本课程的主要内容有材料的分类及其加工方法概述、液态金属精密成形理论及应用、金属材料塑性精确成形工艺及理论、先进连接技术理论及应用、复合化成形加工方法及技术基础、粉末材料及其成形技术。它将概述各种材料的分类及其成形加工方法的选择、先进材料成形技术在先进制造技术中的作用、21世纪材料成形加工技术的发展趋势，重点介绍了以精密成形、复合成形、材料制备与成形一体化、数字化成形等技术为代表的新一代材料成形技术的原理及应用。本课程作为“材料加工工程”及“材料数字化成形”专业的重要专业课程，将使研究生对材料加工的新技术与新理论有个全面的了解，引导研究生在大材料学科领域进行思考与分析，为从事材料加工工程及成形新技术的研究与开发奠定基础。

在实施的“机械大类”的本科生教学新型课程体系中，将“材料成形理论基础”、“材料成形工艺”、“材料成形装备及自动化”、“模具CAD/CAM”列为“材料成形及控制工程”专业的四门核心课程，它们构成了“材料成形及控制工程”专业的特色和必需。但在研究生的培养中，我国还未见出版相应的“材料加工工程”及“材料数字化成形”专业的特色教材。因此，本教材的编写与出版，将填补我国“材料加工工程”及“材料数字化成形”专业研究生培养中专业教材建设的空白，为培养新型高级专业人才做出贡献。

近年来，随着科学技术的快速发展，新材料、材料成形加工新技术不断出现。由于材料的种类繁多，其加工成形方法各异，本书不可能涉及所有材料成形新技术、新方法、新理论。它将重点介绍液态金属精密成形中的消失模精密铸造技术与理论、精密砂型铸造技术及应用、压力铸造技术及应用、半固态技术与理论、反重力铸造技术、熔模精密铸造技术、特殊凝固技术、金属零件数字化快速铸造等，金属材料塑性精确成形中的超塑性及超塑成形、复杂零件精密模锻及复杂管件的精密成形、板料精密成形、模具数字化制造技术等，金属先进连接成形技术中的激光焊接、电子束焊接、摩擦焊接技术、扩散连接技术、微连接技术等，材料复合成形技术中的连铸连轧技术、高能束熔积快速成形与铣削复合精密制造金属零件、复合能量场成形、新材料制备与成形一体化、汽车覆盖件模具的CAD/CAE/CAM及其并行工程等，粉末材料及其成形新技术，阐述材料加工中的共性与一体化技术。

全书共分6章，由华中科技大学的樊自田等五位教授编著，具体编写分工为：第1章、第2章、第6章，樊自田教授；第3章，王从军副教授；第4章，熊建钢副教授；第5章，王桂兰教授、张海鸥教授。全书由华中科技大学的魏华胜教授担任主审。

由于作者水平有限，加之涉及的内容繁多、时间较仓促，在内容的取舍、论述方面，难免有不妥之处，敬请读者批评指正。

本书由华中科技大学研究生教育发展基金支持出版。

编　者

2006.5.12　于武汉

目　录

第1章 材料及其成形加工方法概述

材料（materials）通常是指可以用来制造有用的物品、构件、器件等的物质。材料是人类生存和发展的基础，材料技术的发展是人类社会进步的基础。从石器时代到青铜器时代，再到铁器时代，人类社会每一次飞跃性的进步，都与材料技术的发展密切相关。

材料技术还没有确切的定义，它可理解为有关材料的制备、成形与加工、表征与评价、材料的使用和保护、经验和诀窍等。材料技术的种类很多，主要包括制备技术（如高分子材料合成、材料复合、粉体材料制备等），成形与加工技术（如液态成形、塑性加工、连接成形等），改质改性技术（如热处理、改性等），防护技术（如涂层和镀层处理等），评价表征技术（如力学性能试验、微观组织分析等），模拟仿真技术（如性能预报、过程仿真）等。本课程主要介绍先进的材料成形与加工技术。

日本学者町田辉史等将材料技术进步概括为5次革命（飞跃），其基本特征如表1-1。从表1-1中可以看出，材料技术的进步带来了人类社会发展的飞跃。公元1500年前后的材料合金化技术（第三次革命）和20世纪初期的材料合成技术的出现与发展，推动了近代和现代工业的快速发展，为人类现代文明做出了巨大的贡献。

表1-1 材料技术进步的5次革命（飞跃）及其特征

名　称	开始时间	时代特征	技术发展契机	对技术和产业的促进和带动作用举例
第一次革命	公元前4000年（中国:公元前2000年）	从漫长的石器时代进入青铜器时代	1. 铜的熔炼； 2. 铸造技术	1. 自然资源加工技术； 2. 器具、工具的发达； 3. 农业和畜牧业的发展
第二次革命	公元前1350～1400年(中国:公元前500～600年)	从青铜器时代进入铁器时代	1. 铁的规模冶炼； 2. 锻造技术	1. 低熔点合金的钎焊； 2. 武器的发达； 3. 铸铁技术、大规模铸铁产品； 4. 混凝土等
第三次革命	公元1500年	从铁器时代进入合金化时代	1. 高炉技术的发展和成熟； 2. 纯金属的精炼与合金化	1. 钢结构(军舰、铁桥)； 2. 蒸汽机、内燃机、机床； 3. 电镀、电解铝； 4. 不锈钢,铜、铝等有色合金等
第四次革命	20世纪初期	合成材料时代的到来	1. 酚醛树脂、尼龙等塑料合成技术； 2. 陶瓷材料合成制备技术	1. 结构材料轻质化； 2. 材料复合技术； 3. 航空航天技术迅速发展； 4. 陶瓷材料的发展与应用； 5. 人造金刚石； 6. 超导材料与技术； 7. 计算机技术和信息技术； 8. 新材料大量涌现和应用
第五次革命	20世纪末期	新材料设计与制备加工工艺时代的开始	1.“资源-材料-制品”界限的弱化与消失； 2. 性能设计与工艺设计的一体化要求	1. 生物工程； 2. 环境工程； 3. 可持续发展； 4. 太空时代

1.1 材料的分类及其成形加工方法概述

1.1.1 材料的分类

材料的分类多种多样，主要分类方法有如下几种。

1.1.1.1 根据化学组成和显微结构特点分类

根据化学组成和显微结构特点，材料可分类为金属材料（metal materials）、无机非金属材料（inorganic non-metallic materials）、有机高分子材料（polymeric materials）三大类，而不同的金属材料、无机非金属材料和有机高分子材料，又可互相组成不同的复合材料（composite materials or composites），如图 1-1 所示。

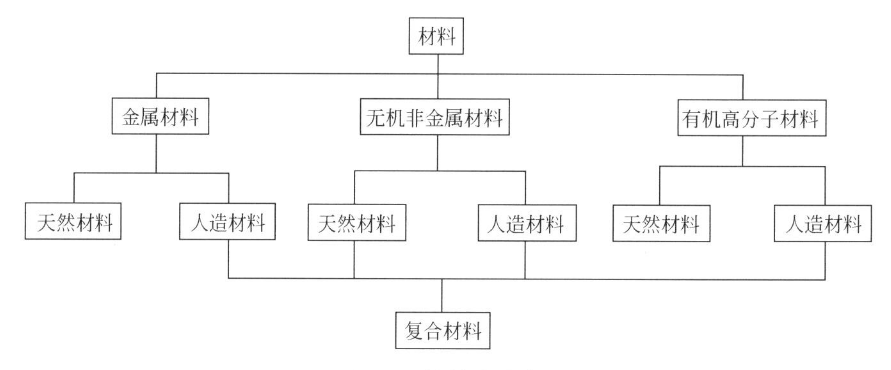

图 1-1 材料的分类

金属材料包括钢铁、铜合金、铝合金、镁合金等。有机高分子材料包括塑料、树脂、橡胶等。无机非金属材料几乎包括除金属材料、高分子材料以外的所有材料，主要有陶瓷，玻璃，胶凝材料（水泥、石灰和石膏等），混凝土，耐火材料，天然矿物材料等。

复合材料（GB 3961）是“由两个或两个以上独立的物理相，包括黏结材料（基体）和粒料、纤维或片状材料所组成的一种固体产物”。复合材料的组成分为两大部分：基体与增强材料。其中，基体是构成复合材料连续相的单一材料（玻璃钢中的树脂），增强材料是复合材料中不构成连续相的材料（玻璃钢中的玻璃纤维）。

复合材料根据其基体材料的不同，又可分为聚合物基复合材料（如树脂基复合材料）、金属基复合材料、无机非金属基复合材料（如陶瓷基复合材料）三种。在复合材料中，以树脂基复合材料用量最大，占所有复合材料用量的 90%；而在树脂基复合材料中，又以玻璃纤维增强塑料（“玻璃钢”）用量最大，占树脂基复合材料的 90%。

1.1.1.2 根据性能特征分类

根据性能特征的不同，材料可分类为结构材料（structure materials）、功能材料（function materials）。前者以力学性能为主要要求指标，用于制造以受力为主的构件；后者以物理、化学特性为主要要求，如导电性、耐热性、耐蚀性等，同时对力学性能也有一定的要求。

1.1.1.3 根据用途分类

根据用途的不同，材料可分类为建筑材料（building materials）、航空材料（aviation materials）、电子材料（electronic materials）、半导体材料（semiconductor materials）、能源材料（energy materials）、生物材料（biology materials）等。它通常表示该类材料使用较多

的应用领域，定义不够严谨。

1.1.1.4 根据状态分类

根据状态的不同，材料还可分类为固体材料（solid materials）、液体材料（liquid materials）、粉末材料（powder materials）等。这种分类，在讨论材料的成形加工方法中经常采用。例如，金属材料的液态铸造成形、固态塑性成形、粉末冶金成形等。

1.1.2 材料的成形方法分类及概述

1.1.2.1 根据化学组成和显微结构特点分类

根据化学组成和显微结构特点，材料的成形方法可分类为如下几种。

（1）金属材料的精确成形　它包括液态金属精确成形（铸）、金属材料塑性精确成形（锻）、金属材料的精确连接成形（焊）。热处理是一种相变，以改变材料的组织性能，不属于“成形”。金属材料的成形方法分类如图 1-2 所示。

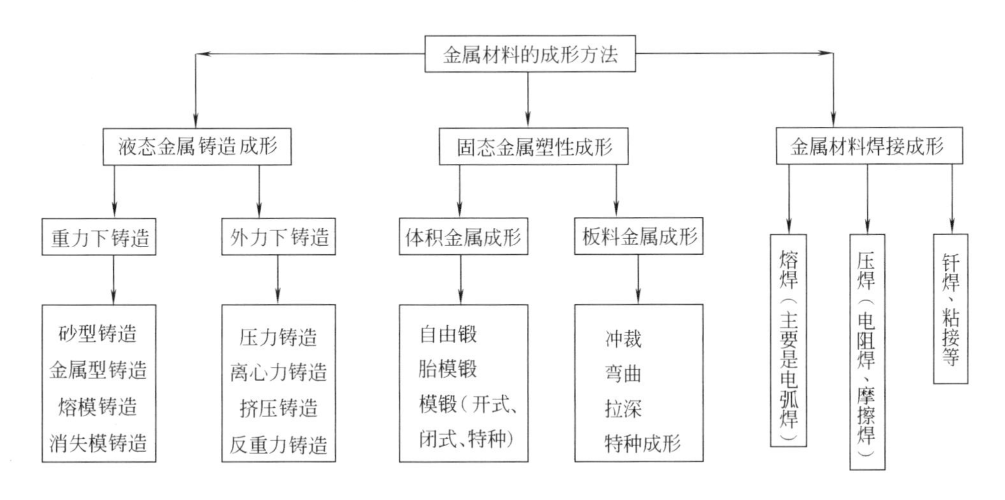

图 1-2　金属材料的精确成形

（2）无机非金属材料的精确成形　它包括陶瓷精确成形（塑性滚压成形法、注浆成形法、粉料压力成形法和特种成形法四种）、玻璃精确成形（吹制法、拉制法、压制法和吹-压制法四种）等。

（3）高分子材料的精确成形　它包括液态高分子材料精确成形（如环氧树脂的浇注成形等），固态高分子材料精确成形（如塑料的注射成形、挤出成形等）。高分子材料主要有塑料、橡胶，它们的成形方法可归纳如图 1-3 所示。

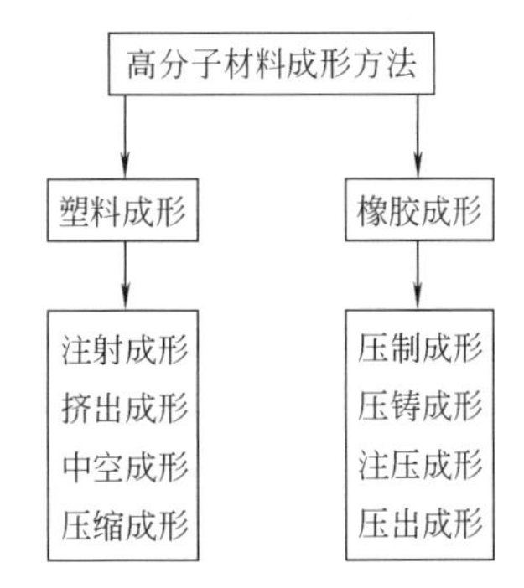

图 1-3　高分子材料成形方法

（4）复合材料的成形　主要指树脂基复合材料精确成形（如玻璃纤维增强塑料）等。

1.1.2.2 根据材料被加工成形时所处的状态分类

根据材料被加工成形时所处的状态，材料的成形方法可分类为液体材料成形（如液态金属成形的铸造、焊接），固体（板、块）材料成形（如固体金属塑性成形的锻压），半固态成形（如半固态金属的铸造或液态模锻成形等），粉末材料成形（如粉末材料的注射成形、喷射成形、粉末冶金成形等）。这在金属材料加工成形中是常用的分类方法。

1.2 材料加工成形的作用、特点及精确成形技术

1.2.1 作用

材料加工成形技术（materials processing technology）通常是指铸造、连接、塑性加工、粉末冶金等单元或复合技术的总称（热加工）。此外还有机械切削加工（冷加工），但机械加工通常也是上述材料加工成形的下一步工序（精加工）。

几乎所有的材料都要进行加工后才能使用，不经加工的材料直接利用很少。在汽车、农用机械、工程机械、动力机械、起重机械、石油化工机械、桥梁、冶金、机床、航空航天、兵器、仪器仪表、轻工家电等制造业中，材料成形加工技术起着极为重要的作用，它是这些行业中的铸件、锻件、钣金件、焊接件、塑料件和橡胶件等生产的主要加工成形技术与方法。

采用铸造方法可以生产各种类型和大小的金属零件。铸件的比例在机床、内燃机、重型机械中占70%～90%，在风机、压缩机中占60%～80%，在农业机械中占40%～70%，在汽车中占20%～30%。综合起来，铸件在一般机器生产中占总质量的40%～80%。

采用塑性成形方法，可以生产钢锻件、钢板冲压件、各类有色金属的锻件和板冲压件，还可生产塑料件与橡胶制品。各类塑性加工零件的比例，在汽车与摩托车行业中占70%～80%，在农业机械中约占50%，在航空航天飞行器中占50%～60%，在仪表和家用电器中约占90%，在工程与动力机械中占20%～40%。

焊接成形技术的应用也极为广泛，在钢铁、汽车和铁路车辆、船舶、航空航天飞行器、原子能反应堆及电站、石油化工设备、机床和工程机械、电子电器产品及家电等众多现代工业产品与桥梁、高层建筑、城市高架路或地铁、油和气远距离输送管道、高能粒子加速器等许多重大工程中，焊接或连接成形技术都占有十分重要的地位。

材料加工成形也是制造技术的一个重要领域，金属材料有70%以上需要经过铸、锻、焊成形加工才能获得所需零件，非金属材料也主要依靠成形才能加工成半成品或最终产品。一辆汽车有80%～90%的零件为各种成形加工方法所生产，例如，发动机的缸体、缸盖用铸造方法生产，曲轴、连杆采用模锻工艺生产，车门、顶棚采用冲压和焊接联合生产，方向盘、灯罩为注塑件，轮胎为橡胶压制件。

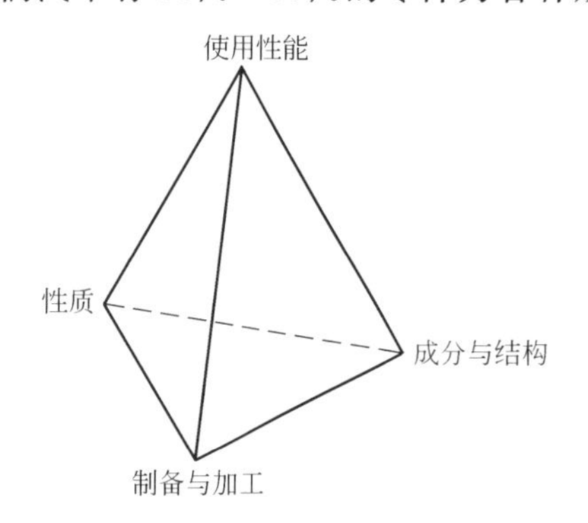

图1-4 材料科学与工程的四个基本要素

材料的成分与结构、材料的性质、材料的制备与加工、材料的使用性能，被认为是现代材料科学与工程的四个基本要素，它们之间的相互关系如图1-4所示。从图1-4中可以看出，材料的制备与加工对其他三要素都有直接的影响。先进的材料制备与加工技术，既对新材料的研究开发与实际应用具有决定性的作用，也可有效地改进和提高传统材料的使用性能，对传统材料的更新改造具有重要作用。关于材料的制备与加工技术的研究和开发，也是目前材料科学技术中最活跃的领域之一。

1.2.2 特点

与机械切削加工比较，材料成形加工有如下特点。

① 通常，材料在热态下通过模具或模型而成形。

② 材料利用率高。以生产锥齿轮为例，切削加工的材料利用率约为41%，采用铸造、锻造成形的材料利用率约为68%，采用精铸或精锻的材料利用率约为83%，材料利用率分别提高了27%和42%。通常零件越复杂，采用成形加工的材料利用率越高。

③ 劳动生产率高。可实现机械化、自动化生产。

④ 产品尺寸规格的一致性好。

⑤ 产品性能好。由成形产生的金属纤维具有连续性，其强度和疲劳寿命提高，而切削加工会破坏金属纤维的连续性，降低强度和疲劳寿命约20%。

⑥ 但通常成形加工零件的尺寸精度较切削加工低，表面粗糙度较切削加工高。

1.2.3 精确成形技术

精确成形技术是相对于原来的成形毛坯的概念而提出的。精确成形是指被形成的零件无需进行精加工而直接使用，“精确成形（net shape process）”有时又称为“近净成形（near net shape process）”或近精确成形。意思是目前完全不需精加工还很难达到，只能是接近达到。材料加工中精确成形技术的目标是实现少机械切削加工或无机械切削加工。因此，精确成形技术是材料加工（热加工与冷加工）的基础和发展的趋势。在国民经济发展中具有重要作用。

目前，精确成形包括塑料注射成形，压力铸造成形、精密熔模铸造、低压铸造、高紧实度砂型铸造，精密锻造，精密冲压，粉末冶金，精密连接等。

1.3 材料成形加工方法的选择及不同加工方法的精度比较

材料的成形加工方法很多，主要方法有铸造，压力加工（锻造、冲压），焊接，注塑、粉末冶金、挤压等。其选用的基本原则是“技术上可行、经济上合理”，具体为“形状精、性能好、用料少、能耗低、工装简、无公害”。

1.3.1 主要成形加工方法比较

各主要成形加工方法的比较见表1-2。

1.3.2 成形加工方法选用原则

零件毛坯或成品的成形方法，应根据零件的使用性能要求、生产批量、生产条件和经济合理性来选择。选择原则归纳如下。

① 零件的使用性能要求：包括力学性能、物理性能、化学性能；如锻件的力学性能更高。

② 材料的成形性：铸造性、塑性成形性、焊接性等；如低碳钢的塑性加工和焊接性较好。

③ 性能价格比：应选择“性价比”高的成形方法。

④ 生产条件：应尽量根据本企业的生产和设备条件，选择成形加工方法。

⑤ 生产批量：生产批量常常是毛坯成形工艺方案选择的主要依据，如模锻的批量大、自由锻批量小。

⑥ 经济合理性：不同的成形工艺方案，需要不同的装备、模具、生产条件等，各种方法均要进行技术经济分析，做到技术上先进、经济上合理。

1.3.3 典型零件毛坯的成形方法举例

机械零件按形状和用途不同，可分为饼盘类、轴杆类、机箱机架机座类、薄板类。

① 饼盘类：常用铸造、锻造成形，复杂的、力学性能要求低的用铸造成形，反之，常用锻造成形。

表 1-2 主要成形加工方法的比较

序号	比较内容	铸　造	塑性压力加工（锻造、冲压）	焊　接	注　塑
1	材料及其成形特点	液态金属成形	固态金属塑性成形	金属焊接成形	塑料注射成形
2	对原材料性能的要求	液态下的流动性好、凝固时的收缩率低	塑性好、变形抗力小	强度高、塑性好、液态下的化学稳定性好	塑料加热、加压时可塑性好
3	制品的材料种类	铸铁、铸钢、各类有色金属	中低碳钢、合金钢，有色金属薄板	低碳钢、低合金结构钢	热塑性塑料、热固性塑料
4	制品的组织特征	晶粒较粗、有疏松，杂质排列无方向性	晶粒细小、致密，杂质呈方向性排列	焊缝区为铸造组织，熔合、过热区晶粒较粗	对热塑性塑料产品，分子结构呈链状或树枝状；对热固性塑料产品，分子结构呈网状
5	制品的力学性能特征	铸铁件的力学性能较差，但减振、耐磨性好；铸钢件的力学性能好	力学性能优于相同成分的铸钢件	焊缝的力学性能可达到或接近母材金属	塑料件的力学性能较钢铁件的力学性能差
6	零件的结构特征	形状不受限制，可相当复杂	形状较铸件简单，冲压件的结构轻巧	尺寸、形状不受限制，结构轻便	结构轻巧，形状可相当复杂
7	材料利用率	高	低，但冲压件较高	较高	高
8	生产周期	长	长，但自由锻短	短	较短
9	生产成本	较低	较高，冲压件的批量越大，其成本越低	较高	低
10	主要适用范围	铸铁件用于受力不大及承压为主，或要求有减振、耐磨性能的零件；铸钢件用于承受重载且形状复杂的零件；有色金属铸件用于受力不大、要求质量轻的零件	锻件用于承受重载及动载的重要零件；冲压件用于以薄板成形的各种零件	主要用于制造各种金属构件（尤其是框架结构件），部分用于制造零件的毛坯及修复废旧零件	日用塑料制品、家用电器零件，轿车、飞行器零件，建筑装饰材料，包装与防护材料等

② 轴杆类：常用锻造、铸造成形，轴类多采用锻造成形，曲轴可采用球墨铸铁铸造成形。

③ 机箱机架机座类：常用铸造、焊接成形，机箱（齿轮箱）机座（电机座、机床座）常用铸造成形，机架可用焊接成形。

④ 薄板类：主要是板料冲压件和注射塑料件，复杂、大型薄板零件还可以采用焊接拼装而成。

1.4 从“夕阳工业”到“先进制造技术”

1.4.1 “先进制造技术”的缘起

人类发展到20世纪中叶以来，科学技术突飞猛进。以现代计算机技术、先进材料（高分子材料、陶瓷材料、复合材料）成形技术等为代表的高新技术出现后，传统的金属材料加工业（如钢铁工业等）或制造业遇到了极大的竞争和挑战，似乎穷途末路。那么，先进材料是否一定能取代传统的金属材料，而古老的制造业是否与高科技“绝缘”，传统的金属材料加工成形工业是否已是“夕阳工业”？不少以金属材料为主要对象的传统制造业的从业人员、管理者及相关的科技工作者，都想尽快寻找“传统制造业在高科技飞速发展的浪潮中何去何从?”问题的答案。可以从美国汽工业的兴衰中得到一些启示。

20 世纪 70～80 年代，美国由于片面地强调发展第三产业的重要性，而忽视制造业对国民经济健康发展的保障作用，逐步丧失了其制造业世界霸主的地位，美国汽车在国际市场上的竞争力日渐下降，日本、民主德国汽车工业快速崛起，引起了美国政府的震惊。为什么科技高度发达的美国却在汽车市场上缺乏竞争力呢？为此，克林顿政府组织以 MIT 为主的科学家们对美国近年来的科技成果进行评价，并对美国汽车工业竞争力下降的原因进行调查，由此提出了一系列先进制造技术（advanced manufacturing）的发展战略，以提高制造业的技术水准和产品的竞争能力。这些先进制造技术包括精节生产（lean production）、并行工程（concurrent engineering）、敏捷制造（agile manufacturing）、动态合智联盟（virtual organization）等。1994 年美国投资 14 亿美元研发先进制造技术，将发明创造和高新技术应用于传统的制造技术中，提高制造技术的知识含量和产品的竞争力。

1.4.2　先进制造技术的定义及发展趋势

先进制造技术通常是指制造业不断地吸收机械、电子、信息、材料、能源及现代管理等方面的成果，将其综合应用于制造业的全过程，实现优质、高效、低耗、清洁、灵活的生产，取得理想经济效果的制造技术的总称。概括地说，先进制造技术是现代高新技术与传统制造业相结合的一个系统工程。

除高科技作用外，制造技术还受市场需求的驱动。因此，先进制造技术是在科技发展和市场需求两个车轮的带动下逐渐形成和发展的。在市场需求不断变化的驱动下，制造业的生产规模沿着“小批量-少品种大批量-多品种变批量”的方向发展；在科技高速发展的推动下，制造业的资源配置沿着“劳动密集-设备密集-信息密集-知识密集”的方向发展。与之相适应，制造技术的生产方式沿着“手工-机械化-单机自动化-刚性流水自动化-柔性自动化-智能自动化”的方向发展。

近年来，先进制造技术的发展趋势可归纳为如下 5 个方面：

① 常规制造技术的优化；

② 新型（非常规）加工方法的发展；

③ 专业学科间的建设逐渐淡化、消失；

④ 工艺设计由经验走向定量分析；

⑤ 信息技术、管理技术与工艺技术紧密结合。

1.4.3　新一代材料加工成形技术在先进制造技术中的地位

先进的材料成形加工技术是先进制造技术的重要组成部分，它对国民经济的发展起着十分重要的作用。据统计，世界约 75%的钢材需要经过塑性加工，45%的钢材需要焊接成形。汽车工业是许多国家的支柱工业。据德国统计，2000 年汽车质量的 65%由钢材（约 45%）、铝合金（约 13%）、铸铁（约 7%）通过冲压、焊接、铸造成形。据日本统计，铸造铝合金年产量的约 75%、铸铁年产量的约 50%全部用于汽车制造及相关工业。这些数据表明，汽车工业的发展与材料加工成形技术的发展密切相关。因此，新一代材料加工成形技术是机械制造业的基础，在先进制造技术中具有重要的地位。

1.5 21世纪材料成形加工技术的发展趋势

1.5.1 精密成形

在20世纪90年代中期，国际生产技术协会及有关专家预测：到21世纪初，零件粗加工的75%，精加工的50%将采用精密成形工艺来实现。其总体发展趋势是由近成形（near net shape of productions）向净成形（net shape of productions）发展，即向精密成形方向发展。以轿车制造为例，其铸件、锻件生产工艺的发展趋势为以轻代重、以薄代厚、少（无）切削精密化、成线成套、高效自动化。

以精密成形为代表的新一代材料加工技术包括精密铸造成形、精密塑性成形、精密连接成形、激光精密加工、特种精密加工等。

1.5.2 材料制备与成形一体化

材料制备与成形一体化是指各个环节的关联越来越紧密，多个工序综合化（或短程化），如半固态成形技术、创形创质制造技术、喷射成形技术、激光快速成形、连续铸轧技术等。它可实现先进材料与零部件的高效、近净形、短流程成形，也是不锈钢、高温合金、钛合金、难熔金属及化合物、陶瓷、复合材料、梯度功能材料等材料的零部件制备成形的好方法。

1.5.3 复合成形

复合成形工艺有铸锻复合、铸焊复合、锻焊复合和不同塑性成形方法的复合等。如液态模锻、连续铸轧、冲压件的焊接成形等。

液态模锻为铸锻复合成形工艺，它是将一定量的液态金属注入金属模膛，然后施加机械静压力，使熔融或半熔融的金属在压力下结晶凝固，并产生少量塑性变形，从而获得所需制件。它综合了铸、锻两种工艺的优点，尤其适合于锰、锌、铜、镁等有色金属合金零件的成形加工，近年来发展迅速。

随着连续铸造（简称“连铸”）技术的进一步发展，出现了连铸坯热送热装、直接轧制的“连铸连轧”技术，使得连铸和轧制这两个原先独立存在的工艺过程紧密地衔接在一起，金属材料在连铸、凝固的同时伴随着轧制过程。而“连续铸轧”技术是直接将金属熔体“轧制”成半成品带坯或成品带材的工艺，其显著特点是其结晶器为两个带水冷却系统的旋转铸轧辊，熔体在轧辊缝间完成凝固和热轧两个过程，而且在很短的时间内（2～3s）完成。“连续铸轧”不同于“连铸连轧”，后者实质上将薄锭坯铸造与热轧连续进行（即金属熔体在连铸机结晶器中凝固成厚为50～90mm的坯料后，再在后续的连轧机上连续轧成板材），其铸造和轧制是两道独立的工序。“连续铸轧”具有“一步”成形的特点，其投资省、成本低、流程短，广泛用于有色合金，特别是铝带的生产上。

冲压件的焊接成形是板料冲压与焊接复合成形工艺，即先采用冲压方法获得所需制件，再通过焊接方法得到所需整体构件，这在载货汽车的车身和轿车覆盖件的生产中应用广泛。同样，还有铸焊、铸锻复合成形工艺，它们主要用于一些大型机架或构件的成形。

1.5.4 数字化成形

计算机及其应用技术的发展，对材料加工成形技术的进步起到了重要的促进作用。材料的数字化成形已开始被人们所接受，其具体表现为加工前形成过程的模拟仿真和组织预测，加工过程中材料成形的数字化控制，加工后产品质量的自动检测（X射线检测、磁粉探伤等）等。数字化成形的最终目标是优化成形加工方法和工艺，实现对制备、成形与加工全过程的精确设计与精确控制，对制品零件的内在质量实施自动检测。

1.5.5 材料成形自动化

自动化是一种把复杂的机械、电子和以计算机为基础的系统应用于生产操作和控制中，使生产在较少的人工操作与干预下自动进行的技术。实现材料成形加工过程的自动化，可以大大提高劳动生产率，降低工人的劳动强度，避免生产中的人为因素影响（如疲劳、情绪影响等），保障产品的质量与精度，大大降低原材料的消耗。因此，自动化是高质量、快速生产的前提，也是人类现代化的主要标志。

1.5.6 绿色清洁生产

材料成形加工行业一直是劳动环境较恶劣的行业，也是对环境污染较大的行业之一。改善操作环境，实现绿色清洁生产应是21世纪材料加工成形行业的奋斗目标。随着人们环境保护意识的不断加强，环保和清洁生产工艺与装备大量采用。除尘设备、降噪设备的使用使得工人的操作环境及劳动条件大为改善；生产废料（废渣、废气、废水等）的再生回用（或无害处理）大大减少了生产资源浪费和对环境的污染，符合绿色可持续发展的时代要求。采用绿色材料与绿色成形工艺，可优化工厂环境、实现无工业污染物排放。

参 考 文 献

1 材料科学技术百科全书编辑委员会．材料科学技术百科全书．北京：中国大百科全书出版社，1995

2 谢建新等．材料加工新技术与新工艺．北京：冶金工业出版社，2004

3 町田辉史、木村南、森敏彦ほか．接合·复合21世纪への展望．塑性と加工，1994，35（400）：549～553

4 蔡建国．可持续发展战略与现代制造工业．机电一体化，1998（1）：6～9

5 杨家宽，樊自田，黄乃瑜．从“夕阳工业”到“先进制造技术”．自然辩证法研究，1998（4）：59～62

6 柳百成．21世纪的材料成形加工技术．航空制造技术，2003（6）：17～21

7 夏巨谌．材料成形工艺．北京：机械工业出版社，2005

第2章 液态金属精密成形技术与理论

以精密成形（precision forming）和近净成形（near net shaping）为代表的新一代液态金属成形技术，主要包括消失模铸造技术、高密度黏土砂造型技术、压力铸造技术、化学黏结剂砂技术、半固态铸造技术、反重力铸造技术、熔模精密铸造技术等，本章在介绍上述先进铸造技术与理论的基础上，还将介绍特殊凝固和金属零件的数字化快速铸造的技术原理及应用。

2.1 液态金属成形的范畴及概述

金属液态成形通常是指铸造成形，其分类方法如图2-1所示，通常分为砂型铸造、特种铸造两种，砂型铸造一般用石英砂制造型芯，而特种铸造很少采用（或基本不用）石英砂。消失模铸造，按其工艺特征介于砂型铸造与特种铸造之间，它既有砂型铸造的特点，又有特种铸造的特点。砂型铸造、特种铸造及消失模铸造的特点概述如下。

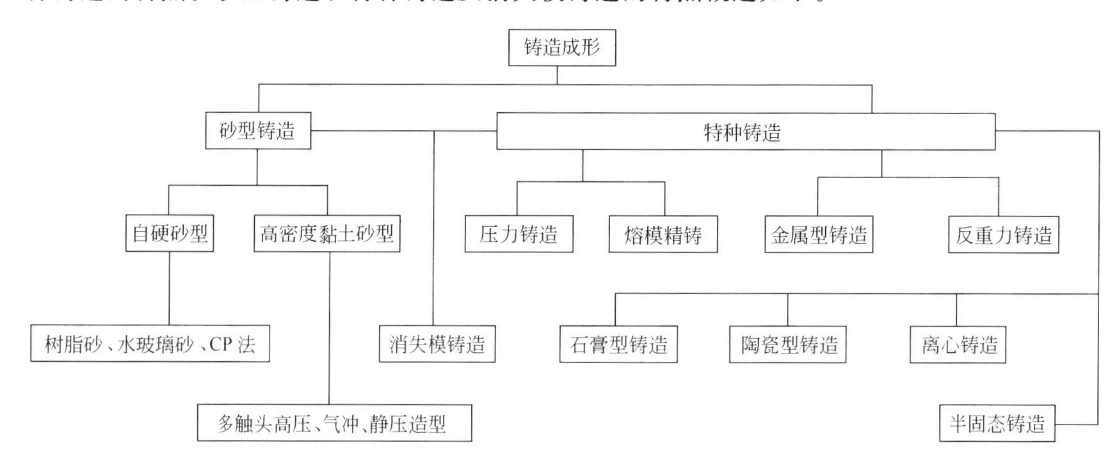

图2-1 精密铸造成形的分类方法

2.1.1 砂型铸造

砂型铸造是指以石英砂为原砂、以黏结剂作为黏结材料将原砂粘成铸型，根据所用黏结剂的不同，砂型又可分为黏土砂型、树脂砂型、水玻璃砂型三大类。在砂型铸造中，黏土砂型铸造历史悠久、成本低，普通黏土砂型铸造零件的尺寸精度较低，表面粗糙度较高，它广泛用于铸铁件、各类有色铸件、小型铸钢件，为了提高铸件的尺寸精度，降低表面粗糙度，20世纪中期以后，世界上先后出现了高密度黏土砂型和化学自硬砂型（树脂砂型、水玻璃砂型）。

高密度黏土砂型主要是采用机械和物理的方法，提高黏土砂型的紧实度，从而提高铸型的精度。化学黏结剂砂型（树脂砂型、水玻璃砂型），采用树脂及水玻璃等化学黏结剂，辅之以固化剂（树脂砂常用磺酸，水玻璃砂常用CO_2和有机酯等），调节砂型的硬化速度，形成强度和精度更高的砂型。

2.1.2 特种铸造

在铸造行业，砂型铸造以外的铸造方法，统称为特种铸造。特种铸造的种类很多，它通

表 2-1　常用铸造方法的特点比较

铸造方法分类		原理概述	特点比较	应用范围
砂型铸造	黏土砂型	以石英砂为原砂，以黏土作为黏结剂，辅之以煤粉、水等辅助材料，紧实成铸型	成本低、铸件清理容易，但铸件的尺寸精度和表面质量都不太高，高密度黏土砂型的铸件精度较高，质量较好	适用于各种金属、各类大小铸件的生产，通常用于铸铁件的生产
	水玻璃砂型	以石英砂为原砂，以水玻璃作为黏结剂、以 CO_2 和有机酯为固化剂，紧实硬化成铸型	铸型的强度和精度较高、旧砂的溃散性不太好，成本较低，工作环境友好	常用于铸钢件的大量生产
	树脂砂型	以石英砂为原砂，以树脂作为黏结剂，以对甲苯磺酸为固化剂，紧实硬化成铸型	铸型的强度和精度高、旧砂的溃散性好，成本较高，工作场地有气味	主要用于各类铸铁件的生产
特种铸造	熔模精密铸造	液态金属在重力作用下注入由蜡模熔失后形成的中空壳型，并在其中成形，又称为失蜡铸造	铸件的精度高、表面粗糙度低(少无加工)；但工序复杂、生产周期长，成本高	最适于 50kg 以下的高熔点、难加工的中小合金铸件的大量生产
	压力铸造	在高压作用下将液态或半固态金属快速压入金属压铸型内，在压力下凝固成形	生产率高，自动化程度高，铸件的精度和表面质量高；但设备投资大，压铸型的成本高、加工难度大，压铸件通常不能进行热处理	主要用于锌、铝、镁等合金的小型、薄壁、形状复杂件的大量生产
	离心铸造	将液态金属浇入高速旋转的铸型中，使其在离心力作用下填充铸型并凝固形成铸件	生产率和成品率高、便于生产“双金属”轴套，但铸件内孔的尺寸误差大、品质差，不适于密度偏差大的合金及铝镁合金	主要用于大量生产管类、套类铸件
	金属型铸造	液态金属在重力作用下注入金属铸型中成形的方法。金属可重复使用，又称为永久型铸造	工艺过程较砂型铸造简单，铸件的表面质量较好；但金属铸型的透气性差、无退让性、耐热性不太好	锡、锌、镁等，用灰铸铁做金属型；铝、铜等用合金铸铁或钢做金属型
	低压铸造	介于金属型与压力铸造之间的一种铸造方法，充型气压为0.02～0.07MPa	可弥补压力铸造的某些不足：浇注速度、压力便于调节，便于实现定向凝固，金属利用率高，铸件的表面质量高于金属型，设备投资较小；但生产率较低、升液管寿命较短	主要用于铝合金铸件的大量生产
	半固态铸造	在金属液凝固过程中，进行强烈的搅动，使普通铸造易于形成的树枝晶网络骨架被打碎而形成分散的颗粒状组织形态，从而制得半固态金属液，然后将其压铸成坯料或铸件，有触变铸造与流变铸造之分	与压力铸造成形相比，具有成形温度低、模具的寿命长、节约能源、铸件性能好、尺寸精度高等优点；它与传统的锻压技术相比，又有充型性能好、成本低、对模具的要求低、可制复杂零件等优点	目前工业应用的方法有铝合金的触变成形、镁合金的注射成形
消失模铸造		用泡沫模样代替木模等，用干砂或水玻璃砂等进行造型，无需起模，直接将高温液态金属浇注到型中的模样上，使模样燃烧汽化消失而成铸件	无需起模、无分型面、无型芯，铸件的尺寸精度和表面质量接近熔模精铸；铸件结构设计自由度大，工序较砂型铸造和熔模铸造简化	目前主要用于铸铁、铸钢、铸铝件生产，低碳钢的消失模铸造易产生增碳作用，镁合金的消失模铸造正在研究之中

常包括精密熔模铸造、压力铸造、金属型铸造、离心铸造、反重力铸造（低压铸造、压差铸造）等。特种铸造大多采用金属铸型，铸型的精度高、表面粗糙度低、透气性差、冷却速度快。因此，与砂型铸造比较，特种铸造的零件的尺寸精度更高，表面粗糙度更低，但制造成本也更高；特种铸造大多属于精密铸造的范畴。

2.1.3 消失模铸造

笔者认为，消失模铸造是介于砂型铸造与特种铸造之间的铸造方法，它采用无黏结剂的砂粒作为填充，又采用金属模具发泡成形泡沫塑料模样，浇注及生产过程与砂型铸造过程相似、其铸件的精度和表面质量又与特种铸造相似（属于精密铸造范围）。

一些常用铸造工艺方法的原理及特点比较，如表 2-1 所示。本章就几种先进的液态金属精确成形技术做一个介绍。

2.2 消失模精密铸造技术

2.2.1 消失模铸造的工艺过程及特点

消失模铸造（expendable pattern casting，EPC；或 lost foam casting，LFC），又称为汽化模铸造（evaporative foam casting，EFC）或实型铸造（full mold casting，FMC）。它是采用泡沫塑料模样代替普通模样紧实造型，造好铸型后不取出模样、直接浇入金属液，在高温金属液的作用下，泡沫塑料模样受热汽化、燃烧而消失，金属液取代原来泡沫塑料模样占据的空间位置，冷却凝固后即获得所需的铸件。消失模铸造浇注的工艺过程如图 2-2 所示。用于消失模铸造的泡沫模样材料又包括 EPS（聚苯乙烯）、EPMMA（聚甲基丙烯酸甲酯）、STMMA（共聚物，EPS 与 MMA 的共聚物）等，它们受热汽化产生的热解产物及其热解的速度有很大不同。泡沫模样的获得有两种方法：模具发泡成形、泡沫板材的加工成形。

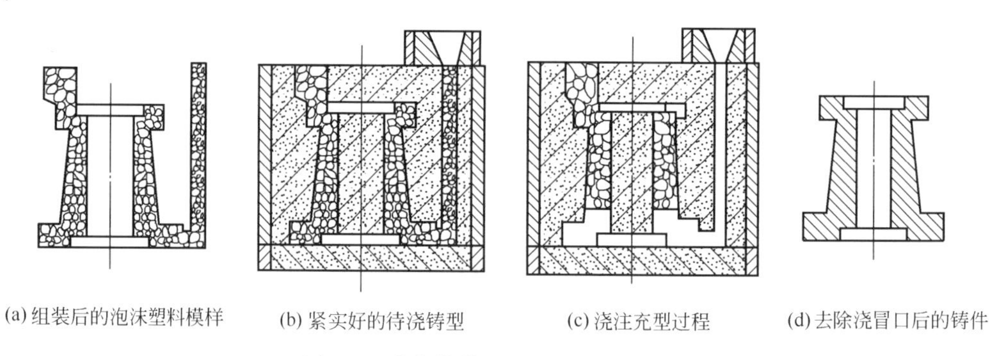

(a) 组装后的泡沫塑料模样　(b) 紧实好的待浇铸型　(c) 浇注充型过程　(d) 去除浇冒口后的铸件

图 2-2 消失模铸造浇注的工艺过程

整个消失模铸造过程包括：制造模样、模样组合（模片之间及其与浇注系统等的组合）、涂料及其干燥、填砂及紧实、浇注、取出铸件等工序。

与砂型铸造相比，消失模铸造方法具有如下主要特点。

① 铸件的尺寸精度高、表面粗糙度低。铸型紧实后不用起模、分型，没有铸造斜度和活块，取消了砂芯，因此避免普通砂型铸造时因起模、组芯、合箱等引起的铸件尺寸误差和错箱等缺陷，提高了铸件的尺寸精度；同时由于泡沫塑料模样的表面光洁、其粗糙度较低，故消失模铸造的铸件的表面粗糙度也较低。铸件的尺寸精度可达 CT5～6 级、表面粗糙度可达 6.3～12.5μm。

② 增大了铸件结构设计的自由度。在进行产品设计时，必须考虑铸件结构的合理性，

以利于起模、下芯、合箱等工艺操作及避免因铸件结构而引起的铸件缺陷。消失模铸造由于没有分型面，也不存在下芯、起模等问题，许多在普通砂型铸造中难以铸造的铸件结构在消失铸造中不存在任何困难，增大了铸件结构设计的自由度。

③ 简化了铸件生产工序，提高了劳动生产率，容易实现清洁生产。消失模铸造不用砂芯，省去了芯盒制造、芯砂配制、砂芯制造等工序，提高了劳动生产率；型砂不需要黏结剂，铸件落砂及砂处理系统简便；同时，劳动强度降低、劳动条件改善，容易实现清洁生产。消失模铸造与普通砂型铸造的工艺过程对比，如图 2-3 所示。

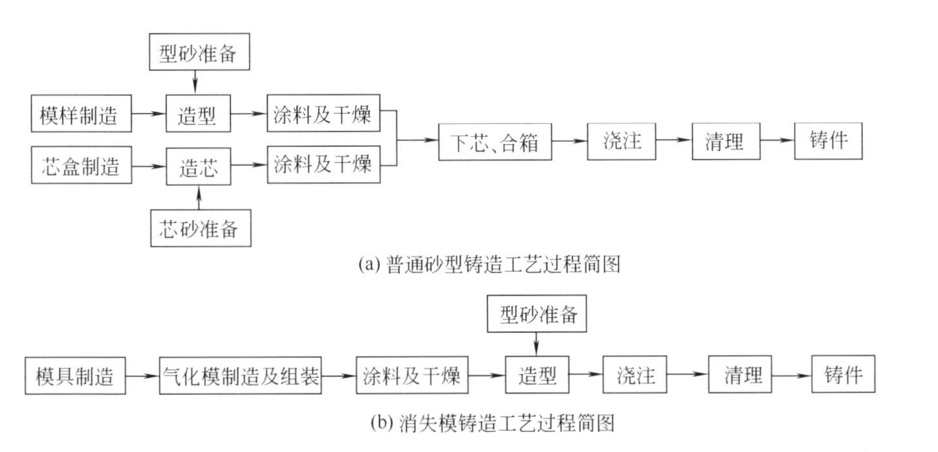

图 2-3　消失模铸造与普通砂型铸造的工艺过程比较

④ 减少了材料消耗，降低了铸件成本。消失模铸造采用无黏结剂干砂造型，可节省大量型砂黏结剂，旧砂可以全部回用。型砂紧实及旧砂处理设备简单，所需的设备也较少。因此，大量生产的机械化消失模铸造车间投资较少，铸件的生产成本较低。

总之，消失模铸造是一种近无余量的液态金属精确成形的技术，它被认为是“21 世纪的新型铸造技术”及“铸造中的绿色工程”，目前它已被广泛用于铸铁、铸钢、铸铝件的工业生产。近年来，随着消失模铸造中的关键技术不断取得突破，其应用的增长速度加快。用消失模铸造出的复杂的汽车发动机缸体铸件如图 2-4 所示。

图 2-4　六缸缸体消失模铸件及泡沫模样

2.2.2　消失模铸造成形理论基础

消失模铸造与其他铸造法的区别主要在于泡沫模样留在铸型内，泡沫模样在金属液的作用下于铸型中发生软化、熔融、汽化，产生“液相-气相-固相”的物理化学变化。由于泡沫模样的存在，也大大改变了金属液的填充过程及金属液与铸型的热交换。在金属液流动前沿，存在如下复杂的物理、化学反应，传热、传热现象：

① 在液态金属的前沿气隙中，存在着高温液态金属与涂料层、干砂、未汽化的泡沫模样之间的传导、对流和辐射等热量传递；

② 消失模铸造的热解产物（液态或气态）与金属液、涂料及干砂间存在着物理化学反

应，发生质量传递；

③ 由于气隙中气压升高以及模样热解吸热反应使金属液流动前沿温度不断降低，对金属液的流动产生动量传递。

正是由于金属液与泡沫模样汽化产物的相互作用使得普通砂型铸造过程原理不能解释消失模铸造过程的原理，消失模铸造缺陷也与砂型铸造的缺陷不同。

2.2.2.1 消失模铸造充型时气体间隙压力

消失模铸造浇注系统及液态金属流动前沿示意，见图 2-5。图 2-5(a) 为由泡沫模样组成的浇注系统及铸件示意，图 2-5(b) 为金属液流动前沿的“液相-气相-固相”关系示意。

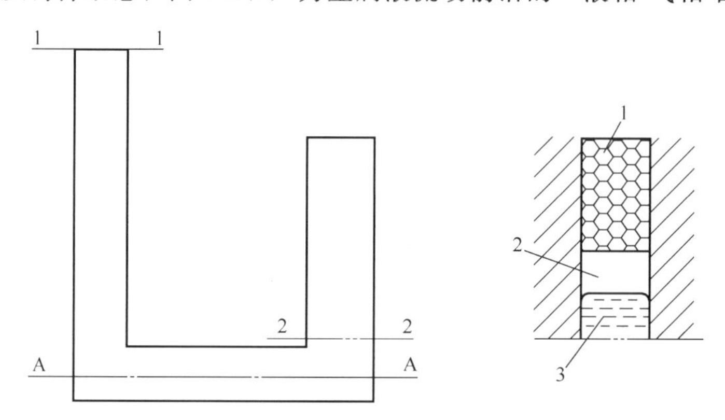

图 2-5 消失模铸造浇注系统及液态金属流动前沿示意图

准面 A—A；截面 1—1；截面 2—2；1—泡沫模样；2—气体间隙；3—液态金属

设浇注过程中流动是平稳的（即浇口杯中的液体高度不变，或静压头不变），此时图 2-5(a) 中的截面 1—1、截面 2—2 满足流体力学中的伯努利方程：

$$Z_1+\frac{p_1}{\gamma}+\frac{v_1^2}{2g}=Z_2+\frac{p_2}{\gamma}+\frac{v_2^2}{2g}+h_\xi \tag{2-1}$$

式中，Z_1、Z_2 为位置水头，m；p_1、p_2 为截面上的压力，Pa；v_1、v_2 为流经各截面的平均速度，m/s；γ 为金属液的重度，N/m^3；g 为重力加速度，m/s^2；h_ζ 为总阻力损失水头，m。

设基准面选在图 2-5 中的 A—A 线上，且为等截面流动，故 $Z_2=0$、$v_1=v_2$。令 $p_1=p_0$（大气压），代入式 (2-1) 得：

$$\frac{p_2-p_0}{\gamma}=\frac{\Delta p}{\gamma}=Z_1-h_\xi \tag{2-2}$$

如 $h_\xi=0$，即阻力损失不计，则

$$\Delta p=p_2-p_0\approx\gamma Z_1 \tag{2-3}$$

可以理解为：消失模铸造正常充型时，如忽略金属液流动的阻力，则液态金属与泡沫模样间的气隙压力近似等于液态金属在该处的静压。

而影响该气隙压力的因素应包括：液态金属的流动速度及流量、泡沫模样的密度及发气速度、涂层厚度及透气性、真空度大小、透气面积、浇注温度等。

2.2.2.2 消失模铸造的浇注温度

与空腔砂型铸造相比，消失模铸造需要汽化泡沫模样后充型，故通常需要更高浇注温度

Δt。设铸型的体积为 V（m^3），分解汽化 1kg 泡沫模样所需热量为 W（J/kg），铸型内的消失模汽化所需热量 Q 为：

$$Q=V\rho_1 W \tag{2-4}$$

在式（2-4）中，ρ_1 为泡沫模样的密度。

设液态金属的质量（含浇冒口）为：

$$M=V\rho_2$$

上式中的 ρ_2 为液态金属的密度，令液态金属的比热容为 C，液态金属浇注时应升高的温度为：

$$\Delta t=\frac{Q}{CM}=\frac{\rho_1 W}{\rho_2 C} \tag{2-5}$$

因此，在通常情况下，由于热解泡沫模样的热量损失，消失模铸造的浇注温度应比砂型铸造的浇注温度高 20～30℃（有的文献推荐高 30～50℃）。

2.2.2.3 消失模铸造的合理浇注速度

消失模铸造的合理浇注速度应该是能生产出合格铸件的浇注速度。从传质平衡角度看，汽化模汽化后的产物能顺利排出型腔才有可能生产出合格铸件，否则就会产生卷气等缺陷。即浇注时，液态金属注入型腔的体积（或流量），应等于泡沫模样受热汽化而退让的体积（或流量）。

为了简化理论推导过程，将图 2-5(b) 所示的“液相-气相-固相”传热看成是一维稳定换热，且令液态金属的温度不变，则导热问题由傅里叶导热定律得：

$$q_1=-\lambda\frac{dt}{d\delta}\approx\lambda\frac{T_1-T_2}{\delta} \tag{2-6}$$

式中，q_1 为热流能量，W/m^2；λ 为热导率，W/(m·℃)；δ 为气体间隙厚度，m；T_1 为液态金属的热力学温度，K；T_2 为泡沫模样的热力学温度，K。

其对流和辐射换热可用复合公式表达：

$$q_{Rc}=(\alpha_c+\alpha_R)(T_1-T_2) \tag{2-7}$$

式中，q_{Rc} 为对流和辐射复合换热的热流通量，W/m^2；α_c 为表面传热系数；α_R 为辐射传热系数，$W/(m^2 \cdot K)$。

而 $\alpha_R=C_{12}(T_1^4-T_2^4)\times10^{-8}/(T_1-T_2)$，$C_{12}$ 为液态金属对泡沫模样的相当辐射系数，$W/(m^2 \cdot K^4)$。

总的热流通量是热传导与对流辐射热流通量的和，即

$$q=\left(\frac{\lambda}{\delta}+\alpha_c+\alpha_R\right)(T_1-T_2) \tag{2-8}$$

所以，当 δ 变小，α_c、α_R 增大，q 变大；而当 T_1-T_2 增大时，q 快速变大。

又由式（2-4）知，汽化单位体积泡沫模样所需热量为 $W\rho_1$，则泡沫模样在浇注时为液态金属退让的速度 v_T 为

$$v_T=\frac{q}{\rho_1 W}=\frac{1}{\rho_1 W}\left(\frac{\lambda}{\delta}+\alpha_c+\alpha_R\right)(T_1-T_2) \tag{2-9}$$

单位时间泡沫模型退让的体积为

$$Q_v=\frac{A}{\rho_1 W}\left(\frac{\lambda}{\delta}+\alpha_c+\alpha_R\right)(T_1-T_2) \tag{2-10}$$

式中，A 为垂直于流动方向上泡沫模型的截面积，m^2。

故液态金属注入型腔的质量流量为

$$Q_m = \frac{A\rho_2}{\rho_1 W}\left(\frac{\lambda}{\delta}+\alpha_c+\alpha_R\right)(T_1-T_2) \tag{2-11}$$

充型时间为

$$\tau = M_z/Q_m \tag{2-12}$$

式中，M_z 为包括浇冒口系统在内的铸件总质量。

所以，在直浇道中液体下落的速度为

$$v_z = \frac{Q_v}{S_z} = \frac{A}{\rho_1 W S_z}\left(\frac{\lambda}{\delta}+\alpha_c+\alpha_R\right)(T_1-T_2) \tag{2-13}$$

式中，S_z 为直浇道的截面积，m^2。

如从气体向外排出的角度来考察，由图 2-5(b) 可知，间隙气体向外排出的体积流量为：

$$Q_v = \frac{p_j - p_0 + p_z}{R} = \frac{\Delta p + p_z}{R} \tag{2-14}$$

式中，p_j 为间隙气体的绝对压力值，Pa；p_0 为大气压力，Pa；p_z 为砂型中的真空度，Pa；R 为间隙周围涂料层的气阻，$N \cdot s/m^5$。

而气阻 R 可表示为

$$R = \frac{H}{FK \times \frac{5}{3} \times 10^{-8}} \tag{2-15}$$

式中，F 为与负压相通的气隙四周的面积，m^2，$F=\delta S$，S 为气隙的周长；K 为涂层高温状态的透气性，$cm^4/(g \cdot min)$；H 为涂层的厚度，m。

将式（2-15）代入式（2-14）得：

$$Q_v = \frac{(\Delta p + p_z)\delta SK \times \frac{5}{3} \times 10^{-8}}{H} \tag{2-16}$$

将式（2-3）代入式（2-16）得：

$$Q_v = \frac{(\gamma Z_1 + p_z)\delta SK \times \frac{5}{3} \times 10^{-8}}{H} \tag{2-17}$$

这一排出的气体体积是从铸型直浇道流入的液态金属，所代替的同体积的泡沫模样的发气量为 Q'_v，因 Q'_v 可表示为：

$$Q'_v = v_z S_z \rho_1 \frac{(t-416)}{680} \times \frac{p_0 T_m}{T_0 p_m} \tag{2-18}$$

式中，$v_z S_z \rho_1$ 为单位时间汽化的泡沫模样的质量，kg；$\frac{t-416}{680}$ 为单位质量 EPS 发出的标准态气体体积，m^3；t 为浇注温度，℃；p_0 为标准状态下的大气压力，Pa；T_0 为热力学温度，K；T_m 为间隙处的热力学温度，K；p_m 为间隙处的压力，Pa。

而 T_m 可近似成金属液的热力学温度（$T_m \approx t$）、$p_m \approx p_0 + \gamma h$（$\gamma$ 为液态金属的重度、$h = Z_1$ 为液态金属在气隙处的静压头）。因 $Q'_v = Q_v$，故由式（2-17）和式（2-18）得：

$$v_z S_z = \frac{(\gamma h + p_z)\delta SK \times \frac{5}{3} \times 10^{-8}}{H} \times \frac{680}{\rho_1(t-416)} \times \frac{T_0(p_0+\gamma h)}{p_0 t} \tag{2-19}$$

所以，由式（2-19）可知，合理的充型速度 $v_z S_z$ 随着静压头 h、真空度 p_z、气隙厚度 δ、气隙的周边长度 S、透气性 K 的增大而增大，随着涂层厚度 H、模样密度 ρ_1、液态金属的

浇注温度 t 的增大而减小，特别是静压头 h 与浇注温度 t 对它的影响最为显著（以平方形式进行）。

2.2.2.4　消失模铸造中铸型坍塌缺陷的形成机理

当模样四周散砂的紧实力不高或紧实力不均匀时，消失模铸造中的铸型易产生坍塌缺陷。为了避免坍塌，其受力 p_f 必须满足下列关系式：

$$p_f+p_2\geqslant(\rho gz+p_0-p_1)\times\frac{1-\sin\varphi}{1+\sin\varphi}+p_1 \qquad (2\text{-}20)$$

式中，p_0 为大气压，Pa；p_1 为砂箱内型砂中的气体压力，Pa，$p_1=p_0-p_z$，p_z 是真空度；p_2 为气隙内气体压力，Pa，$p_2\approx p_0+\gamma h$；g 为重力加速度，m/s^2；z 为型砂深度，m；φ 为型砂内摩擦角，一般小于 90°，故 $\frac{1-\sin\varphi}{1+\sin\varphi}\leqslant 1$；$\rho$ 为型砂密度，kg/m^3。

即

$$p_f+\gamma h\geqslant\rho gz\times\frac{1-\sin\varphi}{1+\sin\varphi}-2p_z\frac{\sin\varphi}{1+\sin\varphi} \qquad (2\text{-}21)$$

所以，坍塌缺陷与真空度 p_z、型砂深度 z、型砂内摩擦角 φ、型砂的紧实度 p_f 和密度 ρ、金属液的高度 h 等因素有关。

2.2.3　消失模铸造的充型特征及界面作用

2.2.3.1　消失模铸造的充型过程及裂解产物

消失模铸造通常采用散砂紧实，其工艺过程为加入一层底砂后，将覆有涂料的泡沫模样放入砂箱内，边加砂边振动紧实直至砂箱的顶部；然后用塑料薄膜覆盖砂箱上口，以确保铸型呈密封状态；再将浇口杯放置在直浇口上方，使铸型呈密封状态。为了防止浇注时溅出的金属液烫坏塑料薄膜而使铸型内的真空度下降，通常在密封薄膜的上面撒上一层干砂。浇注时，开启真空泵抽真空，使铸型紧实。

消失模铸造工艺的本质特征是在金属浇注成形过程中，留在铸型内的模样汽化分解，并与金属液发生置换。与金属液接触时，泡沫塑料模样总是依“变形收缩—软化—熔化—汽化—燃烧”的过程进行。在金属液与泡沫塑料模样之间存在着气相、液相，离液态金属越近、温度越高、气体分子质量越小。浇注时液体金属前沿的气体成分变化趋势，如图 2-6 所示。这些过程及变化与铸件的质量密切相关。

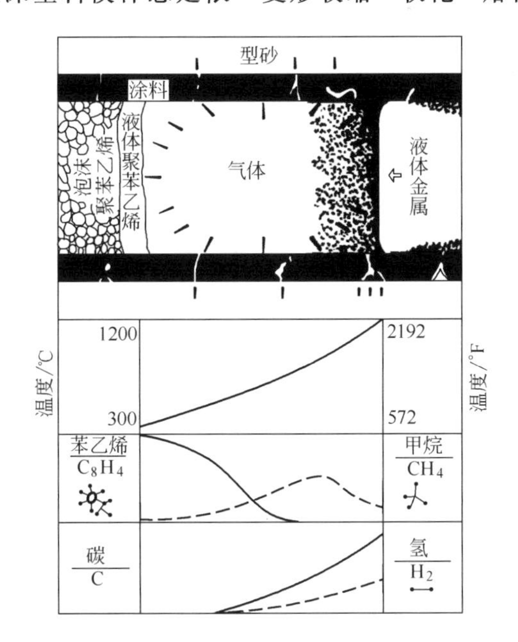

图 2-6　液态金属（铁合金）前沿的气体成分变化趋势示意图

由于不同金属的浇注温度相差很大，金属液流动前沿气隙中热解气体的成分也有较大的不同（表 2-2）。铝合金浇注温度低（750℃），泡沫模样的裂解程度小，以 EPS 泡沫模样材料为例，其热解产物中小分子气体产物的体积分数仅占 11.42%，发气量较小。而铸铁、铸钢的浇注温度较高，泡沫模样的裂解程度大，小分子气体产物的体积

表 2-2　不同合金浇注温度下 EPS 热解产物的含量　质量分数/%

合金及浇注温度	小分子气体产物	蒸气态产物				
		苯	甲苯	乙苯	苯乙烯	多聚体
铸铝(750℃)	11.42	6.57	10.38	0.78	69.31	1.42
铸铁(1350℃)	32.79	51.61	3.21	0.10	12.34	微量
铸钢(1600℃)	38.57	52.73	3.57	微量	5.13	微量

注：1. 微量代表质量分数小于 0.10%。

2. 小分子气体产物是指 CH_4、C_2H_4、C_2H_2 等。

分数分别为 32.79%、38.57%，发气量大。

通过透明的耐热石英玻璃浇注试验，观看到的铝合金与铁合金消失模铸造的充型前沿区别，如图 2-7 与图 2-8 所示。铝（或镁）合金液的流动前沿的气隙主要是液态的 EPS，它浸润渗透耐火涂层的过程成为铝液流动前沿控制的主要因素；而铸铁、铸钢浇注时金属液的流动前沿主要是高温气体产物，它能否顺利通过涂层是控制金属液充型流动的主要因素。

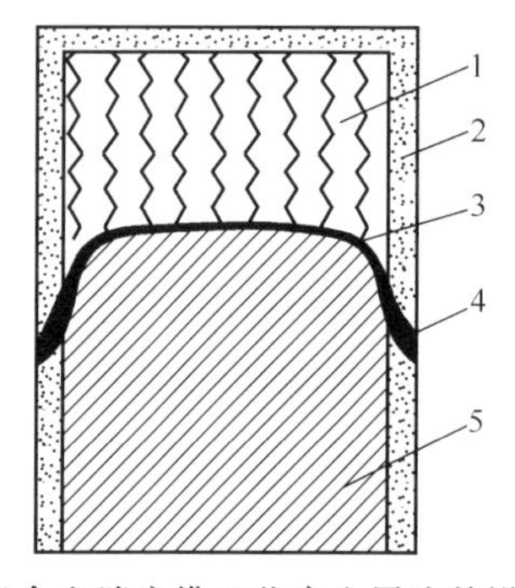

图 2-7　铝合金消失模工艺中金属液前沿流动情况

1—固态 EPS；2—涂层；3—液态 EPS；4—液态 EPS 浸润和渗透；5—金属液

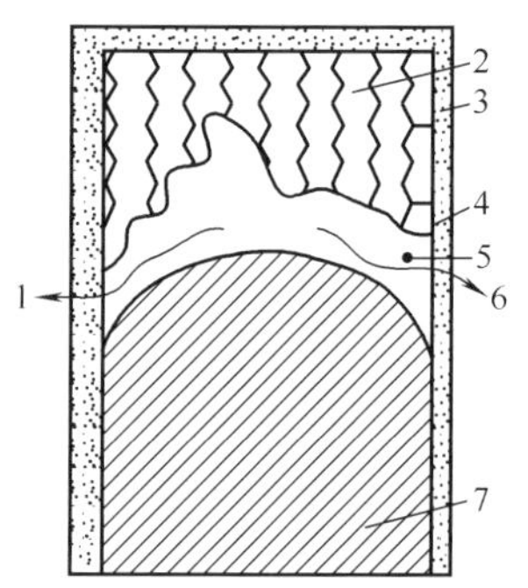

图 2-8　铁合金消失模工艺中金属液前沿流动情况

1，6—气体产物的扩散；2—固态 EPS；3—涂层；4—液态 EPS；5—气体间隙；7—金属液

试验研究表明，在浇注充型过程中，负压度的大小和涂料层的透气性对热解产物的排出有很大的影响。随着负压度和涂料透气性的增加，热解产物能够更快地排出型腔，热解产

表 2-3　不同温度下热解产物的含量　质量分数/%

温度/℃	气态产物							液态产物
	小分子气体产物	苯	甲苯	乙苯	苯乙烯	多聚体	其他	
450	0.1	0.3	0.4	微量	17.2	0.2	微量	81.8
500	1.0	0.3	1.3	微量	47.7	0.5	0.1	49.0
550	1.0	0.9	1.5	微量	67.9	0.6	0.5	27.6
600	2.1	1.1	1.7	0.3	73.5	1.7	0.1	19.5
650	2.2	1.6	2.0	0.5	77.6	2.4	0.6	13.1
700	2.6	2.5	2.1	0.6	80.7	2.6	1.0	7.9
750	16.0	3.8	2.4	1.2	62.3	4.4	2.4	7.5
800	30.2	5.3	3.3	1.0	45.9	3.5	3.4	7.3
850	48.1	6.2	2.0	0.5	30.1	1.8	5.0	5.3
900	49.7	13.2	2.6	0.3	21.3	1.8	6.1	5.0
950	56.0	15.5	1.4	0.4	12.3	3.6	6.2	4.6
1000	56.9	20.2	1.5	0.3	10.8	3.1	6.7	0.5

注：1. 微量代表质量分数小于 0.10%。

2. 小分子气体产物是指 CH_4、C_2H_4、C_2H_2 等。

物在高温区停留的时间缩短，因而型腔中小分子气体产物的量减少，其发气量也就降低。

在不同温度下，EPS泡沫模样裂解产物的质量分数如表2-3所示。浇注温度越高、小分子气体产物越多、发气量越大，液态产物越低。

2.2.3.2 热解产物对铸件质量的影响

热解产物对铸件质量有着重要的影响，但对不同的合金种类有着不同的表现方面。

(1) 对铸钢件的影响　由于铸钢件的浇注温度高（1550℃以上），热解产物汽化和裂解充分，产生大量的碳粉，形成与钢液成分的浓度梯度，高温下碳原子和金属晶格都很活泼，碳粉将向铸件表面渗透，使表面增碳，钢水的原始含碳量越低，增碳量越严重。有人测定了集装箱角件由于增碳引起的力学性能的变化，同时与熔模铸造铸件力学性能进行了对比结果见表2-4。

表2-4　铸钢件① 增碳引起的力学性能变化

性能指标	σ_b/MPa			Δ④/%	δ/%			Δ/%	维氏硬度/HB③			Δ/%
	最大	最小	平均		最大	最小	平均		最大	最小	平均	
消失模铸造②	624	509	543	21.1	28	20	23	34.8	212	194	201.7	8.9
熔模铸造	517	490	496	5.4	36	30	32	18.8	174	170	172	2.4

① 含碳量为0.14%～0.16%的集装箱角件，要求抗拉强度 $\sigma_b \geqslant 450$MPa，延伸率 $\delta \geqslant 22\%$。

② EPS模样密度0.024kg/m³，涂层厚1.0～2.0mm，浇注温度1560～1570℃，倾斜底注。

③ 测量壁厚30mmA_6面的维氏硬度。

④ Δ(%)=(最大－最小)/平均，表示力学性能的波动值。

由表2-4可以看出如下规律：

① 由于增碳，消失模铸件的 σ_b 增大，其值超过熔模铸件；但延伸率 δ 比熔模铸件有所下降；

② 由于增碳，消失模铸件的表面硬度HB明显升高，这往往是造成加工困难的原因；

③ 消失模铸件增碳的不均匀性（铸件各部位增碳不一致）造成其力学性能的波动比熔铸模造明显增大，如对 σ_b，消失模铸件的波动值是21.1%，而熔模铸件仅5.4%；对延伸率 δ，消失模铸件波动值为34.8%，而熔模铸件仅为18.8%；对硬度值HB，消失模铸件波动值达8.9%，而熔模铸件仅为2.4%。

(2) 对铸铁件的影响　铸铁件的浇注温度一般都在1350℃以上，在这么高的温度下，模样迅速热解为气体和液体，同样在二次反应以后，也会有大量裂解碳析出，不过由于铸铁本身含碳量很高，在铸铁件中不表现为增碳缺陷，而是容易形成波纹状或滴瘤状的皱皮缺陷；当液体金属的充型速度高于热解产物的汽化速度时，铁液流动前沿聚集了一层液态聚苯乙烯，它使与之接触的表层金属激冷形成一层硬皮，当这层薄薄的硬皮为前进的铁水冲破时，它被压向铸件两侧表面，使之形成波纹状或滴瘤状皱皮缺陷，开箱以后，可发现皱皮表面堆积的碳粉，这就是热解产物二次反应后生成的裂解碳。

对于球铁件，降了表面皱皮之外，热解产物还容易在铸件中形成黑色的碳夹杂缺陷，特别是当模样密度过高、黏合面的用胶量过大，浇注充型不平稳造成紊流时更为严重。

(3) 对铝合金铸件的影响　铝合金的浇注温度较低，一般为750℃左右，实际上与金属液流动前沿接触的热解产物温度不超过500℃，这正好是EPS汽化分解区，因此浇注铝件时产生的不是黑烟雾，而是白色雾状气体，不像钢、铁铸件那样形成特有的增碳或皱皮缺陷，研究认为热解产物对铝合金的成分、组织、性能影响甚微，仅仅由于分解产物的还原气氛与铝件的相互作用，使铝件表面失去原有的银白色光泽。另外，在浇注过程中，模样的热解汽化将从液态铝合金吸收大量的热量（699kJ/kg），势必造成合金流动前沿温度下降，过度冷却使部分液相热解产物来不及分解汽化，而积聚在金属液面或压向型壁，形成冷隔、皮下气孔等缺陷，因此适当的浇注温度和浇注速度对获得优质铝铸件至关重要，尤其是薄壁铝铸件。

总之，从减少热解产物对各类铸件质量的影响出发、希望热解的残留液、固产物越少越好，模样应该尽量汽化，完全排出型腔之外，为达到此目的，要求模样密度小，汽化充分；同时，涂层和铸型的透气性好，使金属液流动前沿间隙中的压力和热解产物浓度尽可能低。

2.2.3.3 消失模铸造的充型及凝固特点

（1）充型特征 由于泡沫模样的作用，消失模铸造的充型形态与普通砂型铸造的充型形态很不同。在普通砂型铸造中，金属液从内浇道进入后，先填满底层，然后液面逐渐上升，直至充满最高处为止［图 2-9(a)］；而在消失模铸造中，金属液从内浇道进入后，呈放射弧形逐层向前推进［图 2-9(b)］，最后充满离内浇道最远处。铝合金（薄板）试件，在顶注、底注、侧注时的流动形态如图 2-10 所示，图中的数字是时间，图中的曲线为充型时的等时曲线。

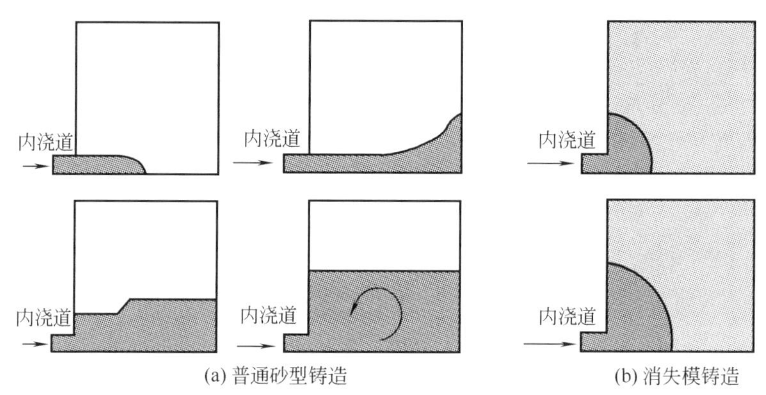

(a) 普通砂型铸造　　(b) 消失模铸造

图 2-9 普通砂型铸造与消失模铸造的不同充填形态

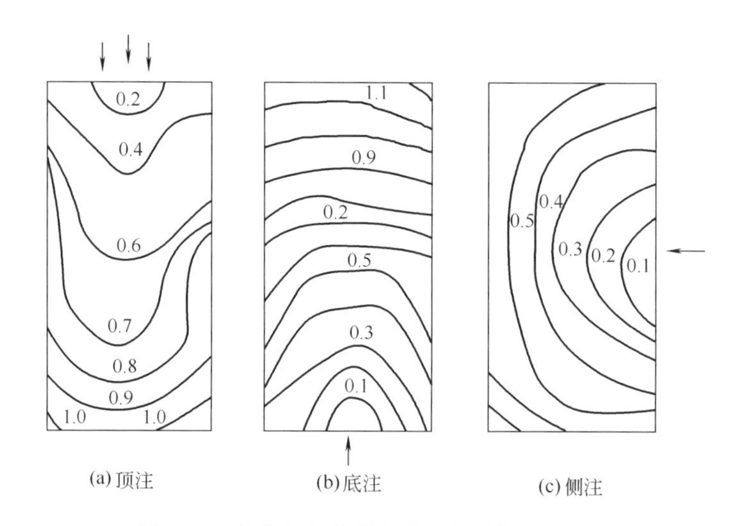

(a) 顶注　　(b) 底注　　(c) 侧注

图 2-10 铝合金充型形态图（负压度－13kPa）

对于壁厚较大的模样和铸件，金属液在有、无负压下浇注的充型形态差别较大，如图 2-11 所示。负压往往容易产生附壁效应，即沿型壁的金属液受负压的牵引而超前运行。当

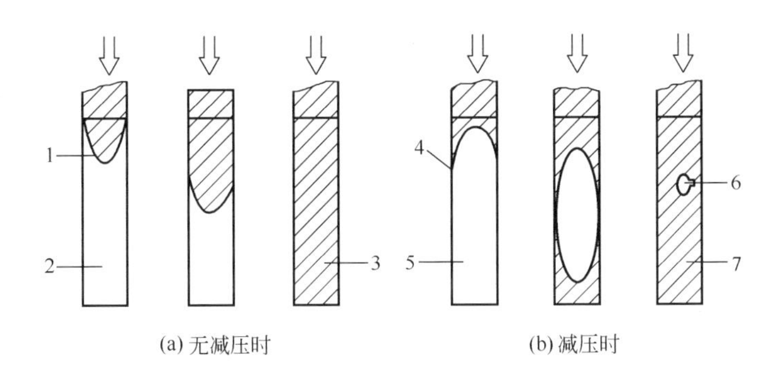

图 2-11　金属液充填的附壁效应

1—液态 EPS；2，5—EPS 模样；3，7—金属液；4—先填充的金属液；6—空洞

超前到一定的程度时就会将一部分尚未热解的模样包围在铸件中心，这是产生气孔、渣孔等缺陷的重要原因之一。故选择工艺参数时，不应将负压度定得过低。

采用电触点法，实测不同浇注方式时的圆筒形铸铁件的流动前沿形态，如图 2-12 所示。测试条件为：浇注温度 1350℃，负压度－0.03MPa，材质 HT200，模样材料 EPS（密度 $18kg/m^3$），涂层透气性 $7.8cm^2/(Pa \cdot min)$；圆筒尺寸为内径 75mm，外径 115mm，高 115mm。

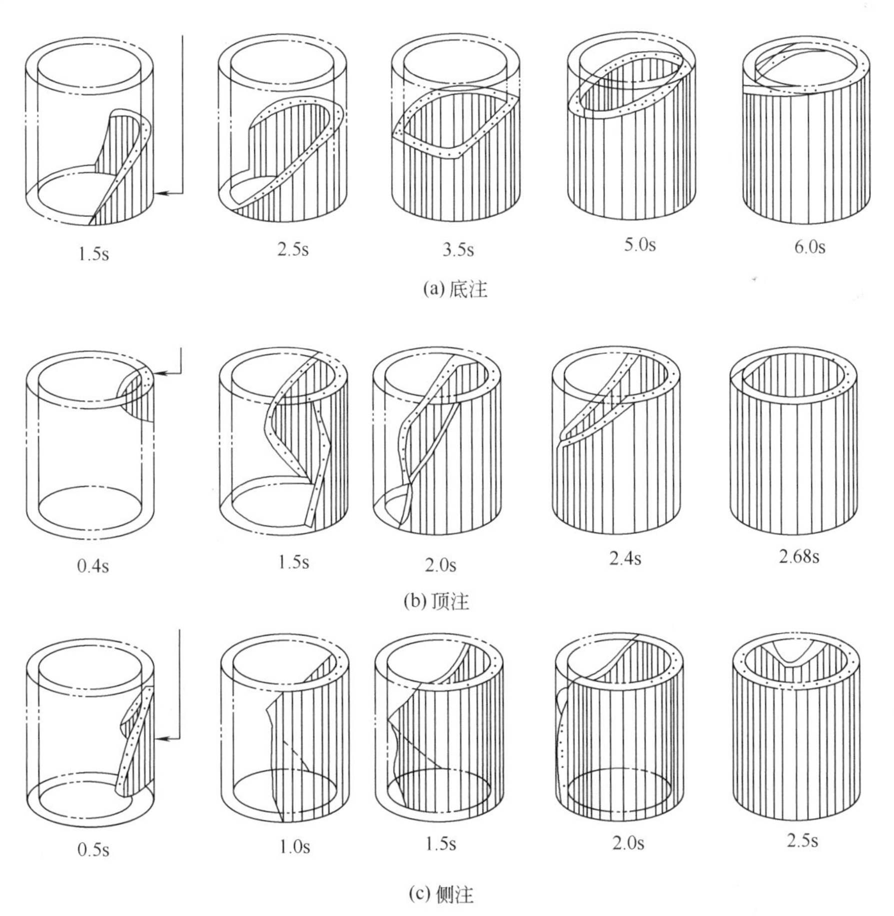

图 2-12　圆筒形铸铁件采用不同浇注方式时金属液流动前沿形态

（2）影响充型的主要因素

① 模样材料：低密度的泡沫模样发气量小，充型速度快。

② 涂料：透气性越好，充型速度快。

③ 金属液静压头：充型速度随金属液静压头的增大而提高。

④ 浇注温度：浇注温度提高、充型速度加快，消失模铸造的浇注温度比普通砂型铸造的浇注温度要高 30～50℃。

⑤ 负压度：金属液在空型中的充型速度比消失模铸型大 3 倍；而采用负压可以显著提高消失模铸型金属液的充型速度，如在负压度为－27kPa 条件下，铸铝的充型速度是无负压时的 5 倍。但必须注意，过低的负压度会造成附壁效应，引起气孔、表面碳缺陷以及粘砂等缺陷。

2.2.3.4 凝固及组织特点

① 消失模铸造的冷却凝固速度比普通的砂型铸还慢，负压度对铸件的冷却凝固速度影响不大。

② 负压消失模铸造铸型刚度好，浇注铸铁件时，铸型不发生体积膨胀，使铸件的自补缩能力增强，因而大大减少了铸件缩孔倾向。

③ 负压消失模铸件冷却慢，均匀进入弹塑性转变温差小，而且铸型阻力比黏土砂型小，所以铸件形成应力和热裂倾向比其他方法小。表 2-5 列出了三种不同铸型应力框试验的对比结果，负压消失模铸件的变形量小、残余应力低。几种不同工艺条件下的基体组织，如图 2-13 所示，金属型的冷却速度快，故组织较细小，而负压消失模铸型的冷却速度较树脂砂铸型的稍慢，故负压消失模铸件的组织稍粗。

表 2-5 三种不同铸型应力框试验结果

铸型种类	应力框粗杆变形量/mm	应力框粗杆残余应力/MPa
负压消失模(－53kPa)	0.53	77
干黏土砂型	0.77	112
湿黏土砂型	0.91	131

(a)负压消失模铸造

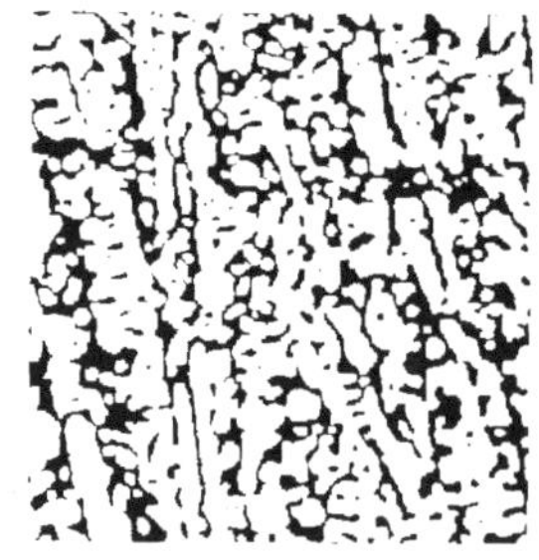

(b) CO_2树脂砂铸造

(c) 金属型铸造

图 2-13 三种工艺条件下冲击试样的基体组织（×100）

2.2.3.5 消除消失模铸造组织不利因素的措施

消失模铸造工艺，由于采用干砂造型，铸型的冷却速度通常较慢，铸件组织较粗大，为此需采取措施加以克服或消除。常用的措施有两种：

① 采用激冷造型材料（如铬铁矿砂、石墨砂等）可以加快铸件冷却速度；

② 通过调整铸件化学成分和优化变质处理可以抵消冷却凝固速度慢带来的不利影响。

2.2.4 消失模铸造的关键技术

根据工艺特点，消失模铸造可分为如下几个部分：一是泡沫塑料模样的成形加工及组装部分，通常称为白区；二是造型、浇注、清理及型砂处理部分，又称为黑区；三是涂料的制备及模样上涂料、烘干部分，也称为黄区。消失模铸造的关键技术包括制造泡沫模样的材料及模具技术、涂料技术、多维振动紧实技术等。

2.2.4.1 消失模铸造的白区技术

泡沫塑料模样通常采用两种方法制成：一种是采用商品泡沫塑料板料（或块料）切削加工、粘接成形为铸件模样；另一种是商品泡沫塑料珠粒预发后，经模具发泡成形为铸件模样。

泡沫塑料模样的切削加工成形及模具发泡成形的过程如图 2-14 所示。目前，不少工厂采用木工机床（铣、车、刨、磨等）来加工泡沫塑料模样，但由于泡沫塑料软柔脆弱，在加工原理、加工刀具及加工转速上都有很大区别。泡沫塑料一般按“披削”原理加工，加工转速要求更高。

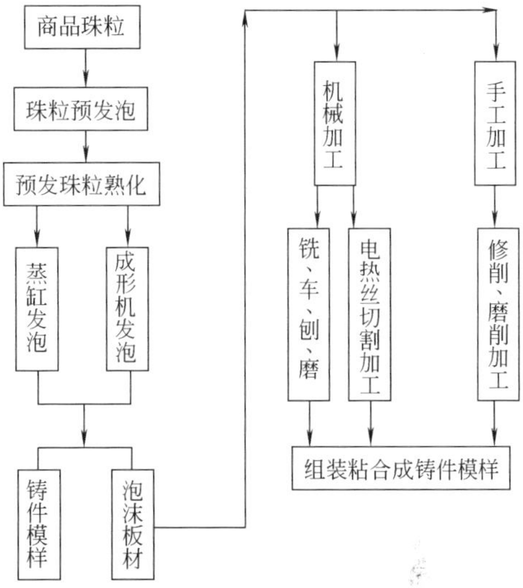

商品珠粒
珠粒预发泡
预发珠粒熟化
蒸缸发泡
成形机发泡
铸件模样
泡沫板材
机械加工
手工加工
铣、车、刨、磨
电热丝切割加工
修削、磨削加工
组装粘合成铸件模样

(a) 模具发泡成形　　(b) 板材加工成形

图 2-14 泡沫塑料模样的成形方法

由泡沫塑料珠粒（原材料）制成铸件模样的工艺过程如图 2-15 所示。图 2-16 为一种采用蒸缸式发泡成形的模具及其成形后的泡沫塑料模样照片。

对于复杂模样，需要分片成形，再组装成整体模样（铸件形状），如图 2-17 所示。图 2-17 是珠粒预发、泡沫模样片成形、模样组装的照片。组装后的整体泡沫塑料模样，再配上

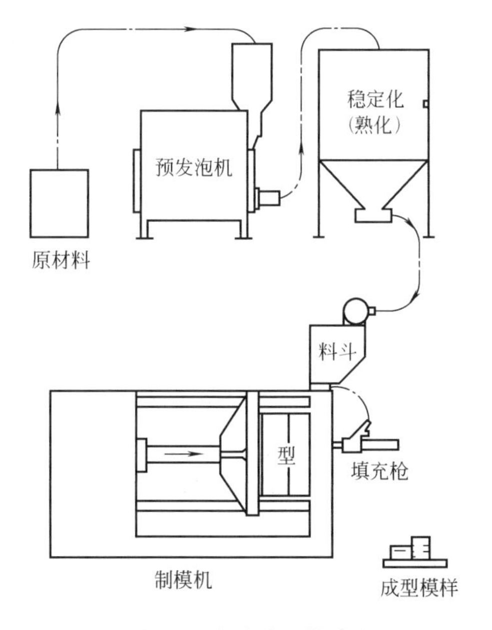

图 2-15 由泡沫塑料珠粒制成铸件模型的工艺过程

图 2-16 发泡成形模具及成形后的泡沫塑料模样照片

浇口、冒口系统（如图 2-18 所示，通常采用热熔胶或冷黏胶粘接组装），即完成了消失模铸造模样的制造工作。进入下一工序的上涂料、涂料干燥、造型紧实、浇注工作。

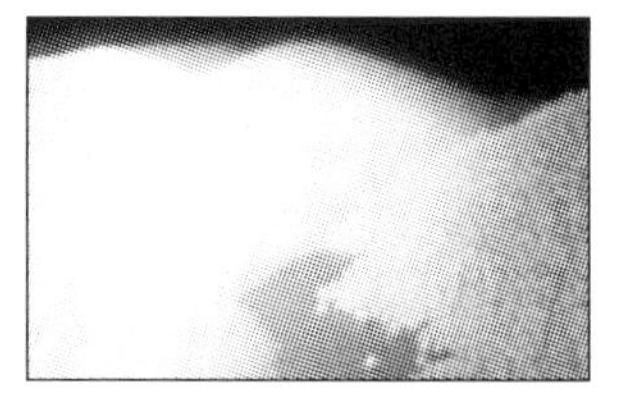

(a)珠粒预发

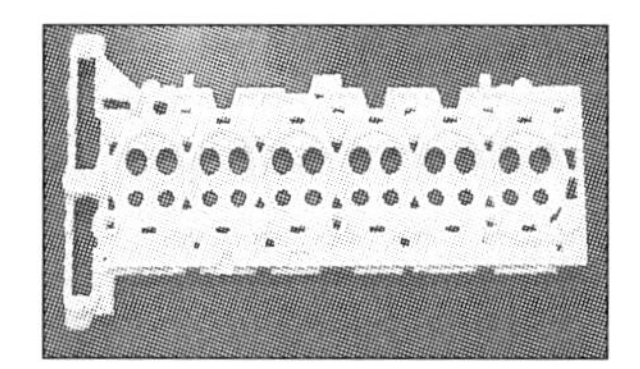

(b)模样片成形

(c)模样组装

图 2-17　珠粒预发、模样成形及组装照片

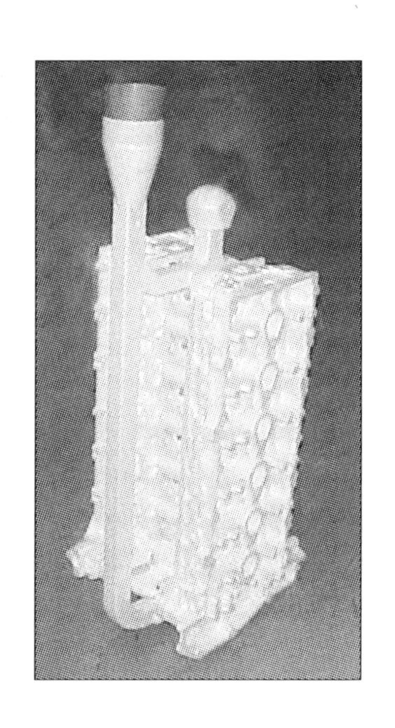

图 2-18　配装浇注系统的模样

泡沫塑料模样的材料种类及性能（密度、强度、发气量等）对消失模铸件的质量具有重大影响。泡沫塑料的种类很多，但能用于消失模铸造工艺的泡沫塑料种类却较少，目前常用于消失模铸造工艺的泡沫塑料及其特性如表 2-6 所示。

表 2-6　用于消失模铸造工艺的泡沫塑料及其特性

名　称	英文缩写	强度	发气量	主要热解产物	价格	应用情况
聚苯乙烯	EPS	较大	较小	分子量较大的毒性芳香烃气体较多、单质碳较多	便宜	广泛
聚甲基丙烯酸甲酯	PMMA	较小	大	小分子气体较多、单质碳较少	较贵	较广泛
共聚物	EPS-PMMA	较大	较大	小分子气体较多、单质碳较少	较贵	较广泛

EPS 的热解产物中大分子气体和单质碳含量较多，铸件易产生冷隔、皱皮和增碳等缺陷；PMMA 热解产物中的小分子气体较多、单质碳较少，克服了 EPS 的某些缺点，但其发气量大、强度小，易产生模样变形和浇注时金属液返喷现象；EPS-PMMA 综合了两者的某些优点，而克服了它们的一些缺点，是目前较好的泡沫塑料模样材料。

较理想的泡沫塑料模样材料应具有如下性能特点：成形性好、密度小、刚性高、具有一定的强度；较好的机械加工性能，加工时不易脱珠粒、加工表面光洁；汽化温度较低，受热作用分解汽化速度快；被液态金属热作用生成的残留物少、发气量小，且对人体无害等。

2.2.4.2 消失模铸造的涂料技术

泡沫塑料模样及其浇注系统组装成形后，通常都要上涂料。涂料在消失模铸造工艺中具有十分重要的控制作用：

① 涂层将金属液与干砂隔离，可防止冲砂、粘砂等缺陷；

② 浇注充型时，涂层将模样的热解产物气体快速导出，可防止浇不足、气孔、夹渣、增碳等缺陷产生；

③ 涂层可提高模样的强度和刚度，使模样能经受住填砂、紧实、抽真空等过程中力的作用，避免模样变形。

为了获得高质量的消失模铸件，消失模铸造涂料应具有如下性能：

① 良好的透气性（模样受热汽化生成的气体容易通过涂层，经型砂之间的间隙由真空泵强行抽走）；

② 较好的涂挂性（涂料涂挂后能在模样表面获得一层厚度均匀的涂层）；

③ 足够的强度（常温下能经受住搬运、紧实时的作用力使涂层不会剥落，高温下能抵抗金属液的冲刷作用力）；

④ 发气量小（涂料层经烘干后，在浇注过程中与金属液作用时产生的气体量小）；

⑤ 低温干燥速度快（低温烘干时，干燥速度快，不会产生龟裂、结壳等现象）。

消失模铸造涂料与普通砂型铸造涂料的组成相似，主要由耐火填料、分散介质、黏结剂、悬浮剂及改善某些特殊性能的附加物组成。但消失模铸造涂料的性能不同于一般的铸造涂料，消失模铸件的质量和表面粗糙度在很大程度上依赖于涂料的质量。研究开发适于不同铸件材质的消失模铸造优质涂料仍是我国消失模铸造技术研究及应用的重要课题。

根据分散介质（溶剂）的不同，消失模铸造涂料又可分为水基涂料和有机溶剂快干涂料两大类。几种典型的消失模铸造水基涂料配方如表 2-7 所示。

表 2-7　几种典型的消失模铸造水基涂料配方（配方中耐火材料为 100%）

<table>
<tr><th rowspan="2">序号</th><th colspan="13">成　分/%</th><th rowspan="2">应　用</th></tr>
<tr><th>石英粉</th><th>锆英粉</th><th>铝矾土</th><th>墨铅粉</th><th>白铅粉</th><th>铅粉膏</th><th>膨润土</th><th>纸浆</th><th>白胶</th><th>木素磺酸钙</th><th>石棉纤维</th><th>附加物</th><th>水</th></tr>
<tr><td>1</td><td>10</td><td></td><td></td><td></td><td></td><td>90</td><td></td><td>10</td><td></td><td></td><td></td><td rowspan="5">若干</td><td rowspan="5">适量</td><td rowspan="2">铸铁件</td></tr>
<tr><td>2</td><td>10</td><td></td><td></td><td>80</td><td>10</td><td></td><td>6</td><td></td><td></td><td></td><td>2</td></tr>
<tr><td>3</td><td></td><td></td><td>70～80</td><td>10～20</td><td></td><td></td><td>6～8</td><td></td><td></td><td></td><td></td><td>厚大铸铁件</td></tr>
<tr><td>4</td><td></td><td>100</td><td></td><td></td><td></td><td></td><td>1.5</td><td>6</td><td></td><td></td><td></td><td>铸钢件</td></tr>
<tr><td>5</td><td></td><td>100</td><td></td><td></td><td></td><td></td><td>2</td><td></td><td>4～5</td><td>0.5</td><td></td><td>厚大铸钢件</td></tr>
</table>

2.2.4.3 消失模铸造的黑区技术

消失模铸造的黑区包括加砂、造型、浇注、清理及型砂处理等部分。

（1）消失模铸造用砂　消失模铸造通常采用无黏结剂的石英散砂来填充、紧实模样，砂粒的平均粒度一般为 AFS25～45。粒度过细，有碍于浇注时塑胶残留物的逸出；粗砂粒则会造成金属液渗入，使得铸件表面粗糙。砂子粒度分布集中较好（最好都在一个筛号上），以便保证型砂的高透气性。

（2）雨淋式加砂　在模样放入砂箱内紧实之前，砂箱的底部要填入一定厚度的型砂作为放置模样的砂床（砂床的厚度一般约为100mm）。然后放入模样，再边加砂、边振动紧实，直至填满砂箱、紧实完毕。为了避免加砂过程中因砂粒的冲击使模样变形，由砂斗向砂箱内加砂常采用柔性管加砂、雨淋式加砂两种方法。前者是用柔性管与砂斗相接，人工移动柔性管陆续向砂箱内各部位加砂，可人为地控制砂粒的落高，避免损坏模样涂层；后者是砂粒通过砂箱上方的筛网或多管孔雨淋式加入。雨淋式加砂均匀、对模样的冲击较小，是生产中常用的加砂方法。

（3）型砂的振动紧实　消失模铸造中干砂的加入、填充和紧实是得到优质铸件的重要工序。砂子的加入速度必须与砂子紧实过程相匹配，如果在紧实开始前将全部砂子都加入，肯定会造成变形。砂子填充速度太快会引起变形；但砂子填充太慢会造成紧实过程时间过长，生产速度降低，并可能促使变形。消失模铸造中型砂的紧实一般采用振动紧实的方式，紧实不足会导致浇注时铸型壁塌陷、胀大、粘砂和金属液渗入，而过度紧实振动会使模样变形。振动紧实应在加砂过程中进行，以便使砂子充入模型束内部空腔，并保证砂子足够紧实而又不发生变形。

根据振动维数的不同，消失模铸造振动紧实台的振动模式可分为一维振动、二维振动、三维振动3种。研究表明：

① 三维振动的填充和紧实效果最好，二维振动在模样放置和振动参数选定合理的情况下也能获得满意的紧实效果，一维振动通常被认为适于紧实结构较简单的模样（但由于振动维数越多，振动台的控制越复杂且成本越高，故目前实际用于生产的振动紧实台以一维振动居多）；

② 在一维振动中，垂直方向振动比水平方向振动效果好；

③ 当垂直方向与水平方向两种振动的振幅和频率均不相同或两种振动存在一定相位差时，所产生的振动轨迹有利于干砂的填充和紧实。

影响振动紧实效果的主要振动参数包括振动加速度、振幅和频率、振动时间等。振动台的激振力大小和被振物体总质量决定了振动加速度的大小，振动加速度在1～2g范围内较佳，小于1g对提高紧实度没有多大效果，而大于2.5g容易损坏模样。在激振力相同的条件下，振幅越小、振动频率越高，填充和紧实效果越好（实践表明，频率为50Hz、振动电机转速为2800～3000r/min、振幅为0.5～1mm较合适）。振动时间过短，干砂不易充满模样各部位，特别是带水平空腔的模样的填充紧实不够；但振动时间过长，容易使模样变形损坏（一般振动时间控制在30～60s之内为宜）。

一种常见的三维振动紧实台的外形照片如图2-19所示。

（4）真空下浇注　型砂紧实后的浇注通常在抽真空下进行（有时振动紧实时也施加真空）。抽真空的目的是将砂箱内砂粒间的空气抽走，使密封的砂箱内部处于负压状态，因此砂箱内部与外部产生一定的压差。在此压差的作用下，砂箱内松散流动的干砂粒可变成紧实坚硬的铸型，具有足够高的抵抗液态金属作用的压缩强度、剪切强度。抽真空的另一个作用是可以强化金属液浇注时泡沫塑料模汽化后气体的排出效果，避免或减少铸件的气孔、夹渣等缺陷。

真空度大小是消失模铸造重要的工艺参数之一，真空大小的选定主要取决于铸件的质量、壁厚及铸造合金和造型材料的类别等。通常真空度的使用范围是－0.02～－0.08MPa。

（5）型砂的冷却　消失模铸件落砂后的型砂温度很高，由于是干砂，其冷却速度相对也较慢，对于规模较大的流水生产的消失模铸造车间，型砂的冷却是消失模铸造正常的关键，

图 2-19 一种常见的三维振动紧实台的外形照片

型砂的冷却设备是消失模铸造车间砂处理系统的主要设备。用于消失模铸造型砂的冷却设备主要有振动沸腾冷却设备、振动提升冷却设备、砂温调节器等。常把振动沸腾冷却或振动提升冷却作为初级振动沸腾冷却设备、振动提升冷却设备、砂温调节器，而把砂温调节器作为最终砂温的调定设备，以确保待使用的型砂的温度不高于 40～50℃。

2.2.5 散砂的振动紧实原理

2.2.5.1 *原砂振动填充紧实原理及装置*

消失模铸造由于采用无黏结剂的硅砂来填充模型，通常只需用振动的方法来实现紧实。振动紧实台也是消失模铸造中的关键设备之一。

（1）原砂振动填充紧实原理及紧实过程　原砂在振动状态下的填充、紧实过程是一个极为复杂的散粒体动力学过程。砂粒在振动过程中必须克服砂粒之间的内摩擦力、砂粒与模型及砂粒与砂箱壁间的外摩擦力、砂粒本身的重力等作用，才能充满模型的内、外型腔，并得到紧实。因此，原砂的填充、紧实不仅与砂粒受到的振激力有关，还与砂粒本身的特征、砂箱形状和大小有关。

原砂是由许多砂粒组成的松散堆积体，自由状态下砂粒的联系以接触为主。干砂紧实的实质是通过振动作用使砂箱内的砂粒产生微运动，砂粒获得冲量后，克服四周遇到的摩擦力，产生相互滑移及重新排列，最终引起砂体的流动变形及紧实。

以原砂向水平孔的填充、紧实为例，其过程可大致分为三个阶段，如图 2-20 所示。

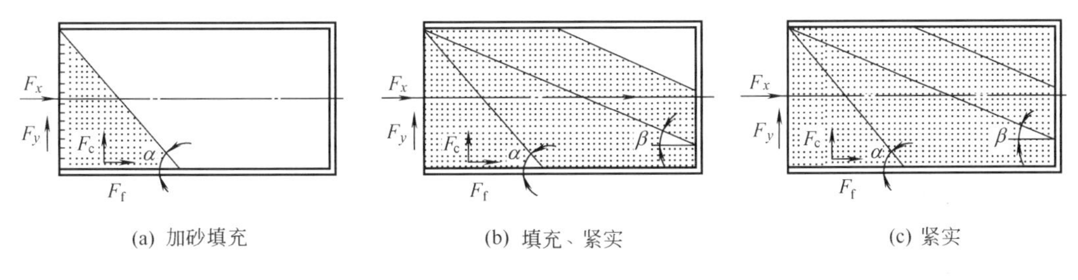

图 2-20 干砂向水平孔的填充、紧实过程的三个阶段

① 加砂填充阶段：此阶段振动台还未开始振动，砂粒自由落至水平孔口后，由于水平侧压应力 F_x 的作用，在进砂口处以自然堆积角向水平孔内填充至一定长度。干砂的自然堆积角度通常等于砂粒的内摩擦角 α，如图 2-20(a) 所示。

② 填充紧实阶段：振动台开始振动后，砂粒获得的振激力使砂粒间的内摩擦角急剧减少，摩擦角变为β。为了维持受力平衡，砂粒向水平孔的纵深方向移动，堆积角达到β后，砂粒前沿呈β斜面继续向前推进，直至砂粒的受力平衡，如图 2-20(b) 所示。在此阶段，由于振动力的作用，砂粒间的间隙减小，原砂在填充期间得到初步的紧实，砂粒受到的摩擦力也加大。

③ 紧实阶段：砂箱内加砂量高度的增加，水平侧压应力 F_x 增大，水平孔中的砂面升高、堆积倾角增大，原砂继续填充、紧实，直至砂粒的受力产生新的平衡，如图 2-20(c) 所示。当水平管较长或管径较小时，砂粒不能完全充满、紧实。此阶段砂粒受到的阻力较大，砂粒间的间隙进一步减小，砂粒也得到进一步紧实。

上述三个阶段随着加砂和振动操作顺序的不同而不同，其间没有绝对的界限，水平侧压应力 F_x、摩擦角β与振动加速度、振动频率、模样的形状等都有很大关系，从而影响模样水平孔内干砂的紧实度。通常，加大振动加速度和振动频率可增加水平孔内原砂的紧实度。

(2) 三维振动紧实原理　目前，振动紧实台通常采用振动电动机作为驱动源，结构简单，操作方便，成本低。根据振动电动机的数量及安装方式，振动紧实台可分为一维振动紧实台、二维振动紧实台、三维振动紧实台等。

消失模铸造的振动紧实台不仅要求砂粒快速到达模样各处，形成足够的紧实度，而且在紧实过程中应使模样变形较小，以保证浇注后形成轮廓清晰、尺寸精确的铸件。一般认为，消失模铸造的振动紧实应采用高频振动电机进行三维微振紧实（振幅 0.5～1.5mm，振动时间 3～4min)，才能完成砂粒的填充和紧实过程。

三维振动台通常由六台（三组）振动电动机激振，在生产中，操作人员可控制不同方向上（x、y、z 方向）的电动机运转，以满足不同方向上的填充、紧实要求。大多数三维振动台可按一定的组合方式、先后顺序来实现 x、y、z 三个单方向以及 xy、xz、xyz 等复合方向的振动。三维振动紧实的原理和实质可认为是三个方向上单维振动的不同叠加。

(3) 原砂振动填充、紧实的影响因素　用振动前后砂粒的体积比来表征砂粒的相对紧实率（即密度法)。测试表明，紧实率大小的影响因素主要有以下几点。

① 振动维数。振动维数对紧实率的影响如图 2-21 所示。从图中可以看出，垂直方向的振动是提高干砂紧实率的主要因素。在垂直振动的基础上，增加水平方向的振动，紧实率有所提高；而单纯水平方向的振动，紧实效果较差。

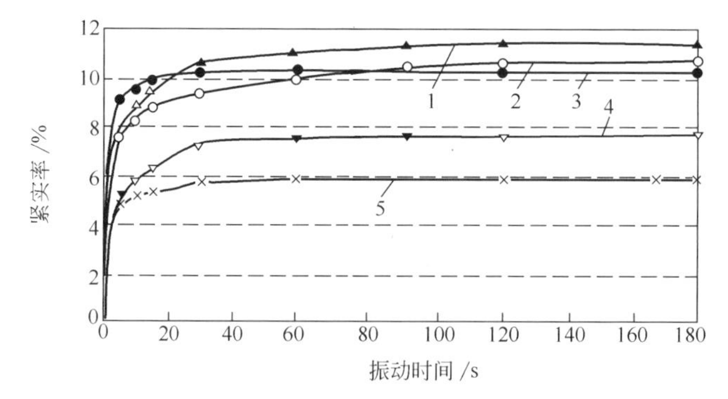

图 2-21　振动维数对紧实率的影响

1—xyz 轴振动；2—xz 轴振动；3—z 轴振动；

4—xy 轴振动；5—x 轴振动

② 振动时间。在振动开始后的 40s 内紧实度变化很快；当振动时间为 40～60s 时，紧实率的变化较小；振动时间大于 60s 后，紧实率基本不变。

③ 原砂种类。试验表明，原砂种类对紧实率具有一定的影响。自由堆积时，圆形砂的密度大于钝角形砂（或尖角形砂），振动紧实后，多角形砂（或尖角形砂）的紧实率增加较大。另外，砂粒的粒度大小对型砂的紧实率也有影响。

④ 振动加速度。振动加速度对原干砂紧实率的影响如表 2-8 所示。结果表明，加速度在 1.44～2.62g 之间（其中，1g=9.8m/s^2），获得的平均紧实率较高。

表 2-8 振动加速度对原干砂紧实率的影响

振动加速度/g	1.05	1.44	2.04	2.62	3.41	4.15
紧实率/%	8.9	9.8	10.5	10.1	9.8	9.4

注：测试条件为在 50Hz 的工作频率下，垂直一维振动，振动时间为 60s。

⑤ 振动频率。改变振动电机的振动频率，测试振动频率对紧实率的影响，结果如表 2-9 所示。结果表明，振动频率对紧实率有一定的影响，当振动频率大于 50Hz 后，紧实率的变化不太大。

表 2-9 振动频率对紧实率的影响

振动频率/Hz	30	50	70	100	130
紧实率增量/%	5.93	7.00	7.20	7.16	7.17

注：测试条件为垂直一维振动，振动加速度为 2.0g，振动时间 60s。

（4）双电动机振动模型　由于垂直方向的振动是提高原砂紧实率的最主要因素，加上六电机三维振动的设备结构较复杂，设备成本较高，操作控制也较烦琐，因此在实际使用中，许多工厂都采用双电动机振动台。近年来一些研究人员对双电机驱动的振动模型进行了深入研究，试图证明，对普通结构的消失模铸件，双电机振动紧实台完全可以达到紧实要求。

① 双电动机振动模型。双电动机驱动的振动紧实台如采用不同的电动机转向，可形成不同的振动模型，如图 2-22、图 2-23、图 2-24 所示。当双电动机反向转动时，垂直方向的振动为两电动机的叠加，振动模型为一维直线振动；而双振动电动机相同方向转动或单电动机转动时，可获得较大的水平方向的振动，其振动模型为二维椭圆形。因此，控制两电动机的转向，可实现振动台不同的振动紧实模型。

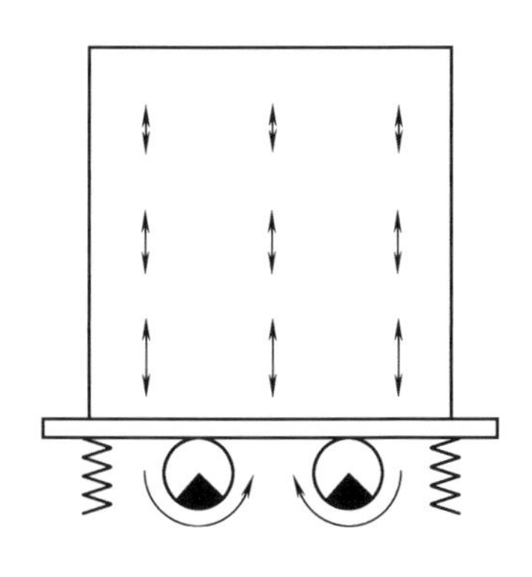
图 2-22 双电动机反向转动

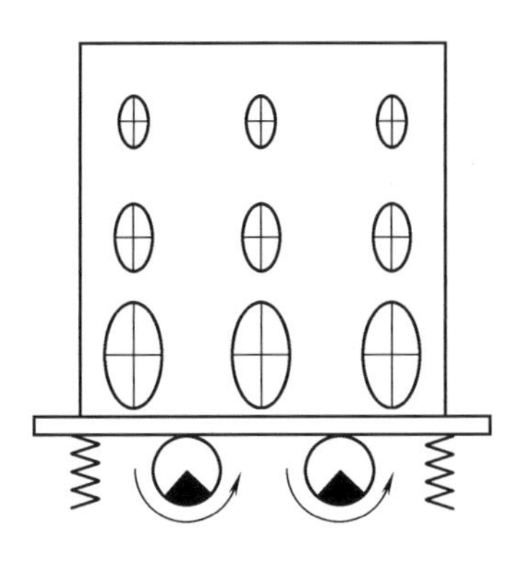
图 2-23 双电动机同向转动

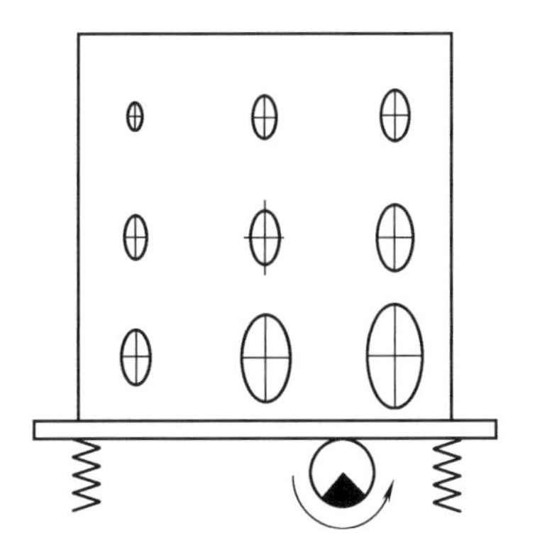
图 2-24 单电动机转动

② 振动模型的选择。根据不同消失模模样结构，采用不同的双电动机振动组合，可以获得满意的紧实效果，如表 2-10 所示。

表 2-10　根据不同消失模模样结构采用不同的振动组合

模样结构	振动组合	备注和说明
	双电动机反向转动（　）	主要实现 z 轴方向的垂直振动
	双电动机反向转动（　）	振动时间应比第一种结构的时间长，强度略大于上一个振动组合
	双电动机同向逆时针转动（　）＋双电动机反向转动（　）	双电动机同向转动便于水平孔的填充
	双电动机同向顺时针转动（　）＋双电动机同向逆时针转动（　）＋双电动机反向转动（　）	双电动机先后两次同向转动是为了使管状模样内部的砂填充紧实

2.2.5.2　对振动紧实台的性能要求

振动紧实台的作用是使原砂充满模样内、外，并达到一定的紧实度又不能损坏模型。在振动紧实过程中，若振击力过大，砂箱中的砂粒将会对泡沫模样造成较大的冲击，有可能使泡沫模样变形甚至断裂；振击力太小，又会导致紧实不足，起不到支撑涂料和抵抗金属液压头冲击的作用，有可能使浇注时产生渗漏、夹砂等缺陷。因此，工艺上对振动紧实台设备的性能有一定的要求。

① 高效振动，填充和紧实型砂，但不能损害泡沫模样。通常采用高频率、低振幅的振动，振动频率为 30～80Hz，并能根据不同形状的零件及整个造型过程调整振动频率。振幅一般为 0.5～1.5mm，振动加速度为 1～2g。

② 振动台具有不同的振动模式，并根据不同形状的零件，采用不同的振动模式。普通结构的消失模铸件采用垂直一维振动即可满足要求；对于结构复杂的零件要考虑采用二维或三维振动，并结合振动频率的变化，以获取理想的效果。

③ 振动台必须有足够的弹性支撑能力。振动台的弹性支撑力应大于“砂箱＋型砂＋台面”质量之和。

④ 振动台的激振器（即振动电机）要有足够的振动力，以使其达到所要求的振动幅度和振动加速度。激振力 $F_{激}$ 为

$$F_{激}=ma \tag{2-22}$$

式中，m“砂箱＋型砂＋台面”质量之和，kg；a 为振动加速度，m/s^2。

⑤ 合适的振动台面尺寸，振动台面上要有砂箱的定位、夹紧装置。

⑥ 振动台要有足够的强度、刚度和抗振动疲劳能力，配有防止振动引起的连接件松动等结构与措施。

⑦ 振动台工作平稳，噪声小。

2.2.5.3 振动紧实效果的检验

黏土砂铸型紧实度的测量方法通常有紧实率法、表面硬度法、压痕法、应力法、取样称量法等。在消失模铸型中，由于无黏结剂，若没有负压的紧固作用，砂箱内的“散砂”不具有固定的形态与强度。因此，上述检测黏土砂铸型紧实度的方法并不能完全达到“散砂”消失模铸型的振动紧实效果。

根据消失模铸造工艺的特点，检验消失模铸型振动紧实效果的方法常有紧实率法、应力法、拔出抗力法、通气能力法等。详细内容请参见有关专著。

2.2.6 消失模铸造的工艺参数及其铸件的缺陷防治

2.2.6.1 消失模铸造的浇注系统特征及工艺参数

浇注系统是高质量铸件的关键因素之一。消失模铸造工艺浇注系统的基本特点是“快速浇注、平稳充型”。由于泡沫塑料模样的存在，与普通砂型铸造相比，消失模铸造工艺的浇注系统具有如下特征。

(1) 常采用封闭式浇注系统　封闭式浇注系统的特点是流量控制的最小截面处于浇注系统的末端，浇注时直浇道内的泡沫塑料迅速汽化，并在很短的时间内被液体金属充满，浇注系统内易建立起一定的静压力，使金属液呈层流状填充，可以避免充型过程中金属液的搅动与喷溅。浇注系统各单元截面积比例一般为

对于黑色金属铸件，$F_{直}:F_{横}:F_{内}=(1.6\sim2.2):(1.2\sim1.25):1$

对于有色金属铸件，$F_{直}:F_{横}:F_{内}=(1.8\sim2.7):(1.2\sim1.30):1$

由于影响的因素很多，目前还没有计算消失模铸造工艺浇注系统参数的公式及方法，浇注系统最小截面积通常都由生产经验来确定。

(2) 常采用底注式浇注系统　与普通铸造方法相同，金属液注入消失模内的位置主要有顶注式、侧注式、阶梯式和底注式四种。不同浇注方式有各自不同的特点，应根据铸件的特点、金属材质种类等因素加以考虑。顶注式适用于高度不大的铸件；侧注式适于薄壁、质量小、形状复杂的铸件，对于管类铸件尤为适合；阶梯式适于壁薄、高大的铸件；由于底注式浇注系统的金属液流动充型平稳、不易氧化、也无激溅、有利于排气浮渣等，较符合消失模铸造的工艺特点，故底注式浇注系统在消失铸造中采用较多。

(3) 消失模铸造工艺允许尽快浇注　快速浇注是消失模铸造工艺的主要特征之一。消失模铸造的浇注系统尺寸比常规铸造的浇注系统尺寸大，一些研究资料介绍：消失模铸造工艺的浇注系统的截面积比砂型铸造的约大1倍，主要原因是金属液与汽化模之间的气隙太大，充型浇注速度太慢，有造成塌箱的危险。

(4) 较高的浇注温度　由于汽化泡沫塑料模样需要热量，消失模铸造的浇注温度比普通砂型铸造的浇注温度通常要高20～50℃。不同材质的浇注温度为灰铸铁件1370～1450℃；铸钢件1590～1650℃；铸铝合金720～790℃；铸镁合金730～800℃。浇注温度过低，夹渣、冷隔等缺陷明显增多。对于黑色金属，提高浇注温度对获得高质量的铸件都十分有利；但对铝合金铸件，浇注温度不适超过790℃，否则易产生铸件的针孔缺陷。

2.2.6.2 消失模铸造的常见缺陷及防治措施

消失模铸造工艺的常见铸件缺陷有增碳、皱皮、气孔和夹渣、粘砂、塌箱、冷隔、变形

等。其产生原因及防治措施简述如下。

（1）增碳　在消失模铸钢件中，铸件的表面乃至整个截面的含碳量明显高于钢液的原始含碳量，造成铸件加工性能恶化而报废的现象称为增碳，如表 2-11 所示。浇注过程中泡沫模样受热汽化产生大量的液相聚苯乙烯、气相苯乙烯、苯及小分子气体（CH_4、H_2）等，沉积于涂层界面的固相碳和液相产物是铸件浇注和凝固过程中引起铸件增碳的主要原因，见表 2-12。采用增碳程度较轻的泡沫模样材料（如 PMMA）、优化铸造工艺因素（浇注系统、涂料、真空度等）、开设排气通道、缩短打箱落砂时间等都有利于有效控制铸钢件的增碳缺陷。

表 2-11　钢水原始含碳量对增碳的影响

钢水牌号	钢水原始成分/%			铸件增碳	
	C	Si	Mn	最大增碳量/%	增碳层深度/mm
16Mn	0.13	0.31	1.36	0.31	0.70
25	0.22	0.29	0.78	0.16	0.52
35	0.36	0.29	0.81	很少	极薄
45	0.42	0.32	0.75	不增碳	0

表 2-12　模样材料对铸钢件增碳的影响

模样材料	最大增碳量/%	增碳层深度/mm
EPS	0.31	0.70
STMMA	0.23	0.45
EPMMA	0.14	0.37

注：测试条件：1. 原钢水主要成分：0.14% C，0.31% Si，1.20% Mn。2. 模样密度：EPS 15kg/m³，EPMMA 21kg/m³，STMMA 17kg/m³。3. 浇注温度：1550～1570℃。4. 负压度：0.028～0.03MPa。5. 浇注完毕后 5min 开箱清理。

（2）皱皮　对皱皮表面的分析表明，皱皮是金属中夹进的氧化膜，有机残余物薄层覆盖着一层较厚的氧化膜，见图 2-25(a)。实践研究表明：在突然变狭窄的截面或浇注期间，两股会合液态金属流相遇处发生皱皮最频繁；透气性低的保温涂料可以减少皱皮；较低的泡沫密度也有助于减少皱皮。

（3）气孔和夹渣　铸件上出现气孔和夹渣缺陷主要来源于浇注过程中，泡沫塑料模样受热汽化生成的大量气体和某些残渣物。采用底注式浇注系统、提高浇注温度和真空度、开设集渣冒口等可消除气孔和夹渣铸造缺陷。

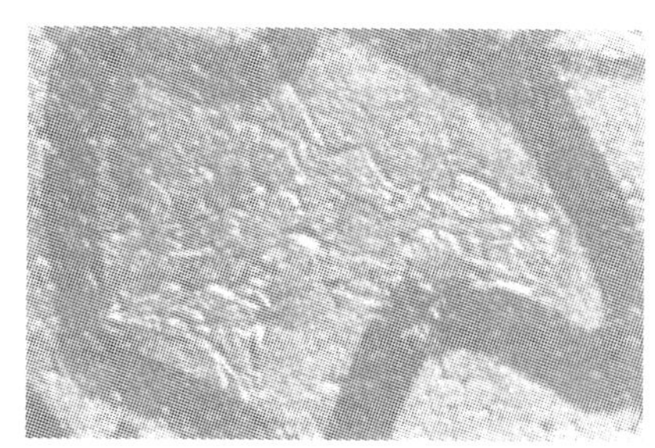

(a) 皱皮

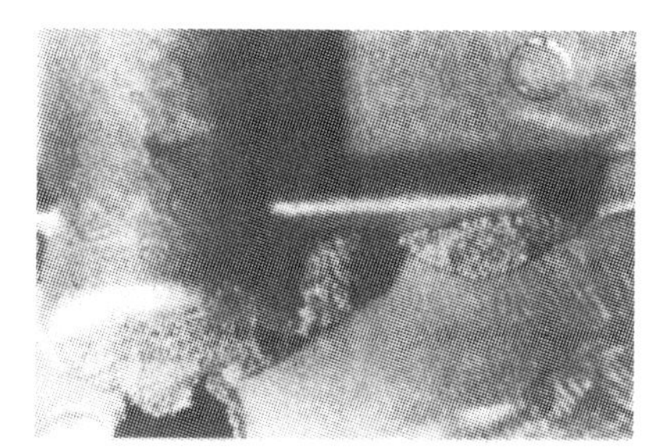

(b) 粘砂

图 2-25　消失模铸造的皱皮与粘砂缺陷

（4）粘砂　粘砂是指铸件表面粘接型砂而不易清理的铸造缺陷，它是铸型与金属界面的动压力、静压力、摩擦力及毛细作用力平衡被破坏的结果，见图 2-25(b)。提高型砂的紧实度，降低浇注温度和真空度，增加涂料的厚度和均匀性等都有利于防治粘砂缺陷。

（5）塌箱　塌箱是指浇注过程中铸型向下塌陷，金属液不能再从直浇口进入型腔，造成浇注失败。造成塌箱的主要原因是浇注速度太慢、砂箱内的真空度太低、浇注方案不合理。合理地掌握浇注速度、提高真空度、恰当地设计浇注系统有利于防止塌箱缺陷。

（6）冷隔　铸件最后被填充的地方，金属不能完全填充铸型时便出现冷隔。其主要原因是浇注温度过低、泡沫模样的密度过高和浇注系统不合理。提高浇注温度和真空度、降低泡沫模样的密度、合理设计浇注系统等可避免冷隔缺陷的产生。

（7）变形　铸件变形是在上涂料、型砂紧实等操作时由于模样变形所致。提高泡沫塑料模样的强度、改进铸件的结构及刚度、均匀地上涂料和型砂紧实等，都有利于克服变形缺陷。

另外，铸件的结构及浇注方式等对消失模铸件的变形也有很大影响，如图 2-26 所示的“特殊横壁”（长条对称型）铸件。采用如图 2-27 所示的立式浇注［图（a）］和卧式浇注［图（b）］，所获得铸件的尺寸有较大不同（表 2-13）。如对称的 e_1 和 e_2，卧式浇注时，$e_1=e_2=278.5$mm；而立式浇注时，$e_1=278.5$mm、$e_2=273.0$mm，相差 5.5mm。主要原因可能是高温金属液注入和凝固顺序不同。因为高温金属液垂直立式浇入时，由于金属液自重力的作用，首先填充模样的下部，然后再由底注式填充模样的上部，因此铸件各部位浇注、凝固的时间不同。故先充型的铸件的下部收缩阻力最小、其收缩最大，铸件下半部的尺寸变短。此现象的详细原因，有待深入研究。

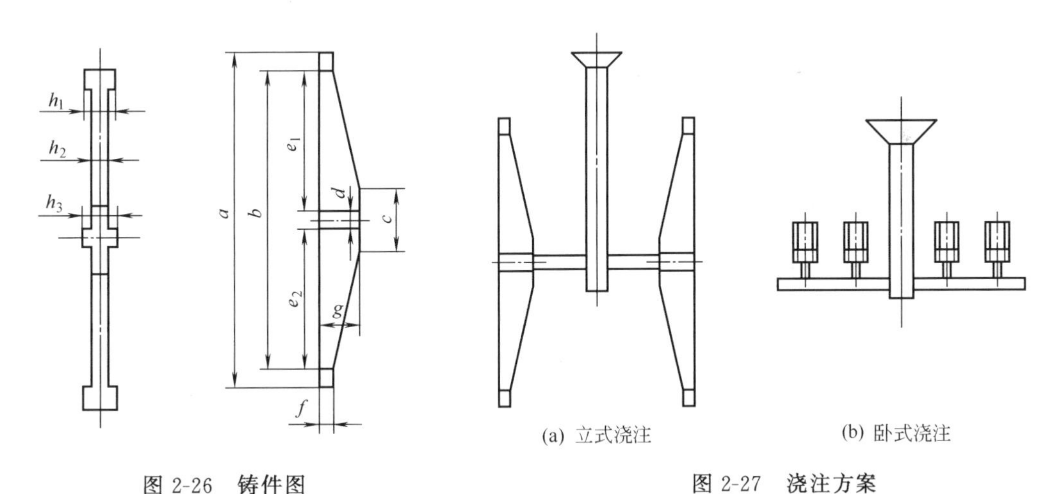

图 2-26　铸件图

图 2-27　浇注方案

2.2.7　典型消失模铸造车间布置举例

如图 2-28 为某工厂年产 1500t 铸件（紧凑型）消失模铸造生产线的黑区平面布置简图。振动紧实滚道与浇注滚道（相互）垂直布置。浇注后的砂箱，用电动葫芦来完成铸件的倒箱及砂箱的转运。由于投资的限制，工程初期砂箱的移动采用人工推动方式；待有资金后，再改用气压缸（或液压缸）驱动。

生产的工艺流程为砂箱由电动葫芦吊至滚道上，人工推入振动紧实工位；在完成雨淋加

表 2-13 “特殊横壁”铸件不同浇注方案下的尺寸变化 mm

铸件	方案 1 （水平卧式浇注）	方案 2 （垂直立式浇注）	白模尺寸	铸件要求尺寸 及公差范围
a	671.0	664.2	678.0	670.5±1.0
b	593.8	587.5	600.0	594.0±0.9
c	129.7	129.6	131.0	130.0±0.6
d	36.5	36.3	36.8	36.0+0.6
e_1	278.5	278.5	281.6	279.0±1.0
e_2	278.5	273.0	281.6	279.0±1.0
h_1	50.9	50.1	51.0	50.0±0.5
h_2	30.8	30.8	30.9	30.0±0.45
h_3	51.18	50.4	51.7	50.0±0.5
f	30.6	31.0	31.2	30.0±0.45
g	86.0	85.2	87.0	85.0±0.55

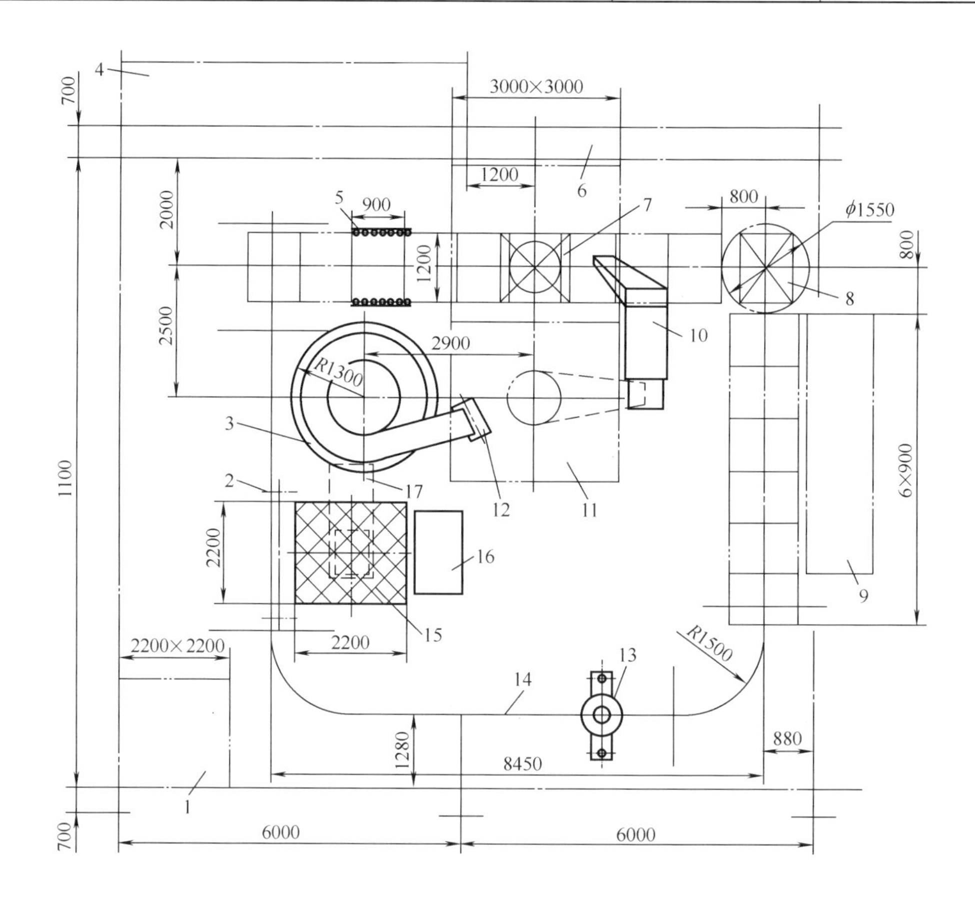

图 2-28 年产 1500t 铸件消失模铸造生产线的黑区平面布置简图

1—除尘器；2—翻转架；3—振动冷却提升机；4—真空系统；5—边辊；6—砂斗；7—振动紧实台；8—转向架；9—浇注区；10—斗式提升机；11—冷却砂斗；12—磁分离滚筒；13—电动葫芦；14—吊环；15—落砂栅格；16—铸件桶；17—振动输送机

砂及型砂的紧实后，推入转向架使砂箱转向，进入浇注工位待浇（每次可同时浇注 5 个砂箱）；浇注后的砂箱经一定时间的冷却后，由电动葫芦吊至翻转架上方，倒箱落砂；铸件进入铸件桶后由行车吊走，而旧砂经落砂栅格、振动给料机、振动冷却提升机、磁选机，而进入冷却砂斗；干砂经冷却调温后，由振动给料机、斗式提升机送入振动紧实台上方的砂斗中待用。

上生产线属紧凑型消失模铸造生产线，其特点包括如下方面。

① 布置简明紧凑，实现场地面积的最大利用。在面积仅为 12m×12m 的场地内完成了年产 1500t 铸件的消失模铸造生产线的黑区部分布置，最大限度地利用了工厂的现有条件和余下的厂房面积。

② 机械化与人工操作相结合，投资少，非常适合中小企业。根据工厂投资不足的现实，砂处理系统采用机械化操作，而砂箱的运转以人工操作为主。整个生产线设备布置流畅、简洁、投资少。

③ 采用二级旧砂冷却方式，可保证流水线的连续生产运行。热砂的冷却问题是消失模铸造生产线组成和设计时需要重点考虑的关键技术问题。根据消失模铸造生产中热砂的冷却速度慢的特点，本系统中采用了二级旧砂冷却方式。第一级冷却由振动冷却提升机完成，在热砂提升的同时进行初步的冷却；第二级冷却由冷却砂斗完成。可确保流出冷却砂斗的散砂的温度低于 40℃，适于流水线自动生产。

④ 集中控制柜进行控制，操作方便。所有设备均在集中控制柜内进行控制，生产线的操作控制方便。整个生产线十余台设备只需 1 名操作人员。

图 2-28 所示生产线的三维视图如图 2-29 所示。消失模铸造车间的其他典型布置可参见有关专著。

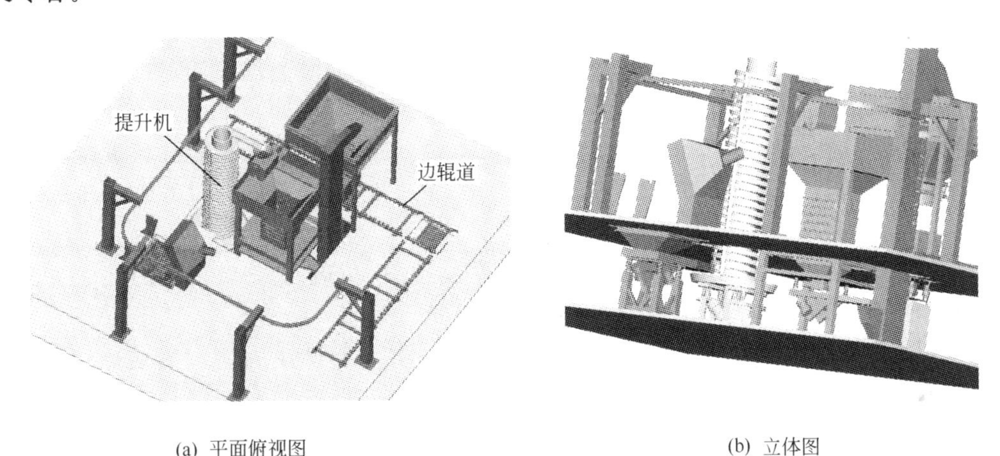

(a) 平面俯视图　　(b) 立体图

图 2-29　图 2-28 所示生产线的三维视图

2.2.8　铝、镁合金消失模铸造新技术

由于汽车节能、轻量化的要求，铝、镁合金已被广泛用于汽车零件的生产，取代钢铁零件。用消失模铸造技术生产复杂的铝、镁合金汽车铸件具有独特的优势。但由于铝、镁合金的浇注温度、热容量等与黑色钢铁合金相差甚远，使得铝、镁合金消失模铸造的技术难度更大。

2.2.8.1　铝合金消失模铸造技术

在美国，消失模铸造已广泛用于铝合金铸件的生产，尤其是汽车零件（缸体、缸盖等），通用汽车的消失模铸造铝合金的缸体、缸盖如图 2-30 所示。相对于黑色金属，铝合金消失模铸造具有其特点。

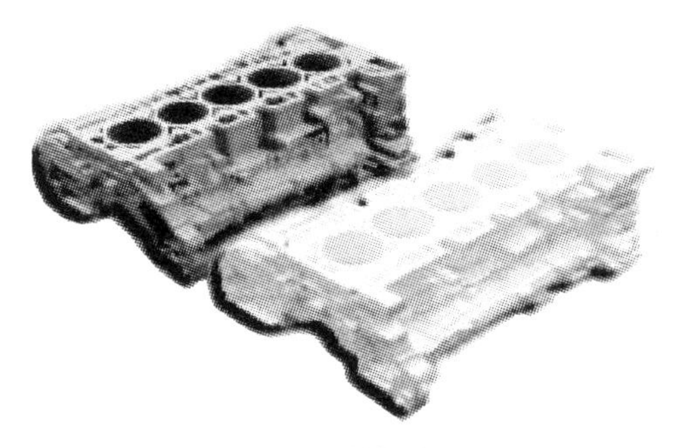

(a) GM Vortec 3.5L 轻卡 5缸缸体

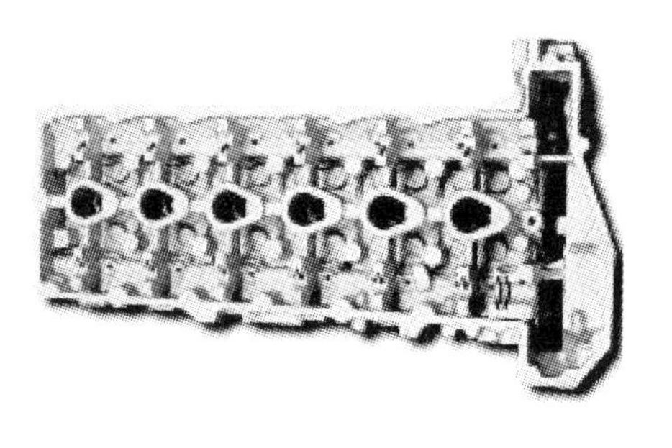

(b) GM Vortec 4.2L 卡车 6 缸缸盖

图 2-30 通用汽车的消失模铸造铝合金的缸体、缸盖

（1）铝合金消失模铸造的主要特征及难点 与黑色钢铁合金相比，铝合金消失模铸造存在如下主要特征及技术难点。

① 液态铝合金的熔化温度比黑色钢铁合金的低许多，而金属液浇注时模样的热解汽化将吸收大量的热量，造成合金流动前沿温度下降，故过度冷却易形成冷隔、皮下气孔等铸件缺陷。因此，足够的浇注温度和浇注速度对获得优质铝合金铸件至关重要，尤其是薄壁铝铸件。

② 为了达到汽化泡沫模样、顺利填充浇注的目的，铝合金消失模铸造的浇注温度往往需要在 800℃以上。而此时，高温铝液的吸（氢）气性强，易使铸件产生针孔（铸件的致密性差）。必须加强高温铝液的除气精炼处理。

③ 铝合金铸件较好的浇注温度应在 750℃左右，因为此时高温铝液的吸（氢）气性较小。为此需要采用适于铝合金的低温汽化的泡沫模样材料。

④ 浇注铝件时，泡沫模样的汽化产物主要是 CO、H_2 等还原性气氛；因此浇注铝件时产生的不是黑烟雾，而是白色雾状气体，也不会像钢、铁铸件那样形成特有的增碳或皱皮缺陷。

⑤ 热解产物对铝合金的成分、组织、性能影响甚微，但由于分解产物的还原气氛与铝件的相互作用，会使铝件表面失去原有的银白色光泽。

（2）铝合金消失模铸造的关键技术 根据铝合金消失模铸造的特征，铝合金消失模铸造的关键技术包括如下几方面。

① 铝合金高温熔体处理技术 在高温下，铝合金熔体易氧化、吸气，因此，浇注前对高温铝合金熔体进行充分的精炼、除气是获得高质量的铝合金消失模铸件的条件之一。精炼、除气后的铝液应尽量减少与潮湿空气的接触，及时浇注。

② 适于铝合金消失模铸造的泡沫模样材料技术。为了降低铝合金消失模铸造的浇注温度（由 800℃以上降低至 750℃左右），国外已开发了一种低温汽化的泡沫模样材料，它通过在普通的泡沫粒珠（EPS、PMMA 等）中加入一种添加剂，可使泡沫模样的汽化温度降低，从而可降低铝合金消失模铸造的浇注温度，减少高温铝液的吸气性和氧化性。

③ 适于铝合金消失模铸造的涂料技术。涂料在消失模铸造工艺中具有十分重要的控制作用。透气好、强度高、涂层薄而均匀的消失模铸造涂料是获得优质铝合金消失模铸件的关

键之一。

铝合金消失模铸件的针孔问题研究与实践表明，目前铝合金消失模铸造的主要技术问题是铝合金消失模铸件的针孔问题，其主要原因是浇注温度要求较高，氢针孔倾向大；泡沫模样的汽化能力差，其裂解产物不能顺利排出等。

目前，铝合金消失模铸造在美国的汽车行业得到了广泛的应用，制得的铝合金铸件尺寸精度高、表面粗糙度低。随着我国消失模铸造技术的进步，铝合金消失模铸造有着广阔的应用前景。典型的铝合金消失模铸造零件如图 2-31 所示。

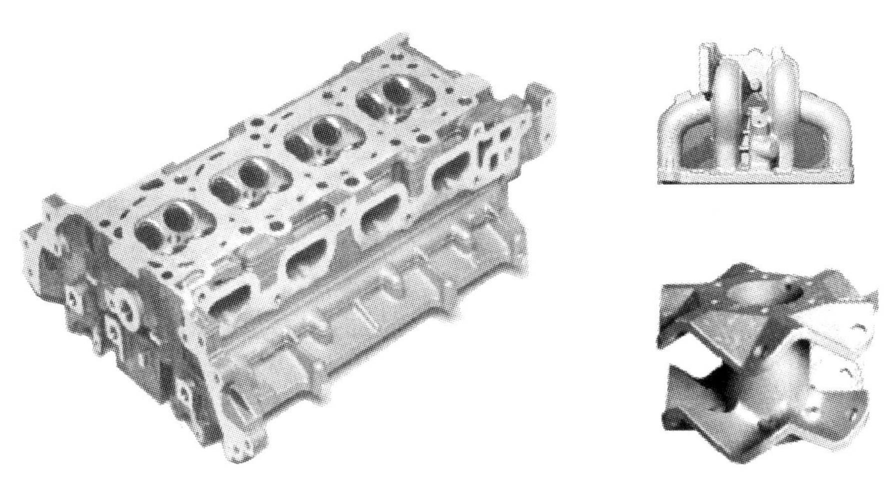

图 2-31　典型的铝合金消失模铸造零件

2.2.8.2　镁合金消失模铸造技术

试验研究表明，镁合金的特点非常适合消失模铸造工艺，因为镁合金的消失模铸造除具有近无余量、精确成形、清洁生产等特点外，它还具有如下独特的优点：①镁合金在浇注温度下，泡沫模样的分解产物主要是烃类、苯类和苯乙烯等气雾物质，它们对充型成形时极易氧化的液态镁合金具有自然的保护作用；②采用干砂负压造型避免了镁合金液与型砂中水分的接触和由此而引起的铸件缺陷；③与目前普遍采用的镁合金压铸工艺相比较，其投资成本大为降低，干砂良好的退让性大大减轻了镁合金铸件凝固收缩时的热裂倾向；金属液较慢和平稳的充型速度避免了气体的卷入，使铸件可经热处理进一步提高其力学性能。所以，镁合金的消失模铸造具有巨大的应用前景，已引起人们的广泛注意和热情研究。

(1) 美国铸造协会对镁合金消失模铸造的初步研究　美国铸造协会（AFS）在 2000 年 5 月成立了镁合金委员会，并一直在镁合金铸件一切生产问题上进行探索和研究，在 2001 年邀请镁合金工业界、大学、国家实验室的有关人士对在汽车和商业上优质的非压铸镁合金铸件领域的研究提出预建议。这个委员会主要目的在于镁合金的金属型重力铸造、金属型低压铸造和消失模铸造的潜在研究，研究内容包括氢的影响、晶粒细化、镁合金热物性的测量、铸型和温度的温度界面、模样和涂料的性能、热处理工艺、优化的力学性能等。

2002 年 9 月，美国铸造协会（AFS）公开了由 AFS 消失模委员会和 AFS 镁合金委员会联合于 6 月份在位于美国威斯康星州的 Eck 公司成功进行的重力下 AZ91E 镁合金消失模铸造试验。2003 年 4 月《Modern casting》再次描述了这项研究工作，没有了以前试验中出现的浇不足和其他的浇注失败现象。

在试验中，采用标准工艺对AZ91E镁合金进行熔化，用SF_6气体进行熔体保护，当达到需要的温度后，对高温金属液进行除渣，并加入六氯乙烷进行除气和精炼处理。采用的EPC模样是一个壳体和一个窗体，常利用它们来评估铝合金消失模铸造工艺，两个铸件的质量分别为1.5kg和0.45kg，最小壁厚4.5mm。据AFS报道，起初的浇铸试验很成功，后来采用不同密度的泡沫材料进行的浇铸试验也很顺利，浇铸温度都是816℃（典型的薄壁镁合金砂型浇铸温度），采用绝热套筒作为直浇道，充型时间为6～8s。通过X射线分析显示，一些铸件中有氧化膜存在，使用过滤网浇铸的镁合金铸件达到了B级甚至更高，而没有采用过滤网的铸件质量达到了C级及更高。

Eck公司的工程副主席David Weiss认为，这项工作证实了消失模铸造适合于镁合金铸件铸造，采用与铝合金消失模铸造相似的技术成功浇注了很多轮廓完整、表面光洁的零件，随着今后更深入的研究工作，镁合金的消失模铸件会作为有成本效益的工艺来代替生产一些压力铸造镁合金产品。

（2）国内镁合金消失模铸造研究进展　华中科技大学将反重力的低压铸造与真空消失模铸造有机地结合起来，应用于镁（铝）合金的液态精密成形，开发出了一种新的“镁（铝）合金真空低压消失模铸造方法及其设备”。该新型铸造方法的显著特点是，金属液在真空和气压的双重作用下浇注充型，液态镁合金的充型能力较重力消失模铸造大为提高，可以容易地克服镁合金消失模铸造中常见的浇不足、冷隔等缺陷，且不需太高的浇注温度，它是铸造高精度、薄壁复杂镁合金铸件的一种好的方法。

上海交通大学对重力下浇注的镁合金消失模铸造工艺及对充型的影响因素进行了初步实验研究。刘子利等采用玻璃窗口观察和数码相机拍摄，并试验研究了镁合金消失模铸造充型过程中不同真空度和浇注方式对液态金属前沿的流动形态和充型时间的影响，根据试验结果，给出了镁合金重力负压消失模铸造充型过程的模型。

2.2.8.3　消失模铸造工艺的新方向

为了适合铝镁合金消失模铸造的特点，国内外开发了一些新的消失模铸造技术。

（1）重力浇注压力凝固　2001年6月8日，Mercury Castings公司建立了第一条工业上自动化程度很高的压力凝固消失模铸造生产线（图2-32），以降低铝合金铸件的气孔率。其特点是，重力浇注后，将砂箱放入压力容器内密封，充入10个标准大气压（1个标准大气压＝101325Pa），让铝合金液体在压力下凝固，产生的缩孔和气孔程度是传统消失模铝合金铸件的1/100，是金属型铝合金铸件的1/10。

（2）消失模真空吸铸技术　涂有耐火材料的模样和浇道系统放入底部开孔的砂箱内，填入干砂，上部密封，将砂箱放在金属液上方，升液管置于金属液内，打开砂箱顶部的真空，使砂箱内产生负压，金属液在压差的作用下上升并代替模样族，如图2-33所示。

（3）镁合金低压消失模铸造技术　华中科技大学先进铸造技术研发中心把消失模铸造、低压铸造技术结合起来，在2002年开发了适于铝镁合金复杂薄壁铸件生产的低压消失模铸造工艺及装备技术，取得了中国发明专利（ZL02115638.7）。

镁合金真空低压消失模铸造工艺原理如图2-34所示。经振动紧实后的消失模铸型砂箱，被放入（或推入）可控气氛和压力下的“低压铸造”工位。双层砂箱在抽真空的同时，液态镁合金在可控气压下完成浇注充型、冷却凝固工作。一定性质的液态镁合金，其充型速度取决于浇注温度、模样密度、涂层透气性、充型气压与流量、负压度、内浇口尺寸等因素。

图 2-32 Mercury Castings 公司的全自动化压力凝固消失模铸造生产线

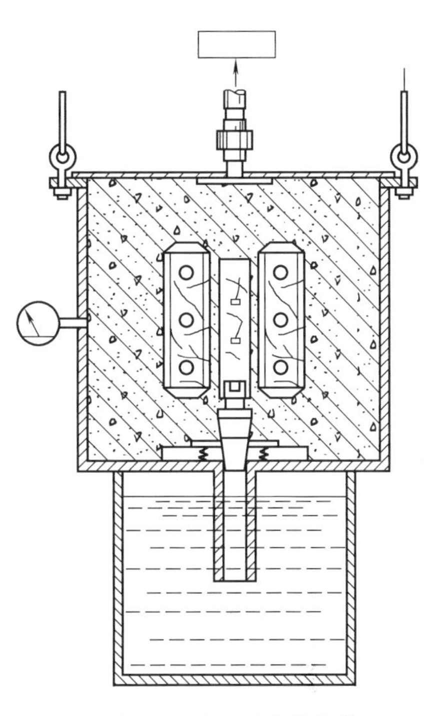

图 2-33 真空吸注消失模铸造技术

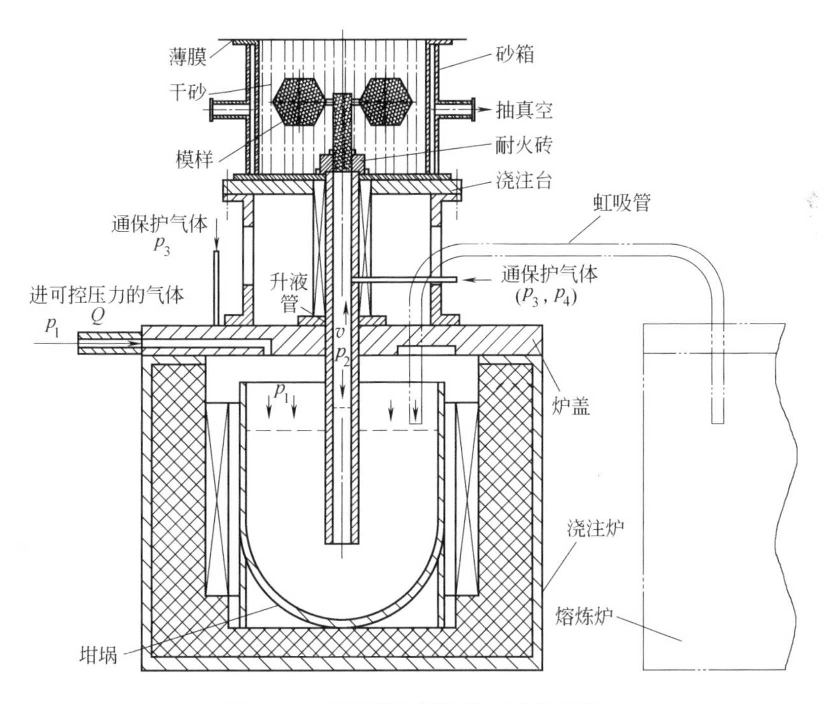

图 2-34 低压消失模铸造工艺原理图

真空低压消失模铸造的实质为真空消失模铸造与反重力低压铸造的有机结合，其充型原理及物理模型可简化如图 2-35 所示，A—A 面为充型前的金属液表面，充型速度由调节阀的流量与压力来确定。以 D—D（升液管底面）为基准面，由伯努利方程可写出如下平衡

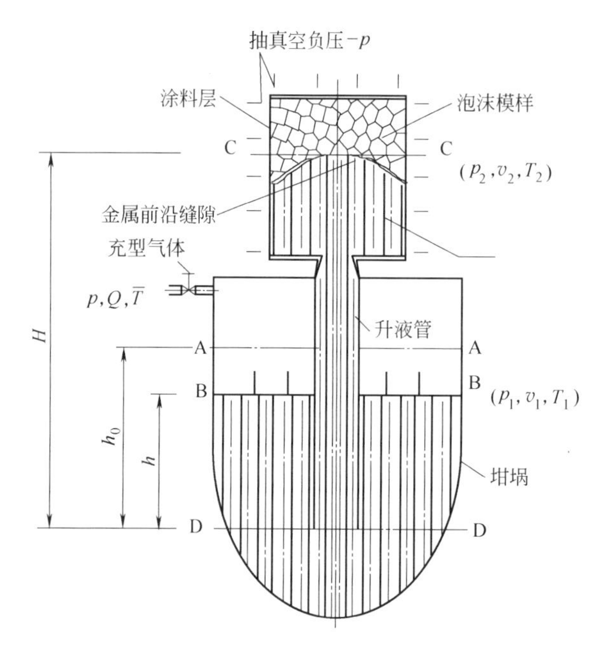

图 2-35　低压消失模铸造的充型模型

方程：

$$h+\frac{p_1}{\gamma_1}+\frac{v_1^2}{2g}=H+\frac{p_2}{\gamma_2}+\frac{v_2^2}{2g}+h_g \tag{2-23}$$

式中，p_1、v_1 分别为金属液面运动至B—B面时，作用于液面上的压力和金属液面下降的速度，γ_1 为B—B面金属液的重度；p_2、v_2 分别为金属液充型至C—C面时，作用于液面上的压力和金属液面上升的速度；γ_2 为C—C面（充型前沿）处金属液的重度；H、h 为充型过程中的某时刻 t 时，以升液管底部为参照，铸型中金属液的充型高度和坩埚内金属液的高度；h_g 为金属液流动过程中的沿程阻力。

由流体传动力学可知，流体流动的流速 v 与流量 Q 和流过的截面积 A 存在如下关系：

$$v=\frac{Q}{A} \tag{2-24}$$

设金属液流动时为连续流动，故在B—B面和C—C面的流量 Q_1、Q_2 相等，即

$$A_1v_1=A_2v_2 \tag{2-25}$$

式中，A_1、A_2 分别为B—B面和C—C面的流动截面积。

合并式（2-23）和式（2-25），得：

$$H-h=\left(\frac{p_1}{\gamma_1}-\frac{p_2}{\gamma_2}\right)+\left(1-\frac{A_1^2}{A_2^2}\right)\frac{v_1^2}{2g}+h_g \tag{2-26}$$

设升压曲线为直线，则升压时间为 t_1 后，坩埚内表面的压力 p_1 为：

$$p_1=p_0+k_pt_1 \tag{2-27}$$

式中，p_0 为升压前坩埚内表面的初始压力；k_p 为升压常数，即$\frac{dp_1}{dt}=k_p$。

p_2 为充型前沿，金属液与泡沫模样之间的间隙气体的压力，它的大小取决于泡沫模样的汽化速度（该汽化速度又决定于泡沫模样材料的性质、金属液的温度、金属液的充型速度等）、涂料层的透气性、真空度等因素。间隙气体的压力 p_2 可近似为：

$$p_2=k_qv_q-p_c+p_T \tag{2-28}$$

式中，v_q 为泡沫模样的汽化速度；k_q 为汽化比例系数；p_c 为真空度；p_T 为涂料层的透气阻力。设 p_c、p_T 为常数，则$\frac{dp_2}{dt}=k_q\frac{dv_q}{dt}$

设式（2-26）中，h_g 为常数，对式（2-26）两边求导得：

$$\frac{dH}{dt}-\frac{dh}{dt}=\frac{1}{\gamma_1}\frac{dp_1}{dt}-\frac{1}{\gamma_2}\frac{dp_2}{dt}+\left(1-\frac{A_1^2}{A_2^2}\right)\frac{v_1}{g}\frac{dv_1}{dt} \tag{2-29}$$

由于，$dH/dt=v_2$，$dh/dt=v_1$，且 $v_2=(A_1/A_2)v_1$，则

$$\left(\frac{A_1}{A_2}-1\right)v_1=\frac{k_p}{\gamma_1}-\frac{k_q}{\gamma_2}\frac{dv_q}{dt}+\left(1-\frac{A_1^2}{A_2^2}\right)\frac{v_1}{g}\frac{dv_1}{dt} \tag{2-30}$$

设金属液的充型速度 v 趋于匀速，即 $dv_1/dt=0$；且 $\gamma_1=\gamma_2=\gamma$，则

$$v_1=\left(k_p-k_q\frac{dv_q}{dt}\right)\frac{A_2}{(A_1-A_2)\gamma} \tag{2-31}$$

$$v_2=\left(k_p-k_q\frac{dv_q}{dt}\right)\frac{A_1}{(A_1-A_2)\gamma} \tag{2-32}$$

所以，铸型的充型速度 v_2 主要取决于升压常数 k_p（即充型气体的压力及流量）、泡沫模样的受热汽化速度 v_q 和汽化比例系数 k_q、坩埚及铸件的截面积 A_1 和 A_2、金属液的重度 γ 等。

低压消失模铸造的工艺特点概括如下。

① 真空低压消失模铸造，具有低压铸造与真空消失模铸造的综合技术优势，使得镁合金消失模铸造在可控的气压下完成充型过程，大大提高了镁合金溶液的充型能力，消除了镁合金重力消失模铸造常出现的浇不足缺陷。

② 镁合金液体在可控的压力下充型，可以控制液态金属的充型速度，让金属液平稳流动，避免紊流，减少卷气，这样最终的铸件可以进行热处理。

③ 采用真空低压消失模铸造时，直浇口即为补缩短通道，液态镁合金在可控的压力下进行补缩凝固，镁合金铸件的浇注系统小，成品率高。

④ 在整个充型冷却过程中，液态镁合金不与空气接触，且泡沫模样的热解产物对镁合金铸件成形时的自然保护作用，消除了液态镁合金浇注充型时的氧化燃烧现象，可铸造出光整、优质、复杂的镁合金铸件。

⑤ 与压铸工艺相比，它具有设备投资小、铸件成本低、铸件内在质量好等优点；而与砂型铸造相比，它又有铸件的精度高、表面粗糙度低、生产率高的优势，同时可以较好地解决液态镁合金成形时易氧化燃烧的问题。

⑥ 在重力消失模铸造中，金属液的流动过程和充型速度与浇注温度及速度、浇注系统、模样密度及裂解特性、涂料透气性、真空度、砂型等因素有关，充型速度不易控制，而在低压消失模铸造中，金属液的流动过程和充型速度除了与重力消失模铸造中的影响因素有关外，还与充型气体的流量和压力有关，充型速度可以被控制，但其流动过程更为复杂。

图 2-36 所示为采用重力下浇注与反重力下浇注的镁合金零件的对比，重力下浇注产生了严重的浇不足现象。

采用反重力的真空低压消失模铸造方法，浇注成形了多种复杂的镁合金铸件，其中的三种如图 2-37 所示，它们的尺寸精度高、表面粗糙度低。电动机壳体的最小壁厚约为 2mm、

(a) 重力下浇注

(b) 反重力下浇注

图 2-36 采用重力下浇注与反重力下浇注的镁合金零件的对比

(a) 电动机壳体模样及其铸件

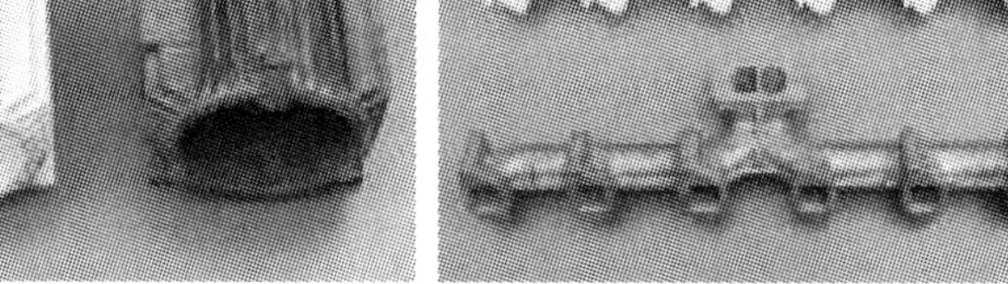

(b) 排气管模样及其铸件

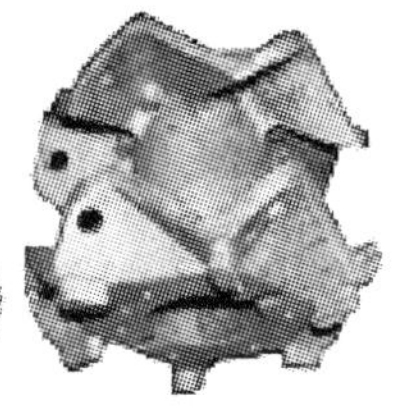

(c) 飞机行李架传送链轮模样及其铸件

图 2-37 采用真空低压消失模铸造工艺生产的镁合金零件

排气管的最小壁厚约为 4mm。这些零件采用压力铸造、低压铸造等工艺都无法实现，用砂型铸造工艺其精度低、表面粗糙度高，用普通的消失模铸造也易产生铸件浇不足等缺陷。

实践表明，如果工艺参数控制不当，反重力的真空低压消失模铸造较容易产生浸入性气孔和机械粘砂缺陷，优化铸造工艺参数和涂料性能可获得高内在质量的复杂、薄壁镁合金铸件。

总之，低压消失模铸造新工艺，利用低压铸造充型性能好，又能够使金属液在一定的压力下凝固，达到使铸件组织致密的目的，非常适合复杂薄壁镁（铝）合金铸件的工业化大量生产特点，因此它是一种极具有潜力和优势的液态镁合金精密成形技术，在汽车、航空航天、电子等领域具有巨大的实用价值。

2.3 高密度黏土砂紧实机理及其成形技术

黏土砂铸造是铸造生产的主力，占铸件总量的 70%～80%。黏土砂造型是黏土砂铸造成形的主要工艺过程，其目的是获得一个紧实度高而且分布均匀的砂型。造型过程主要包括填砂、紧实、起模、下芯、合箱及砂型、砂箱的运输等工序，造型过程的机械化、自动化水平在很大程度上决定着企业的劳动生产率和产品质量。造型机是整个造型过程的核心装备，它的作用有三个：填砂、紧实和起模。其中紧实是关键的一环。所谓的紧实就是将包覆有黏结剂的松散砂粒在模型中形成具有一定强度和紧实度的砂块或砂型。常用紧实度来衡量型砂被紧实的程度，一般用单位体积内型砂的质量或型砂表面的硬度表示。

从黏土砂铸造成形工艺上讲，紧实后的砂型应具有如下性能：①有足够的强度，能经受搬运、翻转过程中的震动或浇注时金属液的冲刷而不破坏；②容易起模，起模时不能损坏或脱落，能保持型腔的精确度；③有必要的透气性，避免产生气孔等缺陷。上述要求有时互相矛盾，例如，紧实度高的砂型透气性差，所以应根据具体情况对不同的要求有所侧重，或采取一些辅助补偿措施，如高压造型时，用扎通气孔的方法解决透气性的问题。

常用黏土砂紧实型砂的方法（简称实砂）有震击紧实、压实紧实、射砂紧实、气流紧实等，而现代造型装备为获得最佳的型砂紧实效果，往往将几种紧实方法结合起来。根据紧实原理，造型机可分为震击/震压造型机、高压造型机、射压造型机、静压造型机、气冲造型机等；而根据是否使用砂箱又可分为有箱造型机和无箱/脱箱造型机。下面介绍两种较先进的造型方法及装备。

2.3.1 静压造型

静压造型机是利用压缩空气气流渗透预紧实并辅以加压压实型砂的一种造型机。所谓的气流渗透紧实方法，是用快开阀将储气罐中的压缩空气引至砂箱的砂粒上面，使气流在较短的时间内透过型砂，经模板上的排气孔排出。气流在穿过砂层时受到砂子的阻碍而产生压缩力，即渗透压力使型砂紧实，如图 2-38 所示。因渗透压力随着砂层厚度的增加而累积叠加，所以最后得到的型砂紧实度和震击实砂的效果一样，也是靠近模板处高而砂箱顶部低。该法具有机器结构简单、实砂时间短、噪声和振动小等优点，故而称为静压造型法。

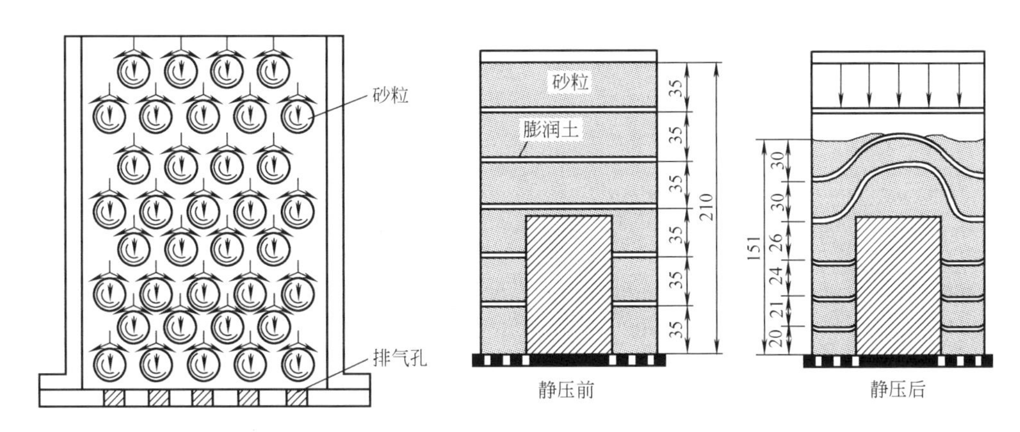

图 2-38 气流渗透实砂法的工作原理

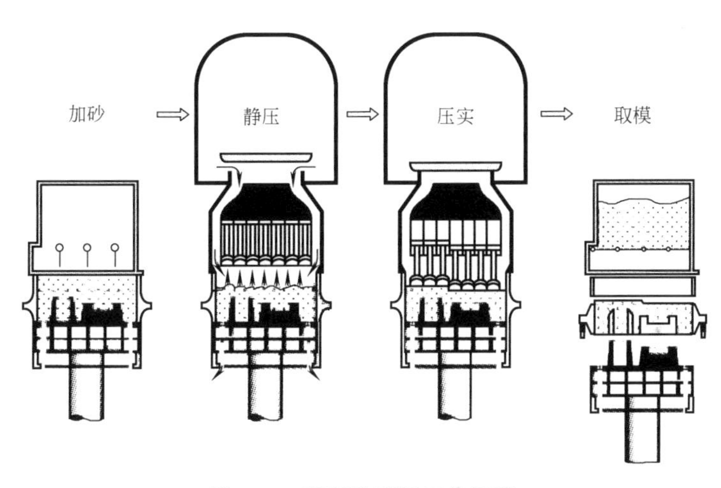

图 2-39 静压造型机工作原理

为克服气流实砂的缺点，获得紧实度高而均匀的砂型，型砂经过气流紧实后再实施加压紧实的静压造型机于 1989 年开发成功后得到了广泛应用。其造型过程如图 2-39 所示。图 2-40 为静压、高压、静压＋高压造型方法的铸型强度分布示意图。

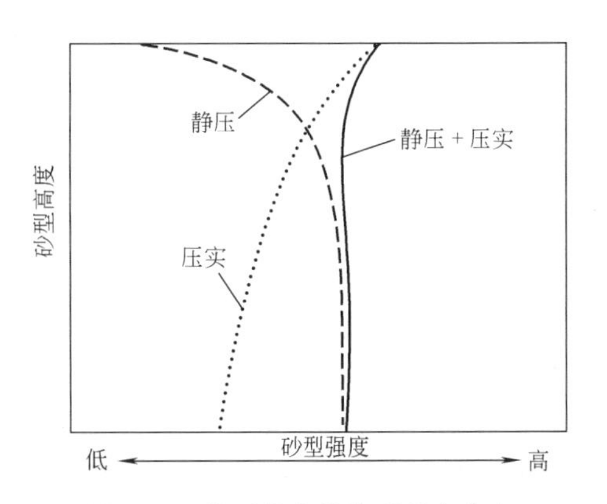

图 2-40 静压紧实的铸型强度分布

2000 年以来，静压造型的优势逐渐被国人所接受，目前国内一些厂已引进了最新的自动化静压造型生产线，如国内某柴油机制造公司的新铸车间引进 HWS 公司的静压造型机，在 2004 年投产后即用于大功率柴油机缸体的生产，效益显著。

2.3.2 气冲造型

20 世纪 80 年代，欧洲和我国都开发成功了利用气流冲击紧实型砂的气冲造型机。气流冲击紧实是先将型砂填入砂箱内，然后压缩空气在很短的时间内（10～20ms）以很高的升压速度（$dp/dt=4.5\sim22.5$MPa/s）作用于砂型顶部，高速气流冲击将型砂紧实。

气冲紧实过程可如图 2-41 所示，高速气流作用于砂箱散砂［图 2-41(a)］的顶部，形成一个预紧砂层［图 2-41(b)］；预紧砂层快速向下运动，且越来越厚，直至与模板发生接触［图 2-41(c)］，加速向下移动的预紧实砂体，受到模板的滞止作用，而产生对模板的冲击，最底下的砂层先得到冲击紧实［图 2-41(d)］，随后上层砂层逐层冲击紧实，一直到达砂型顶部［图 2-41(e)］。

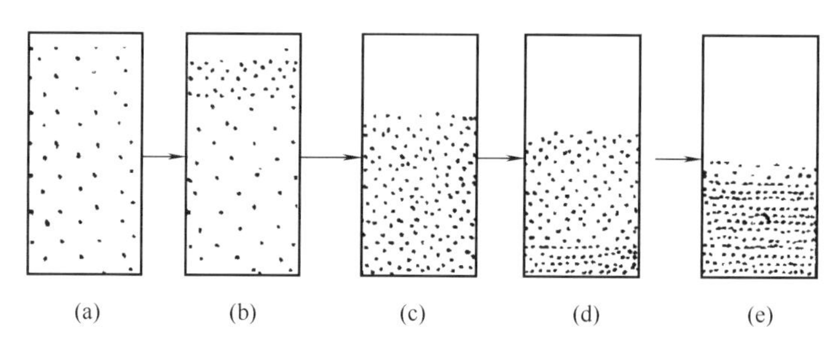

图 2-41　气流冲击紧实过程示意图

气冲紧实时最底层的砂所受的冲击力最大，因而紧实度最高；砂层越高，所受冲击力越小，紧实度越低。图 2-42 为气冲造型时的砂型强度分布。由此可知，砂型顶部的砂层由于它上面没有砂层对它的冲击，紧实度很低，常以散砂的形式存在，因此气冲造型时，砂型顶部的砂层必须刮去。

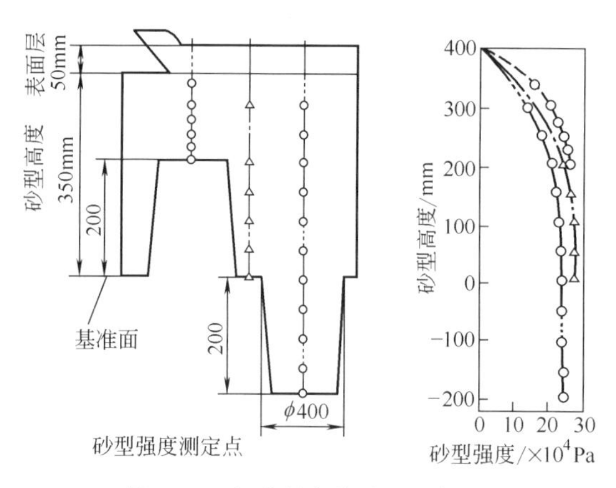

图 2-42　气冲紧实的砂型强度分布

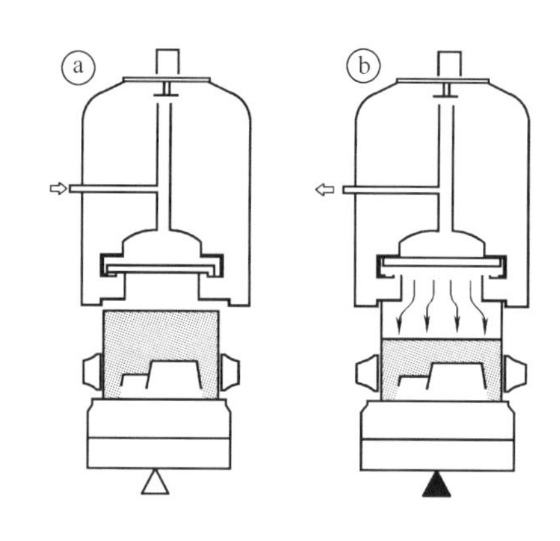

图 2-43　气冲装置结构示意图

气冲紧实的优点是：靠近型面处紧实度高且均匀，比较符合铸造的工艺要求；生产率高，噪声较低；机器结构简单；但也有冲击力大，模板磨损快及模型反弹降低铸型尺寸精度，对地基的影响较大等缺点。

气冲紧实的关键是进气时砂型顶部气压上升的速度（dp/dt）。升压速度越高，则气流冲击力越大，型砂的紧实度也越高。气冲紧实的升压速度是评判气冲紧实效果和气冲装置质量的重要指标之一。而气体的升压速度取决于气冲装置内快开阀的结构和动作速度。目前实际生产中使用较多的气冲装置有两种：一种是 GF 公司的圆盘式气冲装置；另一种是德国 BMD 公司制造的液控栅格式气流冲击装置。

GF公司的气冲装置如图2-43所示，在充满压缩空气的压力室内有一个快开阀，其阀门通常处于受压关闭状态，一旦需要排气时，阀门便快速打开（开启时间为0.01s左右），室内的压缩空气迅速进入工作腔，在0.01～0.02s的时间内达到最高压力0.45～0.5MPa，利

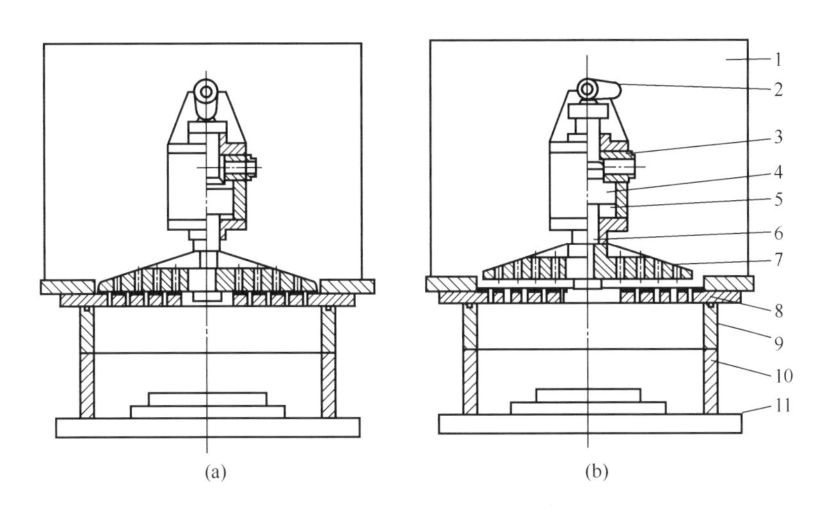

图2-44 BMD液控栅格式气冲装置结构图

1—储气室；2—气动锁紧凸轮；3—控制阀盘启闭的液压缸；4—活塞；5—控制阀盘启闭的气缸；6—活塞杆；7—动阀板；8—定阀板；9—预填框；10—砂箱；11—模板

用这种强大的气压冲击作用，可使型砂得到紧实。该阀结构简单，阀门为一个金属圆盘，外层包覆一层塑料或橡胶薄膜。阀门开启速度快，使用寿命长。使用的压缩空气压力约为0.3～0.5MPa。

BMD液控栅格式气冲装置如图2-44所示。固定阀板8与活动阀板7都设计成栅格形，两阀板的月牙形通孔相互错开，当两阀板贴紧时完全关闭。当液压锁紧机构放开时，在储气室1的气压作用下，活动阀板迅速打开，实现气冲紧实。紧实后液压缸3使活动阀板复位，液压锁紧机构再锁紧活动板，恢复关闭状态。储气室补充进气，以待再次工作。

气冲造型机主要由机架、接箱机构、加砂机构、模板更换机构和气冲装置等组成。在结构形式上它与多触头高压造型机类似，不同之处在于用气冲装置取代了多触头压实机构和微震机构。

气冲紧实时，上部型砂无法得到足够的紧实度，存在一层浮砂（图2-42）。若在气冲装置中引入加压机构，便成为气冲压实造型机，如图2-45所示。因附加压实，可适当降低气冲压力，减小模型磨损及铸型反弹和对地基的损害，因此是一种非常有发展前途的造型装备。

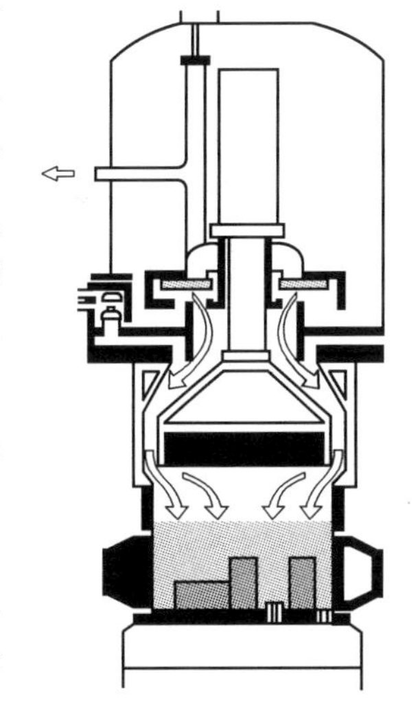

图2-45 气冲压实造型机示意图

2.4 化学黏结剂砂型及corsworth process新技术

砂型铸造是铸造工业生产的主体，占铸件产量的70%～80%。常用的砂型铸造按其所用的黏结剂的不同，可分为树脂砂、水玻璃砂、黏土砂。其中，树脂砂和水玻璃砂统称为化学黏结剂砂。它们通常以树脂、水玻璃为黏结剂，加入不同的固化剂，通过化学硬化结成铸

型。各种型砂生产铸件的性能比较，如表 2-14 所示，详细的了解可参见有关专著。下面以自硬树脂砂为例，介绍化学黏结剂砂的工艺原理和以锆砂树脂自硬砂组芯造型的 corsworth process 新技术。

表 2-14　铸件生产的几种常见型砂性能比较

型砂种类		优　　点	缺　　点	成本及目前的应用情况
树脂砂	酸硬呋喃树脂	树脂加入量少(约 1%)、黏结强度大，耐热性好，铸件的表面质量好，落砂性能好，旧砂易再生。用于铸铁件生产工艺成熟	造型、浇注时有刺激性气味(含有害气体十余种)，劳动环境较差，高温下型砂的退让性差、铸钢件的裂纹倾向大	成本较高，目前主要用于铸铁件的生产，铸钢件受阻于裂纹缺陷，应用较少
	酯硬碱性酚醛树脂	树脂中不含 N、P、S 元素，高温下有“二次硬化现象”，裂纹倾向比呋喃树脂砂小，不放出刺激性气味，生产环境友好，落砂清理性能好	型砂强度比呋喃树脂砂低，树脂的加入量较高(1.5%～2.5%)，成本比呋喃树脂砂高，旧砂再生比呋喃树脂砂困难，铸型(芯)的存放稳定性较差	成本高，应用较少。英国使用较多，近年来在我国应用有增加的趋势
	胺硬酚尿烷树脂(Pepset)	树脂砂使用时间长，型(芯)砂流动性好、可用射砂制芯，硬化速度快、1h 可合箱浇注，落砂性能好，裂纹倾向较呋喃树脂小，旧砂再生较容易	树脂的加入量较高(1.4%～2.0%)、成本比呋喃树脂砂高，制芯时有二甲苯等有毒气体放出、作业环境较差，含氮量较高、对铸钢件易产生气孔缺陷	成本高，目前在我国的应用主要限于铸铁件
水玻璃砂	普通 CO_2 硬化	环境友好，操作方便，成本低(水玻璃加入量 6%～8%)，裂纹倾向小	溃散性差、落砂性能差，型(芯)的表安性不太好，铸件的质量较差，旧砂再生困难	成本低，是目前我国用于铸钢件生产的主要型砂
	真空 CO_2 硬化	与普通 CO_2 硬化相比，节省 CO_2 和水玻璃(水玻璃加入量为 3.0%～4.0%)，溃散性有较大改善，裂纹倾向小	增加了抽真空负压系统，同时应有吹气控制装置配套，应用有局限性；旧砂再生较困难	抽真空系统较复杂，应用较少
	普通酯硬化	水玻璃加入量为 3.0%～4.0%，溃散性有较大改善，裂纹倾向小	旧砂干法再生困难(干法再生砂只能作背砂使用)，湿法再生较适宜；不能实现干法振动落砂	成本较低，具有较好的应用前景
	改性水玻璃酯硬化	水玻璃加入量为 2.0%～3.0%，溃散性大为改善，裂纹倾向小	溃散性接近树脂砂，有望实现真正的干法落砂；旧砂可实现干法回用作背砂，湿法再生作面砂或单一砂；为水玻璃砂工艺的发展方向之一	成本较低，具有广泛的应用前景
黏土砂	湿型黏土砂	砂型无需烘干，不存在硬化过程；生产灵活性大，生产率高，生产周期短，便于组织流水线生产和实现机械化、自动化生产；成本低，能耗少	不适合很大或很厚实的铸件生产，铸件易产生结疤、粘砂、气孔等缺陷，铸件的质量、精度都不太高	主要用于铸铁件的大量生产。也用于小型铸钢件的生产
	干型黏土砂	与湿型黏土砂相比，强度高、透气性好，铸件的缺陷少，适用于中、大型铸铁件和某些铸钢件	铸型在合箱、浇注前将整个砂型放入窑中烘干，退让性差，能耗大，铸件的精度不高	目前应用较少，正在逐步被化学黏结剂的自硬砂所取代

2.4.1　自硬树脂砂型原理及应用

2.4.1.1　自硬砂型的原理、种类、应用

树脂自硬砂是指原砂（或再生砂）以合成树脂为黏结剂，由相应（苯磺酸、磷酸）的催化剂作用，在室温下自行硬化成形的一类型（芯）砂，其基本特点是：

① 型砂的硬化无需加热烘干，比加热硬化树脂砂节省能源，可以采用木质或塑料芯盒和模板；

② 铸件的尺寸精度（铸铁件可达 CT8～CT10，铸钢件 CT9～CT11）。表面粗糙度（铸

钢件 $R_a25\sim100$，铸铁件 $R_a25\sim50$)，比黏土砂、水玻璃砂好，铸件质量高；

③ 型砂容易紧实、易溃散、好清理，旧砂容易再生回用，大大减轻了劳动强度，使单件、小批量生产车间容易实现机械化；

④ 树脂的价格较贵，同时要求使用优质原砂，因而型砂的成本比黏土砂、水玻璃砂的高；

⑤ 起模时间一般为几分钟至几十分钟，生产效率比覆膜砂热芯盒砂低。工艺过程受环境温度、湿度的影响大，要求比较严格的工艺控制；

⑥ 混砂、造型、浇注时，有刺激性的气味，应注意劳动保护。

树脂自硬砂特别适合于单件，小批量的铸铁、铸钢和有色合金铸件的生产，不少工厂已用它取代黏土砂、水泥砂，部分取代水玻璃砂，在国内外应用十分广泛。树脂自硬砂主要分三类：酸自硬树脂砂，尿烷自硬树脂砂，酚醛-酯自硬树脂砂。目前最常用的为酸自硬树脂砂。

2.4.1.2 酸自硬树脂砂

酸自硬树脂砂的组成包括原砂（石英砂、铬铁矿砂、锆砂等）、树脂黏结剂、固化剂（磺酸、磷酸等）。自硬树脂砂的典型配方为（以石英砂新砂为例）：标准砂（质量分数）100%＋树脂 1.0%～1.5%（占标准砂质量分数）＋固化剂 25%～50%（占树脂质量分数）。原砂采用再生砂时，树脂和固化剂的加入量可稍降低。

自硬树脂砂工艺对原砂的要求通常是耐火度较高、粒形圆整、粒度适中、酸耗值低、含泥（尘）量小、含水量低。

而树脂的选择主要根据铸件的合金特性及其对型砂性能的要求（如硬化时间、高温强度、含氮量等）和成本来确定。如铸钢件浇注温度高，要求型砂热稳定性好，同时为减少气孔缺陷，希望型砂中氮含量低，故选用高糠醇、低氮或无氮树脂；而有色合金铸件浇注温度低，型砂高温强度要求不高，但应有好的溃散性，故多选择高氮、低糠醇树脂；对于硬化速度要求较快的型砂，可选用含氮量偏高的树脂。在选用树脂时，对树脂的黏度、游离甲醛含量、pH 值等性能指标，也有严格要求。

树脂砂通常采用有机磺酸类固化剂，固化剂的加入量依所要求的硬化速度、气温、湿度、砂温和树脂种类调整。呋喃树脂、固化剂加入量一般为树脂用量的 25%～50%；酚醛树脂的加入量通常为树脂量的 30%～55%。加入量增加，硬化速度加快，但不能过量，否则，树脂膜焦化，强度明显降低。为了改善酸自硬树脂砂的某些性能，有时在配比中加入一些添加剂，常用的添加剂见表 2-15、表 2-16。

表 2-15 常用的添加剂及作用

序 号	添加剂名称	加入量 (占树脂质量分数)/%	作 用
1	硅烷	0.1～0.3	偶联剂，提高强度降低树脂加入量
2	氧化铁粉	1.0～1.5	防冲砂
3	氧化铁粉	3.0～5.0	防止气孔
4	甘油	0.2～0.4	增加砂型(芯)韧性
5	苯二甲酸二丁酯	约 0.2	增加砂型(芯)韧性
6	邻苯二甲酸二丁酯	约 0.2	增加砂型(芯)韧性

混砂工艺对树脂砂型（芯）的性能影响较大。混砂顺序通常是先加固化剂与原砂混匀，再加树脂混匀。对树脂砂混砂机要求是混砂快速、均匀，自清理性好。常有球形混砂机和连续式混砂机两种树脂砂混砂机。

表 2-16　KH-550 硅烷对不同含氮量树脂增强效果对比

硅烷加入情况	无氮树脂	低氮树脂	中氮树脂
未加时抗拉强度	0.35	1.43	2.1
加 0.3%(占树脂重)硅烷时抗拉强度	2.31	1.92	2.7

注：配方为标准砂（质量分数）100%，树脂 1.5%（占标准砂质量分数），固化剂 50%（占树脂质量分数）。

树脂砂的硬化特性有两个重要指标：可使用时间、强度（脱模强度、终强度）。硬化时间和造型时间与强度之间的关系如图 2-46、图 2-47 所示。通常，应在可使用时间内完成造型，且在起模时间内完成起模。

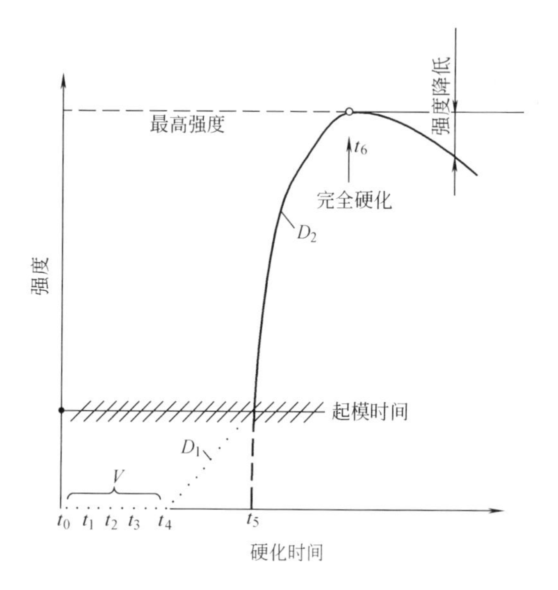

图 2-46　酸自硬法树脂砂强度与时间关系的示意图

V—预固化阶段；D_1—密闭全固化阶段；
D_2—敞露全固化阶段；t_0—树脂与固化剂接触；
t_1—混砂结束；t_2—紧实结束；t_3—可使用时间；
t_4—全硬化开始；t_5—起模时间；t_6—强度最大值

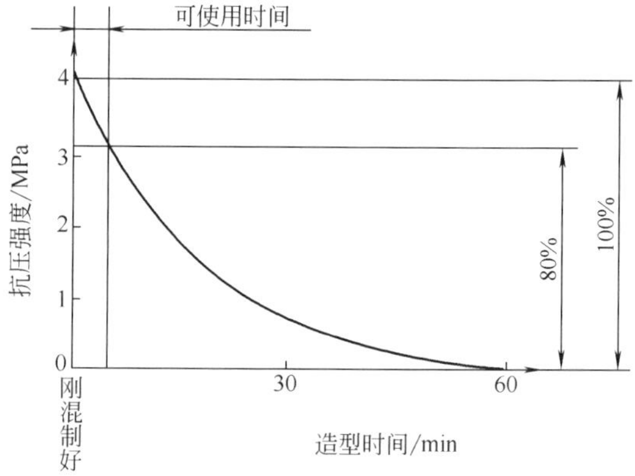

图 2-47　造型时间与抗压强度的关系

树脂砂工艺技术的另一关键是旧砂再生。旧砂再生的意义在于：

① 最大限度地减少因废砂排除造成的环境污染，使 90%以上的废砂可以再生回用；

② 由于再生砂颗粒表面光滑，粒度分布均匀，微粉少，可节约昂贵的树脂 20%以上；

③ 再生砂热稳定性好，热膨胀少，化学性能稳定，酸耗值降低，树脂砂性能容易控制，有利于提高铸件质量，减少脉纹、机械粘砂等缺陷。

因此，旧砂再生是树脂砂工艺技术不可缺少的重要组成部分。各种旧砂再生技术与装备详见有关专著。

2.4.2　corsworth process 新技术

corsworth process 铸造新工艺（简称 CP）是 20 世纪 70 年代由英国人发明的，最初用来生产性能要求很高的一级方程式赛车发动机中的复杂铸铝件（缸体、缸盖等），它是一种精确锆英树脂自硬砂的组芯造型，在可控气氛、压力下充型的复合工艺。CP 法的充型原理如图 2-48 所示，其生产过程如图 2-49 所示。它将激冷砂精密铸型（芯）技术、电磁泵低压

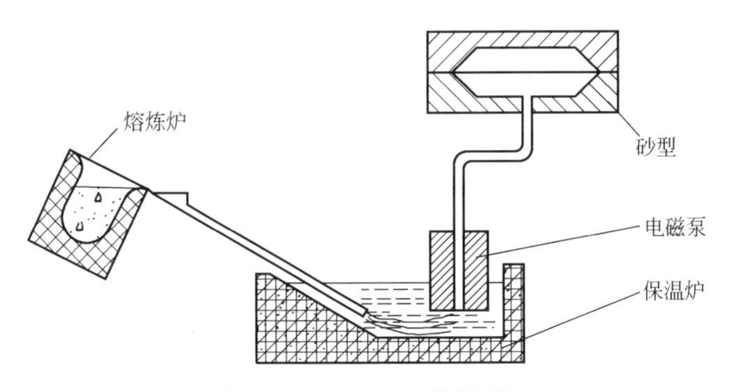

图 2-48　CP 法的充型原理图

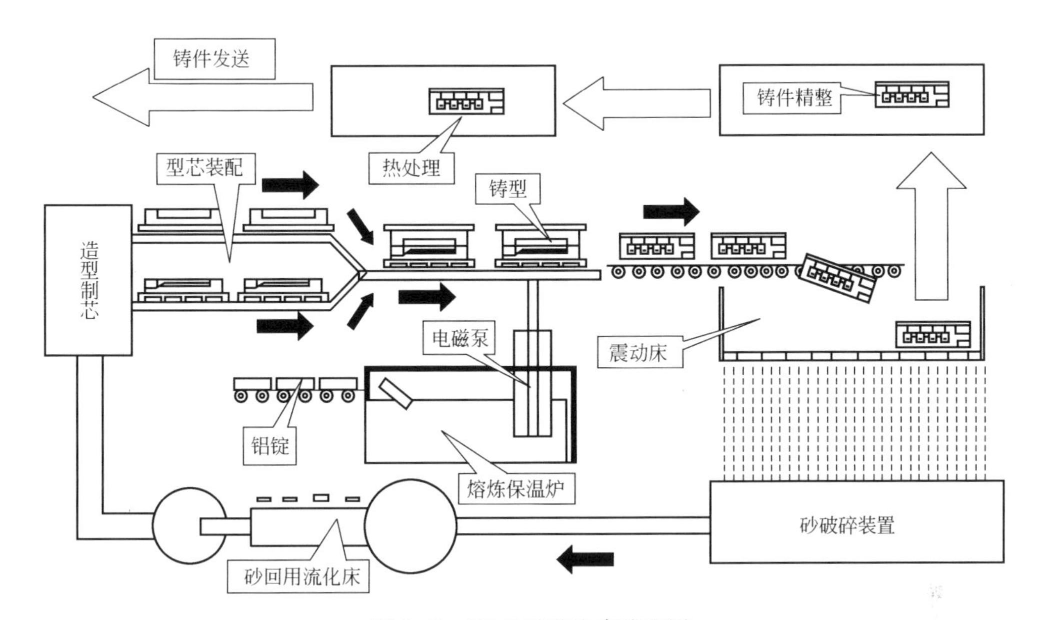

图 2-49　CP 法工艺生产流程图

铸造技术、流化床旧砂热法再生技术、可控气氛熔化保护技术等多项新技术综合在一起，是一种绿色集约化铸造技术。

2.4.2.1　CP 法的特点

CP 法生产具有如下特点：

① 采用锆英砂作为原砂，铸型的冷却速度快，热膨胀变形小；精密自硬树脂砂型的强度高、尺寸精确，故由 CP 生产的铸铝件组织性能好、尺寸精度高；

② 铝坯在惰性气体保护下熔化、精炼、浇注，在这个过程中，铝液很少与大气直接接触，故铝液纯净、品位高，基本没有氧化夹杂物；

③ 铸型由电磁泵驱动浇注（属低压底注式），通过电磁泵控制金属液流动充型，使金属浇注过程中的流动平稳，卷气、夹杂缺陷等减少到最低，铸件的致密度达到 0.001%～0.010%（体积分数）；铸件在可控压力和气氛下结晶凝固，故所得铸件的组织性能优良，铸件的缺陷少；

④ 全部采用砂芯，并用机械手下芯，组芯精度高［砂芯内部尺寸精度可达（800±0.25)mm，砂芯间连接误差每个仅为±0.1mm］，铸件的飞边很少，大大减少了清理工时，铸件的精度也大为提高，铸件壁厚薄均匀、加工余量小（仅为 1.5～2.0mm），铸件的质量

比普通砂型铸件的质量轻10%～12%；

⑤ 旧砂采用热法再生、循环使用，砂的损失率仅为1.5%，材料损耗少；

⑥ 生产工艺过程循环闭式进行，铸型落砂、旧砂破碎、旧砂再生等工序可组合进行，旧砂热法再生中的余热可以用来完成对铸件的热处理，工艺流程简单紧凑，一举数得，车间环境也大大改善。CP法初期的目的主要是降低铝合金液体的扰动，减少夹杂、卷气产生的内部缺陷，提高砂型的冷却速度，改善铸件的内在质量。但该工艺的生产率很低，只有10（型/小时）左右，只能用于高级赛车部件的生产，因此提高该工艺的生产率是一个迫切的问题。20世纪80年代以后，随着该工艺技术的进一步发展，CP法更加完善，对熔炼、造型制芯、充型、废砂回收、铸件处理等工序进行了综合考虑。尤其是翻转浇注系统的发明，使它进入了大规模发展时期。该工艺的主要优点是：由于采用锆砂（激冷砂）和精密树脂砂工艺，并在可控气氛下低压铸造，适用于制造薄壁、高致密度、复杂的铝合金铸件，且铸造的生产环境得到了根本的改善。该工艺在欧美、南非等国家的许多企业得到了应用。

2.4.2.2 CP法的关键技术

(1) 原砂及其组芯技术　CP法的造型制芯工艺及装配技术要求较严，因为每一个铸型中都有10～12个独立的复杂砂芯。因此，对芯盒的设计要求较高，而且要求用射芯机制芯。为了尽可能地减少型芯的变形，原砂的级配和黏结剂系统必须经过严格选择，一般采用气硬树脂砂（如SO_2冷芯盒工艺），其生产率高、尺寸精度高。原砂用的是锆英砂，因为石英砂的热膨胀往往导致铸型的热变形，使铸件的精度变差，采用热膨胀小的锆英砂就解决了这个问题。为保证型芯的装配精度，采用特制的夹具进行组芯装配，使精度控制在±0.05mm以内。

采用锆英砂作造型制芯的原砂还有以下几个十分显著的优点。

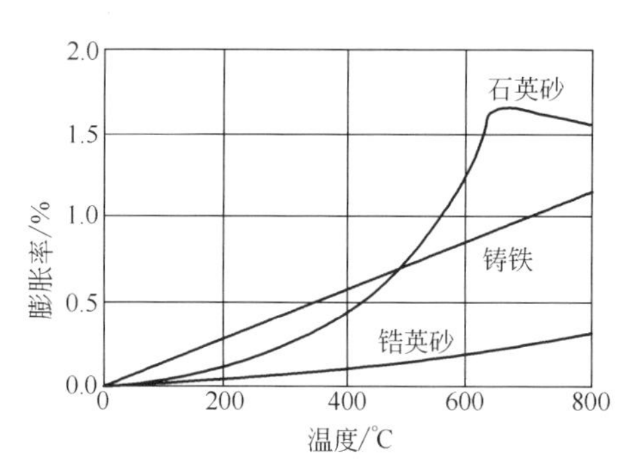

图2-50　石英砂、铸铁和锆英砂的热膨胀曲线

① 由于锆英砂的高的热导率使金属液的凝固速度很快，与金属型的冷却速度相近，得到的铝合金铸件的凝固组织致密、性能很高。

② 锆英树脂砂与铝合金液体的密度相近，在浇注的过程中，砂芯呈现“零浮力”，因此，砂芯不会因为浮力而产生位置的移动，保证了铸件的尺寸精度，尤其是铸件内腔的精度。这对于浇铸水管类或油管类铸件非常适合。

③ 锆英砂的热膨胀系数小（图2-50），在循环回用的过程中，锆英砂颗粒不至于由于反复膨胀和收缩而产生热裂损耗，其回收率达到99%。

(2) 合理的可控气氛熔炼规范　CP法的金属熔炼最初是将熔炼好的金属液通过有电热的导管输入到保温炉中，实现“静态传输”。金属液中的微小氧化物和气体经静置后，气体和轻的颗粒物上浮，重颗粒物下降。电磁泵的入口位于液面以下的中部，可将洁净的金属液平稳地输入到铸型中。但是，在实际生产中，铝合金液体与空气接触，氧化是不可避免的，所以效果不是很好。后来经过改进，将熔炼和保温静置合在同一个炉内进行。该炉是一种电热辐射顶炉（封闭的），炉内充入惰性气体——氩气，使大部分的铝合金金属液不与空气接触，产生氧化的机会大大减少，因此极大地减少了氧化物的生成。可控气氛下的辐射加热使得熔炼中的氢大为减少，铸件中的氢的出现与普通铸件相比要低得多。CP法的熔炼炉是一种电加热辐射炉，上面有氩气保护和脱氢装置。铝锭进入熔炼炉之前经过预热，去掉油污、水分等杂质，然后加入炉内熔炼。熔炼好了的液体从另一头通过电磁泵无扰动地浇注到铸型中。从炉子到铸型之间的浇注管道都用电加热。可以看出，熔炼和浇注的整个过程都是无扰动的，是一种完全的“静态传输”过程。

最新式的熔炼炉是一种燃气辐射三室熔炼保温炉，有三个工作区：预热、熔化、保温，能实现一体化操作。该炉的优点是能耗低、热效率高、金属损耗率低、生产率高（250～10000kg/h）、操作安全可靠、金属液质量高。

（3）可控压力无接触式液态金属输送技术　高温铝合金熔体与空气接触时易产生氧化，它在传输的过程中，如发生扰动，就会卷入气体，同时也会破坏液体表面的氧化铝膜，使铸件产生气体和夹杂。因此，实现铝合金液体的“静态传输”是得到高质量铸件的一个重要前提。

Cosworth 铸造有限公司是一家生产 Cosworth 一级方程式赛车发动机的专业公司，赛车发动机铸件的要求是：质量轻（铝合金铸件）、组织性能好、尺寸精度高。corsworth process 铸造工艺最初就是生产质量要求非常高的铝合金发动机缸体、缸盖。多年来，CP 法已被证明是世界上最好的生产高质量铝合金发动机缸体、缸盖的方法。其关键的技术之一就是实现了铝合金液体的“静态传输”。CP 法的熔炼和浇注工艺与普通重力铸造工艺对比，如图2-51 所示。

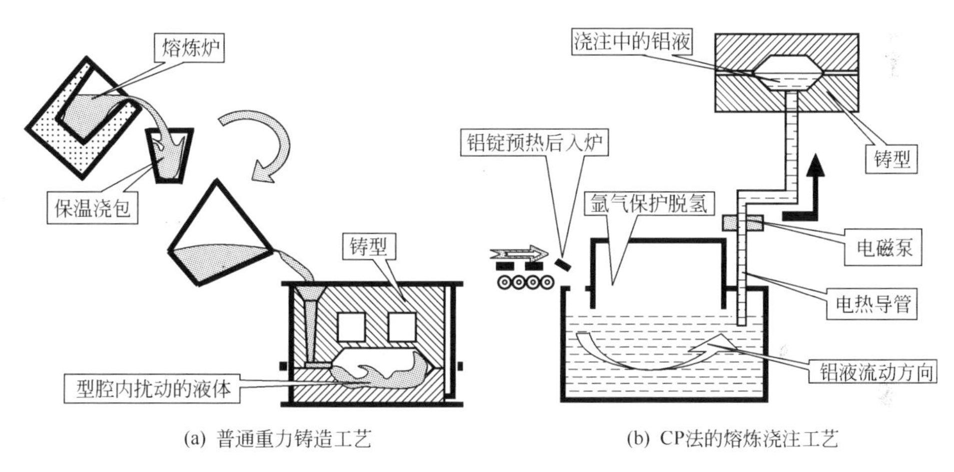

(a) 普通重力铸造工艺　　(b) CP法的熔炼浇注工艺

图 2-51　CP 法的熔炼和浇注工艺与普通重力铸造工艺对比

（4）充型翻转技术　CP 工艺的浇注原始采用的是底注式（如图 2-41 所示），电磁泵的浇口必须不断地提供铝液直至凝固结束。在一般情况下，一个缸盖浇注完毕需要 4.25min，而铸型充满只需 10～12s。对于薄壁铸件来说，不需要过多的凝固补缩时间，因此，有 4min 以上的多余时间被耽误，生产率很低。

1988 年美国底特律的福特汽车公司为它在加拿大的 Windsor 铝合金制造厂购买了 CP 法的专利，随后发明了翻转充型法。翻转充型工艺主要原理是将原来的底注式浇注变为下侧注式浇注，如图 2-52 所示，金属液通过电磁泵从下侧浇口浇注到铸型中，直至铸型充满。铸型翻转 180°，此时下侧浇口转到了上面，电磁泵的充型压力降低，使泵的浇口脱离铸型。铸型内的金属液在自重力的作用下结晶凝固，不至于使金属液从下侧浇口流出而报废，不仅提高了生产率，而且优化了冶金组织。

美国福特公司的 CP 生产线采用翻转充型工艺使生产率达到 100 型/小时，每年生产 110 万型；南非 M&R 公司 CP 生产线采用单工位翻转充型工艺使生产率达到 55 型/小时。Cosworth 公司自己也没闲着，它为全世界的汽车制造业的缸盖的制造加工做出了自己的努力。

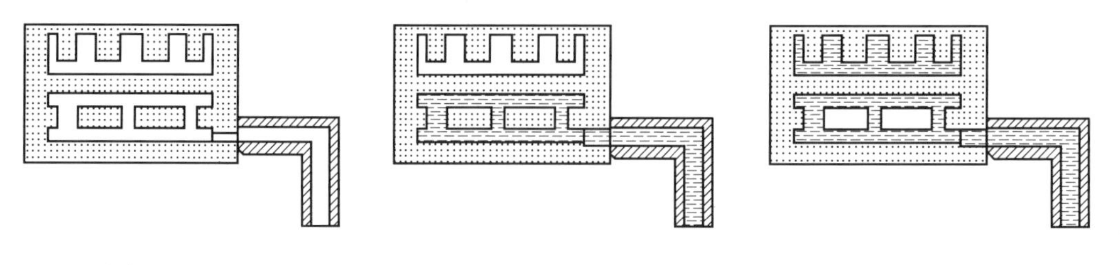

(a) 电磁泵浇口与铸型装配　　(b) 从底浇口进行浇注　　(c) 铸型充满

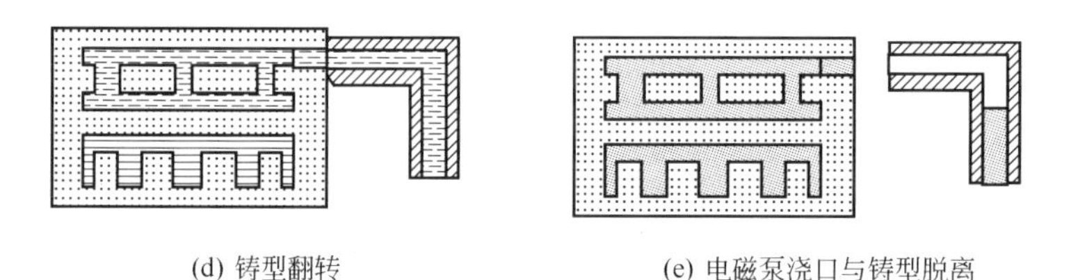

(d) 铸型翻转　　(e) 电磁泵浇口与铸型脱离

图 2-52　CP 法的翻转充型工艺

1994 年，在 Sierra-Cosworth 和 Mercedes-Benz 各有 30000 个缸盖在服役；在德国的 Opel 有 20000 个；在 Ford-Scorpio 有 18000 个；令人叫绝的是这些缸盖的失效率为零。

（5）电磁泵充型浇注技术　电磁泵充型浇注技术 CP 法的另一关键技术是采用了电磁泵充型浇注技术。

① 电磁泵的原理。电磁泵的原理是通入电流的导电流体在磁场中受到洛仑兹力的作用，使其定向移动，如图 2-53 所示。其主要参数是电磁铁磁场间隙的磁感应强度 B（单位为 T）和流过液态金属的电流密度 J（单位为 A/mm^2）。它们与电磁泵的主要技术性能指标——压头（ΔP）间存在如下关系：

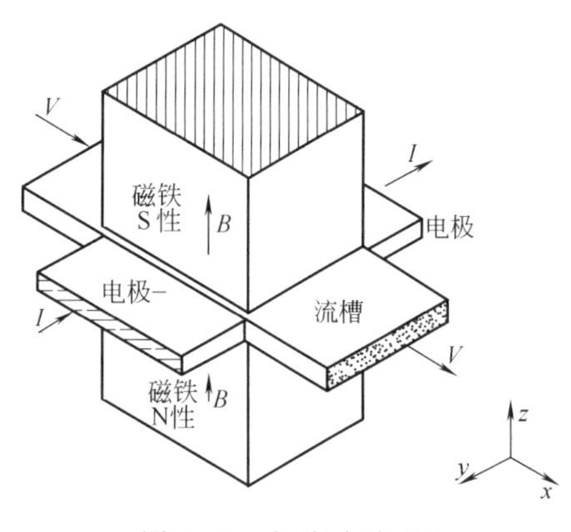

图 2-53　电磁泵原理图

$$\Delta P=\int_{O}^{L} J_x B_y \, dx \tag{2-33}$$

式中，J_x 为垂直于磁感应强度和金属液体流动方向上的电流密度；B_y 垂直于电流和金属液体流动方向上的磁感应强度；L 为处于磁隙间的金属液体长度。扁平管道是电磁泵体流槽，内部充满导电金属液体，流槽左、右两侧的装置是直流电磁铁的磁极，两磁极之间形成一个具有一定磁感应强度的磁隙。流槽的前后两侧是直流电极，当电极上有电压时，电流流过流槽壁和内部的金属液体。

当直流电磁泵工作时，作用于流槽内金属液体的电流 I 和磁隙磁感应强度 B 的方向互相垂直，根据左手安培定则，在磁场中的电流元将受到磁场的作用力，该力称为安培力，其方向向上。电磁铁、电极和流槽是构成电磁泵的基本结构单元。其中电极与铝合金直接接触，并加载电流，工作环境恶劣，因此对电极的综合性能要求很高。

② 电磁泵浇注的技术关键。电磁泵浇注时，金属液可取自液面以下未氧化的纯净铝液，具有无接触、充型平稳、可控性好等一系列优点。但电磁泵的效率通常很低，如何提高电磁泵的效率，对于电磁泵的推广应用是一个十分重要的课题。电磁泵的效率受诸多因素的影响。其中，泵体流槽结构、直流电极是关键结构因素。另外，直流平面电磁泵在工作时还存

在种种实际因素影响着它的压头和效率：

a. 液态金属内流过的电流会产生一个感生磁场，它叠加到外加磁场上，就会使合成磁场从泵的进口到出口不均匀地分布（进口处场强比出口处强）；

b. 直流泵的端部损失，由于在泵沟有效区（受磁铁磁力作用的区域）前后也有能导电的液态金属，所以有一部分电流直接从有效区前后的液态金属中流过（这部分电流称为漫流电流），而不产生有用的电磁推力；

c. 电磁泵的流槽结构；

d. 摩擦损失，由于液态金属有黏性，所以，当它在流槽内流动时还受到摩擦力的阻碍，电磁推力克服摩擦阻力后，才是电磁泵实际能给出的压头；

e. 场强的不均匀性，磁铁边缘附近的场强比中心弱，从而使位于磁铁边缘部分的液态金属受到的电磁推力也减弱。

③ 电磁泵低压铸造技术。近年来，电磁泵在铸造中的应用日趋广泛，“电磁泵与压铸机”或“电磁泵与低压铸造机”配用，如图 2-54 所示。主要是利用电磁泵流动平稳及精确可调的定量性能，流量可控范围为 0～6kg/s，同时，电磁泵浇注时无机械的摩擦接触，还易于实现自动化生产，可大大减少金属液的氧化和吸气。

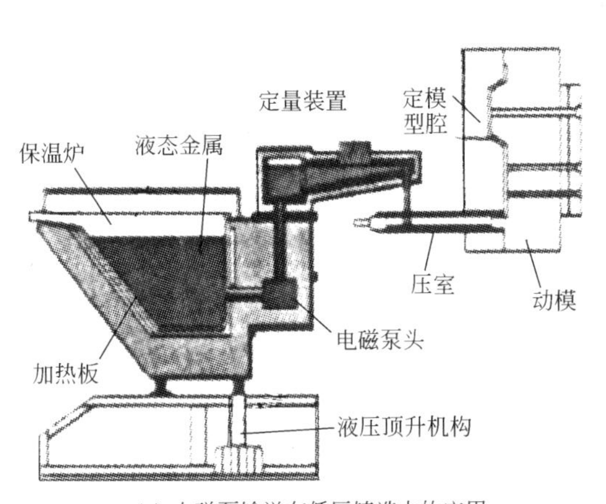

(a) 电磁泵输送在低压铸造中的应用

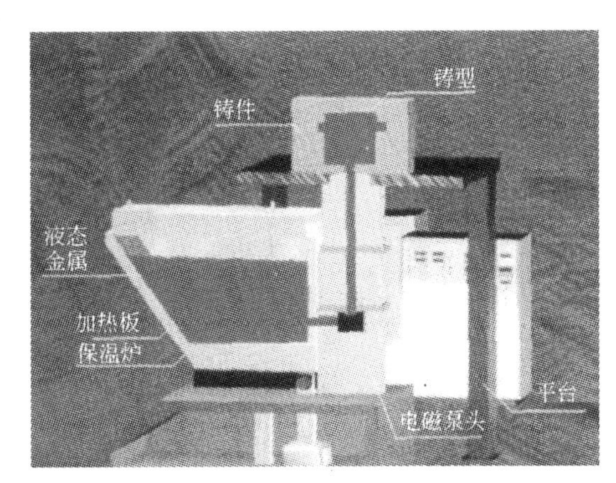

(b) 电磁泵低压铸造系统

图 2-54　电磁泵在铸造中的应用

2.5　半固态铸造成形原理与技术

2.5.1　半固态铸造成形的原理及特点

2.5.1.1　半固态铸造成形的原理及方法

20 世纪 70 年代美国麻省理工学院（MIT）的 M. C. Flemings 等提出了搅拌铸造（stir casting）新工艺：用旋转双桶机械搅拌制备出了 Sn-15%Pb 半固态金属浆料用于浇注。但由于专利保护等原因，半固态铸造成形仅局限于实验室研究及小规模的生产，没有得到较大的应用。直到 20 世纪 90 年代，半固态铸造的研究和实际应用才迅速扩大。

半固态铸造成形的基本原理是：在液态金属的凝固过程中进行强烈的搅动，使普通铸造易于形成的树枝晶网络骨架被打碎而形成分散的颗粒状组织形态，从而制得半固态金属液，然后将其压铸成坯料或铸件。它是由传统的铸造技术及锻压技术融合而成的新的成形技术。半固态成形与传统压力铸造成形相比，具有成形温度低（Al 合金至少可降低 120℃）、模具的寿命长、节约能源、铸件性能好（气孔率大大减少、组织呈细颗粒状）、尺寸精度高（凝固收缩小）等优点；它与传统的锻压技术相比，又具有充型性能好、成本低、对模具的要求低、可制复杂零件等优点。因此，半固态铸造成形工艺被认为是21世纪最具发展前途的近净成形技术之一。

根据工艺流程的不同，半固态铸造可分为流变铸造（rheocasting）和触变铸造（thixocasting）两类。流变铸造是将从液相到固相冷却过程中的金属液进行强烈搅动，在一定的固相分数下将半固态金属浆料压铸或挤压成形，又称“一步法”[图2-55(a)]。触变铸造是先由连铸等方法制得具有半固态组织的锭坯，然后切成所需长度，再加热到半固态状，然后再压铸或挤压成形，又称“二步法”[图2-55(b)]。

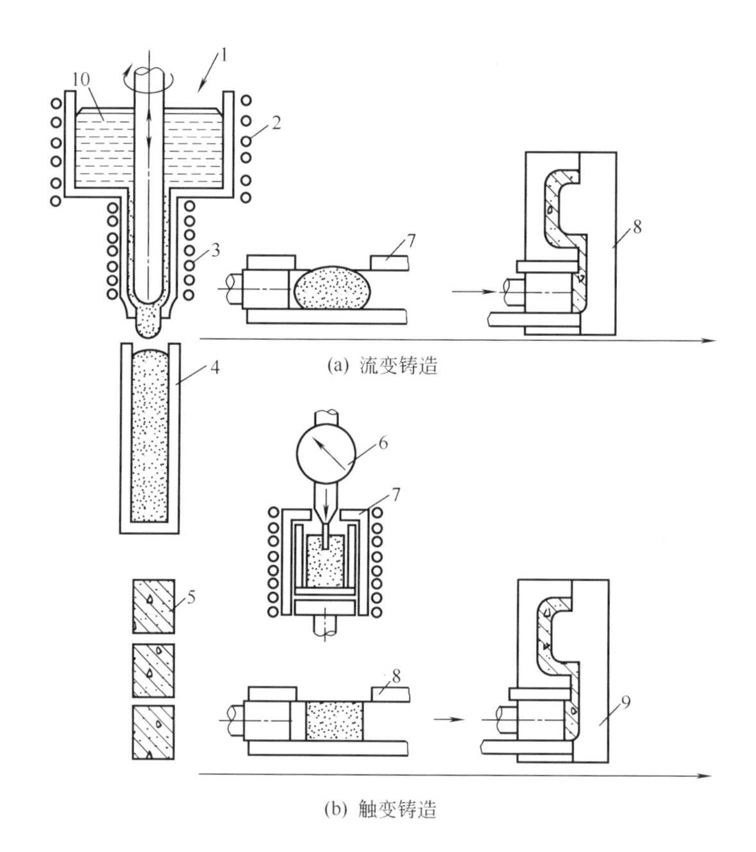

图2-55 半固态铸造装置示意图

1—金属液；2—加热炉；3—冷却器；4—流变铸锭；5—料坯；6—软度指示仪；7—坯料二次加热器；8—压射室；9—压铸模；10—压铸合金

由于在流变铸造中，半固态金属浆料的保持及输送控制严格而困难，目前的实际应用较少。但如能在半固态金属浆料获取、保持及输送方面获得进展和突破，流变铸造的工业应用前景更加广阔，因为流变铸造的工艺更简单、能耗更低（不需二次加热）、铸件的成本也更低。

国外，目前工业应用的主要是触变铸造，即“二步法”。但触变铸造首先需要生产半固态金属坯料，成本高（坯料的成本占零件的成本约50%），二次加热能耗大，工艺过程较复杂，具有触变性能的材料种类不多等。

半固态铸造的关键技术包括半固态浆料的制备（机械搅拌法、电磁搅拌）、半固态浆料的保持（或半固态料坯的制备）、二次加热技术、半固态零件的成形等。

用机械搅拌法制备半固态浆料，设备结构简单、搅拌的剪切速率高，但对设备的材料要求高；电磁搅拌制备半固态浆料，构件的磨损少，但搅拌的剪切速率低（电磁损耗大）。

近年来，世界各国的研究人员在研究新的半固态铸造成形工艺技术时，加强了以流变铸造为基础的半固态金属铸造（或成形）新工艺技术的研究探索工作。他们将它与塑料的注射成形原理结合，应用于半固态金属流变铸造中，集半固态金属浆料的制备、输送、成形等过程于一体，较好地解决了半固态金属浆料的保存及输送控制困难问题，形成了“半固态金属流变注射成形”新技术。其核心是对“一步法”技术的重大突破，使得半固态流变铸造技术的工业应用展现出了光明的前景。

对金属材料而言，半固态是其从液态向固态转变或从固态向液态转变的中间状态，尤其对于结晶温度区间宽的合金，半固态阶段较长。金属材料在液态、固态和半固态三个阶段均呈现明显不同的物理特性，利用这些特征，便形成了液态的铸造成形、半固态的流变成形或触变成形、固态的塑性成形等多种金属热加工成形方法。

2.5.1.2 半固态金属的特点

半固态金属（合金）的内部特征是固液相混合共存，在晶粒边界存在金属液体，根据固相分数的不同，其状态不同，如图 2-56 所示。半固态金属的金属学和力学特点主要有如下几点：

① 由于固、液共存，在两者界面熔化、凝固不断发生，产生活跃的扩散现象，因此，溶质元素的局部浓度不断变化；

② 由于晶间或固相粒子间夹有液相成分，固相粒子间几乎没有结合力，因此，其宏观流动变形抗力很低；

③ 随着固相分数的降低，呈现黏性流体特性，在微小外力作用下即可很容易变形流动；

④ 当固相分数在极限值（约为 75%）以下时，浆料可以进行搅拌，并可很容易地混入异种材料的粉末、纤维等（图 2-57），实现难加工材料（高温合金、陶瓷等）的成形；

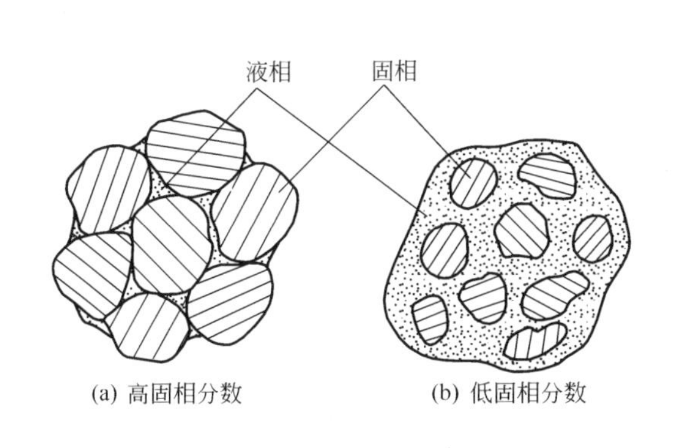

图 2-56　半固态金属（合金）的内部结构

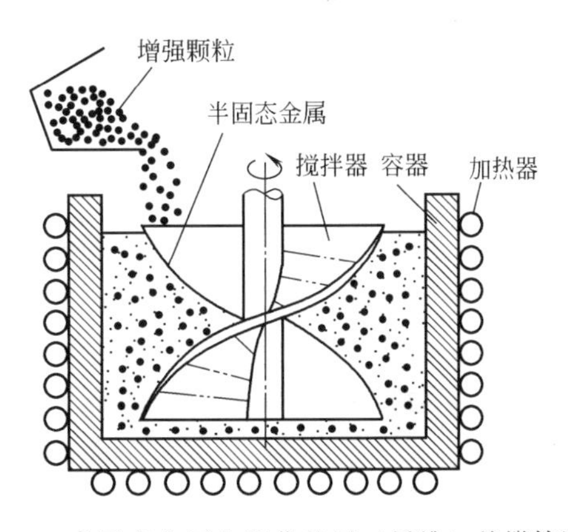

图 2-57　半固态金属和强化粒子（纤维）的搅拌混合

⑤ 由于固相粒子间几乎没有结合力，在特定部位虽然容易分离，但因液相成分的存在，又可很容易地将分离的部位连接形成一体，特别是液相成分很活跃，不仅半固态金属间的结合，而且与一般固态金属材料也容易形成很好的结合；

⑥ 当施加外力时，液相成分和固相成分存在分别流动的情况，通常，存在液相成分先行流动的倾向和可能性；

⑦ 上述现象在固相分数很高或很低或加工速度特别高的情况下都很难发生，主要是在中间固相分数范围或低加工速度情况下显著。

与常规铸造方法形成的枝晶组织不同，利用流变成形生产的半固态金属零件，具有独特的非枝晶、近似球形的显微组织结构。由于是在强烈的搅拌下凝固结晶，造成枝晶之间互相磨损、剪切，液体对晶粒的剧烈冲刷，这样，枝晶臂被打断，形成了更多的细小晶粒，其自身结构也逐渐向蔷薇形演化。而随着温度的继续下降，最终使得这种蔷薇形结构演化成更简单的球形结构，如图 2-58 所示。球形结构的最终形成要靠足够的冷却速度和足够高的剪切速率。

图 2-58　球形组织的演化过程示意图

与普通的加工成形方法比较，半固态金属加工具有许多独特的优势。

① 黏度比液态金属高，容易控制：模具夹带的气体少，减少氧化、改善加工性，减少模具粘接，可以实现零件加工成形的高速化，改善零件的表面精度，易实现成形自动化。

② 流动应力比固态金属低：半固态浆料具有流变性和触变性，变形抗力小，可以更高的速度成形零件，而且可进行复杂件的成形；缩短了加工周期，提高了材料利用率，有利于节能节材，并可进行连续形状的高速成形（如挤压），加工成本低。

③ 应用范围广：凡具有固液两相区的合金均可实现半固态加工成形。适用于多种加工工艺，如铸造、轧制、挤压和锻压等，还可进行复合材料的成形加工。

由不同成形方法获得的零件的组织区别，如图 2-59 所示。

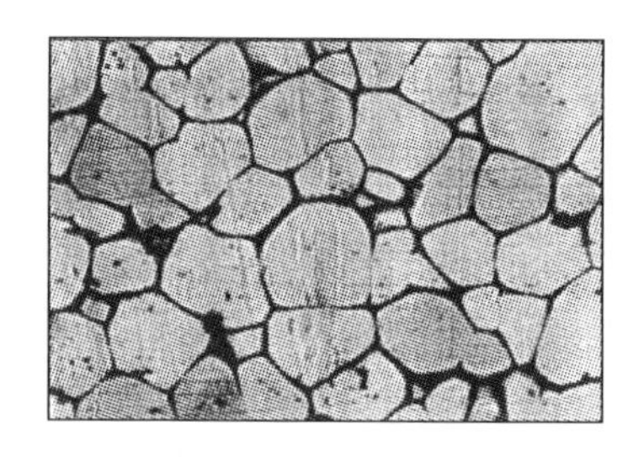

(a) 半固态成形/均匀的球状微观组织(×100)

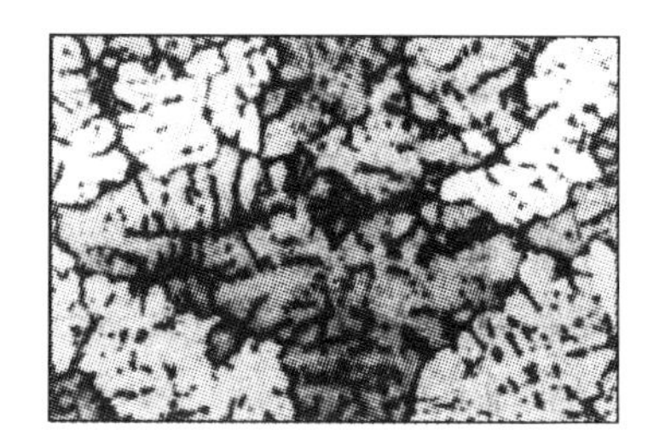

(b) 普通铸造/树枝状微观组织(×100)

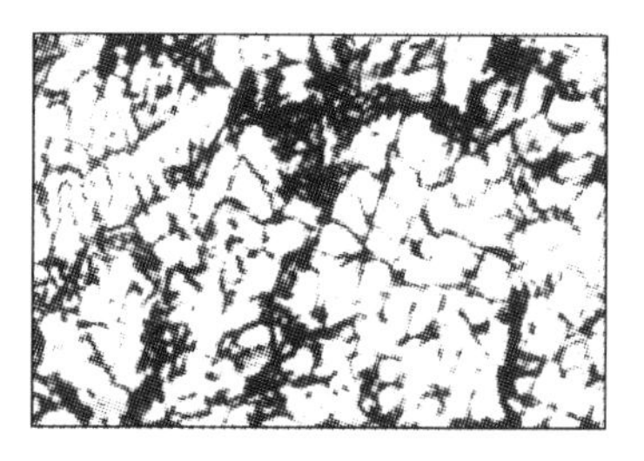

(c) 锻压/由于锻压引起的破碎的树枝状微观组织(×100)

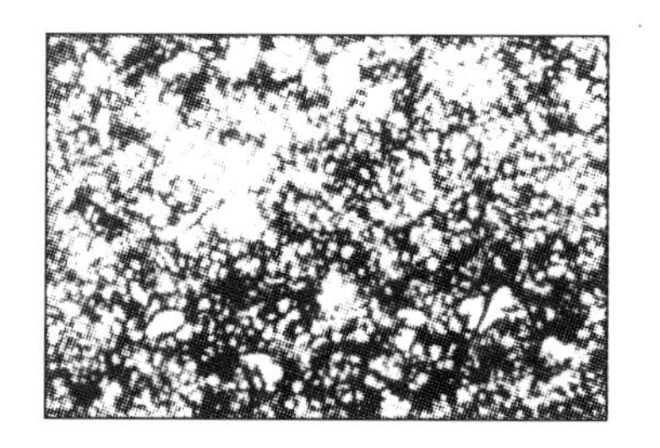

(d) 压力铸造/由于高蒸气压力产生的多孔性微观组织(×100)

图 2-59　由不同成形方法获得的零件的组织

2.5.2 半固态金属铸造关键技术

半固态铸造的基本工艺及过程如图 2-60 所示，主要有流变铸造成形和触变铸造成形两种，前者的关键技术包括半固态浆料制备、流变铸造成形，后者的关键技术是半固态浆料制备、半固态坯料制备、二次加热、触变成形。下面就有关的关键技术进行介绍。

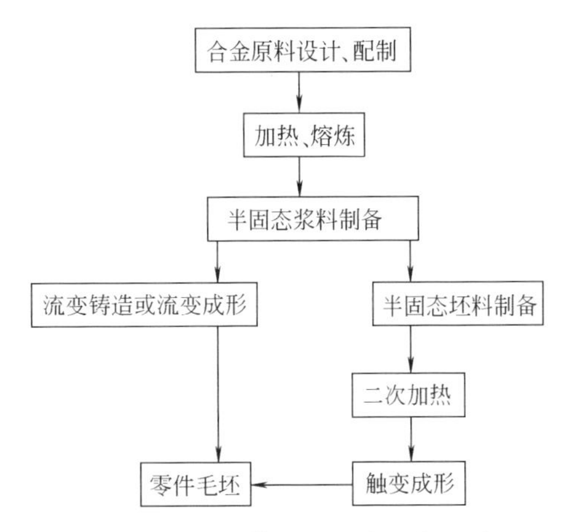

图 2-60 半固态铸造的基本工艺及过程

2.5.2.1 半固态浆料制备

无论是流变铸造成形还是触变压铸成形，首先要获得半固态浆料。因此，半固态金属浆料的制备方法及设备的发展是多年来半固态铸造成形技术发展的标志性技术，其内容十分丰富多彩，已出现了很多专利技术，各有特点。目前主要有电磁搅拌、机械搅拌两大类。

(1) 机械搅拌式半固态浆料制备装置 机械搅拌式是最早采用的半固态浆料制备方式，其设备的结构简单，可以通过控制搅拌温度、搅拌速度和冷却速度等工艺参数，获得半固态金属浆料。机械搅拌可以获得很高的剪切速率，有利于形成细小的球形微观组织。机械搅拌式装置的缺点是在高温下机械搅拌构件的热损耗大，被热蚀的构件材料对半固态金属浆料会产生污染，因此对搅拌构件材料的高温性能（耐磨、耐蚀等）要求较高。机械搅拌式装置通常可分为连续式和间歇式两种类型。图 2-61 是 MIT 最早报道的机械搅拌装置及流变铸造机。

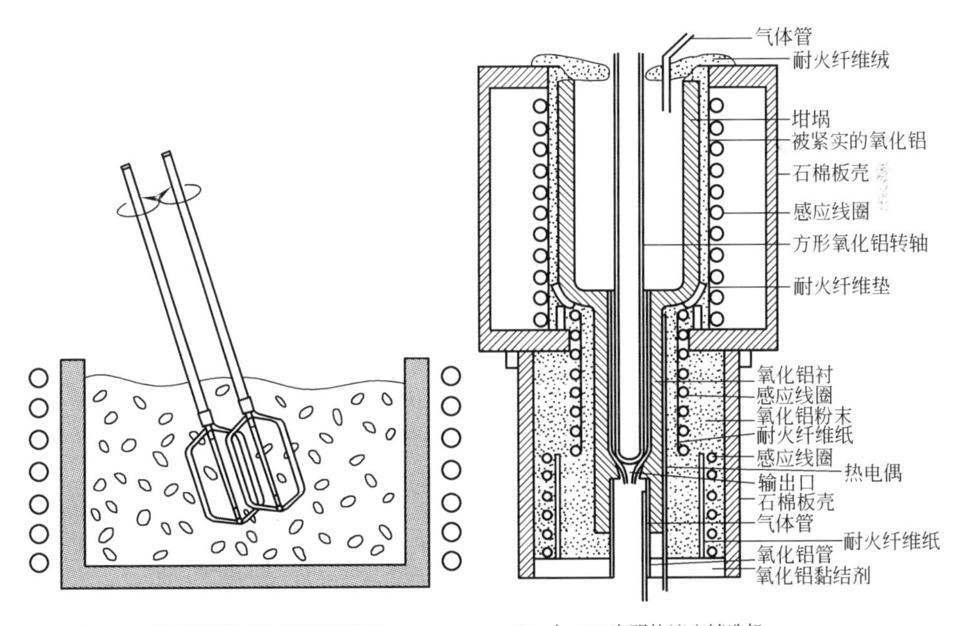

(a) MIT最早报道的半固态搅拌装置　　(b) 由 MIT 发明的流变铸造机

图 2-61 MIT 最早报道的半固态搅拌装置及流变铸造机原理图

图 2-62 是转轮式半固态制浆装置和 Brown 发明的半固态制浆装置，它们可以获得较高的剪切速率。其中，转轮式半固态制浆装置可连续制得半固态金属浆料，Brown 发明的半固态制浆装置属于间歇式制浆装置。

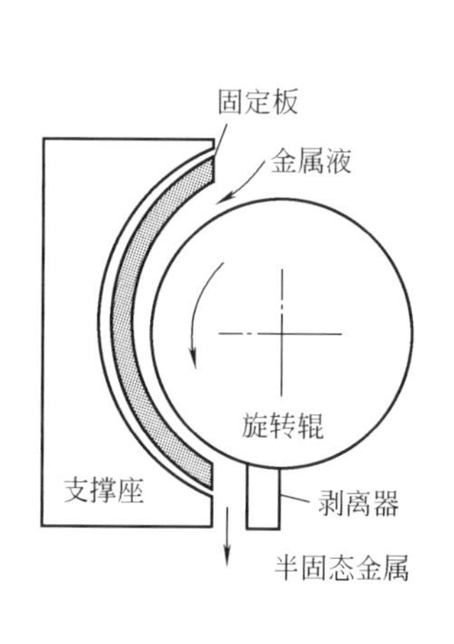

(a) 转轮式制浆装置

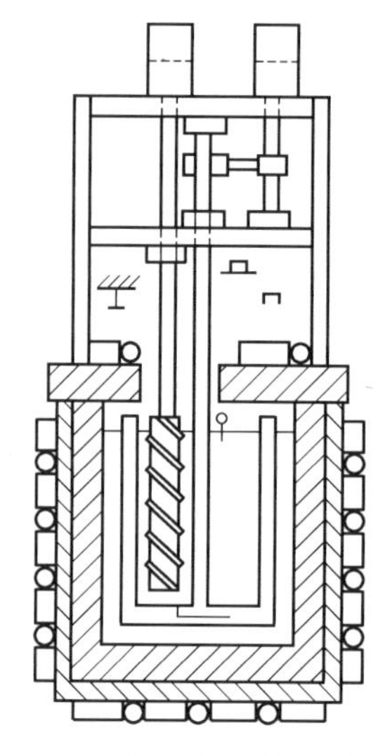

(b) Brown发明的半固态制浆装置

图 2-62 转轮式制浆装置和 Brown 发明的半固态制浆装置的原理图

(2) 电磁搅拌式半固态浆料制备装置 电磁搅拌法是利用感应线圈产生的平行于或垂直于铸型方向的强磁场对处于液-固相线之间的金属液形成强烈的搅拌作用，产生剧烈的流动，使金属凝固析出的枝晶充分破碎并球化，进而制备半固态浆料或坯料。该方法不污染金属液，金属浆料纯净，不卷入气体，可以连续生产流变浆料或连铸锭坯，产量可以很大。通常，影响电磁搅拌效果的因素有搅拌功率、冷却速度、金属液温度、浇注速度等。但直径大于 150mm 的铸坯不宜采用电磁搅拌法生产，电磁搅拌获得的剪切速率不及机械搅拌的高。

从搅拌金属液的流动方式看，电磁搅拌有两种形式，一种是垂直式，即感应线圈与铸型的轴线方向垂直；另一种是水平式，即感应线圈平行于铸型的轴线方向，如图 2-63 所示。电磁搅拌法在国外已用于工业化生产，大量生产半固态原材料铸锭。

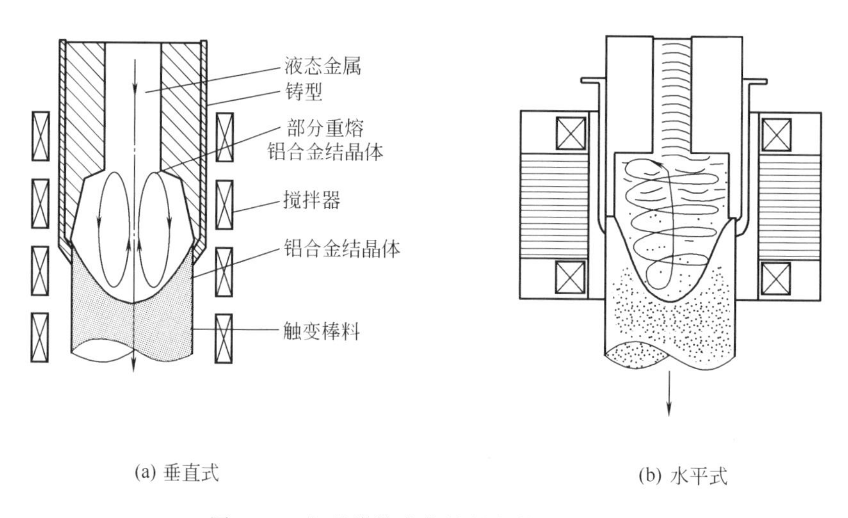

(a) 垂直式　　(b) 水平式

图 2-63 电磁搅拌式浆料制备装置示意图

(3) 超声波振动半固态浆料制备 超声波振动半固态浆料制备原理是利用超声机械振动波扰动金属的凝固过程，细化金属晶粒，获得球状初晶的金属浆料，如图 2-64 所示。

超声波振动作用于金属熔体的方法有两种：一种是将振动器的一面作用在模具上，模具再将振动直接作用在金属熔体上；另一种是振动器的一面直接作用于金属熔体上（图 2-64）。试验证明，对合金液施加超声波振动，不仅可以获得球状晶粒，还可使合金的晶粒直径减小，获得非枝晶坯料。

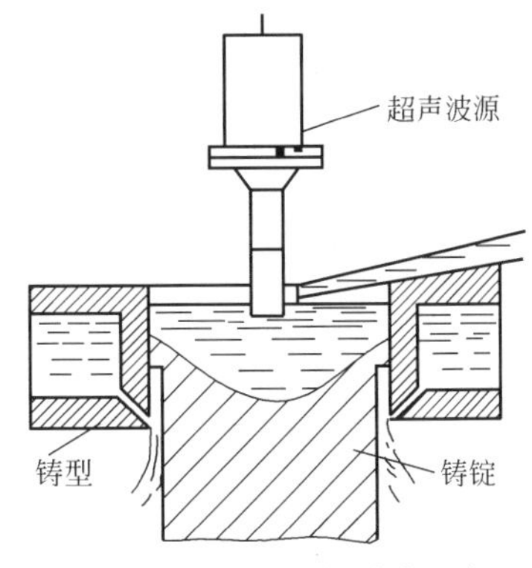

图 2-64　超声波振动半固态浆料制备原理示意图

(4) 应变诱导熔化激活法制备半固态料坯　应变诱导熔化激活法（strain-induced melt activation process）制备半固态料坯的工艺要点为利用传统的连铸法制出晶粒细小的金属锭坯；然后将该金属锭坯在回复再结晶的温度范围内进行大变形量的热态挤压变形，通过变形使铸态组织破碎；再对热态挤压变形过的坯料进行少量的冷变形，在坯料的组织中储存部分变形能量；最后按需要将经过变形的金属锭坯切成一定大小，迅速将其加热到固液两相区并适当保温，即可获得具有触变性的球状半固态坯料。

2.5.2.2　二次加热及坯料重熔测定控制技术

流变铸造采用“一步法”成形，半固态浆料制备与成形联为一体，装备较为简单；而触变铸造采用“二步法”成形，除有半固态浆料制备及坯料成形外，还有二次加热、坯料重熔测定控制等重要工序。下面介绍触变铸造中的二次加热装置、坯料重熔测定控制装置。

(1) 二次加热装置　在触变成形前，半固态棒料先要进行二次加热（局部重熔）。根据加工零件的质量大小，精确分割经流变铸造获得的半固态金属棒料，然后在感应炉中重新加热至半固态供后续成形。二次加热的目的是获得不同工艺所需要的固相体积分数，使半固态金属棒料中细小的枝晶碎片转化成球状结构，为触变成形创造有利条件。

目前，半固态金属加热普遍采用感应加热，它能够根据需要快速调整加热参数，加热速度快、温度控制准确。图 2-65 为一种二次加热装置的原理图，它利用传感器信号来控制感应加热器，得到所要求的液固相体积分数。其工作原理为当金属由固态传化为液态时，金属的电导率明显地减小（如铝合金液态的电导率是固态的 0.4～0.5）；同时，当坯锭从固态逐步转变为液态时，电磁场在加热坯锭上的穿透深度也将变化，这种变化将会引起加热回路的

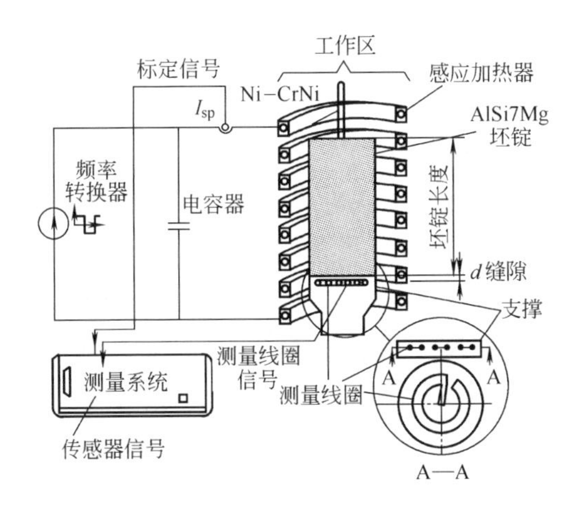

图 2-65　一种二次加热装置的原理图

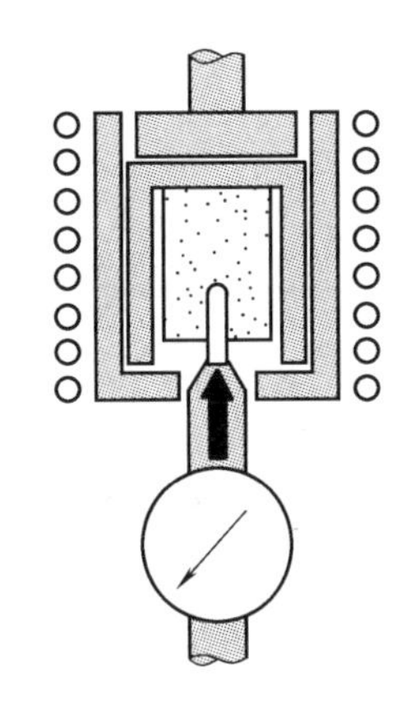
图 2-66　半固态金属重熔硬度测定装置

变化，因此可通过安装在靠近加热锭坯底部的测量线圈测出回路的变化。比较测量线圈的信号与标定信号之间的差别，就可计算出坯锭的加热温度，从而实现控制加热温度（即控制液相体积分数）的目的。

（2）重熔程度测定装置　理论上，对于二元合金，重熔后的固相体积分数可以根据加热温度由相图计算得出。但在实际中，常采用硬度检测法，即用一个压头压入部分重熔坯料的截面，以测加热材料的硬度来判定是否达到了要求的液相体积分数。半固态金属重熔硬度测定装置如图 2-66 所示。

2.5.2.3　半固态金属零件的成形

半固态金属零件加工的最后工序是成形，常用的形成方式有压力铸造、挤压铸造、轧制成形、锻压成形等。理论上，所有带温度控制、压力控制的压力成形机都可进行半固态金属零件的压力成形，但因各种成形设备的原理不同，其成形工艺过程不近相同，详见有关专著。

2.5.3　半固态金属成形新技术

近年来，世界各国的研究人员在研究新的半固态铸造成形工艺技术时，将塑料的注射成形原理应用于半固态金属铸造中，较好地解决了半固态金属浆料的保存及输送控制困难问题。

2.5.3.1　半固态金属触变注射成形工艺

由美国 Thixomat 公司提出的半固态金属触变注射成形工艺（thixomoulding ），近乎采用了塑料注射成形的方法和原理（其结构示意图如图 2-67 所示)，目前该设备系统主要用于镁合金零件的半固态注射成形。其成形过程为被制成粒料、稍料或细块料的镁合金原料从料斗中加入；在螺旋进给器的作用下，镁合金材料被向前推进并加热至半固态；一定量的半固态金属在螺旋进给器的前端累积；最后在注射缸的作用下，半固态金属被注射入模具内成形。

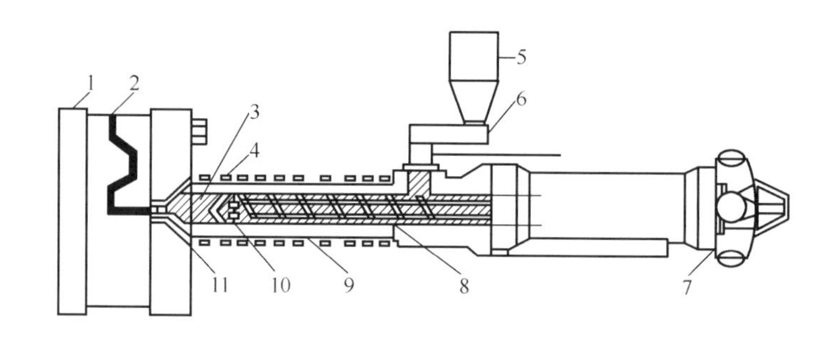

图 2-67　触变注射成形原理示意图

1—模具架；2—模型；3—半固态镁合金累积器；4—加热器；5—镁粒料斗；6—给料器；7—旋转驱动及注射系统；8—螺旋给进器；9—筒体；10—单向阀；11—射嘴

该成形方法的优点是成形温度低（比镁合金压铸温度低约 100℃）、成形时不需要气体保护、制件的气孔隙率低（低于 0.069%）、制件的尺寸精度高等。此方法是目前国外成功地用于实际生产惟一的“一步法”半固态金属成形工艺方法。

该方法的缺点是所用原材料为粒料、稍料或细块料，原材料的成本高；由于半固态金属的工作温度较高，机器内螺杆及内衬等构件材料的使用寿命短，高温下构件材料的耐磨、耐蚀性问题一直使用户感到头痛。

2.5.3.2 半固态金属流变注射成形

美国 Conell 大学的 K. K. Wang 等首先将半固态金属流变铸造（SSM-rheocasting）与塑料注射成形（injection-moulding）结合起来，形成了一种称之为“流变注射成形”（rheomoulding）的半固态金属成形新工艺，所发明的流变注射成形机（rheomoulding machine）的结构原理如图 2-68 所示。流变注射成形机垂直安装，它由液态金属熔化及保护装置、单螺旋搅拌器、搅拌筒体、冷却及加热装置、注射成形系统等组成。

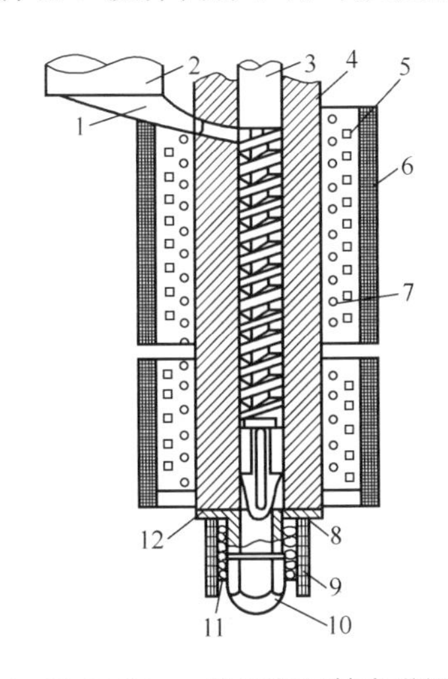

图 2-68 K. K. Wang 的流变注射成形机原理图

1—金属液输入管；2—保温炉；3—螺杆；4—筒体；5—冷却管；6—绝热管；7—加热线圈；8—半固态金属累积区；9—绝热层；10—注射嘴；11—加热线圈；12—单向阀

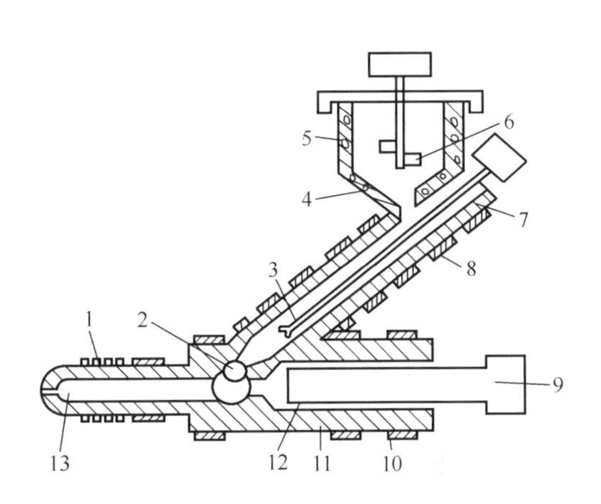

图 2-69 Kono Kaname 的流变注射成形原理图

1—加热元件；2—球阀；3—搅拌器Ⅰ；4—金属液给料器；5—加热元件；6—搅拌器Ⅱ；7—筒体；8—加热元件；9—活塞；10—加热元件；11—缸体；12—密封圈；13—半固态金属累积室

流变注射成形的工作原理是液态金属依靠重力从熔化及保温炉中进入搅拌筒体，然后在单螺旋的搅拌作用下（螺旋没有向下的推进压力）冷却至半固态，积累至一定量的半固态金属液后，由注射装置注射成形。上述过程全在保护气体下进行。

上述方法的不足之处是设备的构造材料的性能要求较高（高温下的耐磨、耐蚀性能等），设备的生产循环也存在某些问题；且由于搅拌单螺旋没有类似于泵的推进作用，故设备必须垂直安装；另外，由单螺旋搅拌产生的剪切速率不高。

日本人 Kono Kaname 等也发明了一种半固态金属注射成形系统（如图 2-69 所示）。它由金属液给料器（feeder）、搅拌筒体（barrel）、液压缸（cylinder）、半固态金属浆料积累室（chamber）四部分组成。其工作过程是熔融金属液被送入给料器内保温；开启给料阀时，金属液被送入搅拌筒体内搅拌、冷却至半固态；球阀有选择地开闭，使半固态金属浆料在积累室内积累；达到一定量后，由液压缸完成零件的注射成形。

它与 K. K. Wang 专利的主要区别在于：采用叶片式搅拌装置（搅拌叶片具有类似于泵的推进作用），搅拌筒体的前端为半固态浆料累积室，并在搅拌筒体与半固态浆料累积室之间设有一个球形控制阀。该控制阀有选择地打开和关闭，可以适应或调节搅拌筒体与半固态浆料累积室之间的压力变化。但设备构造材料的性能要求仍能较高，叶片搅拌产生的剪切速率也不高。

1999 年，由英国 Brunel 大学 Z. Fan 等提出的双螺旋注射成形技术（图 2-70）克服了 Kono Kaname 专利的缺点：双螺旋搅拌产生的剪切速率很高；搅拌螺杆及搅拌筒体内衬等

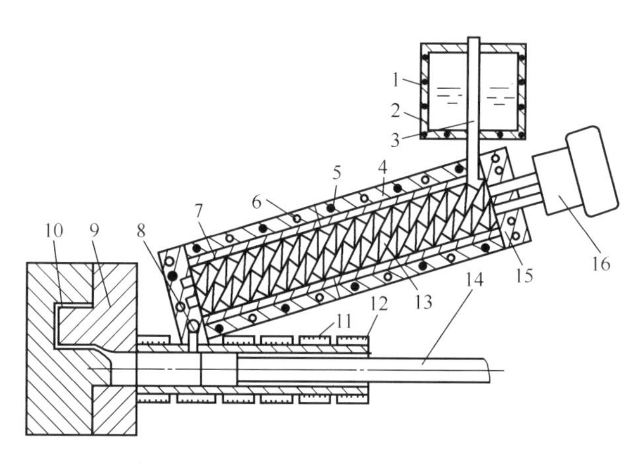

图 2-70　双螺旋注射成形原理图

1—加热源；2—坩埚；3—塞杆；4—搅拌桶；5—加热源；6—冷却通道；7—内衬；8—输送阀；9—模具；10—型腔；11—加热源；12—射室；13—双螺旋；14—活塞；15—端冒；16—驱动系统

构件采用陶瓷作为材料，其耐磨、耐蚀性能大大提高。

华中科技大学的罗吉荣教授等也在进行镁合金流变压铸（rheo-die-casting）方面的研究。半固态浆料制备采用螺旋搅拌装置，成形采用冷式压铸机。

总之，流变注射成形（rheo-molding）技术的完善和工业化应用是半固态金属流变铸造技术研究及应用的巨大成就，将为半固态金属流变铸造技术的发展带来美好的前景。

2.5.3.3　低过热度浇注式流变铸造工艺

（1）低过热度倾斜板浇注式流变铸造　1996 年，日本 UBE 公司申请了非机械或非电磁搅拌的低过热度倾斜板浇注式流变铸造技术，称为 New Rheocasting，如图 2-71 所示。其过程为首先降低浇注合金的过热度，将合金液浇注到一个倾斜板上，合金熔体流入收集坩埚；再经过适当的冷却凝固，这时半固态合金熔体中的初生固相就呈球状，均匀地分布在低熔点的残余液相中；然后对收集于坩埚中的合金浆料进行温度调整，获得尽可能均匀的温度场或固相体积分数，最后将收集于坩埚中的半固态合金浆料送入压铸机或挤压铸造机中进行流变铸造。

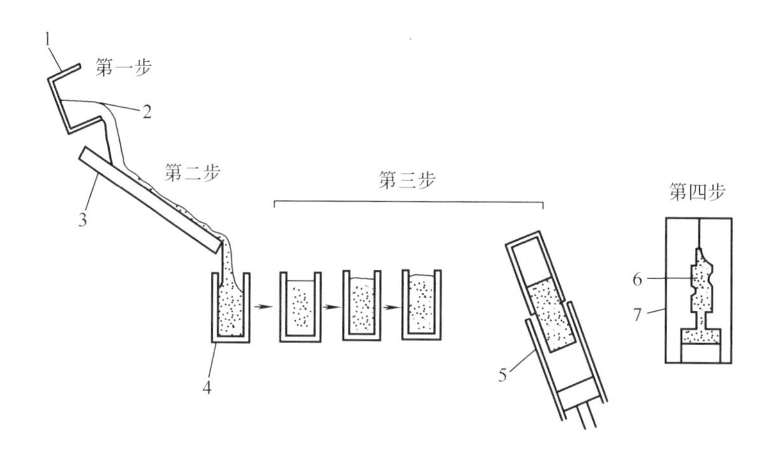

图 2-71　低过热度倾斜板浇注式流变铸造工艺示意图

1—熔化坩埚；2—合金液；3—倾斜板；4—收集坩埚；5—射室；6—毛坯；7—模具

（2）低过热度浇注和短时弱机械搅拌流变铸造　2001 年，MIT 的 Martinez 和 Flemings 等提出了一种新的流变铸造技术，如图 2-72 所示。该技术的核心思想是将低过热的合金液浇注到制备坩埚中（坩埚内径尺寸适合压铸机的射室尺寸），利用镀膜的铜棒对坩埚中的合金液进行短时间的弱机械搅拌，使合金熔体冷却到液相线温度以下，然后移走搅拌铜棒，让坩埚中的半固态合金熔体冷却到预定的温度或固相体积分数，最后将坩埚中的半固态合金浆料倾入压铸机射室内，进行流变压铸。

2.5.4 半固态铸造生产线及自动化

2.5.4.1 半固态触变成形生产线

立式半固态触变成形生产线的平面布置如图2-73所示。其工作过程为机器人将（冷）半固态坯料装入位于立式成形机的加热圈内（如图 2-74 所示），位于机器下部平台上的感应加热圈将料坯加热到合适的成形温度，在完成模具润滑以后，两半模下降并锁定在注射口处；在一个液压圆柱冲头作用下，将坯料垂直地压入封闭模具的下模内；在压入过程中能使坯料在加热时产生的氧化表面层从原金属表面剥去，当冲头在垂直方向上运动时，剥去氧化皮的金属被挤入模具型腔内，零件凝固后，将两半模分开，移出上次成形件；留在下半模内的铸件残渣由清除系统自动清除回收；进入下一个零件循环。

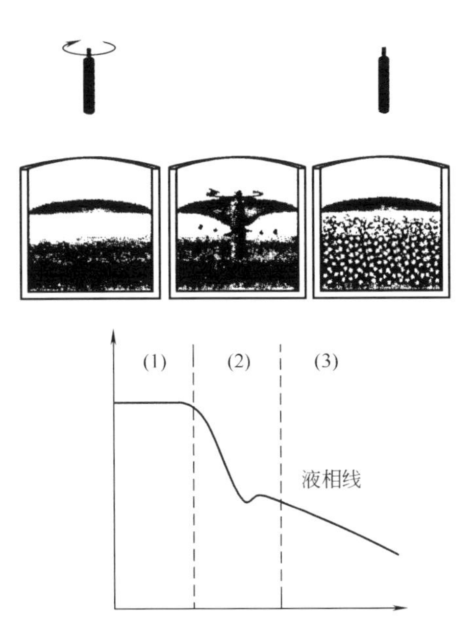

图 2-72 低过热度浇注和短时弱机械搅拌制备半固态合金浆料示意图

2.5.4.2 半固态流变铸造生产线及自动化

由国外某公司开发的新型流变铸造（new rheo-casting）成形装备及其生产线如图 2-75 所示。该系统由铝合金熔化炉、挤压铸造机、转盘式制浆装置、自动浇注装置、坩埚自动清扫、喷涂料装置等组成。其工艺过程为，首先浇注机械手 3

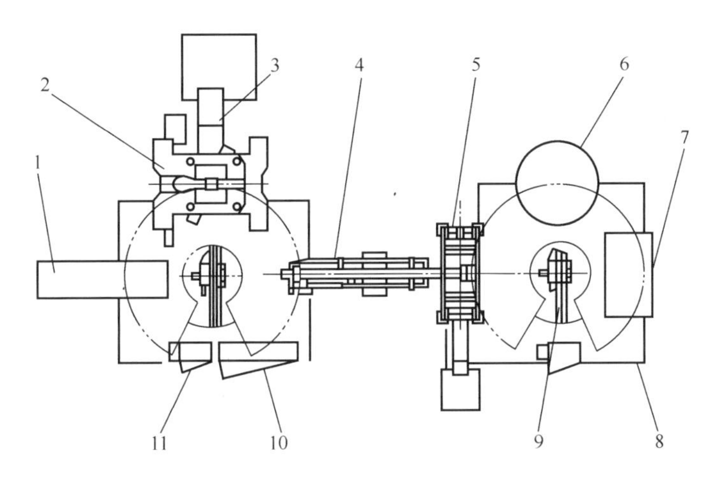

图 2-73 半固态触变成形生产线平面布置图

1—送料装置；2—立式半固态成形机；3—残渣清除装置；4—零件冷却装置；
5—去毛刺机；6—后处理系统；7—集装箱包装系统；8—安全护栏；
9—工业机器人；10—系统控制柜；11—机器人控制柜

将铝液从熔化炉 2 中浇入浆料制备装置 4 的金属容器中冷却；以此同时浆料搬运机械手 5 从制浆机的感应加热工位抓取小坩埚，搬运至挤压铸造机并浇入压射室中成形。随后继续旋转将空坩埚返回送至回转式清扫装置上的空工位；并从另一个工位抓去一个清扫过的小坩埚旋转放置到制浆机上。然后制浆机和清扫机同时旋转一个角度，进入下一个循环。该生产线具有结构紧凑、自动化程度高、生产效率高的优点。

新流变铸造法的核心是采用冷却控制法的半固态浆料制备装置。其结构示意图如图

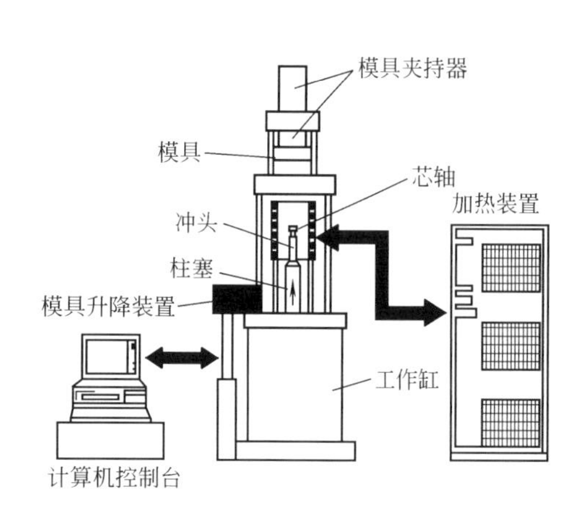

图 2-74　触变挤压成形设备示意图

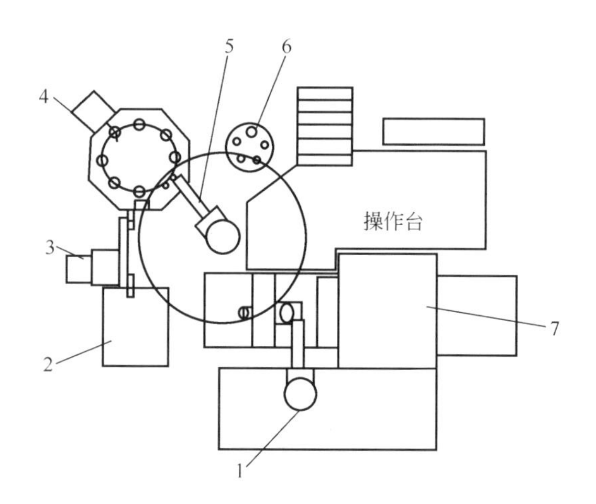

图 2-75　新流变铸造自动化生产线

1—取件机械手；2—熔化炉；3—浇注机械手；4—转盘式浆料制备装置；5—浆料搬运/浇注机械手；6—转盘式自动清扫和喷涂料装置；7—挤压铸造机

2-75 中4 所示。它采用转盘式结构，转盘上均匀布置 8 个冷却工位。当将金属液浇入小坩埚后，转盘转动一个角度，装满金属液的坩埚进入冷却工位；满坩埚上方的密封罩下降，罩住坩埚，对坩埚外表面通气冷却；一段时间后，密封罩上升，转盘转动，坩埚又转入下一个工作位置，重复上述动作；而当满坩埚转入最后一个工位时，则由设置的感应加热器进行加热，对浆料进行温度调整，以获得预定的固相率；调整后的浆料由搬运机械手送至挤压铸造机成形，随后一个清理干净的空坩埚又由机械手返回至加热工位，转盘转动一个角度，进入下一个工作循环。新流变铸造法的半固态浆料制备原理，如图 2-76 所示。这样通过转盘式制浆装置就能连续制备半固态浆料，从而提高了生产效率。

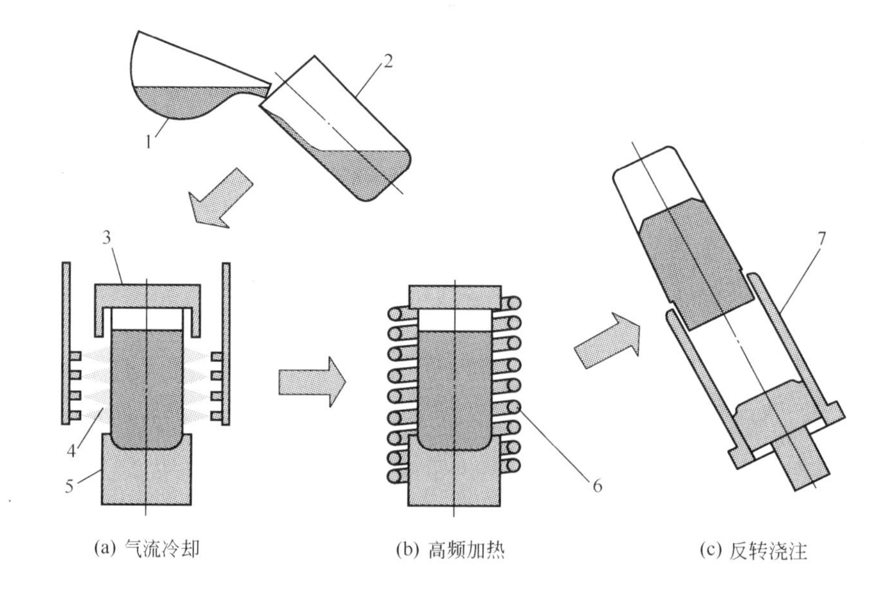

图 2-76　新流变铸造法的半固态浆料制备原理

1—浇包；2—金属容器；3，5—绝热材料；4—空气；6—感应线圈；7—压射室

2.6 压力铸造技术

2.6.1 压力铸造技术的特点、原理与种类

2.6.1.1 压力铸造工艺过程

压力铸造（简称压铸）是在高压作用下将液态或半液态金属快速压入金属压铸型（或称为压铸模、压型）中，并在压力下凝固而获得铸件的方法。

压铸所用的压力一般为 30～70MPa，充型速度可达 5～100m/s，充型时间为 0.05～0.2s。金属液在高压下以高速填充压铸型，是压铸区别于其他铸造工艺的重要特征。

金属的压力铸造广泛地应用于汽车、冶金、机电、建材等行业。目前，90%的镁铸件和60%的铝铸件都采用压力铸造成形。

压力铸造的主要工序有合型、压射、顶出三道，压铸机的主要结构如图 2-77 所示。根据结构的不同，压铸机又可分为冷式压铸机和热式压铸机两类。

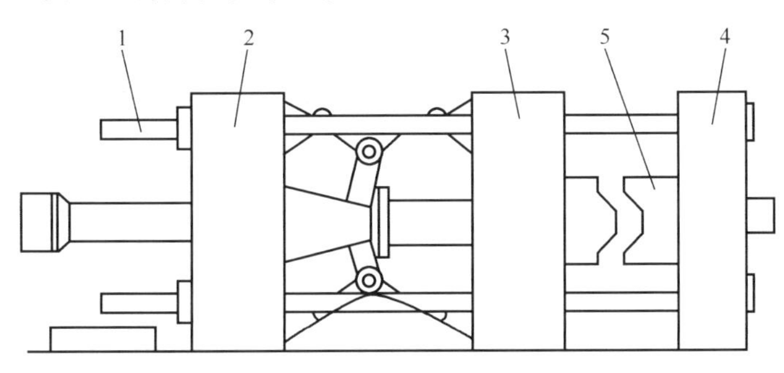

图 2-77 压铸机的主要结构简图

1—拉杆；2—合模座；3—动模板；4—静模板；5—模具

2.6.1.2 压力铸造的特点及应用

(1) 优点 压力铸造具有以下优点：

① 生产率高，每小时可压铸 50～150 次（最高可达 500 次）；便于实现自动化、半自动化；

② 铸件的尺寸精度高（IT11～13），表面粗糙度低（R_a=0.8～3.2μm），可以直接铸出螺纹孔；

③ 铸件冷却速度快，并在压力下结晶，故晶粒细小、表面紧实、铸件的强度和硬度高；

④ 便于采用嵌铸法（或称为镶铸法）。

(2) 缺点 压力铸造的缺点如下：

① 压铸机费用高，压铸型制造成本极高，工艺准备时间长，不适宜单件、小批量生产；

② 由于铸型寿命的原因，目前压铸尚不适用于钢、铁等高熔点合金的铸造；

③ 由于金属液的压入及冷却速度过快，型腔内的气体难以完全排出，厚壁处又难以进行补缩，故压铸件内部常存在气孔、缩孔和缩松等缺陷，通常压铸件不能进行热处理。

(3) 应用范围及注意点 压力铸造应注意以下几点：

① 压铸是实现少无切削加工的精密铸造工艺，在汽车、航空、仪表、国防等工业部门被广泛用于非铁金属（锌、铝、镁等合金）的小型、薄壁、形状复杂件的大批量生产；

② 压铸件壁厚均匀，以 3～4mm 的壁厚为宜，最大壁厚应小于 8mm，以防止缩孔、缩松等缺陷；

③ 压铸件不宜进行热处理或在高温下工作，以免铸件内气孔中的气体膨胀而导致铸件

变形或破裂；

④ 由于内部疏松，压铸件塑性和韧性差，故它不适合于制造承受冲击的零件；

⑤ 压铸件应尽量避免机械加工，以防止内部孔洞外露。

近年来，国外已研究成功的真空压铸、充氧压铸等新艺装备，可以提高压铸件的力学性能、减少铸件中的气孔、缩孔、缩松等微孔缺陷；加之新型模具材料的研制，钢、铁金属的压铸也取得了一些进展，压铸工艺的应用范围日益扩大。

2.6.1.3 压铸填充理论

（1）喷射填充理论　费罗梅尔（L. Frommer）在研究锌合金的压铸时，发现当液流在速度、压力不变时，保持内浇口截面的形状喷射至对面型壁，称为喷射阶段；由于对面型壁的阻碍，部分金属呈涡流状态返回，部分金属向所有其他方向喷溅并沿型腔壁由四面向内浇口方向折回，称为涡流阶段。涡流中容易卷入空气及涂料燃烧产生的气体，使压铸件凝固后形成 0.1～1mm 的孔洞，降低了压铸件的致密度，如图 2-78 所示。

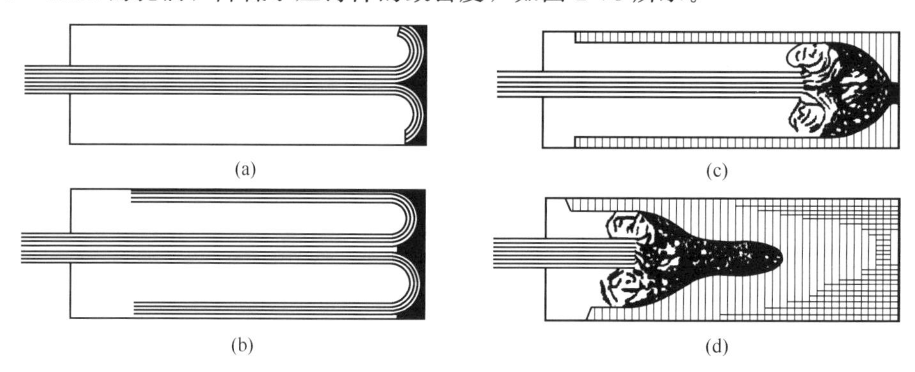

图 2-78　合金液的喷射填充形态

（2）全壁厚填充理论　勃兰特（W. G. Brandt）在研究铝合金压铸填充过程中发现：金属液经内浇口进入型腔后，即扩展至型壁，后沿整个型壁截面向前填充，直到充满为止。当内浇口速度低于 0.3m/s 时，易于产生全壁厚填充形态。该理论一般用于结晶区间较宽的合金和形状较简单的压铸件，如图 2-79 所示。

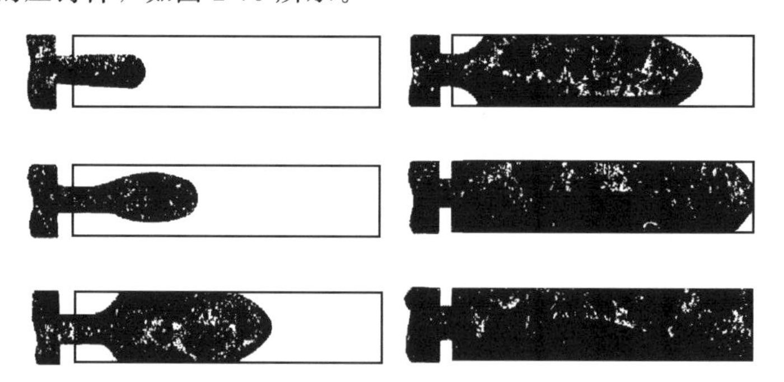

图 2-79　合金液的全壁厚填充形态

（3）三阶段填充理论　巴顿（H. K. Barton）综合了填充过程中的力学、热力学、流体力学等因素，提出了压铸的填充过程分为三个阶段：①受内浇口截面限制的金属射入型腔后，首先冲击对面型壁，沿型腔表面向各个方向扩展，并形成压铸件表面的薄壳层，在型腔转角处产生涡流；②后续金属液沉积在薄壳内的空间里，直至填满，凝固层逐渐向内延伸，液相逐渐减少；③金属液完全充满型腔后，与浇注系统和压室构成封闭的水力学系统，在压力作用下，补充熔融金属，压实压铸件，如图 2-80 所示。

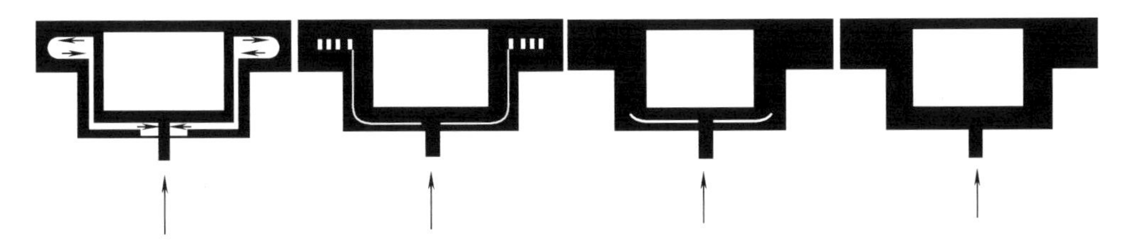

图 2-80　三阶段填充形态

三阶段填充理论与喷射填充理论的实验结果基本一致，全壁厚填充理论只在特定的条件下出现，上述三种理论不是孤立的，它随着压铸件的形状、尺寸和工艺参数而改变。在同一压铸件上，由于各部位结构尺寸的差异也会出现不同的填充形态。

2.6.1.4　**压力铸造种类**

根据压力机的不同，压力铸造可分为冷室压铸和热室压铸两大类型。

冷室压铸机的压室与保温坩埚炉是分开的，压铸时从保温坩埚中舀取液态金属倒入压铸机上的压室后进行压射。冷室压铸机又可分为立式压铸机和卧式压铸机两种，广泛用于铝合金铸件。

热室压铸机的压室与坩埚连成一体，因压室浸于液态金属中而得名，其压射机构安置在保温坩埚上方。与冷室压铸机比较，热室压铸机的特点是生产效率高、生产工序简单、易实现自动化，热损失少、可以成形更复杂形状的铸件，金属消耗少、工艺稳定、无氧化夹杂、

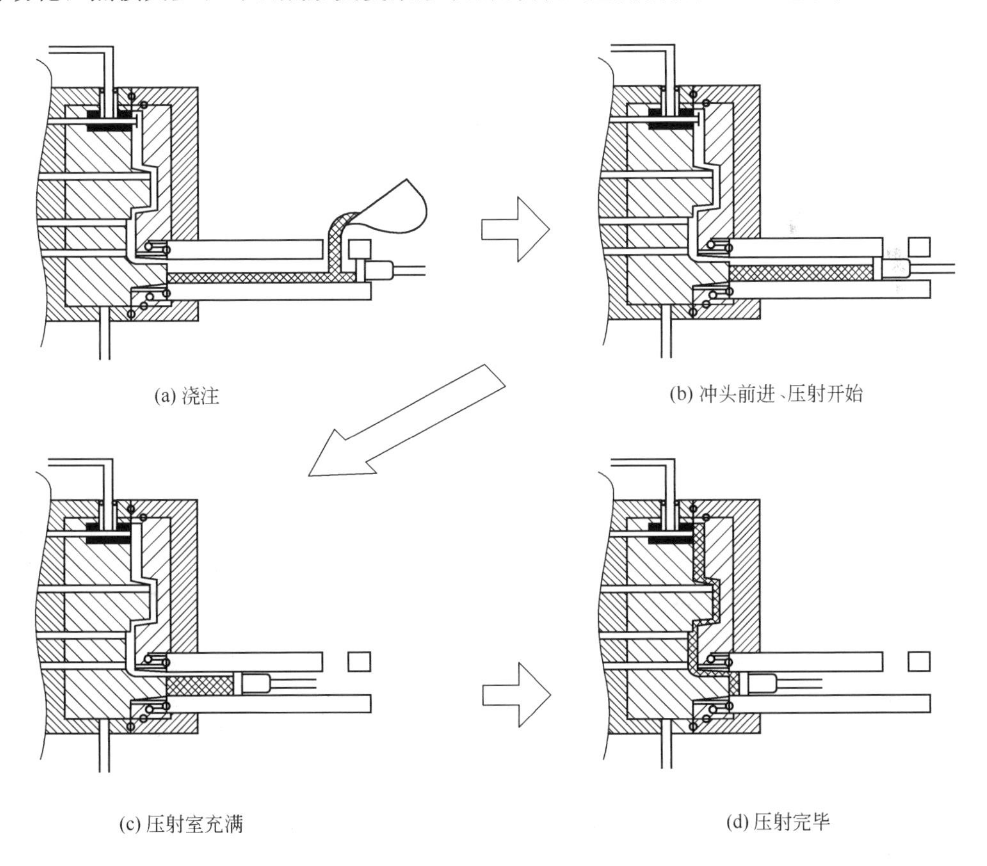

(a) 浇注　(b) 冲头前进、压射开始

(c) 压射室充满　(d) 压射完毕

图 2-81　卧式压铸机的压铸工作过程

铸件质量好；但由于压室和冲头长时间浸泡在液态金属中，影响使用寿命，常用于锌合金压铸，近年来在镁合金的压铸上有扩大应用的趋势。

2.6.2 冷室压力铸造概述

2.6.2.1 冷室压铸的工作过程及原理

冷室压铸的工作过程如图 2-81 所示，经浇注，冲头前进、压射开始，压射室充满，压射完毕等工序。整个压铸过程又分为慢速压射（封孔）、一级快速压射（填充）、二级快速压射、增压等几个阶段。在现代压铸机的自动控制中，常采用多级实时压射控制系统，在压铸过程中，冲头所受的压力与速度变化如图 2-82 所示，其压力的变化与作用如表 2-17 所示。多级实时压射的主要目的是减少压铸过程中的气体卷入，提高压铸件的致密性和质量。

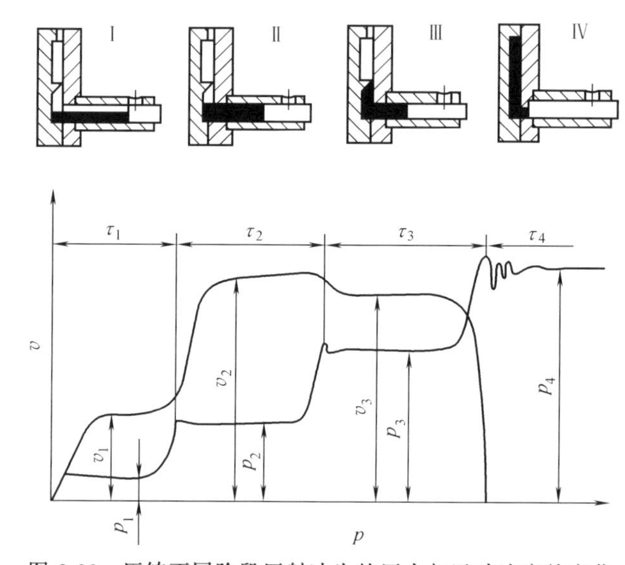

图 2-82 压铸不同阶段压射冲头的压力与运动速度的变化

表 2-17 压力的变化与作用

压射阶段	压力 p	压射冲头速度 v	压射过程	压力作用
第一阶段 τ_1	p_1	v_1	慢速压射(封孔)：压射冲头以低速前进，封住浇料口，推动金属液，压力在压室内平稳上升，使压室内空气慢慢排出	克服压室与压射冲头和液压缸与活塞之间的摩擦阻力
第二阶段 τ_2	p_2	v_2	一级快速压射(填充)：压射冲头以较快速度前进，金属液被推至压室前端，充满压室并堆积在浇口前沿	内浇口是整个浇注系统中阻力最大处，压力升高，足以达到突破内浇口阻力。在此阶段后期，因内浇口阻力产生第一个压力峰
第三阶段 τ_3	p_3	v_3	二级快速压射：压射冲头按要求的最大速度前进，金属液充满整个型腔	金属液突破内浇口阻力，填充型腔，压力升至 p_3，在此阶段结束前，由于水锤作用，压力升高，产生第二个压力峰
第四阶段 τ_4	p_4	v_4	增压：压射冲头运动基本停止，但稍有前进	此阶段为最后增压阶段，压力作用于正在凝固的金属液上，使之压实，消除或减少疏松，提高压铸件的密度

因此，在压铸过程中，作用在液态金属上的压力不是一个常数，它随压铸过程的不同阶段而变化。图 2-82 为三级压射机构的压力与运动速度变化曲线。实际上，由于压铸机压射机构的工作特性各不相同以及随着铸件结构形状不同，液体金属填充状态和工艺操作条件的

不同，压铸过程中压力的变化曲线也会不同。

2.6.2.2 卧式冷室压铸

卧式冷室压铸是最常用的一种压铸形式。卧式压铸机的压室和压射机构处于水平位置，压铸型与压室的相对位置以及压铸过程如图 2-83 所示。

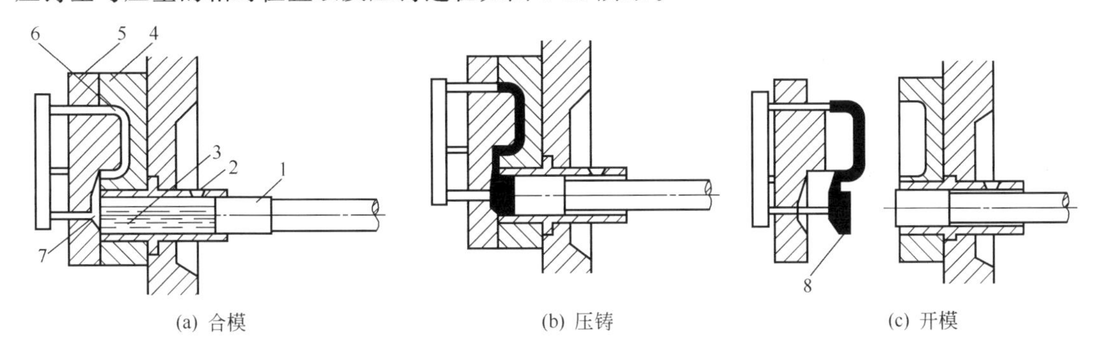

图 2-83 卧式压铸机压铸过程示意图

1—压射冲头；2—压室；3—金属液；4—定模；5—动模；6—型腔；7—浇道；8—余料

合型后，舀取金属液 3 浇入压室 2 中［图 2-83(a)］；随后压射冲头 1 向前推进，将液态金属经浇道 7 压入型腔 6 内［图 2-83(b)］；待铸件冷凝后开型，借助压射冲头向前推移动作，将余料 8 连同铸件一起推出并随动模移动，再由推杆顶出［图 2-83(c)］。

2.6.2.3 立式冷室压铸

立式冷室压铸机的压室和压射机构是处于垂直位置的（图 2-84）。合型后，舀取金属液 3 浇入压室 2，因喷嘴 6 被反料冲头 8 封闭，金属液停留在压室中［图 2-84(a)］；当压射冲头 1 下压时，液态金属受冲头压力的作用，迫使反料冲头下降，打开喷嘴，液态金属被压入型腔中，待冷凝成形后，压射冲头回升退回压室，反料冲头因下部液压缸的作用而上升，切断直浇道与余料 9 的连接并将余料顶出［图 2-84(b)］；取去余料后，使反料冲头复位，然后开型取出铸件［图 2-84(c)］。

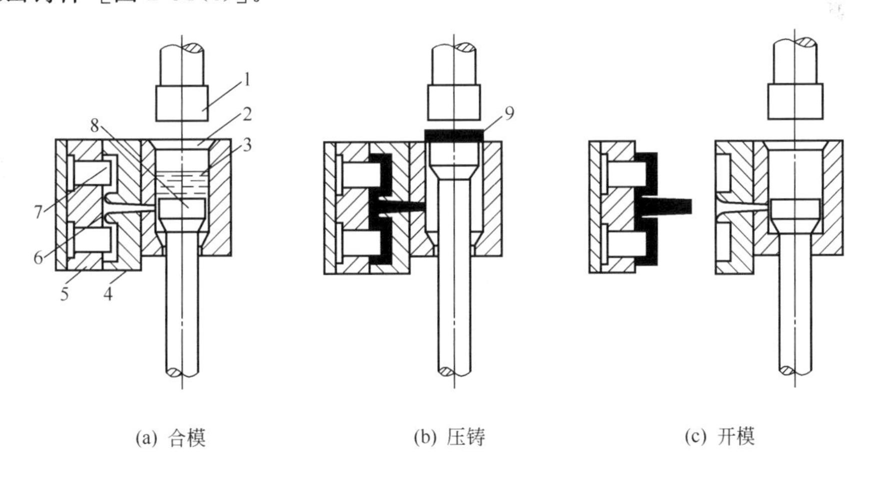

图 2-84 立式压铸机压铸过程示意图

1—压射冲头；2—压室；3—金属液；4—定模；5—动模；6—喷嘴；7—型腔；8—反料冲头；9—余料

立式压铸的主要优点是具有余料切断、顶出功能，空气不易随金属液进入压室；但卧式压铸结构更简单、金属消耗少、能量损失少，使用更为广泛。

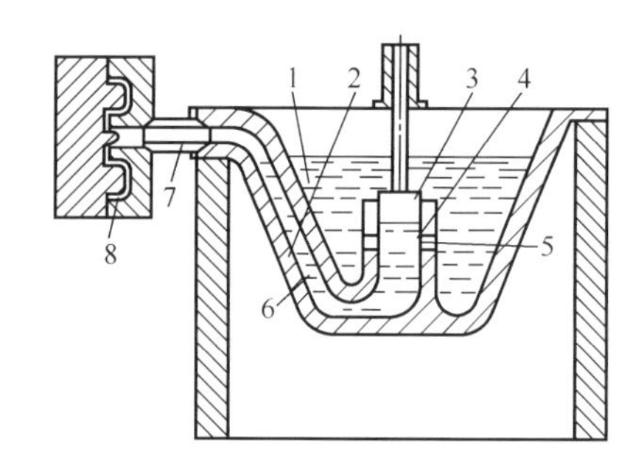

图 2-85 热室压铸机压铸过程示意图

1—金属液；2—坩埚；3—压射冲头；4—压室；5—进口；6—通道；7—喷嘴；8—压铸模

2.6.3 热室压力铸造概述

热室压铸的工作过程如图 2-85 所示。当压射冲头 3 上升时，金属液 1 通过进口 5 进入压室 4 中，随后压射冲头下压，液态金属沿通道 6 经喷嘴 7 填充压铸型 8；冷凝后压射冲头回升，多余液态金属回流至压室中，然后打开压铸型取出铸件。

热室压铸机的特点是生产工序简单、生产效率高、易实现自动化，金属消耗少、工艺稳定、无氧化夹杂、铸件质量好；但由于压室和冲头长时间浸泡在液态金属中，影响使用寿命，常用于锌合金压铸，近年来在镁合金的压铸上有扩大应用的趋势。图 2-86 是热室压铸机的结构示意图。

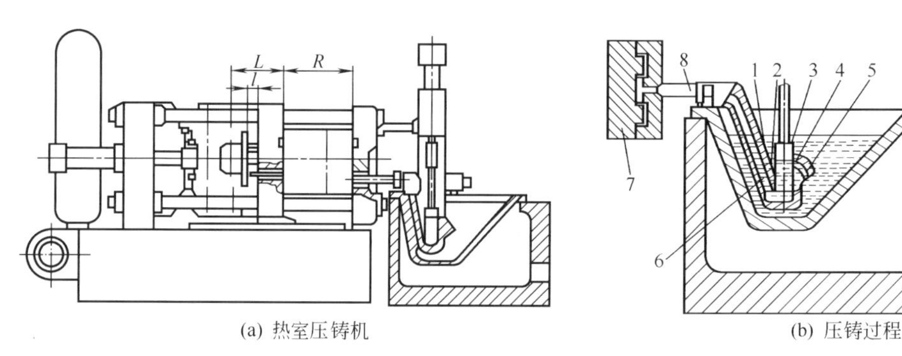

图 2-86 热室压铸机结构示意图

1—金属液；2—坩埚；3—压射冲头；4—压射室；5—进口；6—通道；7—型腔；8—反料冲头

2.6.4 压力铸造技术的新发展

压铸件的主要缺陷是气孔和疏松，通常不能进行热处理。为了解决此问题，目前国内、外有两个途径：一是改进现有设备，特别是对三级压射机构的压射机，控制压射速度、压力，控制模型内的气体卷入数量；二是发展特殊压铸工艺，如真空压铸、充氧压铸、半固态压铸等。下面介绍几种压力铸造的新技术和方法。

2.6.4.1 真空压铸

为了减少或避免压铸过程中气体随金属液高速卷入而使铸件产生气孔和疏松，压射前采用对铸型抽真空的真空压铸最为普遍。真空压铸按获得真空度的高低可分为普通真空压铸和高真空压铸两种。普通真空压铸的真空度为 20～50kPa，铸件的气体含量为 5～20mL/(100g)；高真空压铸的真空度＜10kPa，所得铸件的气体含量为 1～3mL/(100g)。

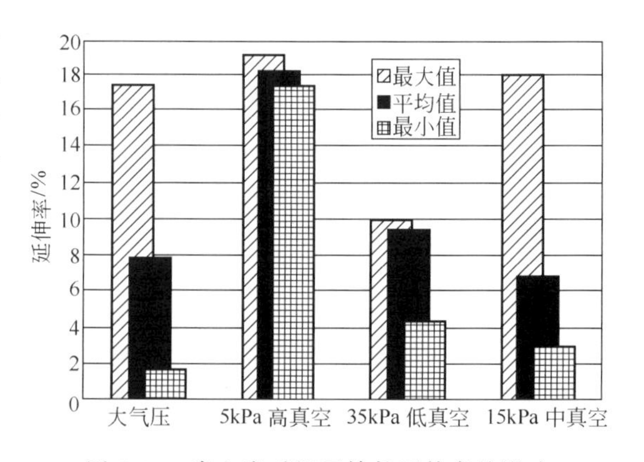

图 2-87 真空度对铝压铸件延伸率的影响

真空压铸的特点是可消除或减少压铸件内部的气孔，压铸件强度高，表面质量好，还可以进行热处理；减少了压铸时型腔的反压力，可用小型压铸机生产较大、较薄的铸件；但真空压铸的密封结构复杂，制造及安装困难，控制不当、效果不明显。在真空压铸中，真空度的大小对压铸件的性能影响很大，真空度对铝压铸件延伸率的影响如图2-87所示。由此可看出，高真空度压铸的铝合金压铸件的延展率较普通压铸件提高明显。

(1) 普通真空压铸　即采用机械泵抽出压铸模腔内的空气，建立真空后注入金属液的压铸方法。真空罩及分型面抽真空示意图如图2-88、图2-89所示。

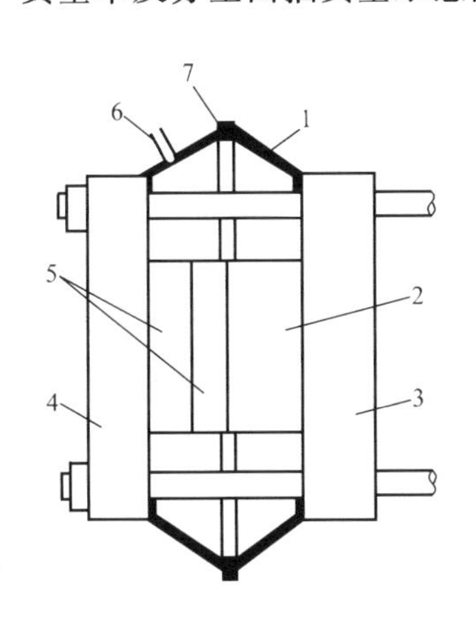

图2-88　真空罩安装示意图

1—真空罩；2—动模座；3—动模安装板；4—定模安装板；5—压铸模；6—抽气孔；7—弹簧垫衬

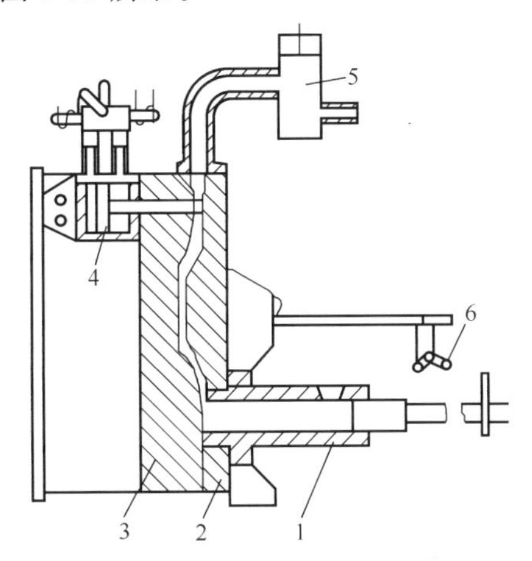

图2-89　由分型面抽真空示意图

1—压室；2—定模；3—动模；4—小液压缸；5—真空阀；6—行程开关

实践表明，真空压铸可以提高压铸件的致密性，而普通真空压铸由于获得的真空度不高，压铸件的致密性还不能达到热处理的要求，因此，应用不太广泛。近年来，高真空压铸技术的应用表明，其压铸件的致密性明显提高，其推广应用的速度也较快。

(2) 高真空压铸　高真空压铸的关键是能在很短的时间内获得高真空。为此，必须在铸型结合处建立良好的密封系统，在真空建立时有阻止金属液流入真空管道的真空闭锁阀。在模具的设计上（浇注系统、抽芯机构等）采用防止卷气、排气措施；在模具的脱模剂上，采用高温下高附着力、小发气量的脱模剂材料。图2-90为吸入式高真空压铸机的工作原理图，它采用真空吸入金属液至压射室，然后进行快速压射，可获得较高的压铸真空度。

2.6.4.2　充氧压铸

(1) 基本原理及应用　充氧压铸是将干燥的氧气充入压室和压铸模型腔，以取代其中的空气和其他气体。又称为反应气氛压铸法。充氧压铸工艺原理如图2-91所示，其装置组成

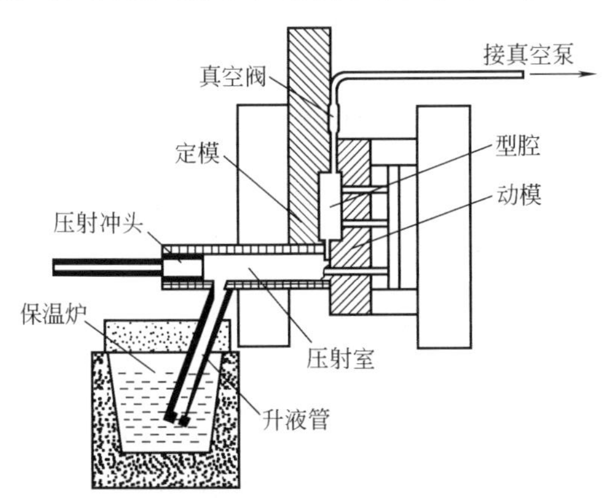

图2-90　吸入式高真空压铸机的工作原理图

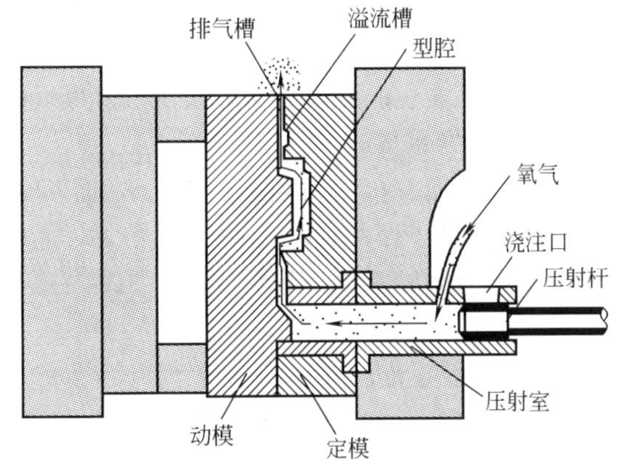

图2-91　充氧压铸工艺原理

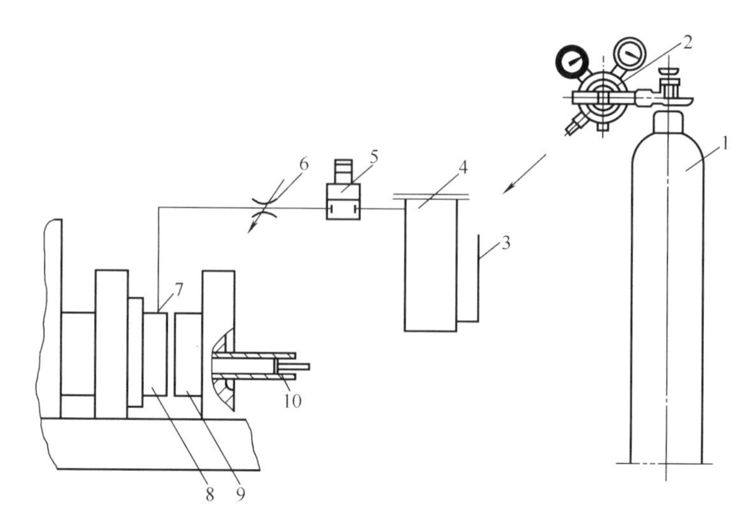

图 2-92　充氧压铸装置组成

1—氧气瓶；2—氧气表；3—氧气软管；4—干燥器；5—电磁阀；
6—节流阀；7—接嘴；8—动模；9—定模；10—压射冲头

如图 2-92 所示。当铝合金压入压室和压铸模腔时与氧气发生化合，生成 $2Al_2O_3$，形成均匀分布的 $2Al_2O_3$ 小颗粒（直径在 1μm 以下），从而减少或消除了气孔，提高了压铸件的致密性。

这些小颗粒分散在压铸件中，约占总质量的 0.1%～0.2%，不影响机械加工。充氧压铸仅适用于铝合金。

(2) 充氧压铸的特点　消除或减少了压铸件内部的气孔，强度提高了 10%、伸长率增加了 1.5～2 倍，压铸件可进行热处理；$2Al_2O_3$ 有防蚀作用，充氧压铸件可在 200～300℃ 的环境下工作；与真空压铸相比，充氧压铸的结构简单、操作方便、投资少。但充氧压铸也有以下局限性：①必须使用胶体石墨系列的水溶性脱模/润滑剂或固体粉末；②氧气置换和除去水分的时间稍长；③对压射室及冲头要防止粘模及吃入飞边；④铸造合金中 Fe 及 Mn 的含量要适当；⑤熔液和氧气完全反应下的铸造条件优化比较难。

2.6.4.3　局部加压压铸

压铸工艺由于金属液的压入及冷却速度过快，厚壁处通常难以进行补缩而形成缩孔、缩松。为了解决压铸件厚壁处的缩孔、缩松问题，可采用局部增压工艺。该工艺的加压位置通常在型腔厚壁部位和横浇道部位。局部加压压铸原理示意图如图 2-93 所示。

局部加压的工艺要点如下：

① 局部加压的影响范围小，大致为杆径的 2～3 倍、杆行程的 1～2 倍，因此，加压位置的选择非常重要；

② 最好能直接利用铸孔，或设置加压杆；

③ 加压时间的管理至关重要，过早或过晚均不能获得预期的效果；

④ 局部加压压力大致为压射压力的 1.5～3 倍；

⑤ 加压杆速度约为 8～10mm/s。

2.6.4.4　电磁给料压铸法

如图 2-94 所示为电磁给料压铸法的原理图，它采用电磁泵将金属液送入压铸室，减少了压铸过程中的气体卷入。压铸冲头自下向上压入，有利于压铸时型腔中气体的排出。

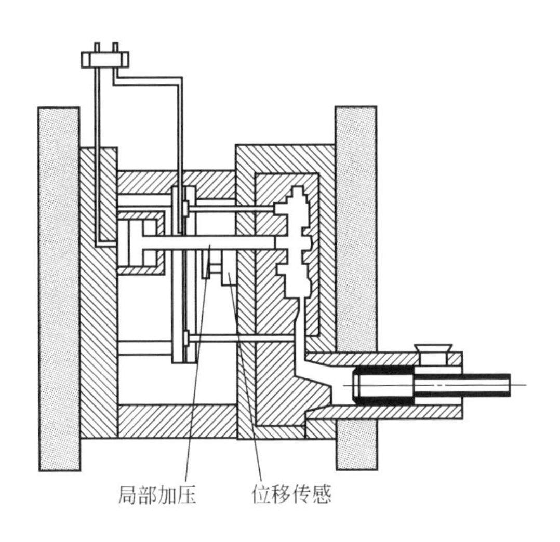

图 2-93 局部加压压铸原理图

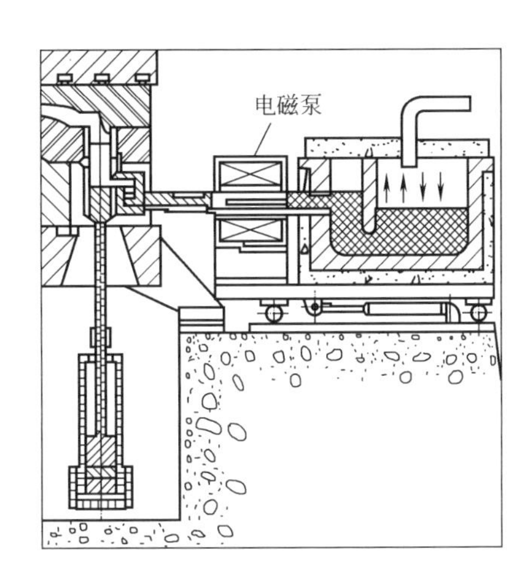

图 2-94 电磁给料压铸法原理图

2.6.5 典型压铸零件举例

目前，压力铸造工艺方法已广泛用于铝合金、镁合金、锌合金精密铸造的工业生产，随着工艺与材料技术的进一步发展，压铸技术将有更加广阔的应用前景。图 2-95、图 2-96 是一些铝、镁合金的压铸件照片。

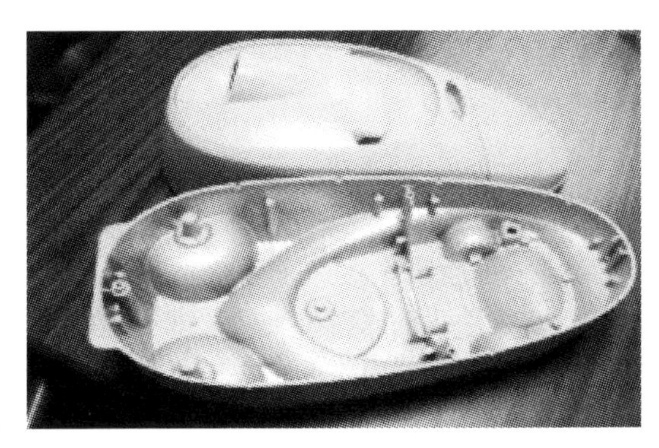

(a) 摩托车壳体

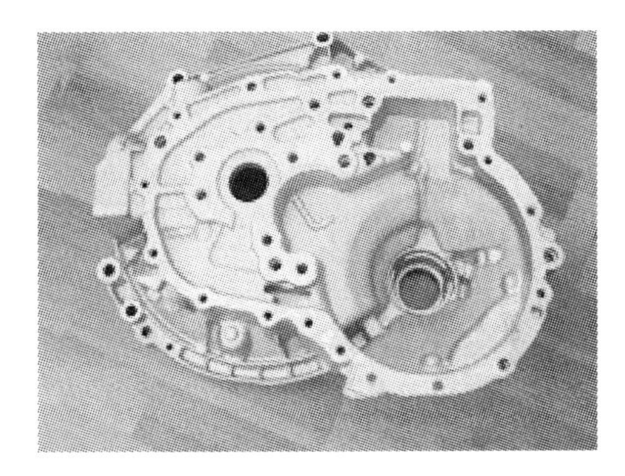

(b)齿轮箱壳体

图 2-95 铝合金压铸件

(a) 方向盘

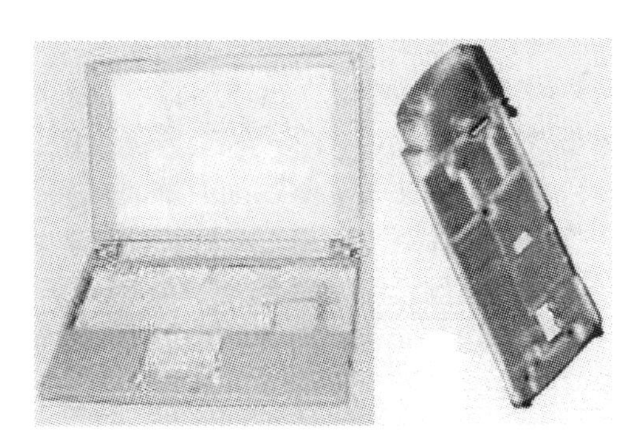

(b) 电子产品壳体

图 2-96 镁合金压铸件

2.7 反重力铸造技术

反重力铸造通常包括低压铸造和差压铸造两种，它与普通重力下铸造（浇注、凝固）相反，是在反重力下实施金属液的浇注与凝固，具有重力下铸造不同的充型与凝固特征。

2.7.1 低压铸造

低压铸造是一种介于重力铸造和压力铸造之间，以较低的气体压力（0.02～0.05MPa）将金属液自下而上地压入铸型，并使铸件在一定压力下结晶凝固的特种铸造方法。低压铸造的工艺原理及装置如图 2-97、图 2-98 所示。

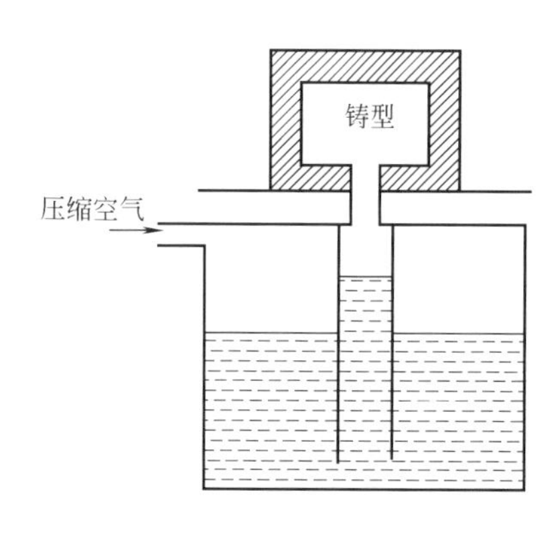

图 2-97 低压铸造工艺原理示意图

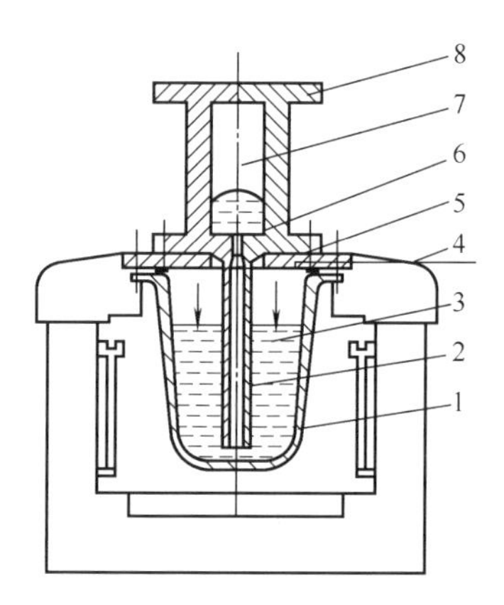

图 2-98 低压铸造装置简图

1—坩埚；2—升液管；3—铝液；4—进气管；5—密封盖；6—浇口；7—型腔；8—铸型

2.7.1.1 低压铸造工艺的主要特点

低压铸造工艺的主要优点是金属液上升速度慢，仅仅为 0.05～0.2m/s，流动非常平稳，很少卷气和夹杂，因而铸件质量可得到保证；铸型处于正压力场作用下，缩松缺陷大为减少，力学性能明显提高，还可浇注较复杂、不同壁厚的铸件。低压铸造工艺的主要缺点是设备的密封系统易泄漏，液面加压系统精度差；升液管易腐蚀，管内的夹杂难以清除，而且升液管最上端易过早凝固堵塞，造成生产率、成品率下降；低压铸造金属液结晶凝固压力低。

由于低压铸造是浇注系统与位于铸型下方的升液管直接相连，充型时液态金属从内浇口引入，并由下而上地充满铸型，凝固过程中升液管中的炽热金属液经由浇注系统提供补缩，因此该工艺实现“自上而下的顺序凝固”方式。

与普通铸造方法和压力铸造方法相比，低压铸造工艺具有如下特点。

（1）与普通铸造相比　低压铸造可以采用金属型、砂型、石墨型、熔模壳型等，它综合了各种铸造方法的优势；低压铸造不仅适用于有色金属，而且适用于黑色金属，因此适用范围广；由于采用底注式充型，而且充型速度可以通过进气压力进行调节，因此充型非常平稳；金属液在气体压力作用下凝固，补缩非常充分；采用自下而上浇注和在压力下凝固，大大简化了浇冒系统，金属液利用率达 90%以上；金属液流动性好，可以获得大型、复杂、薄壁铸件；劳动条件好，机械化、自动化程度高，可以采用微机控制（机械化、自动化操作时设备成本高）。

（2）与压力铸造相比　铸型种类多，要求低；铸件能根据需要进行热处理；不仅适于薄壁铸件，同样适用厚壁铸件；铸件不易产生气孔；合金种类多、铸件质量范围大；铸件力学性能好、尺寸精度稍低、表面粗糙度稍高；设备结构简单、成本较低。

2.7.2.2　低压铸造的工艺曲线

低压铸造时，铸型的充型过程是靠坩埚中液态金属表面上的气体压力作用来实现的。铸件的成形过程分为升液、充型和凝固（结晶）三个阶段，每个阶段所需的时间、压力及加压速度等，均根据铸件的工艺要求有所不同，如图 2-99、表 2-18 所示。

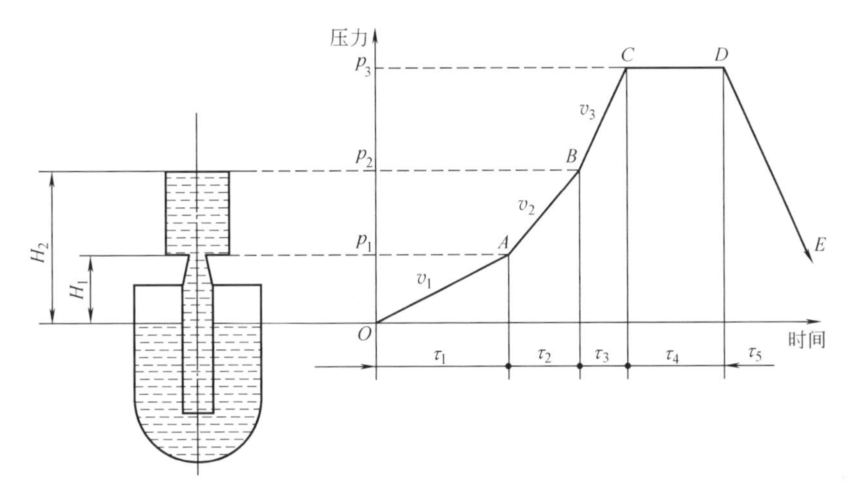

图 2-99　低压铸造过程各阶段所需的压力

表 2-18　低压铸造过程各阶段的压力和加压速度关系

参　数	加压过程的各个阶段				
	O—A 升液阶段	A—B 充型阶段	B—C 增压阶段	C—D 保压阶段	D—E 放气阶段
时间	τ_1	τ_2	τ_3	τ_4	τ_5
压力/Pa	$p_1=H_1\gamma\mu$	$p_2=H_2\gamma\mu$	p_3（根据工艺要求）	p_2（根据工艺要求）	0
加压速度/(Pa/s)	$v_1=\frac{p_1}{\tau_1}$	$v_2=\frac{p_2-p_1}{\tau_2}$	$v_3=\frac{p_3-p_2}{\tau_3}$	—	—

(1) 升液阶段　指自加压开始至液体金属上升到浇口处为止，时间 τ_1、压力 p_1、速度 v_1。为了防止液态金属自浇口进入型腔产生喷溅或涡流现象，升液速度 v_1 一般不超过 0.15m/s。

(2) 充型阶段　指自液态金属由浇口进入型腔起至充满为止，时间 τ_2、压力 p_2、速度 v_2。充型速度 v_2 关系到液态金属在型腔中的流动状态和温度分布。充型速度慢，液态金属充型平稳，有利于型腔中气体的排出，铸件各处的温度差增大；但充型速度太慢，对于形状复杂的薄壁铸件，尤其是采用金属铸型时，易产生冷隔、浇不足等缺陷。充型速度常为 0.16～0.17m/s。

(3) 凝固阶段　指自液态金属充满铸型至凝固完毕，时间 τ_3、压力 p_3、速度 v_3。铸件在压力作用下凝固，此时的压力称为凝固（结晶）压力，一般应高于充型压力，故有一个增压过程。通常，$p_3=(1.3\sim2.0)p_2$。

保压时间 τ_4 是自增压结束至铸件完全凝固所需的时间。保压时间的长短与铸件的结构特点、铸型的种类和合金的浇注温度等因素有关，通常由试验来确定。

2.7.2.3　典型低压铸造装备及铸件

低压铸造装备的结构形式多种多样，以满足不同用户、不同专业对铸件提出的结构和性能要求。目前，低压铸造工艺常用于铝合金铸件的生产，采用金属型可生产“轮毂”等结构较简单的铸件，采用砂型（芯）可生产复杂的铝合金铸件（图 2-100）。

2.7.2　差压铸造

差压铸造又称为反压铸造或压差铸造，它是在低压铸造基础上发展起来的，其实质是低

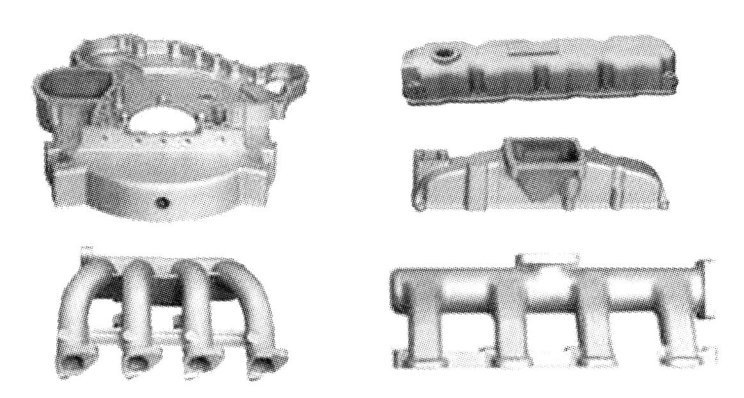

图 2-100　典型的低压铸造零件照片

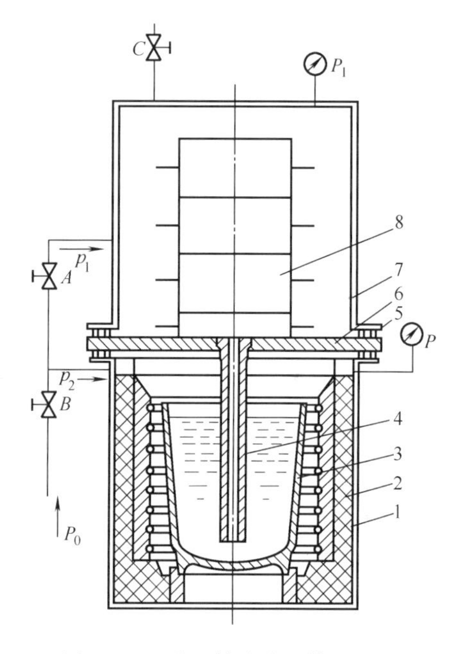

图 2-101　差压铸造的工作原理图

1—下筒体；2—电炉；3—坩埚；4—升液管；5—双道密封圈；6—隔板；7—上筒体；8—铸型

压铸造和压力下结晶两种工艺的结合，即充型成形是低压铸造过程，而铸件凝固是在压力下的结晶过程，因此，差压铸造具有这两种工艺的特点，可获得无气孔、无夹杂、组织致密的铸件，其力学性能大大优于一般的重力铸造工艺。差压铸造的工作原理如图 2-101 所示，控制上、下筒体的进气压力，可实现低压充型、加压凝固等工艺过程。

差压铸造设备的工作压力为 0.6MPa，压差范围为 50kPa 左右。由于铸件在很高的压力下凝固（补缩能力是低压铸造的 4～5 倍），因此，铸件无气孔、缩松，组织致密，力学性能很高，可用于复杂零件的生产。差压铸造的突出优点有减少铸件气孔、针孔缺陷，改善铸件表面质量，明显减少大型复杂铸件凝固时的热裂倾向，差压铸造的补缩能力是低压铸造的 4～5 倍，差压铸造的铸件质量高（组织致密，力学性能好，抗拉强度提高 10%～20%、伸长率提高 70%）；但差压铸造设备比较复杂、昂贵，生产率不高。

2.7.3　反重力铸造技术的发展

经过几十年的发展，反重力铸造技术也得到了很大的进步，出现了调压铸造、真空吸铸、真空差压铸造、低压消失模铸造等新工艺技术。其特征是发挥反重力铸造技术的优势（铸件的性能好）、降低工作压力、简化操作。我国的沈阳工业学院、西北工业大学、华中科技大学等单位对此做了比较深入的研究。

2.7.3.1　调压铸造

调压铸造是西北工业大学周尧和教授发明的一种特种铸造方法。调压铸造的工艺原理是根据铝合金熔模精密铸件的特点，通过调节浇注过程中的压力来满足铸件充型和凝固的动力学条件，其工艺原理如图 2-102 所示。

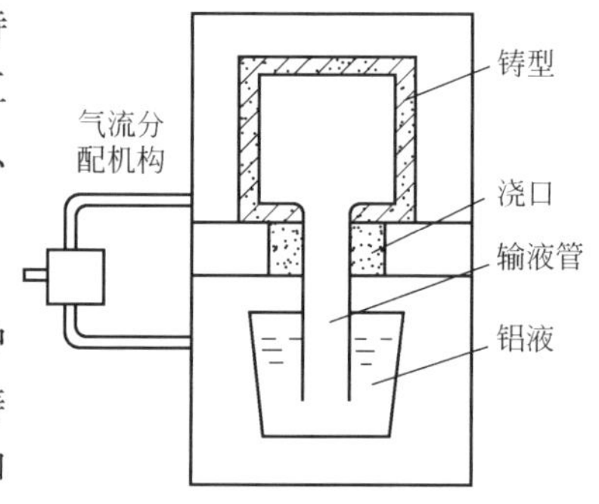

图 2-102　调压铸造工艺原理图

调压铸造的浇注过程：经充分干燥和过滤的惰性气体或压缩空气将铝液从坩埚中经过输液管压入型腔。调压铸造的充型和凝固过程分别在不同的压力下进行，具有优越的充型流体动力学和凝固动力学条件，有利于获得轮廓清晰，气密性高的薄壁、复杂精密铸件，也可用于金属基复合材料的制备。研究表明，在相同的浇注温度下，以填充薄片状精铸试样的面积作为衡量充型能力的标准，调压铸造的充型能力分别比重力铸造和差压铸造高 29%和 9%。

由于调压铸造是在负压下充型，消除了气体反压，故充型压力较小，而调压既保证了铸件的压力结晶，又使壳型不致变形和破裂。也就是说，调压铸造对壳型的强度和透气性均没有特殊要求。调压铸造的另一个突出特点是，在调压过程中，随着压力增加，铸件与铸型之间的换热强度增大，使凝固速度加快。因此，用调压铸造法浇注的铸件晶粒细小，力学性能特别是延伸率较其他铸造方法有显著提高。调压铸造通常用于性能要求很高的（航空航天）铝合金铸件的生产。

2.7.3.2　真空吸铸

真空吸铸是在熔模精密铸造技术上发展起来的一种铸造工艺方法。它把普通熔模铸造工艺制作的壳型放在密封室内，密封室下降，直浇道浸入液体金属中，再启动真空泵将密封室抽成真空，液体金属同时被吸入。壳型内铸件凝固后，真空状态解除，浇道内的残余金属液回流到熔炉中，经清砂后得到精密铸件。真空吸铸的工艺原理如图 2-103 所示。

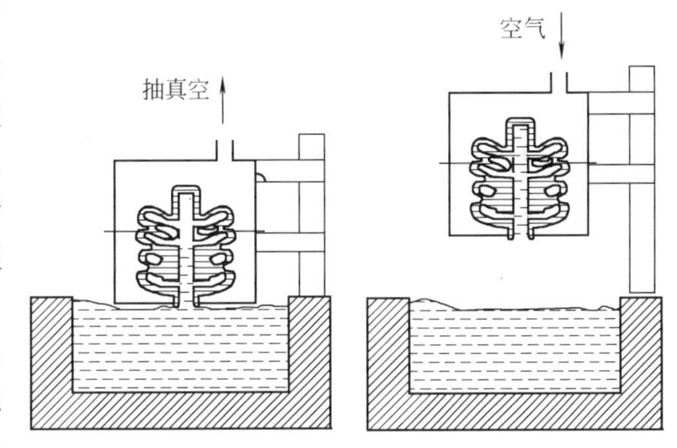

图 2-103　真空吸铸工艺原理图

真空吸铸的优点是金属的利用率高、工艺出品率可达 90%；与普通精铸工艺比较，生产率高（提高 85%～135%）；在负压下平稳充型，氧化夹杂少；负压作用使型内的背压降低，显著提高了铸件的充型能力；吸铸温度较重力铸造低 100～150℃。真空吸铸适于薄壁铸件的生产，在航空、航天、电子等领域有广泛的应用前景。该工艺的不足是铸型需预热，导致铸件晶粒粗大，力学性能下降；铸件凝固时无补缩压力，铸件可能发生缩孔、缩松缺陷。

2.7.3.3　真空压差铸造

真空压差铸造是在差压铸造的基础上引入真空吸铸的方法，由华中科技大学董选普博士、黄乃瑜教授等提出的一种新方法，如图 2-104 所示。该铸造法的充型是在铸型室的真空度达到一定值后进行的，不仅克服了真空吸铸抽气不完全而产生背压的缺点，使充型能力有很大提高，而且充型时气体稀少，可有效地抑制紊流和送气的产生。在充型完成后，能及时地给予金属液面以较大的压力，使铸件在较大的压力下实施补缩凝固，获得致密的铸件。

该方法能在铸造过程中综合运用真空和压力，控制充型与凝固过程中的压力差，达到生产高质量铸件的目的。真空压差铸造的充型速度快（最高充型速度为 3m/s，远远高于低压铸造和差压铸造 0.05～0.8m/s 的充型速度，仅低于压力铸造的充型速度），有利于成形复杂薄壁铸件；在较大的压力差（0.4～0.5MPa）下进行补缩、凝固，铸件的致密性好；在设备结构上，避免了结构复杂的高压罐容器部件，结构简单、成本低、操作控制方便。

2.7.3.4　低压消失模铸造

华中科技大学将反重力的低压铸造与真空消失模铸造有机地结合起来，应用于镁（铝）

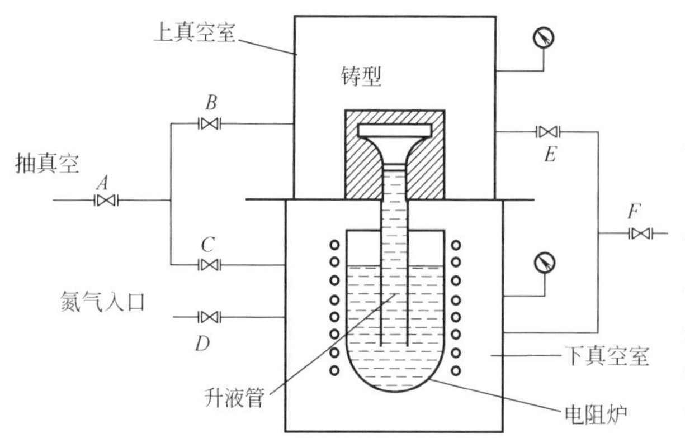

图 2-104　真空压差铸造工艺原理图

合金的液态精密成形，开发出了一种新的“镁（铝）合金真空低压消失模铸造方法及其设备”，如图 2-36 所示。该新型铸造方法的显著特点是，金属液在真空和气压的双重作用下浇注充型，液态镁合金的充型能力较重力消失模铸造大为提高，可以容易地克服镁合金消失模铸造中常见的浇不足、冷隔等缺陷，且不需太高的浇注温度，它是铸造高精度、薄壁复杂镁合金铸件的一种好的方法。

在英国的 Loughborough 大学，研究人员把低压 EPC 工艺用于铝基复合材料的研究。该工艺可以显著降低浇注温度，减少缺陷，改善铸件的微观结构，提高了拉伸强度。

2.8　熔模精密铸造

2.8.1　熔模精密铸造特点及工艺过程

熔模精密铸造，简称熔模铸造，又称为“失蜡铸造”，是一种近净成形工艺，其铸件精密、复杂，接近于零件最后的形状，可不经加工直接使用或经很少加工后使用。

熔模铸造通常是在蜡模表面涂上数层耐火材料，待其硬化干燥后，将其中的蜡模熔去而制成形壳，再经过焙烧，然后进行浇注而获得铸件的一种方法。由于获得的铸件且有很好的尺寸精度和表面粗糙度，故又称为“熔模精密铸造”。早在 2000 多年前，我国的劳动人民就已掌握青铜钟鼎等器皿的熔模精密铸造技术。熔模铸造的主要特点包括：

① 易熔材料制成模型；

② 模型熔失后的铸型无分型面；

③ 可铸造各种形态复杂的零件，且可获得较高的尺寸精度和表面粗糙度，大大减少机械加工工作量，显著提高金属材料的利用率。

熔模精密铸造的适用范围有：

① 尺寸要求高的铸件，尤其对于无加工余量的铸件（涡轮发动机叶片等）；

② 能铸造各种碳钢、合金钢及铜、铝等各种有色金属，尤其适用于那些难切削加工合金的铸件。

熔模精密铸造的工艺过程如图 2-105 所示。主要包括熔模制造、壳型制造、壳型焙烧与浇注等工序。

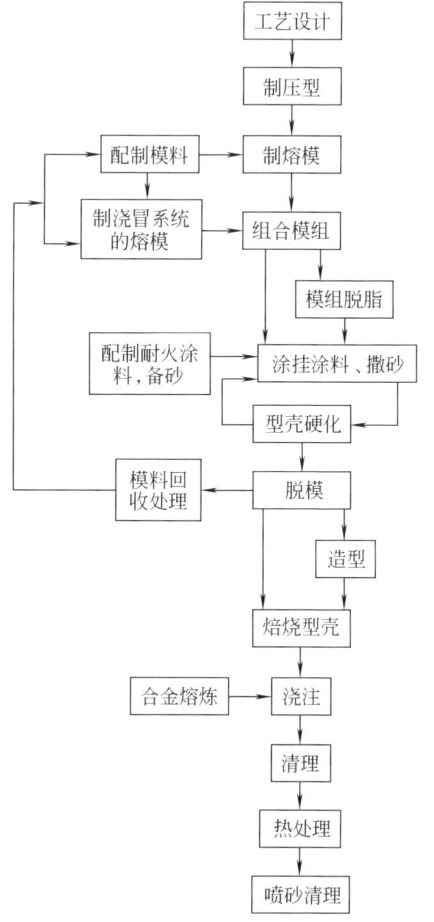

图 2-105　熔模精密铸造的工艺流程图

熔模精密铸造产品可分为两大类：军工、航空类产品和商品类产品。前者的质量要求高，后者质量要求不如前者。随着冷战时代的结束，各国的军工产品相对减少，但民航、大型电站及工业涡轮发动机的发展，使得民用产品大幅度增加。现在熔模铸造除用于航空、航天、军工部门外，几乎应用到所有工业部门，如电子、石油、化工、能源、交通运输、轻工、纺织、制药、医疗器械等。

典型的熔模精密铸造有航空叶片（含定向凝固和单晶叶片）、离心叶轮、整流器、高尔夫球头、精密管接头等，如图 2-106、图 2-107 所示。

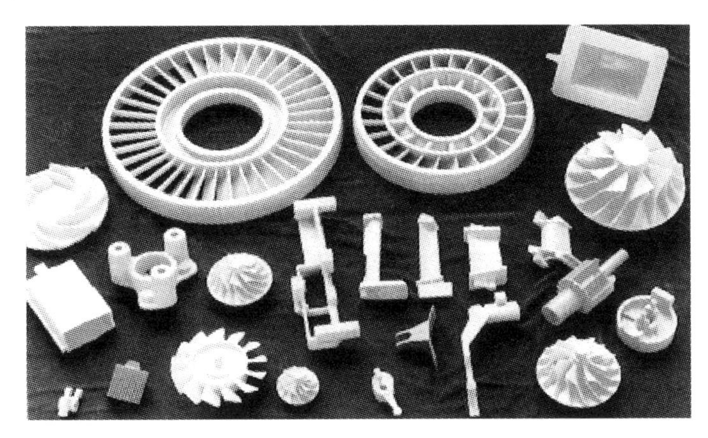

图 2-106　**精密铸造蜡模模样（离心叶轮、整流器、航空叶片等）**

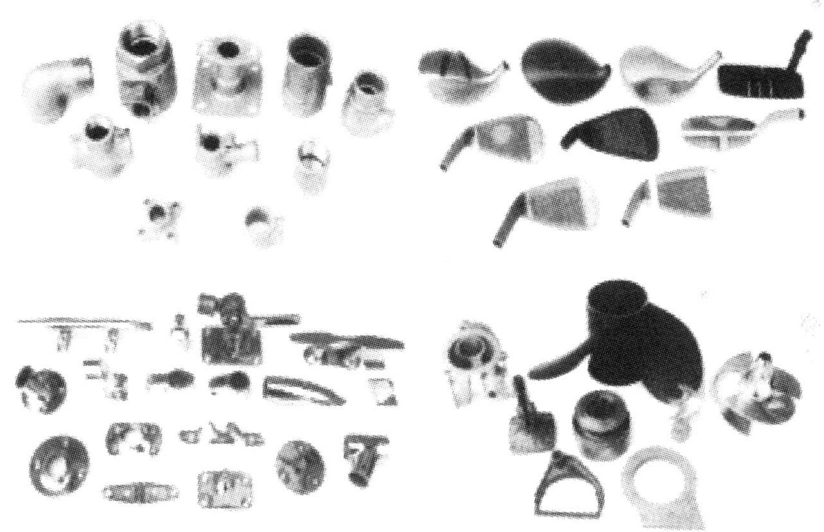

(a)民用零件（高尔夫球头、精密管接头、小阀盖等）

(b)离心叶轮

(c)航天叶片

图 2-107　**典型的熔模精密铸造零件**

下面按照熔模精密铸造的主要工序介绍其关键技术，分别为模样材料及熔模的制造、壳型材料及壳型工艺、熔模铸造型芯等。

2.8.2　模样材料及熔模的制造

2.8.2.1　模料的种类及要求

模样材料（简称）的性能直接影响铸件的尺寸精度与表面质量。我国精密铸造用模料可分为四种。

（1）蜡基模料　以石蜡-硬脂酸、石蜡-聚烯烃为代表。

（2）树脂基模料　以松香和改性松香基为代表。

（3）填料模料　以固体粉末为填料。

（4）水溶性模料　分为尿素基和聚乙二醇基两种类型。

我国模料的商品化程度不高，且使用最多的模料为蜡基模料。相比之下，国外模料的商品化程度很高，可根据使用要求不同提供各种用途的模料，如型蜡、浇道蜡、黏结蜡等。对模料的使用和性能要求包括如下一些方面。

① 模料的合适熔点为60～100℃，便于水加热与熔失。

② 模料开始软化变形的温度（称为软化点）要高于40℃，以保证制好的熔模在室温下不发生变形。

③ 模料要有高的强度、韧性和表面硬度，防止在熔模生产和制壳型的过程中出现熔模的破损、熔模表面的破坏以及壳型的断裂。

④ 在压制熔模时，模料的流动性要好，使熔模能清晰正确地复制压型腔的形状；而在熔失熔模时，模料也易从壳型流出。

⑤ 模料在加热、冷却过程中的膨胀、收缩系数要小而稳定，使熔模上不易出现缩陷等缺陷，熔模的尺寸稳定。在熔失熔模时，阻滞在壳型中的液态模料也不易把壳型胀裂。

⑥ 模料应能被涂料很好地润湿，使涂料在制壳型时能均匀涂覆在熔模上，正确复制熔模的几何形状。

⑦ 模料的化学活性要低，它不应和生产过程中所遇到的物质（如压型材料、涂料等）发生化学作用，并对人体无害。

⑧ 模料在高温燃烧后，遗留的灰分要少，使焙烧后的壳型内部尽可能干净，防止铸件上出现夹渣的缺陷。

⑨ 模料的重度要小，焊接性要好，能多次复用，价格便宜，来源丰富。

与我国不同的是，国外大量采用填料模料（约占精铸模料市场份额的一半以上）。填料在模料中的主要作用是减少收缩，防止熔模变形和表面缩陷，以提高蜡模表面质量和尺寸精度。填料有固体填料、液体填料、气体填料三种，应用最多的是固体粉末填料，如有机酸、多元醇、双酚化合物或树脂粉末等，加入量约为20%～40%（质量分数）。

2.8.2.2　蜡基模料及回收

（1）蜡基模料　蜡基模料以石蜡、硬脂酸为原料，是最常用的模料之一。

石蜡为石油炼制的副产品，是饱和的固体碳氢化合物。化学活性低，呈中性。常用的石蜡熔点为58～62℃、软化点低（约30℃）、硬度小，故采用与硬脂酸配合混成的模料。

硬脂酸是固体的饱和羧酸，属于弱酸，易于与碱或碱性氧化物起中和反应，生成皂盐（皂化反应）。常用的硬脂酸熔点约为60℃。

为了进一步改性蜡基模料的性能，可加入一定量的树脂粉末材料（或填料），形成树脂基蜡料。

(2) 模料的配制与回收　模料的配制通常采用蒸汽加热或水浴加热，将蜡料混合、熔化，然后搅拌均匀，冷却成浆状待用。搅拌均匀的方法通常有“旋转桨叶片搅拌法”和“活塞搅拌法”两种，前者搅拌均匀，但有气泡卷入；后者气泡卷入少，但搅拌效率不高。

熔模脱模后的蜡料要回收利用，以降低成本和减少对环境的污染。对于树脂基蜡料，大多数的回收料用于浇冒口系统；蜡基模料回收后可以代替新蜡基模料使用。

蜡基模料回收-再生处理的基本原理与方法，大都采用蒸汽脱蜡法。脱出的蜡中，常含有质量分数为5%～15%的水、15%～35%的填料（对填料蜡）和约0.5%的陶瓷类夹杂物。回收处理过程的关键环节是将这些陶瓷类夹杂物从模料中除去，因为它们是模料中残留灰分的主要来源。目前，国内绝大多数使用树脂基模料的工厂的回收处理方法不外乎是除水和静置沉降。较先进的方法是采用高效优质的多次过滤和离心分离，以加快处理过程并获得更加纯净的模料。

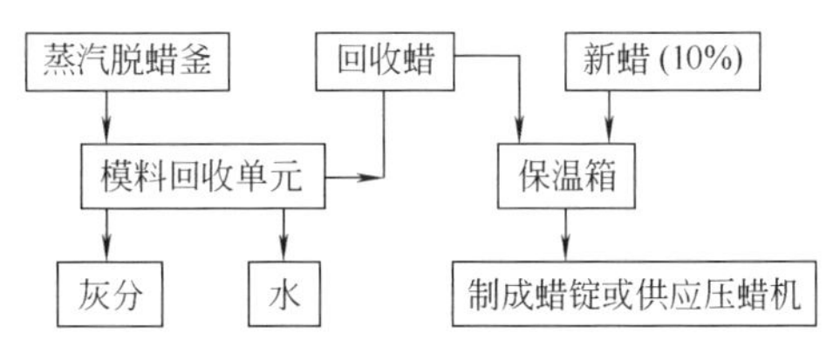

图 2-108　模料的“回收-再生”处理系统流程图

回收的模料质量随着循环的次数增多而变坏。因为硬脂酸属于弱酸，在使用过程中发生皂化反应、中和反应。只有适当添加新料或其他成分后，才能循环使用。模料的“回收-再生”处理的系统流程如图 2-108 所示。

2.8.2.3　熔模的压制

熔模的压制是采用压力将糊状蜡料压入压型，冷却后获得熔模。常用的方法有柱塞加压法、气压法、活塞加压法等，如图 2-109 所示。较先进的采用液压蜡模压注机，它具有压力、流速、温度、时间等参数可自动调节控制等优点，容易保证蜡模的质量，提高生产率。

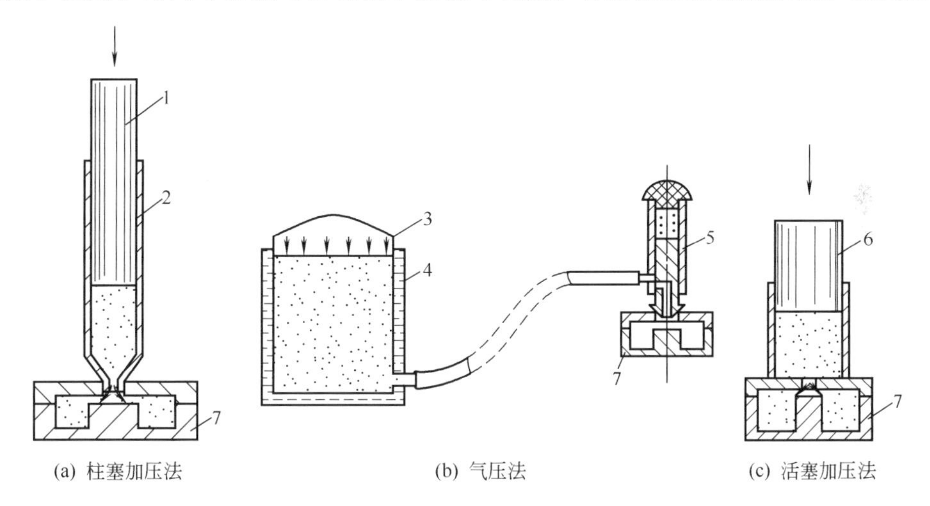

图 2-109　熔模压制法示意图

1—柱塞；2—压蜡筒；3—压力罐；4—保温罐；5—蜡枪头；6—活塞；7—压型

2.8.2.4　熔模的组装

熔模的组装是把形成铸件的熔模和形成浇冒口系统的熔模组装在一起，主要有两种方法：焊接法、机械组装法。

2.8.3　壳型材料及壳型工艺

熔模铸造的铸型可分为实体型和多层壳型，目前使用较多的是多层壳型。即将模样组浸涂耐火涂料后，撒上粒状耐火材料，干燥硬化；反复多次，直至达到所要求的厚度为止。然后熔失模样组，得到空的壳型。

2.8.3.1 制造壳型的原材料

制造壳型的原材料主要有耐火材料、黏结剂、其他附加材料等。

(1) 耐火材料 熔模铸造壳型质量的90%以上为耐火材料，因此耐火材料对壳型性能有很大的影响。按用途不同耐火材料可分为：与黏结剂配成涂料浆使用的粉状料，作为增强壳型的撒砂材料，制造陶瓷型芯的粉状料等。

国内外作为面层壳型材料的有锆砂、电熔刚玉、熔融石英等；作为加固层材料多用“铝-硅”系耐火材料，如高岭土熟料等；用得较广泛的陶瓷型芯耐火材料是熔融石英、氧化铝。

① 熔融石英：由天然高纯度 SiO_2 经电炉在高于1760℃以上熔融，随后快速冷却而制得。其热导率低、热膨胀系数小、来源丰富，但其熔点较低（约1700℃），主要用于一般的碳钢、铜合金等铸件。

② 电熔刚玉：主要成分为 α-Al_2O_3，即白刚玉，它是用工业氧化铝在电弧炉内经高温熔融，冷却结晶成锭块，再经破碎、加工、筛选而得。其熔点高（2030℃）、密度大（3.99～4.0g/cm^3）、导热性好、热膨胀系数小、化学稳定性好，但价格昂贵，主要用于高合金钢、耐热钢、镁合金铸件等。

③ 锆砂：又称为硅酸锆，是天然存在的矿物材料。它属于四方晶系，密度变动范围大(3.9～4.9g/cm^3)，莫氏硬度为7～8，热导率较大，热膨胀系数小，高纯度时其热化学稳定性好，是一种优质的制壳材料。主要用作壳型面层的耐火材料。

④ 铝矾土：通常是指 Al_2O_3 含量（质量分数）大于48%的铝-硅系耐火材料，它矿物组成变化范围大、性能不太稳定，但它来源丰富、价格便宜，被广泛用作背层的耐火材料。

⑤ 特种耐火材料：在生产高活性金属合金时（如钛合金等），常用的耐火材料（锆砂、熔融石英、电熔刚玉等）因其会与合金液发生反应，均不能用作面层壳型材料，而必须采用高温下化学性质非常稳定的特殊耐火材料。如经二次重熔的以钙为稳定剂的氧化锆粉，用于钛合金精铸壳型面层涂料。

(2) 黏结剂 黏结剂是熔模精密铸造使用的主要原材料之一，它直接影响壳型及铸件质量、生产周期和生产成本。对黏结剂的基本要求是：不与模料反应；能够快速硬化、黏结性能好。目前我国常用的黏结剂有三种：硅酸乙酯水解液、硅溶胶、水玻璃。

① 硅酸乙酯水解液：硅酸乙酯本身并不是黏结剂，它必须经过水解反应生成水解液，才具有黏结能力。所谓的水解反应，是硅酸乙酯中的乙氧基 (C_2H_5O)- 逐步被水中的烃基-(OH) 所取代，而取代产物又不断缩聚的过程。

水解除需硅酸乙酯和水外，尚需加乙醇作为互溶剂和稀释剂，加盐酸作为催化剂和水解液pH值的稳定剂。有时还加入一些附加物调整一些性能，如加醋酸作为水解液pH值稳定的缓冲剂、加硼酸提高壳型强度、加甘油提高壳型的韧性、加乙二醇乙醚提高背层壳型渗透能力、加硫酸铝提高黏结剂和涂料的悬浮稳定性。

② 硅溶胶：是二氧化硅的溶胶，由无定形二氧化硅的微小颗粒分散在水中而形成的稳定胶体。硅溶胶杂质含量少，黏度很低，性能稳定，和硅酸乙酯水解液同属优质黏结剂，但各有优劣。

硅溶胶可直接使用，配制的涂料稳定性好，制壳时只需干燥而不需氨干，操作简便，环境友好，壳型的高温强度更高；但水基硅溶胶涂料对蜡模的润湿性差，需加入润湿剂以改善涂料的涂挂性；干燥速度慢、湿强度低、制壳周期长而影响生产效率。

③ 水玻璃：广泛采用的水玻璃为硅酸钠水溶液，其代表式为 $Na_2O \cdot mSiO_2 \cdot nH_2O$。

水玻璃不是单一化合物，而是多种化合物形成的混合物。如熔模铸造中常用的 $M \geqslant 3.0$ 的水玻璃，是由 $2Na_2O \cdot SiO_2$、$Na_2O \cdot SiO_2$、$Na_2O \cdot 2SiO_2$ 和 SiO_2 溶胶形成的混合物。所以，水玻璃壳型工艺比硅溶胶壳型工艺复杂，每一层由上涂料、撒砂、空干、硬化和晾干等工序组成。

与硅酸乙酯水解液、硅溶胶相比，水玻璃黏结剂的性能较差，壳型的高温强度低、抗变形能力差、生产的铸件精度较低，虽然价格较便宜，但不是一种优质的黏结剂。硅酸乙酯水解液、硅溶胶都是好的精密铸造用黏结剂，都能生产出优质的精密铸件。但从环保和发展的角度看，醇基硅酸乙酯水解液黏结剂的使用呈下降趋势，而新型快干硅溶胶应是精密铸造用黏结剂的方向。

(3) 其他附加材料　其他附加材料的作用是改善熔模附着性、壳型性能、铸件质量的一些物质，主要包括表面活性剂、消泡剂、晶粒细化剂、湿强度添加剂等。

① 表面活性剂：加入到涂料中，以降低涂料的表面张力，改善涂料的涂挂性。蜡基模料表面通常表现为憎水性，而硅溶胶、水玻璃黏结剂等都是水溶胶，它们的表面张力大，涂料与模样的润湿角也较大。在涂料中加入表面活性剂后，表面活性剂中的亲水基团容易与水分子结合，并被水分子吸引而留在涂料表面，表面活性剂中的亲油基团为熔模吸引而定向排列，形成由表面活性剂分子组成的单分子膜，从而改变了熔模的表面性质、降低了其间的界面张力、改善了涂料的涂挂性。

表面活性剂应具有良好的润湿性和渗透力，泡沫少，且稳定性低、易于消泡，不与涂料组分发生化学反应、不影响涂料的稳定性，无毒、价廉等。

② 消泡剂：涂料搅拌过程中容易卷进空气形成气泡，需加入消泡剂以去除面层涂料中的气泡。消泡剂通常为有机添加剂，如醇类、硅树脂等。醇类消泡剂有正辛醇、正戊醇、异丙醇等，它们具有破泡作用，但溶解后再搅拌时又会重新产生泡沫，又称为暂时消泡剂；硅树脂消泡剂具有破泡、抑泡作用，溶解后再搅拌时不会再产生泡沫，是一种良好的消泡抑泡，或称持续消泡剂。消泡剂的加入量通常为黏结剂质量分数的 0.05%～0.1%。

③ 晶粒细化剂：为了提高熔模铸件性能和质量，常需要细化铸件的组织和晶粒，因此在面层涂料中加入一定量的晶粒细化剂。许多 Fe、Co、Ni 的铝酸盐和硅酸盐及它们的氧化物都能作为晶粒细化剂，如 CoO、$CoSiO_4$、$CoAl_2O_4$ 等。以 $CoAl_2O_4$ 为例，不同合金和壁厚的铸件面层涂料中铝酸钴的加入量为固体粉末材料总量的 1%～10%。

④ 湿强度添加剂：为了解决硅溶胶壳型湿强度低的问题，可在普通硅溶胶中或涂料中加入湿强度添加剂。湿强度添加剂一般是悬浮于水中的有机成膜材料（如乳胶等），丙烯酸类和苯乙烯丁二烯的共聚物与硅溶胶的相溶性好，可以选用。这类湿强度添加剂，加快了制壳过程，但在焙烧过程中会被烧失，降低了高温强度，提高了壳型透气性。

2.8.3.2　对壳型的要求

壳型是由黏结剂、耐火材料和撒砂材料等，经配涂料、浸涂料、撒砂、干燥硬化、脱蜡和焙烧等工序制成的。要获得优质精密铸件，必须制造优质的精密铸造壳型。优质壳型应当满足一系列性能的要求，这些要求包括强度、透气性、导热性、线量变化和脱壳性等。

(1) 壳型强度　壳型强度是壳型最基本的性能，足够的壳型强度是获得优质铸件的基本条件。从制壳、浇注到清理的不同工艺阶段，壳型有三种不同的强度指标，即常温强度、高温强度和残留强度。

常温强度（又称湿强度）是指制完壳型后壳型的强度，它取决于制壳过程中黏结剂自然干燥和硬化的程度；湿强度太低，脱蜡过程中壳型会开裂或变形。高温强度是指焙烧或浇注时壳型的强度，它对铸件的成形和质量有重要意义，高温强度取决于高温下黏结剂对耐火材料的黏结力；壳型的高温强度不足，会使壳型在焙烧和浇注过程中发生变形或破裂。残留强度是指壳型在浇注后脱壳时的强度，它影响铸件清理的难易程度；残留强度过高，清理困难，易因清理使铸件变形或破坏。

（2）透气性　透气性是指气体通过壳型壁的能力。壳型壁薄但致密度较高，加上一般铸件上均不另设排气口，所以气体只能通过壳型中微细的孔洞和裂隙排出。通常壳型的透气性远低于普通砂型，而不同的壳型具有不同的透气性，不同温度下的壳型也具有不同的透气性。几种常见壳型与温度的关系，如图 2-110 所示。

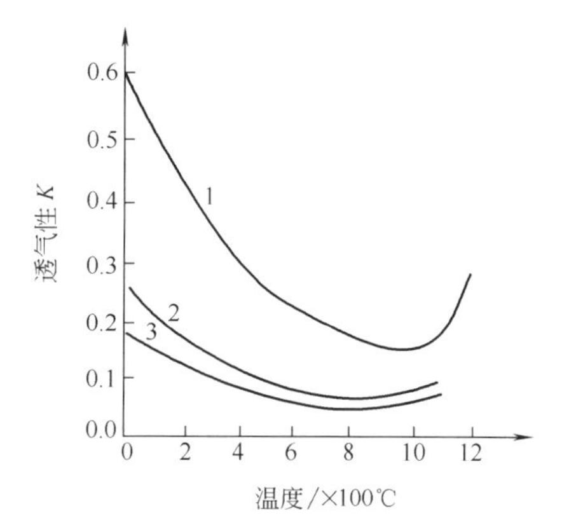

图 2-110　几种壳型的透气性同温度的关系

1—水玻璃壳型；2—硅酸乙酯壳型；3—硅溶胶壳型

透气性不好的壳型在浇注时，由于壳型中的气体不能顺利地向外排出，在高温下这些气体膨胀而形成较高的气垫压力，阻碍金属液的填充，使铸件产生气孔或浇不足等缺陷。

（3）导热性　导热性是指壳型的导热能力，通常以热导率表示。它影响散热快慢和铸件的冷却速度，从而影响铸件晶粒度和力学性能。

壳型的热导率主要受到耐火材料性质、壳型中的孔隙以及壳温等因素的影响。耐火材料，特别是撒砂材料，对壳型的热导率的影响较大。刚玉和铝矾土壳型的热导率高于石英和铝矾土壳型。在其他条件相同的情况下，各种黏结剂壳型的热导率处于相近的水平，即0.3～0.6W/m·K。

（4）线量变化　壳型的线量变化是指尺寸随温度升高而增大（膨胀）或缩小（收缩）的热物理性质。它不仅直接影响铸件的尺寸精度，还影响壳型应力大小及分布、壳型的热震稳定性和高温抗变形能力。它与加热初期的壳型脱水、物料的热分解、液相生成及其对孔隙的填充和颗粒拉近、拉紧等过程有关。

（5）脱壳性　脱壳性是指铸件浇注冷却后，壳型从铸件表面被去除难易程度的性能。熔模壳型浇注后，壳型的残留强度要比较低，使得经过高温后的壳型能够很容易地从铸件的表面脱落，而且铸件表面不产生粘砂等表面缺陷。

其他性能还有热震稳定性、热化学稳定性等，详见有关专著讨论。

2.8.3.3　制壳工艺流程

不同黏结剂的制壳工艺略有不同，但通常都包括图 2-111 所示的几个工序。

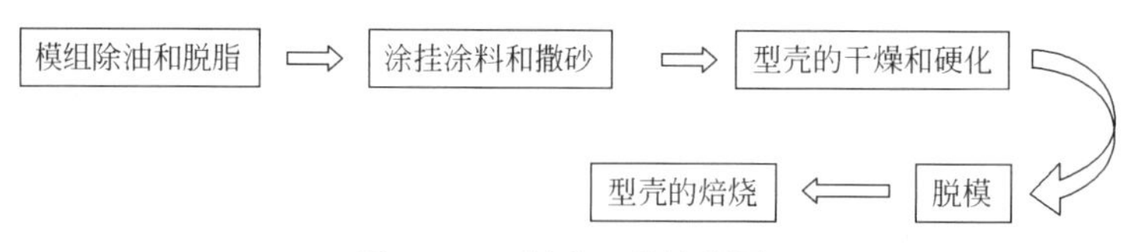

图 2-111　制壳工艺流程图

（1）模组除油和脱脂　为了改善模组与面层涂料的涂挂性能，除了在面层涂料中加入表面活性剂外，通常是在模组涂挂涂料前，对模组进行除油和脱脂处理，以增加涂料对模样的润湿性。

（2）涂挂涂料和撒砂　涂挂涂料和撒砂工序相隔进行（一层涂料、一层散砂），涂挂和撒砂层数根据铸件的大小和形状而不同，面层和背层的涂料和砂类不同。

（3）壳型的干燥和硬化　壳型每涂挂一层都要进行干燥和硬化，使得涂料中的黏结剂由溶胶向凝胶转变，把耐火材料连在一起。不同的黏结剂，壳型的干燥和硬化原理不同。硅酸乙酯水解液壳型的硬化，主要是把涂料中的溶剂挥发；水玻璃壳型，主要用聚合氯化铝（结晶氯化铝）溶液对水玻璃壳型进行硬化；硅溶胶壳型，主要是通风干燥（25～35℃）而硬化。

（4）脱模和焙烧　熔失蜡模的过程叫脱蜡，是熔模铸造的主要过程之一。通常采用热水脱蜡法。

热水脱蜡的优点是：水浴加热速度快，蜡模表面和金属浇口捧处的模料首先受热熔化，并从浇口杯流出，在蜡模与壳型之间就形成间隙，由于模料导热性差，蜡模表面虽已熔化，蜡模内部温度来不及升高，故不致迅速膨胀而将壳型胀裂；其次，热水脱蜡可以溶解部分钠盐；热水脱蜡法还具有模料回收率高，设备简单，脱蜡后壳型和浇口棒比较干净等优点。

热水脱蜡的缺点是：只适用于低熔点模料、模料容易皂化。由于脱蜡时浇口杯向上，热水翻腾时易将脱蜡槽底的砂粒及污物翻起，进入壳型内，在铸件中易形成砂眼等缺陷。热水脱蜡后壳型湿强度会降低，搬运时易损坏。此种脱蜡方法还具有劳动条件差和劳动强度大等缺点。

2.8.3.4　制壳机械化流水线

大量生产时，采用机械化流水线生产壳型，有连续式生产线和脉动式生产线两种。连续式生产线生产效率高，生产线长度可以按要求变化。脉动式生产线，结构紧凑，可以在静止中完成生产工序。连续式制壳线和脉动式制壳机，如图 2-112～图 2-114 所示。

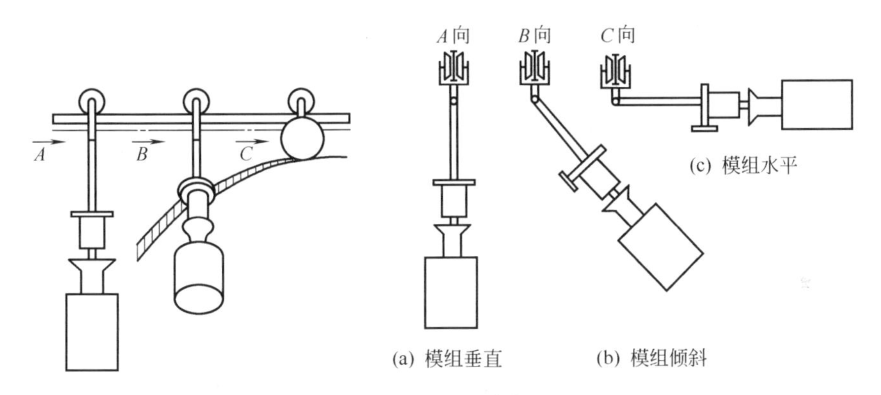

图 2-112　吊具动作图

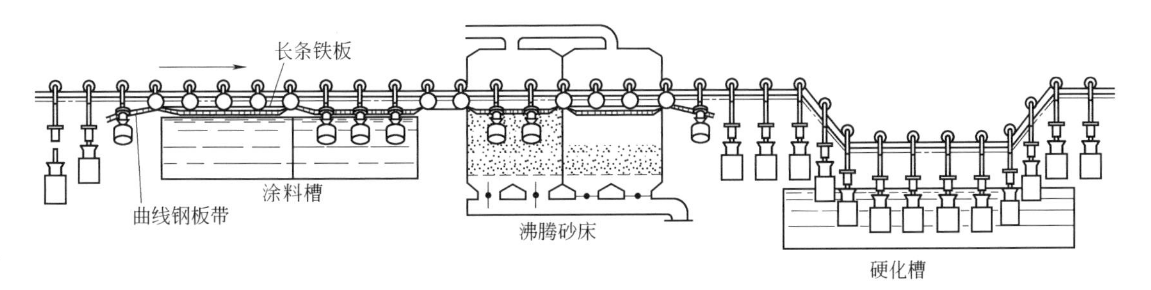

图 2-113　悬链式连续制壳流水线上模组的空间位置示意图

2.8.4　熔模铸造型芯

在通常情况下，熔模铸造的内腔是与外形一起通过涂挂涂料、撒砂等工序形成的，不用专门制芯。但当铸件内腔过于窄小或形状复杂时，必须使用预制的型芯来形成铸件内腔。这些型芯又要在铸件成形后再设法去除。例如，航空发动机的空心蜗轮叶片的冷却通道迂回曲折，形若迷宫，就必须采用陶瓷型芯。一些典型的熔模铸造陶瓷型芯如图 2-115 所示。

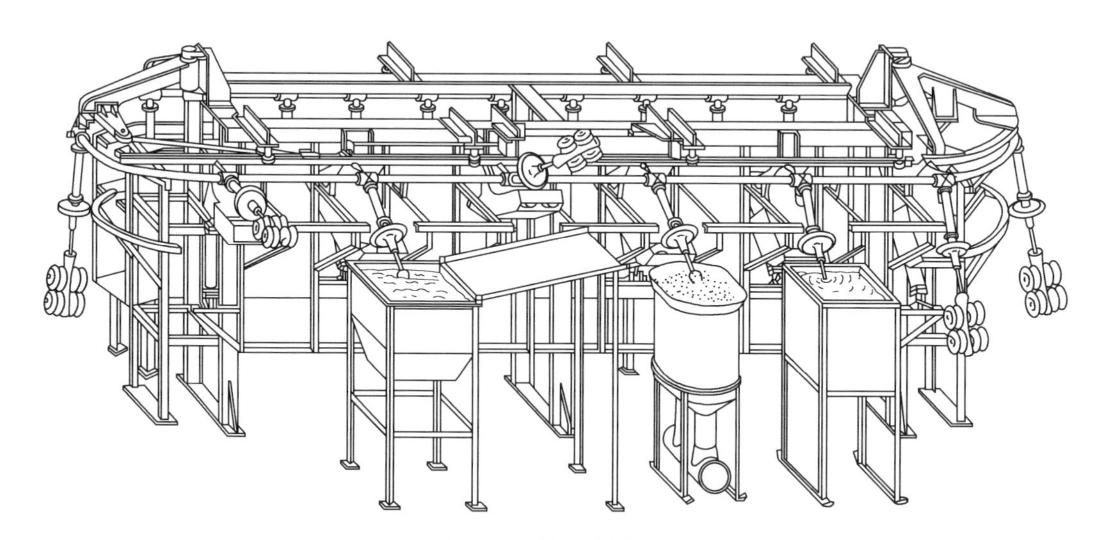

图 2-114　脉动式制壳机

与普通铸造方法相同，型芯因受金属液的包围，它的工作条件比壳型更加恶劣，需要有更高的性能要求。

图 2-115　一些典型的熔模铸造陶瓷型芯

① 高的耐火度。型芯的耐火度应高于合金的浇注温度，以保证在铸件浇注和凝固时型芯不软化和变形。普通型芯的耐火度应大于 1400℃；当定向凝固和单晶铸造时，要求型芯承受 1500～1600℃的高温 30min 以上。

② 低的热膨胀率和高的尺寸稳定性。型芯的热膨胀率应尽可能低、且无相变，以免造成形芯开裂或变形。一般要求，型芯的线膨胀系数应小于 $4\times10^{-6}K^{-1}$。

③ 足够的强度。型芯应有足够的常温强度和高温强度，以承受操作和浇注过程中的冲击力和静压力。

④ 好的化学稳定性。高温浇注时，型芯不会污染合金，不与金属液发生化学反应，以防止铸件表面产生化学粘砂或反应性气孔。

⑤ 容易清除。铸件铸成后，型芯应便于从铸件中脱除。铸件中的陶瓷型芯绝大多数都采用化学腐蚀法溶失，故型芯须有相当大的孔隙率（20%～40%）。

各种熔模铸造用型芯的工艺特点及应用如表 2-19 所示。详细介绍见有关专著。

表 2-19　各种熔模铸造用型芯的工艺特点及应用

型芯种类	成形方法	工艺特点	脱芯方法	应用
热压注陶瓷型芯	热压注成形	以热塑性材料(如蜡)为增塑剂配制陶瓷料浆，热压注成形，高温烧结成形芯	化学腐蚀	内腔形状复杂而精细的高温合金和不锈钢铸件，定向和单晶空心叶片
传递成形陶瓷型芯	将混合有黏结剂的陶瓷粉末高压压入热芯盒中成形	制芯混合料中含有低温和高温黏结剂	化学腐蚀	主要适合真空熔铸高温合金铸件

续表

型芯种类	成形方法	工艺特点	脱芯方法	应用
灌浆成形陶瓷型芯	自由灌注成形	陶瓷料浆中加入固化剂，注入芯盒后自行固化	机械方法	内腔形状较宽厚的铸件
水溶型芯	自由灌注成形	以遇水溶解或溃散的材料作为黏结剂配制料浆，注入芯盒后自行固化	用水或稀酸溶失	内腔形状较宽厚的有色合金铸件
水玻璃型芯	紧实型芯砂	以水玻璃为黏结剂配制芯砂，制成形芯后浸入硬化剂而硬化	机械方法	与水玻璃壳型配合使用
替换黏结剂型芯	冷芯盒法成形	将特殊液体渗入冷芯盒法制成的型芯中，令其焙烧时转变为高温黏结剂	机械方法	尺寸精度和表面质量要求较低的民用产品
细管型芯	将金属或玻璃薄壁管材弯曲、焊接成形	将金属或玻璃薄壁管材弯曲，焊接成复杂管道型芯	化学腐蚀或留在铸件中	主要适合于有色合金的细孔铸件（$d>3$mm，$L<60d$）

2.9 特殊凝固技术

凝固是指从液态向固态转变的相变过程，广泛存在于自然界和工程技术领域。从水的结冰到火山熔岩的固化，从钢铁生产过程中铸锭的制造到机械工业中各种铸件的铸造以及非晶、微晶材料的快速凝固，半导体及各种功能晶体的液相生长，均属于凝固过程。

近年来，凝固技术获得了快速发展，除了反映在人们对传统铸锭和铸件凝固过程进行优化控制，使铸锭和铸件的质量得到提高外，还表现为各种全新的凝固技术的形成，如快速凝固、定向凝固、连续铸造、半固态铸造、微重力凝固等。下面就几种具有广泛应用前景的特殊凝固技术做简单介绍。

2.9.1 快速凝固

2.9.1.1 快速凝固的定义及分类

快速凝固是指在比常规工艺过程（冷却速度不超过 10^2℃/s）快得多的冷却速度下，如 $10^4\sim10^9$℃/s，合金以极快的速度从液态转变成固态的过程。由于由液相到固相的相变过程进行得非常快，所以可获得普通铸件和铸锭无法获得的成分、相结构和显微组织。快速凝固可以分为急冷凝固和大过冷凝固两大类。

① 急冷凝固的核心是提高凝固过程中熔体的冷却速度。即减少单位时间内金属凝固时产生的结晶潜热；提高凝固过程中的传热速度。因此，需要设法减小同一时刻凝固的熔体体积和熔体体积与其散热表面积之比，并需减小熔体与热传导性能很好的冷却介质的界面热阻。

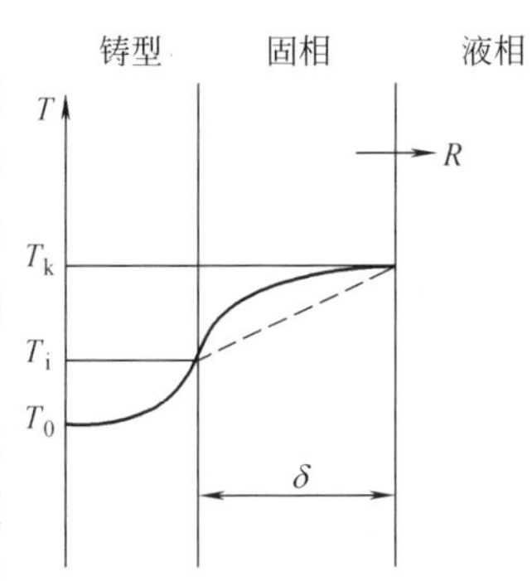

图 2-116 单向凝固速率与导热条件的关系

凝固速率是由凝固潜热及物理热的导出速率控制的。通过提高铸型的导热能力，增大热流的导出速率可使凝固界面快速推进，实现快速凝固。在忽略液相过热的条件下，单向凝固速率 R 取决于固相中的温度梯度 G_{TS}。参考图 2-116，对凝固层内的温度分布可作线性近似。

$$R=\frac{\lambda_S}{\rho_S \Delta h}G_{TS} \approx \frac{\lambda_S}{\rho_S \Delta h}\left(\frac{T_k - T_i}{\delta}\right) \quad (2\text{-}34)$$

式中，λ_S 为固相热导率；Δh 为凝固潜热；ρ_S 为固相密度；G_{TS}为温度梯度；δ 为凝固层厚度；T_i 为铸件与铸型的界面温度；T_k 为凝固界面温度。

因此，选用热导率大的铸型材料或对铸型强制冷却以降低铸型与铸件界面温度 T_i，均可提高凝固速度。

② 大过冷凝固的原理是在熔体中形成尽可能接近均匀形核的凝固条件，以获得大的凝固过冷度。由于熔体凝固时，促进非均匀形核媒质主要来自熔体内部和容器壁，因此，减少或消除熔体内部的形核媒质的途径（使熔体弥散成熔滴）和减少或消除由容器壁引入的形核媒质（把熔体与容器壁隔离开）可实现接近均匀形核的条件。

对于大尺寸铸件，减小凝固过程中的热流导出量是实现快速凝固的惟一途径。通过抑制凝固过程的形核，使合金液获得很大的过冷度，从而凝固过程释放的潜热 Δh 被过冷熔体吸收，可以大大减少凝固过程需要导出的热量，获得很大的凝固速率。过冷度为 ΔT_S 的熔体凝固过程中需要导出的实际潜热 $\Delta h'$可表示为：

$$\Delta h' = \Delta h - c\Delta T_S \quad (2\text{-}35)$$

用式（2-35）中的 $\Delta h'$取代式（2-34）中的 Δh 可知，凝固速度随过冷度 ΔT_S 的增大而增大。

当 $\Delta h'=0$ 时，即

$$\Delta T_S = \Delta T_S^* = \frac{\Delta h}{c} \quad (2\text{-}36)$$

凝固潜热完全被过冷熔体所吸收，铸件可在无热流导出的条件下完成凝固过程。式（2-36）中的 ΔT_S^* 称为单位过冷度。

2.9.1.2 快速凝固的组织和性能特征

快速凝固合金由于具有极高的凝固速度，可使合金在凝固中形成的微观组织结构产生许多变化，主要包括如下几个方面。

① 显著扩大合金的固溶极限。快速凝固时，合金的固溶极限显著扩大，共晶成分的合金可获得单相的固溶体组织。

② 超细的晶粒度。可获得比常规合金低几个数量级的晶粒尺寸；且随着冷却速度的增大，晶粒尺寸减小，可获得微晶乃至纳米晶。

③ 少偏析或无偏析。随着凝固速度的增大，溶质的分配系数将偏离平衡，实际溶质分配系数总是随着凝固速度的增大趋近于 1，偏析倾向大大减小。

④ 形成亚稳相。在快速凝固条件下，平衡相的析出被抑制，常析出非平衡的亚稳定相。亚稳相的晶体结构与平衡状态图上相邻的中间相的结构相似，它具有很好的强化和韧化作用，一些亚稳相还具有较高的超导转变温度。

⑤ 高的点缺陷密度。快速凝固时，组织内会出现高的点缺陷密度，该点缺陷较多地存在于固态金属中，对机体有强化作用。

快速凝固的上述组织特征，使这些合金具有优异的力学性能和物理性能。

2.9.1.3 急冷凝固及特点

急冷凝固技术在工程中已被广泛应用。按照熔体分离及冷却方式的不同，它可分为模冷技术、雾化技术、表面熔化与沉积技术三大类。

（1）模冷技术　主要是以冷模接触并以传导方式散热。如熔体旋转法、平面流铸造法、电子束急冷淬火法等。

(2) 雾化技术　指采取某些措施（如气流和液流的冲击作用）将熔体分离雾化，同时通过对流的方式冷凝。如双流雾化、离心雾化、机械雾化等。

(3) 表面熔化与沉积技术　表面熔化技术是采用激光束、电子束或等离子束等作为高密度能束聚焦并迅速行扫描工件表面，使工件表层熔化，熔化层深度为 10～1000μm。

等离子体喷涂沉积技术是一种被广泛应用的表面熔化与沉积技术。它主要是用高温等离子体火焰熔化合金或陶瓷粉末，再喷射到工件表面，熔滴迅速冷却凝固沉积成与基体结合牢固、致密的喷涂层。表面熔化与沉积技术主要用于工件的表面强化处理。

2.9.1.4　快速凝固举例——喷射成形

喷射成形可认为是雾化急冷凝固与模冷急冷凝固的结合。

(1) 喷射成形的发展　喷射成形又称为喷射沉积或喷射铸造。它是 20 世纪 80 年代，发达国家在传统的快速凝固和粉末冶金工艺的基础上发展起来的一种全新的先进材料制备与成形技术。该技术于 1972 年由英国的 Osprey 金属公司首获专利，又称为 Osprey 工艺，其原理如图 2-117 所示。

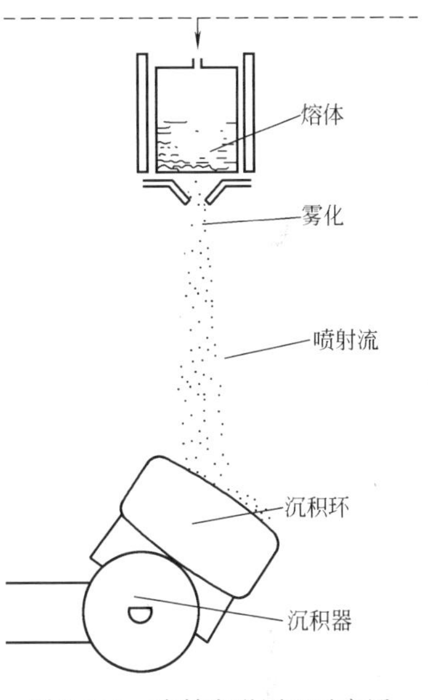

图 2-117　喷射成形原理示意图

(2) 喷射成形原理　喷射成形是用高压惰性气体将金属液流雾化成细小液滴，并使其沿喷嘴的轴线方向高速飞行，在这些液滴尚未完全凝固之前，将其沉积到一定形状的接收体（或沉积器）上成形。

(3) 主要特点　与传统铸造或变形工艺制备材料相比，喷射成形由于冷却快，使得显微组织明显细化、相析出细小而均匀分布，材料的化学成分和组织在宏观和微观上都得到了有效的控制，材料的力学性能各向同性，零件的总体性能明显提高。

(4) 应用　喷射成形广泛用于高速钢、高温合金、铝合金、铜合金等先进材料的开发和生产上，其中，高性能铝合金是喷射成形技术领域最具吸引力的开发方向。喷射成形可以根据制件的需要，设计基板的形状和尺寸，从而获得近终形制件，它在航空航天、国防等领域的高质量零件的制造上有着很好应用前景。

(5) 组织特征　图 2-118 为 Al-20Si 系列合金的铸态组织与喷射成形组织比较。从中可以看出，由喷射成形获得的制件组织晶粒大大小于相应的铸态组织，因而喷射成形的制件具有更加优异的性能。

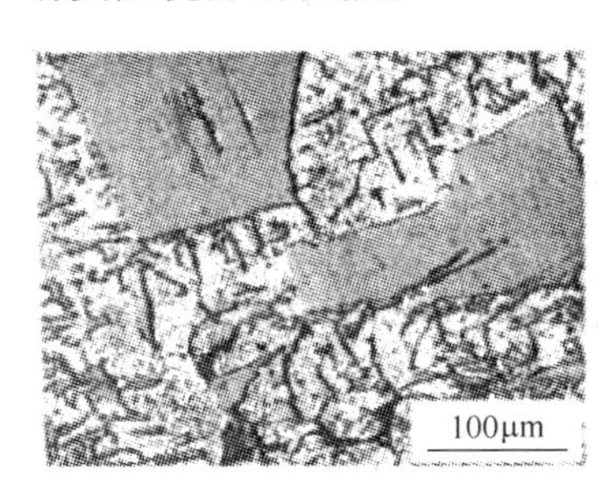

(a) 铸态

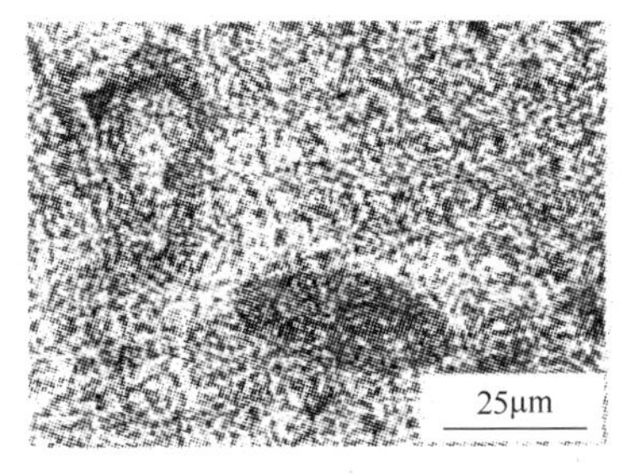

(b) 沉积态

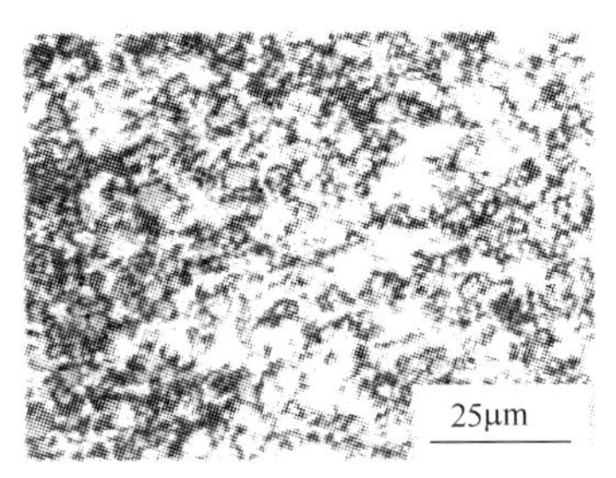

(c) 沉积成形件挤压态

图 2-118　铸态和沉积态过共晶 Al-20Si 系合金显微组织对比

2.9.2 定向凝固

2.9.2.1 定向凝固原理

定向凝固又称为定向结晶，是使金属或合金由熔体中定向生长晶体的工艺方法。

图 2-119 是两种典型的凝固形式——定向凝固和体积凝固的热流示意图。前者是通过维持热流的一维传导来使凝固界面沿逆热流方向推进，完成凝固过程；后者通过对凝固系统缓慢冷却使液相和固相降温释放的物理热和结晶潜热向四周散失，凝固在整个液相中进行，并随着固相分散的持续增大来完成凝固过程。

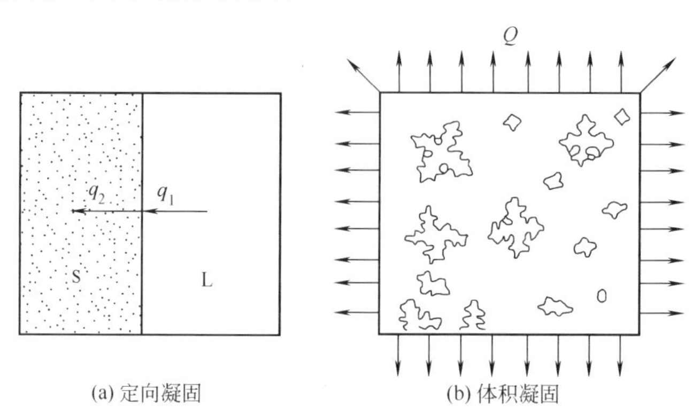

图 2-119 两种典型的凝固形式

q_1—自液相导入凝固界面的热流密度；q_2—自凝固界面导入固相的热流密度；Q—铸件向铸型散热热量

对于如图 2-119(a) 所示的定向凝向，如忽略凝固区的厚度，则热流密度 q_1 和 q_2 与结晶潜热释放 q_3 之间满足热平衡方程为：

$$q_2 - q_1 = q_3 \tag{2-37}$$

根据傅里叶导热定律知：

$$q_1 = \lambda_L G_{TL} \tag{2-38}$$

$$q_2 = \lambda_S G_{TS} \tag{2-39}$$

$$q_3 = \Delta h \rho_S v_S \tag{2-40}$$

式中，λ_L、λ_S 为分别为液相和固相的热导率；G_{TL}，G_{TS} 为分别为凝固界面附近液相和固相中的温度梯度；Δh 为凝固潜热；v_S 为凝固速度；ρ_S 为固相密度。

联立式 (2-37)～式 (2-40) 式得，凝固速度为：

$$v_S = \frac{\lambda_S G_{TS} - \lambda_L G_{TL}}{\rho_S \Delta h}$$

所以，对于特定的合金材料，定向凝固的速度主要取决于凝固界面的温度梯度。

2.9.2.2 定向凝固的方法

定向凝固的方法主要有如下几种。

① 发热剂法：将壳型置于绝热耐火材料箱中，底部安放水冷却结晶器。

② 功率降低法：铸型加热感应圈分为两段，铸件在凝固过程中不移动。上段继续加热时、下段停止加热。

③ 快速凝固法：与功率降低法的区别是铸型始终加热，在凝固时铸件与加热器之间产生相对移动，热区底部使用辐射挡板和水冷却套。

2.9.2.3 应用

定向凝固常用于制备单晶、柱状晶和自生复合材料，典型的零件是发动机叶片，如图 2-120 所示。定向凝固叶片示意图如图 2-121 所示。

图 2-120　发动机叶片

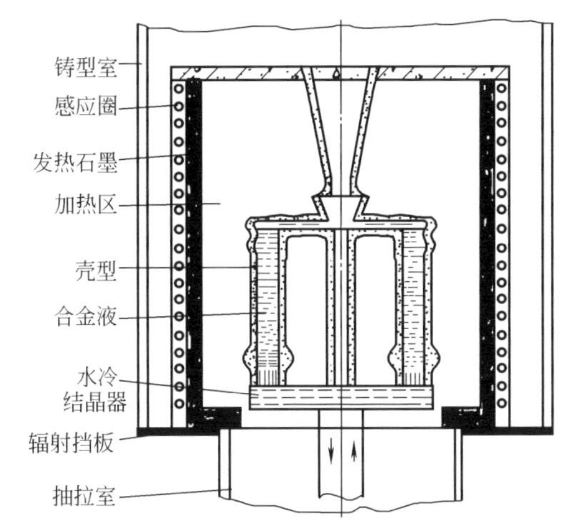

图 2-121　定向凝固叶片示意图

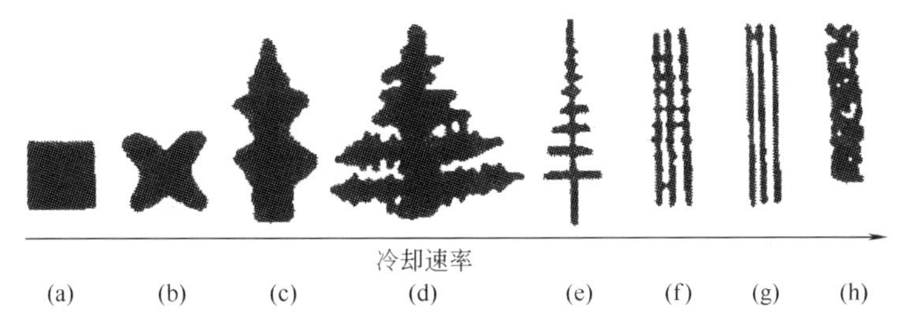

图 2-122　冷却速率对组织形态的影响

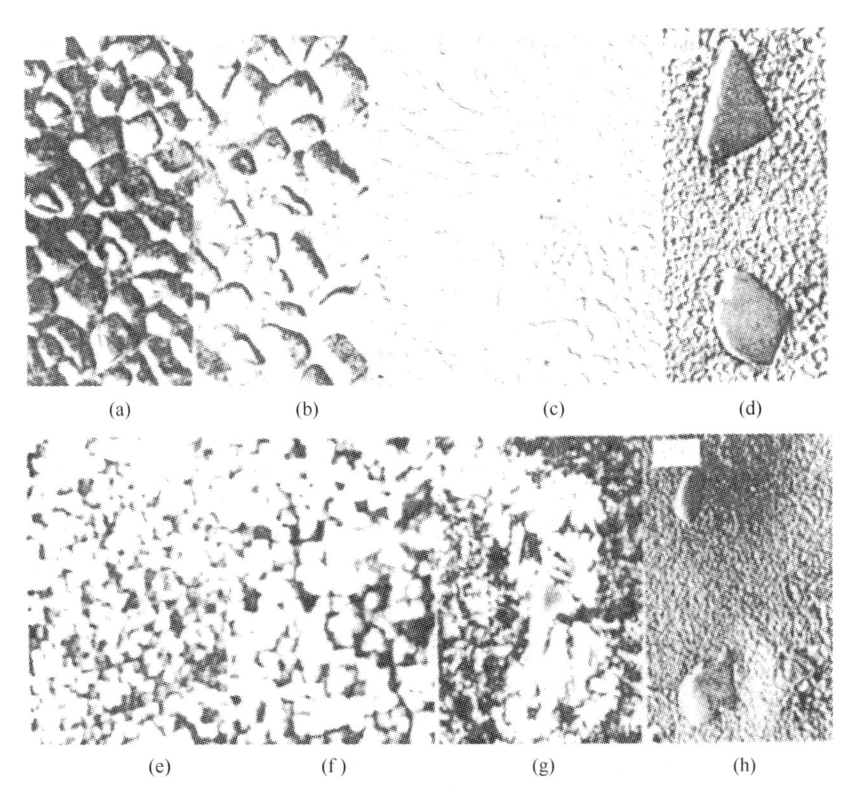

图 2-123　与图 2-122 对应组织形态的断面组织结构

在不同的凝固速率下，铸件的组织形态如图 2-122 所示，其对应的断面组织如图 2-123 所示。从中可以看出，凝固速率越大、定向凝固组织越明显、断面组织越细小。

2.9.3 其他特殊条件下的凝固

2.9.3.1 微重力下凝固

（1）原理与特点　随着太空科学技术的进步，人们开始进行在空间实验室和地面微重力条件下的凝固实验研究与应用工作，发现了许多新的现象。在实际的重力下的凝固过程中，由重力场引起的（液态金属各组分）自然对流是无法消除的；而在空间实验室的微重力条件下，重力场造成的自然对流基本被消除，偏析现象大为改善。

在微重力下，凝固过程中与重力有关的成核与长大、形态的稳定性等问题，都有全新的解释，也为改进冶金过程，获得优质材料，提供了重要手段。

（2）举例　像 Al-In、Ga-La、Li-Na、Hg-Ga、Bi-Zn 等一类在重力场下难以混溶的液态合金，当两种不同成分的液体在重力场下共存平衡时，两种液体分离成两层，较重的在下层，较轻的在上面。如果在微重力条件下，则能够较均匀地互溶，从而可能开发出一系列的新合金。

有人对 Zn-Bi 17 %（摩尔分数）合金在空间微重力条件下和 BN 坩埚中的凝固做了观察（图 2-124）。试样被一层厚的富 Bi 相所包围，在样品内部也有少量富 Bi 小滴。Zn-Bi 2%（摩尔分数）合金凝固试样中富 Bi 粒子的尺寸分布见图 2-125 所示。

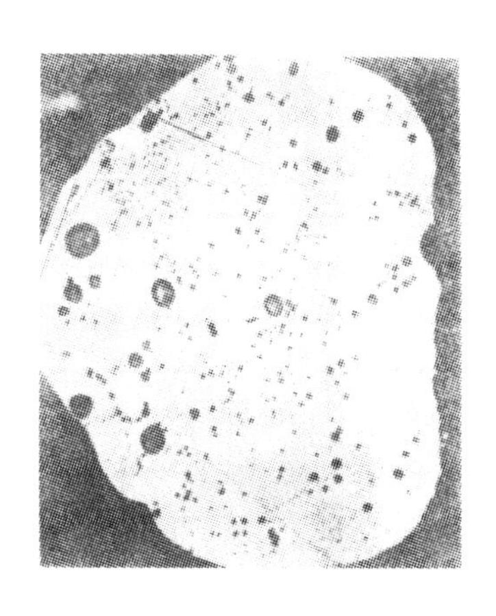

图 2-124　空间条件下生长的 Zn-Bi 17%（摩尔分数）试样的显微结构

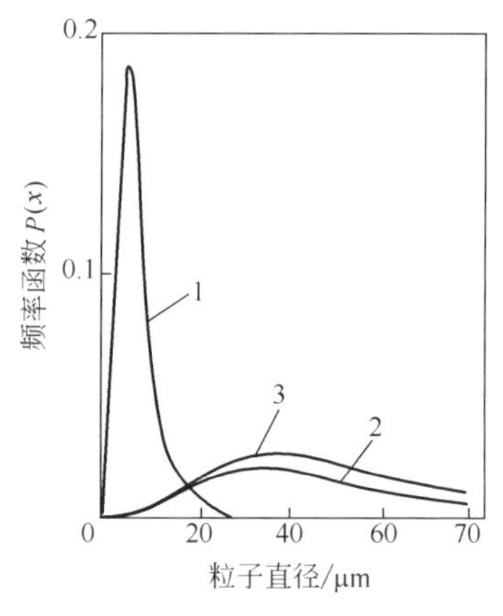

图 2-125　Zn-Bi 2%（摩尔分数）样品中富 Bi 粒子的尺寸分布

2.9.3.2 振动凝固

（1）原理及特点　振动凝固是对凝固过程中的金属液施加振动，使铸件结晶组织因受振动而细化，铸件残余应力降低并均匀化、力学性能提高。激振频率是振动凝固的关键参数。

大野笃美认为，振动凝固使金属晶粒细化，使型壁面上的晶粒游离，形成等轴粒。Cole 认为，振动抑制过冷，与孕育效果相似，使凝固在接近平衡条件下进行，能细化组织。

研究还表明，采用合理的振动参数（激振频率、激振点等）进行振动凝固，可使铸件晶粒细化，无缩松、无偏聚团块，残余应力下降，硬度提高且均匀，金属基体得到强化，从而提高铸件的抗变形能力和耐磨性。

（2）举例　将 AZ91D 镁合金消失模铸造（在 740℃下浇注），进行不振动凝固与振动凝固的组织对比发现，普通消失模铸造由于冷却速度较慢、组织较为粗大［图 2-126(a)］，而振动下进行凝固，使其显微组织得到细化［图 2-126(b)］，性能也有所提高。

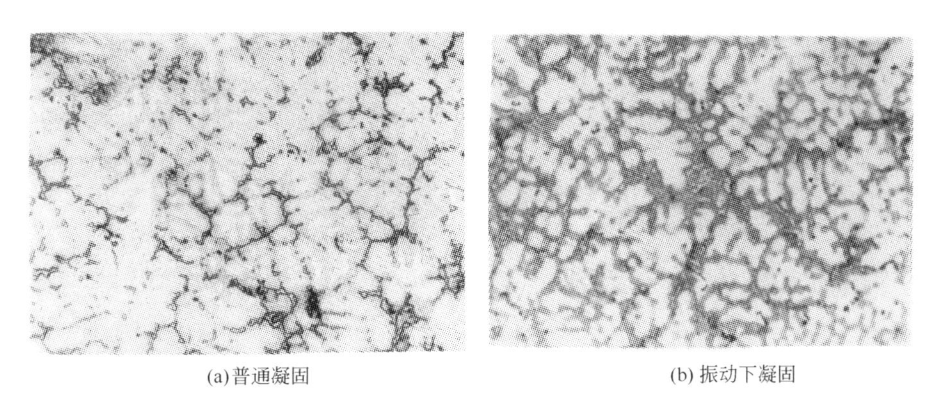

(a)普通凝固　　(b)振动下凝固

图 2-126　AZ91D 镁合金消失模铸造的普通凝固与振动下凝固的显微组织对比

2.9.3.3　电磁凝固

利用直流磁场控制凝固，磁场的作用主要包括两个方面：一方面是抑制熔体流动和与电场交互作用产生电磁搅拌。当金属流体在直流磁场中运动时，在内部产生感应电流，从而引起洛仑兹力作用于流体，可抑制其运动；另一方面是在熔体中直流电流和直流感应磁场交互作用产生一定方向的电磁力，能引起熔体的流动，即电磁搅拌。

凝固过程中引入交流磁流的目的包括实现对液相金属的电磁搅拌和产生电磁悬浮，细化晶粒，改善铸件的冶金质量和减轻成分偏析等。

对材料进行电磁处理已被广泛应用，如电磁铸造、悬浮熔炼、电磁搅拌、电磁雾化、电磁分离非金属夹杂物、控制凝固组织、电磁抑制流动等。下面以电磁铸造技术为例来说明其应用。

(1) 电磁铸造技术原理　电磁铸造（electromagnetic casting，EMC）是 20 世纪 60 年代由前苏联研制成功的一种无模型连续铸造技术，其工作原理及装置结构如图 2-127、图 2-128 所示。它与传统带结晶器的铸造法（DC 法）相比，其铸模由一个电磁线圈代替。当感应器中通以中频电流时，在金属液侧表面产生感应电流，感应电流又产生感应磁场，感应磁场与交变磁场相互作用，产生向内的电磁力，使金属液不流散而形成液柱。冷却水在感应器下方喷向铸锭，使液态金属凝固，铸机拖动底模向下运动，同时供给一定量的金属液，就形成了电磁铸造过程。

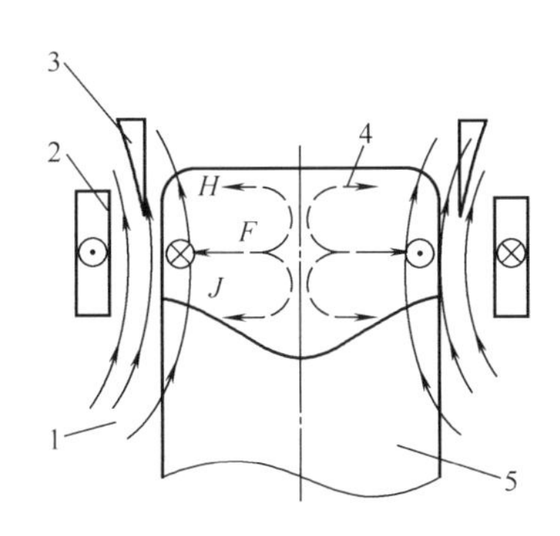

图 2-127　电磁铸造的工作原理图

1—磁感线；2—线圈；3—磁场屏蔽体；4—熔体流动方向；5—固相；⊙线圈电流；⊗感应电流

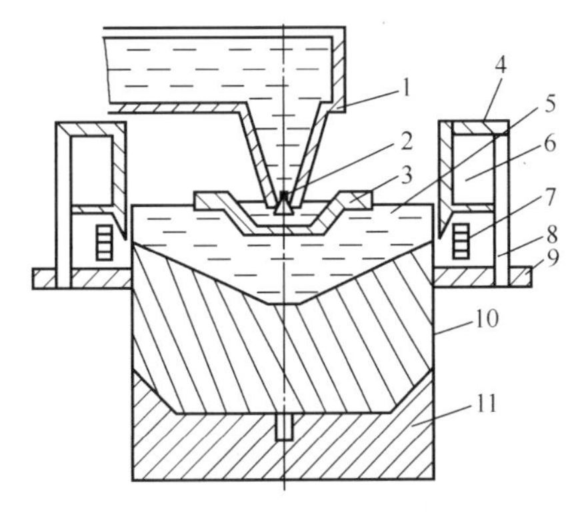

图 2-128　电磁铸造装置结构示意图

1—流盘；2—节流阀；3—浮标漏斗；4—电磁屏蔽罩；5—液态金属柱（液穴）；6—冷却水环；7—感应线圈；8—调距螺栓；9—盖板；10—铸锭；11—底模

如图 2-127 所示，将熔融金属表面（侧面）取为 x-z 平面，并取垂直于表面向外为 y 轴的正方向。在感应线圈 2 中通以如图所示的中频电流（电流强度约为 5000A，频率约为 2500Hz）时，将在金属内部产生 z 方向的磁场（$\pm B_z$），此时产生的感应电流为 $J=\boldsymbol{H}\times\boldsymbol{V}$，可写成：

$$J_x=(1/\mu_0)[\partial(\pm B_z)/\partial y]$$

$$J_y=-(1/\mu_0)[\partial(\pm B_z)/\partial x]$$

金属所受电磁体积力为 $F=\mu_0 J\times H$，即

$$\begin{aligned}F_y&=-J_x(\pm B_z)\\&=-(1/\mu_0)[\partial(\pm B_z)/\partial y](\pm B_z)\\&=-(1/\mu_0)\partial(B_z)/\partial yB_z\end{aligned}$$

上述各式中，H 为磁场强度；B 为磁感应强度；μ_0 为磁导率；J 为电流密度；F 为电磁力。由于 B_z 与 y 成正比，故 F_y 总是负值，即液态金属受到压缩力。

当液态金属所得电磁压缩力与静压力及表面张力引起的附加力平衡时，就可实现无接触铸造，即满足公式：

$$\rho gh=p_e+p_s$$

式中，ρ 为液态金属密度；g 为重力加速度；h 为液柱高度；p_e 为电磁压力；p_s 为表面张力引起的附加压力（通常 p_s 很小，可以忽略）。

（2）电磁铸造技术的特点及其应用　EMC 法与 DC 法相比，具有如下优点：

① 由于金属熔体不与铸模接触，铸件表面质量好，不需要进行去皮加工，成材率高（DC 法切除量达 15%～20%）；

② 未凝固的金属液受到一定程度的电磁搅拌且冷却强度大，故晶粒细小，成分偏析小，所得材料的力学性能好；

③ 铸造速度可增大 10%～30%，生产率高，还可铸造复杂形状的铸件。

实现电磁铸造的技术关键是：必须使电磁载持力与金属液的静压力平衡，且须使金属以一定的速度凝固。与铝、铜等有色金属相比，钢的下述特点使得钢的电磁铸造更加困难：钢液的密度大（即静压力大），所需电磁推力大；钢液的电导率小，在相同的电源参数条件下产生的感应电流小（即产生的电磁推力小）；钢液不仅比铝液难凝固，且钢液凝固所放出的热比铝多，再加上钢的铸造速度一般为铝的 10 倍以上，故实现钢电磁铸造所需的冷却速度很高。

目前，美国、瑞士等国已成功实现了铝合金电磁铸造的工业化生产，铜合金及钢的电磁铸造正处于研究开发阶段。我国 20 世纪 70 年代开始研究电磁铸造技术，1989 年由大连理工大学铸出了 120mm×50mm×1000mm 的铝锭，目前也正在研究开发钢的电磁铸造工艺及装备技术，但在我国实际采用电磁铸造技术的工厂不多。

（3）电磁铸造技术的发展前景　由于钢的熔点高、密度大、电导率小，故其电磁铸造的铸速低、生产率小、成形难度更大。目前仍需进一步研究探明众多物理场的综合作用效果，并进行稳定性分析。改进结晶器（铸模）材质和结构、合理配置电磁感应线圈、选择合理的工艺参数应是最终解决问题的方法。

电磁铸造方法与传统铸造方法有很大区别，它涉及铸造工艺、凝固过程、电磁流体力学、自动控制等多门学科，其工艺过程受温度场、电磁场、力场、流动场等多种物理场的综合作用，控制参数多、设备复杂、成形难度大，但工艺流程短、能成形出高质量的铸件，是其他传统铸造方法所不能比拟的。

电磁铸造技术是生产各种形状的优质铸锭、棒料、带材等很好的连铸方法，也非常适合

中小尺寸活泼金属、高温合金、难熔金属和高纯金属的熔化并实现其复杂截面构（坯）件的无模近终成形，故具有很好的理论研究价值和广泛的应用前景。

2.10 金属零件的数字化快速铸造

液态金属成形（即铸造成形）过程中的数字制造技术主要应用于铸件及其工艺设计、铸造浇注充型过程的数值模拟及结果的可视化、铸造生产过程的仿真优化及成形装备的计算机控制等方面。铸造成形过程的数字化是随着计算机技术的飞速发展而成熟起来的，它可以使用计算机对铸造工艺进行制定与模拟分析，从而优化工艺，改变了以往“合箱定论”的状况。可视化技术又使得金属液进入铸型直到凝固的全过程可以在计算机内展示，并根据各种判据功能找到形成缺陷的部位，以便确定合适的工艺方案，降低模具、工艺、结构设计不合理带来的风险；快速成形技术为铸件产品样件的快速试制提供了有效手段；现代的数字化液态金属成形装备为高质量产品的大量工业化生产提供了保障。

2.10.1 液态金属数字化成形过程工艺过程

液态金属数字化成形过程工艺如图 2-129 所示。主要经过铸件的三维造型、铸件的凝固过程模拟、最佳工艺方案的确定、工装模具的设计与制造、大规模数字化生产等工序。为了检验铸件产品的质量及使用性能，大量生产前还可采用快速成形方法来生产铸件的样品以供检验和试用。

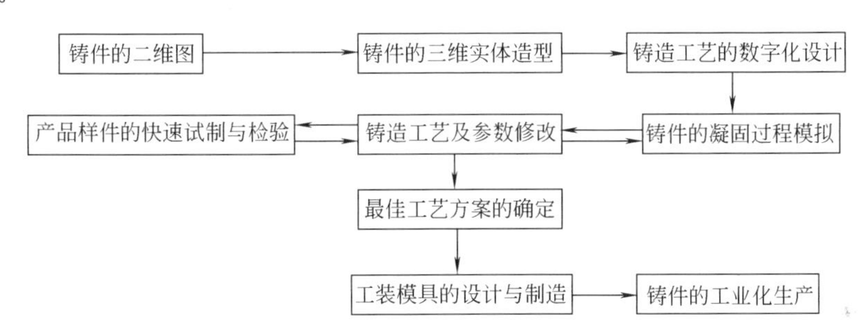

图 2-129 液态金属数字化成形工艺流程

2.10.2 液态金属数字化成形过程举例

图 2-130(a) 为一个摩托车壳体零件的三维图（用 UG 软件），初步确定的铸造工艺方案如图 2-130(b) 所示。

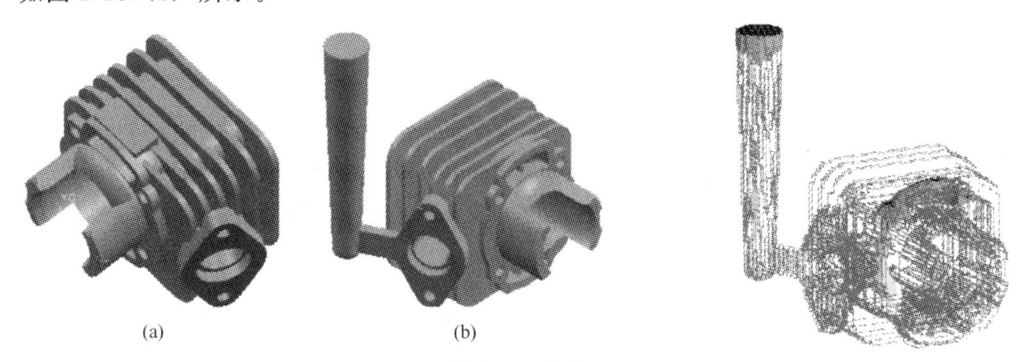

图 2-130 壳体零件的三维图及其初步的铸造工艺方案　　图 2-131 凝固过程模拟结果

采用“华铸 CAE”凝固模拟软件，对上述初步的铸造工艺方案进行凝固过程模拟发现：采用上述浇注方案及浇注系统尺寸，在零件的内中心孔壁上半部分有形成收缩缺陷的倾向（图 2-131 中的深色部分）。然后，对铸造工艺方案进行修改，将铸件的浇注系统改进为如图

2-132 所示的结构。对改进后的新工艺方案再次进行铸造过程凝固模拟，结果显示铸件没有出现缺陷，该方案可以获得合格的金属铸件，由此确定所采用的铸造工艺方案与参数是合适的。为了获得最佳的工艺方案与参数，可进行多方案的模拟比较分析，择优可确立最佳的工艺方案与参数。

2.10.3 产品快速试制

为了快速低成本地制造出铸件样品供实测检验，可采用快速成形技术制出产品零件的原型，而后结合精密铸造技术，能在短时间内方便地制出样品铸件。快速原型所采用的三维数据（STL 文件）可以容易地由零件的三维实体模型转变获得。

图 2-133 为摩托车壳体零件的快速铸造的铝合金零件［图 2-133(a)］和 SLS 快速原型［图 2-133(b)］。该铸件由陶瓷型铸造获得。结果表明：铸件完整，没有缺陷。因此该工艺合理，可以作为最终的铸造工艺方案。

图 2-132 重新设计的铸造工艺方案

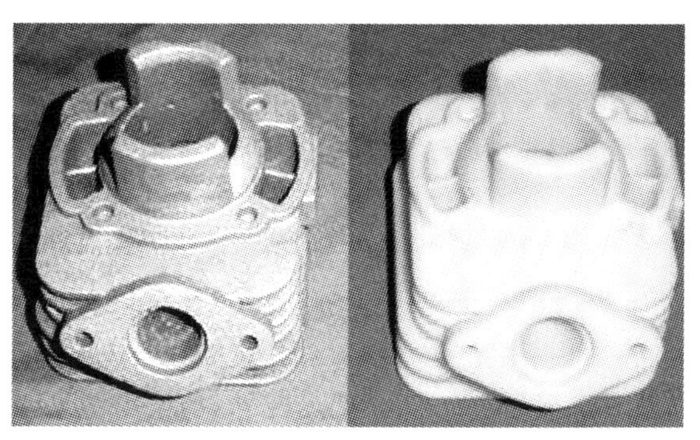

(a)铝合金零件　　(b) SLS快速原型

图 2-133 快速铸造的铝合金摩托车壳体零件和 SLS 快速原型

2.10.4 工业化生产

在确定了铸件的合理铸造工艺方案后，必须进行供大量生产的工装模具的设计与制造，因为工装模具是大量工业自动机械生产的基础。根据铸造生产的特点，须进行上（下）模型的设计、铸件的泥芯及其芯盒设计。图 2-134 为上摩托车壳体铸件组合泥芯的三维图，它是进行芯盒设计的依据。该铸件的上、下模板的三维图，如图 2-135 所示。

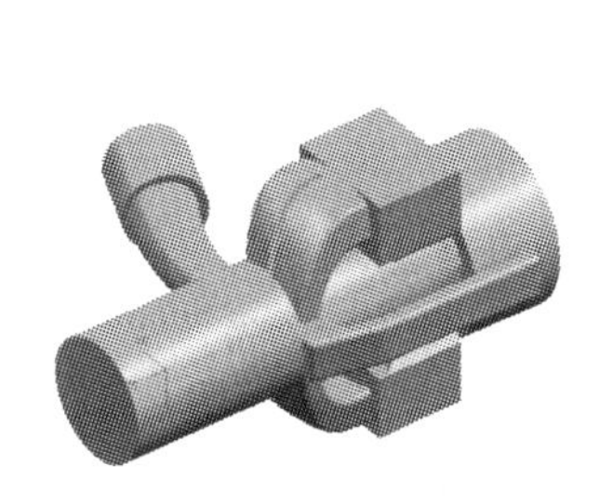

图 2-134 摩托车壳体铸件的组合泥芯的三维图

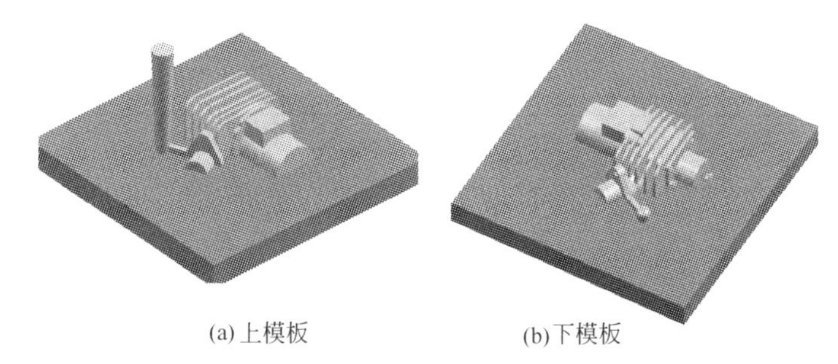

(a)上模板　　(b)下模板

图 2-135 模板的三维图

用于机器造型制芯的上（下）模板及芯盒的设计数据，来自于铸件的原始三维图形数据。待上（下）模板及芯盒的制造完成后，工业化生产此铸件的条件就已具备，其生产质量将由高水平的自动化铸造装备来实现与保障。以下将介绍两种典型的自动化铸造装备。

参考文献

1 樊自田主编．材料成形装备及自动化．北京：机械工业出版社，2006

2 魏华胜主编．铸造工程基础．北京：机械工业出版社，2002

3 黄乃瑜，叶升平，樊自田编著．消失模铸造原理及质量控制．北京：机械工业出版社，2004

4 董秀琦，朱丽娟主编．消失模铸造实用技术．北京：机械工业出版社，2005

5 戴镐生．传热学．北京：高等教育出版社，1999

6 张也影．液体力学．北京：高等教育出版社，1999

7 李锋军，柳百成，张殿德．工艺因素对铸铁件消失模铸造充型速度的影响．现代铸铁，2001（1）：35～36

8 吴志超，黄乃瑜等．干砂消失模铸造铁液流动前沿气隙的研究．铸造技术，2001（1）：49～51

9 黄天佑，黄乃瑜，吕志刚编著．消失模铸造技术．北京：机械工业出版社，2004

10 樊自田，吴志超，黄乃瑜等．长条对称型消失模铸件的收缩不均性分析．特种铸造及有色合金，2003，（1）：59～60

11 周槐，樊自田，黄乃瑜等．年产1500吨铸件消失模铸造生产线及其三维设计．中国铸造装备与技术，2004（2）：54～57

12 樊自田，吴和保，张大付等．镁合金真空低压消失模铸造新技术．中国机械工程，2004，15（16）：1493～1496

13 樊自田，董选普，黄乃瑜等．镁（铝）合金反重力真空消失模铸造方法及其设备．中国发明专利，专利号ZL02115638.7

14 吴和保．可控气压下镁合金消失模铸造充型凝固特征的基础研究．博士学位论文．武汉：华中科技大学，2005

15 张大付．镁合金低压消失模铸造典型缺陷试验研究．研士学位论文．武汉：华中科技大学，2005

16 Flemings MC. Behavior of Metal Alloys in the Semi-Solid State. Metallurgical Transactions A，1991，22A(5)：957～981

17 Midson S P，Brissing K. Semi-Solid Casting of Aluminum Alloys：A State Report. Modern Casting，1997，2：41～43

18 宋才飞．中国压铸行业现状及发展趋势．特种铸造及有色合金，1997（1）：33～35

19 蒋鹏，贺小毛，张秀峰．半固态成形在工业中的应用现状与前景．模具技术，1998（5）：15～23

20 苏华钦，朱鸣芳，高志强．半固态铸造的现状与发展前景．特种铸造及有色合金，1998（5）：1～6

21 毛卫民，钟雪友．半固态金属成形应用的新进展与前景展望．特种铸造及有色合金，1998（6）：33～36

22 吴炳尧．半固态金属铸造工艺的研究现状及发展前景．铸造，1999（3）：45～52

23 Carnahan R D. Influence of Solid Fraction on the Shrinkage and Physical Properties of Thixomolded Mg Alloys. Die Casting Engineer，1996（3）：54～59

24 Pasternak L，Carnahan R，Decker R，et al. Semi-solid Production Processing of Magnesium alloys by Thixomolding. Proceedings of the Second International Conference on the Semi-solid Processings of Alloys and Composites. 1992，1：159～169

25 Kuo. K. Wang，Hsuan Peng，Nan Wang，et al. Method and Apparatus for Injection Molding of Semi-solid Metals. US Patent，5501266 (Mar. 26，1996)

26 N. Wang，H. Peng，K. K. Wang. Rheomolding——A One-Step Process for Producing Semi-Solid Metal Castings with Lowest Porosity. Light Metals Proceedings of the 125th TMS Annual Meeting，1996（2）：781～786

27 Kono Kaname. Method and Apparatus for Manufacturing Light Metal Alloy. US Patent，5836372 (Nov. 17，1998)

28 谢建新等．材料加工新技术与新工艺．北京：冶金工业出版社，2004

29 樊自田，黄乃瑜等．半固态金属铸造的新进展——注射成形．特种铸造及有色合金，2001（5）：8～10

30 谢水生，黄声宏编著．半固态金属加工技术及其应用．北京：冶金工业出版社，1999

31 毛卫民．半固态金属成形技术．北京：机械工业出版社，2004

32 姜不居主编．熔模精密铸造．北京：机械工业出版社，2004

33 田学峰．消失模铸造镁合金组织及性能研究．博士学位论文．武汉：华中科技大学，2005

34 周尧和，胡壮麒，介万奇编著．凝固技术．北京：机械工业出版社，1998

35 钟行佳，雷振威．定向凝固叶片晶粒度的控制．航空制造工艺，1995（7）：11～13

36 刘忠元，李建国，史正兴等．凝固速率对DZ22合金力学性能和组织的影响．工程材料，1995（6）：15～18

37 大野笃美著．金属的凝固理论．刑建东译．北京：机械工业出版社，1990

38 曹志强，张兴国，金俊泽．电磁铸造技术及其发展．轻金属，1995（10）：51～53

39 周土平，曲英，韩至成，钢的电磁铸造．钢铁，1994（12）：70～73

40 冠宏超，李金山，张丰收等．钢的电磁铸造及其研究进展．铸造技术，2001（3）：46～48

41 董选普，刘洪军，樊自田等．金属零件的快速数字化制造．特种铸造及有色合金，2004（1）：12～14

42 刘洪军．李亚敏．黄乃瑜，樊自田等．基于SLS原型的快速铸造工艺．特种铸造及有色合金，2005（7）：408～410

第3章　金属材料塑性精确成形工艺及理论

3.1　金属塑性成形种类与概述

3.1.1　金属塑性成形在国民经济中的地位

金属塑性加工是金属加工方法之一。它是利用金属的塑性，通过外力使金属发生塑性变形，成为具有所要求的形状、尺寸和性能的制品的加工方法。因此，这种加工方法也称为金属压力加工或金属塑性加工。

由于金属塑性加工是通过塑性变形得到所要求的制件的，因而是一种少（无）切屑加工方法。金属塑性加工时，一个零件一般是在设备的一个行程或几个行程内完成的，因而生产率很高。对于一定质量的零件，从力学性能、冶金质量和使用可靠性看，一般说来，金属塑性加工比铸造或机械加工方法优越。由于上述情况，金属塑性加工在汽车、拖拉机、宇航、船舶、兵工、电器和日用品等工业部门获得了广泛应用。仅就航空工业而言，机身各分离面间的对接接头、机翼大梁，发动机的压气机盘和涡轮盘、整流罩和火焰筒等重要零件或其毛坯都是用金属塑性加工方法制成的。

3.1.2　金属塑性成形方法的分类

3.1.2.1　体积成形

体积成形所用的坯料一般为棒材或扁坯。当采用体积成形时，坯料经受很大的塑性变形，坯料的形状或横截面以及表面积与体积之比发生显著的变化。由于在体积成形过程中，工件的绝大部分经受较大的塑性变形，因而成形后基本上不发生弹性恢复现象。

属于体积成形的典型塑性加工方法有挤压、锻造、轧制和拉拔等。

3.1.2.2　板料成形

板料成形所用坯料是各种板材或用板材预先加工成的中间坯科。在板料成形过程中，板坯的形状发生显著变化，但其横截面形状基本上不变。当采用板料成形时，弹性变形在总变形中所占的比例是比较大的，因此，成形后会产生弹性回复或回弹现象。

3.1.3　金属塑性成形方法的现状

纵观20世纪，塑性成形技术取得了长足的进展。主要体现在以下几个方面。

① 塑性成形的基础理论已基本形成，包括位错理论、Tresca、Mises屈服准则、滑移线理论、主应力法、上限元法以及大变形弹塑性和刚塑性有限元理论等。

② 以有限元为核心的塑性成形数值仿真技术日趋成熟，为人们认识金属塑性成形过程的本质规律提供了新途径，为实现塑性成形领域的虚拟制造提供了强有力的技术支持。

③ 计算机辅助技术（CAD/CAE/CAM）在塑性成形领域的应用不断深入，使制件质量提高，制造周期缩短。

④ 新的成形方法不断出现并得到成功应用，如超塑性成形、爆炸成形等。

3.1.4　金属塑性成形方法的最新进展

3.1.4.1　微成形

产品的最小化的要求不仅来自于用户希望随身用的多功能电子器件小型化，而且还来自于技术的需要，例如，医疗器械、传感器及电子器械的发展需要制造出微小的零件。目前对微成形零件的需求越来越多。由于塑性加工的方法最适于大批量、低成本的微成形零件生产，所以近年来得到很大发展。所谓微成形零件通常的界定是至少有某一方向的尺寸小于100μm。典型的微成形零件如图 3-1 所示。

3.1.4.2 内高压成形

内高压成形是近十年来迅速发展起来的一种成形方法，它是结构轻量化的一种成形方法。

液体以往多用于设备的传动，如液压机用油或水传动，成形还是靠刚性模具进行。近年来由于液体压力提高到 400MPa，甚至 1000MPa，液体已经可以直接对工件进行成形。

图 3-2 为内高压成形原理。将管坯 1 放在下模 2 上，用上模 3 夹紧，左冲头 4 与右冲头 5 同时进给，在进给的同时，由冲头内孔向管坯中注入高压液体，从内部将管材胀形，直至与模腔贴合。

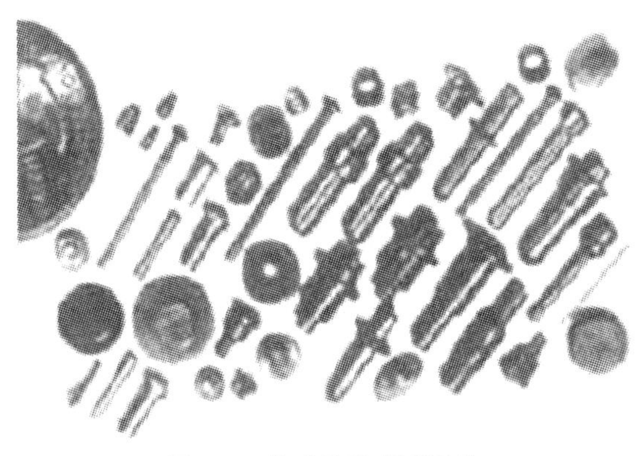

图 3-1 典型的微成形零件

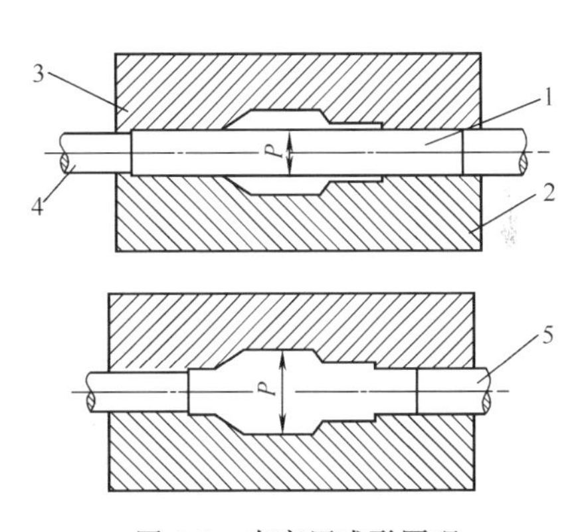

图 3-2 内高压成形原理

1—管坯；2—下模；3—上模；4—左冲头；5—右冲头

3.1.4.3 可变轮廓模具成形

对于小批量、多品种板料件成形，例如，舰艇侧面的弧形板、航空风洞收缩体板、飞机的蒙皮都是三维曲面，但批量很小，甚至是单件生产，由于工件尺寸大，这样模具成本很高，何况即使模具加工完成，也需要一个修模与调节的过程，因此用可变轮廓模具成形一直是塑性成形界及模具界的研究方向之一。

从本质上讲，任何一个曲面都可以写成 $z=f(x, y)$ 的形式，因此可变轮廓模具的基本构成为很多个轴向（z 向）分布在（x，y）平面内的小冲头，即将整体模离散化。至于冲头的调节可以是手拧螺旋，也可以是靠伺服电机驱动螺旋机构完成。可变轮廓成形模具如图 3-3 所示。

图 3-3 可变轮廓成形模具

3.1.4.4 黏性介质压力成形（VPF）

黏性介质压力成形（viscous pressure forming）是近十年在美国刚开始出现的成形方法，顾名思义，成形时传力介质既不是液体，也不是固体，而是一种黏性介质，它适用于难成形材料的成形。

成形前先将板料两侧填充黏性介质，然后注入缸向型腔注入介质，下模膛中的介质从右下方流出，这时可以实现背压外流，使板料两侧都有压应力，避免开裂。此时左下方的油缸仍注入介质，目的是使板料尽可能流向右下方的深膛，减少该处的高度，最后两个溢流缸都向外排出介质，直至贴模为止。图 3-4 为黏性介质压力成形过程示意。

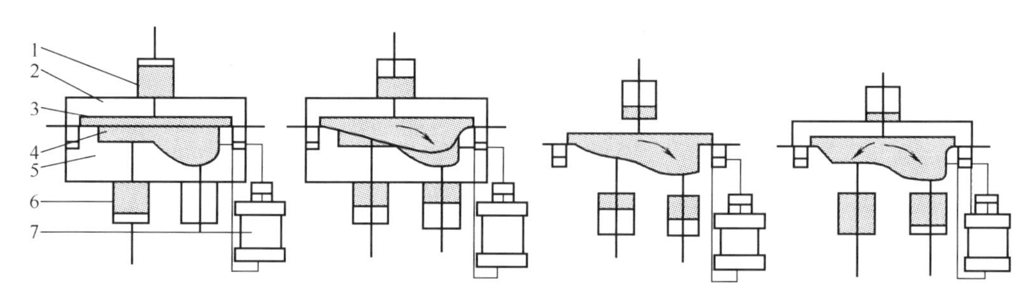

图 3-4 黏性介质压力成形过程示意

1—介质注入缸；2—上模；3—板坯；4—黏性介质；5—下模；6—介质流出缸；7—压边缸

3.1.5 金属塑性成形方法的发展方向

金属塑性成形方法的发展方向可如图 3-5 所示，具体包括如下五个方面。

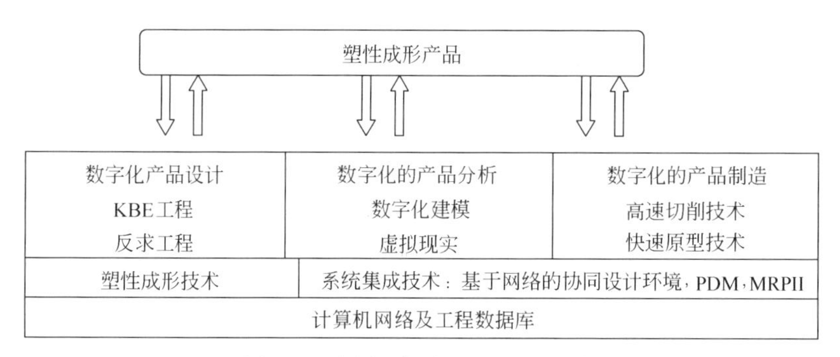

图 3-5 金属塑性成形的发展方向

3.1.5.1 设计数字化技术

设计虽然只占产品生命周期成本的 5%～15%，但决定了 70%～75%以上的产品成本和 80%左右的产品质量和性能，而且上游的设计失误将以 1∶10 的比例向下游逐级放大，可见设计，尤其是早期概念设计是产品开发过程中最重要的一环。

为了提高设计质量，降低成本，缩短产品开发周期，近年来，学术界提出了并行设计、协同设计、大批量定制设计等新的设计理论与方法，其核心思想是借助专家知识，采用并行工程方法和产品族的设计思想进行产品设计，以便能够有效地满足客户需求。实施这些设计理论与方法的基础是数字化技术，其中基于知识的工程技术（KBE）和反求工程技术是两项重要支撑技术。

3.1.5.2 反求工程

以实物模型为依据来生成数字化几何模型的设计方法即为反求工程。反求工程并不是一种创造性的设计思路，但是通过对多种方案的筛选和评估，有可能使其设计方案优于现有方案，并且缩短方案的设计时间，提高设计方案的可靠性。反求工程是产品数字化的重要手段之一，作为21世纪数字化塑性成形技术的重要环节，反求工程这种思想对于消化、吸收国外模具设计的先进技术，提高我国的模具设计水平具有重要的意义。

（1）数据采集设备和思路　数据采集设备与方法是数据获取的保证，研制快速、精确和能够测量具有复杂内、外形状的新设备是发展方向。

（2）数据前处理　包括对测量所得数据点进行测头半径补偿、数据噪声点的有效滤除以及测量数据的合理分布，此外还包括建立统一的数据格式转化标准，减少数据丢失和失真等。

（3）数据优化　测量所得的数据文件通常非常庞大，往往被形象地称为数据云或者海量数据，因此，需要对测量数据进行优化处理。主要问题有如何合理地分布数据点，在尽量保有各种特征信息的基础上合理简化数据；如何使数据真实反映形面的保凸特性；如何减少人工交互，提高数据区域划分中的自动化与效果。

（4）曲面重构研究　在反算控制点时，仍然存在反算标准及精度的问题；对于起伏剧烈的数据点群，使用单块曲面描述会有较大差异；如何解决有关曲面重构算法的有效性、效率以及误差问题，曲面在三角离散和层切时的不确定性问题等。

3.1.5.3　基于知识的工程设计

基于知识的工程设计（knowledge based engineering，KBE）是面向工程开发，以提高市场竞争力为目标，通过知识的继承、繁衍、集成和管理，建立各领域异构知识系统和多种描述形式知识集成的分布式开放设计环境，并获得创新能力的工程设计方法。

（1）KBE的特点

① KBE是一个知识的处理过程，包含了知识的继承、繁衍、集成和管理，它不仅处理显性知识，更关注“know how”等隐性知识的显性化，因而是创新设计的重要使用技术。

② KBE处理多领域知识和多种描述形式的知识，是集成化的大规模知识处理环境。

③ KBE面向整个设计过程，甚至是产品全生命周期的各异构系统的集成，是一种开放的体系结构。

④ KBE系统涉及多领域、多学科知识范畴，模拟和协助人类专家群体的推理决策活动，往往具有分布、分层、并行的特点。

（2）KBE技术在塑性成形领域的意义

① KBE技术的研究与实施，将有助于提高传统塑性成形技术的创新能力和竞争力，通过有效地组织和管理公共知识库体系，使之成为推动塑性成形技术发展的强大动力。

② 系统地对KBE技术在塑性成形领域进行研究与工程实施，在有效地提升塑性成形开发技术的同时，有利于提高在其他相关领域的影响。

③ 基于以信息化带动塑性成形技术发展的战略，实施KBE技术，将建立相关企业、研究机构有效整理、继承、运用和形成知识资产的方法。

④ KBE技术提供了多种获取知识和产生新知识的途径，为相关企业和部门的知识积累和原创能力的提高提供了有效的技术保证。

⑤ KBE技术是人工智能技术与其他计算机辅助技术的有效集成，从而使计算机辅助技术充分集成知识，模拟专家解决问题的思路，使复杂工程问题的求解方法更有效。

（3）KBE研究的重点

① 基于知识的产品建模。将专家的设计经验和设计过程的有关知识，表现在产品信息模型中，为实现产品设计智能化、自动化提供有力的信息保障。

② 工程知识的融合和繁衍技术。用数据库管理系统来存储数据，用机器学习的方法来分析数据，挖掘大量数据背后的知识，即 KDD（knowledge discovering database）。从数据库中发现出来的知识可以应用于信息管理、过程控制、决策支持和工程设计等领域；由于 KDD 模式选取的好坏将直接影响到所发现知识的好坏，目前大多数的研究都集中在数据挖掘算法和模式的选取上。

③ 工程知识的表示和推理技术。从追求效果和不追求知识统一表示的目的出发，存在多种知识表示方法，如经验公式、规则、神经网络和事例等。单一的知识表示形式是无法描述复杂的模具设计和塑性加工过程的，KBE 摒弃了在传统专家系统中常用的单一产生式表示模式，代之以集成多种模式的知识表示方法，从而最大限度地提高知识利用的质量与知识创新的层次；同时，多种推理方式（如 RBR、CBR、MBR）的集成应用将使工程知识能真正应用于模具创新设计的实践中。

3.1.5.4 分析数字化技术

(1) 数字化模拟　金属塑性成形过程的机理非常复杂，传统的模具设计也是基于经验的多反复性过程，从而导致了模具的开发周期长，开发成本高。面对激烈的市场竞争压力，模具行业迫切需要新技术来改造传统的产业，缩短模具的开发时间，从而更有效地支持相关产品的开发。塑性加工过程的数值模拟技术正是在这一背景下产生和发展的。

金属体积成形过程的数值模拟目前研究的热点主要有应力-应变场、温度场和组织结构场的多物理场耦合技术、可以避开三维网格再划分这一瓶颈问题的基于任意的拉格朗日-欧拉描述的有限元法和无网格分析法。

板料成形过程的数值模拟目前研究的热点侧重于采用更准确的材料性能模型和单元类型，提高数值模拟技术预测缺陷，尤其是预测回弹的能力，同时，越来越多的研究人员开始考虑材料的晶体塑性对成形质量的影响。

(2) 虚拟现实　虚拟现实技术是实际制造过程在计算机上的本质实现，即采用计算机仿真与虚拟现实技术，在计算机上群组协同工作，实现产品的设计、工艺规划、加工制造、性能分析、质量检验以及企业各级过程的管理与控制等产品制造的本质过程，以增强制造各级过程的决策与控制能力。

虚拟现实从根本上改变了设计、试制、修改设计和规模生产的传统制造模式，在产品真正制造出来之前，首先在虚拟环境中生成虚拟产品原型，进行性能分析和造型评估，使制造技术走出依赖经验的天地，发展到全方位预报的新阶段。如美国波音公司运用 VM 技术研制 777 飞机，使得该飞机在一架样机也未生产的情况下就获得订货，投入生产；而空中客车公司使用 VM 技术，把空中客车试制周期从 4 年缩短到 2 年，从而提高了他们的全球竞争能力。

3.1.5.5 制造数字化技术

(1) 高速加工　高速加工技术是自 20 世纪 80 年代发展起来的一项高新技术，其研究应用的一个重要目标是缩短加工时的切削与非切削时间，对于复杂形状和难加工材料及高硬度材料，减少加工工序，最大限度地实现产品的高精度和高质量。由于不同加工工艺和工件材料有不同的切削速度范围，因而很难就高速加工给出一个确切的定义。目前，一般的理解为切削速度达到普通加工切削速度的 5～10 倍即可认为是高速加工。

高速加工与传统的数控加工方法相比没有什么本质的区别，两者牵涉到同样的工艺参数，但其加工效果相对于传统的数控加工有着无可比拟的优越性：有利于提高生产率；有利于改善工件的加工精度和表面质量；有利于延长刀具的使用寿命和应用直径较小的刀具；有利于加工薄零件和脆性材料；简化了传统加工工艺；经济效益显著提高。

目前，高速加工涉及到的新技术主要有以下几点。

① 高速主轴。高速加工是通过大幅度提高主轴转速和加工进给速度来实现的，为了适应这种高速切削加工，主轴设计采用了先进的主轴轴承、润滑和散热等新技术。

② 高速伺服进给系统。高速加工通常要求在高主轴转速下，使用在很大范围内变化的高速进给。高速进给的需求已引起机床结构设计上的重大变化：采用直线伺服电机来代替传统的电机丝杆驱动。

③ 适于高速加工的数控系统。高速加工数控系统需要具备更短的伺服周期和更高的分辨率，同时具有待加工轨迹监控功能和曲线插补功能，以保证在高速切削时，特别是在4～5轴坐标联动加工复杂曲面轮廓时，仍具有良好的加工性能。

④ 刀具技术。刀具性能和质量对高速切削加工具有重大影响，新型刀具材料的采用使切削加工速度大大提高，从而提高了生产率，延长了刀具寿命。

⑤ 刀夹装置及快速刀具交换技术。在高速加工中，切削时间和每个托盘化零件加工时间已显著缩短。高速、高精度定位的托盘交换装置已成为今后的发展方向。

(2) 快速原型　从快速原型/快速模具（RP/RT）技术的现状来看，未来的主要发展趋势如下。

① 提高RP系统的速度、控制精度和可靠性；开发专门用于检验设计、模拟制品可视化，而对尺寸精度、形状精度和表面粗糙度要求不高的概念机。

② 研究开发成本低、易成形、变形小、强度高、耐持久性好及无污染的成形材料。

③ 研究开发新的成形方法。

④ 研究新的高精度快速模具工艺。

3.2　金属材料的超塑性及超塑成形

3.2.1　金属超塑性的定义

超塑性是指材料在一定的内部（组织）条件（如晶粒形状及尺寸、相变等）和外部（环境）条件下（如温度、应变速率等），呈现出异常低的流变抗力、异常高的流变性能（如大的延伸率）的现象。

3.2.2　超塑性的历史及发展

超塑性现象最早的报道是在1920年，Rosenhain等发现Zn-4Cu-7Al合金在低速弯曲时，可以弯曲近180°。1934年，英国的C. P. Pearson发现Pb-Sn共晶合金在室温低速拉伸时可以得到2000%的延伸率。但是由于第二次世界大战，这方面的研究没有进行下去。1945年前苏联的A. A. Bochvar等发现Zn-Al共析合金具有异常高的延伸率并提出“超塑性”这一概念。1964年，美国的W. A. Backofen对Zn-Al合金进行了系统的研究，并提出了应变速率敏感性指数——m值这个新概念，为超塑性研究奠定了基础。20世纪60年代后期及70年代，世界上形成了超塑性研究的高潮。

从20世纪60年代起，各国学者在超塑性材料、力学、机理、成形等方面进行了大量的研究，并初步形成了比较完整的理论体系。特别引人注意的是，近几十年来金属超塑性已在工业生产领域中获得了较为广泛的应用。一些超塑性的Zn合金、Al合金、Ti合金、Cu合金以及黑色金属等正以它们优异的变形性能和材质均匀等特点，在航空航天以及汽车的零部件生产、工艺品制造、仪器仪表壳罩件和一些复杂形状构件的生产中起到了不可替代的作用。同时超塑性金属的品种和数量也有了大幅度的增加，除了早期的共晶、共析型金属外，还有沉淀硬化型和高级合金；除了低熔点的Pb基、Sn基和著名的Zn-Al共析合金外，还有Mg基、Al基、Cu基、Ni基和Ti基等有色金属以及Fe基合金（Fe-Cr-Ni，Fe-Cr等），碳钢、低合金钢以及铸铁等黑色金属，总数已达数百种。除此之外，相变超塑性、“先进材料”（如金属基复合材料、金属间化合物、陶瓷等）的超塑性也得到了很大的发展。

近年来超塑性在我国和世界上主要的发展方向主要有如下三个方面。

① 先进材料超塑性的研究，这主要是指金属基复合材料、金属间化合物、陶瓷材料等超塑性的开发，因为这些材料具有若干优异的性能，在高技术领域具有广泛的应用前景。然而这些材料一般加工性能较差，开发这些材料的超塑性对于其应用具有重要意义。

② 高速超塑性的研究：提高超塑变形的速率，目的在于提高超塑成形的生产率。

③ 研究非理想超塑材料（如共货态工业合金）的超塑性变形规律，探讨降低对超塑变形材料的苛刻要求，从而提高成形件的质量，目的在于扩大超塑性技术的应用范围，使其发挥更大的效益。

3.2.3 超塑性的分类

早期由于超塑性现象仅限于Bi-Sn和Al-Cu共晶合金、Zn-Al共析合金等少数低熔点的有色金属，也曾有人认为超塑性现象只是一种特殊现象。随着更多的金属及合金实现了超塑性以及与金相组织及结构联系起来研究以后，人们发现超塑性金属有着本身的一些特殊规律，这些规律带有普遍的性质，而并不局限于少数金属中。因此按照实现超塑性的条件（组织、温度、应力状态等）一般分为以下几种。

① 恒温超塑性或第一类超塑性。根据材料的组织形态特点，也称之为微细晶粒超塑性。一般所指的超塑性多数属于这类超塑性，其特点是材料具有微细的等轴晶粒组织。在一定的温度区间（$T_s \geqslant 0.5T_m$，T_s和T_m分别为超塑变形和材料熔点的热力学温度）和一定的变形速度条件下（应变速率ε在$10^{-4} \sim 10^{-1}s^{-1}$之间）呈现超塑性。这里指的微细晶粒尺寸大都在微米级，其范围在$0.5 \sim 5\mu m$之间。一般来说，晶粒越细，越有利于塑性的发展，但对有些材料来说（如Ti合金），晶粒尺寸达几十微米时仍有很好的超塑性能。还应当指出，由于超塑性变形是在一定的温度区间进行的，因此即使初始组织具有微细晶粒尺寸，如果热稳定性差，在变形过程中晶粒迅速长大的话，仍不能获得良好的超塑性。

② 相变超塑性或第二类超塑性，也称为转变超塑性或变态超塑性。这类超塑性并不要求材料有超细晶粒，而是在一定的温度和负荷条件下，经过多次的循环相变或同素异形转变获得较大的延伸。例如，碳素钢和低合金钢加载一定的负荷，同时于$A_{1,3}$温度上、下反复加热和冷却，每一次循环发生（$\alpha \rightleftharpoons \gamma$）的两次转变，可以得到二次条约式的均匀延伸。D. Oelschlägel等用AISI1018、1045、1095、52100等钢种试验表明，延伸率可达到500%以上，这种变形的特点是初期时每一次循环的变形量（$\Delta\varepsilon/N$）比较小，而在一

定次数（如几十次）之后，每一次循环可以得到逐步加大的变形，到断裂时，可以累积为大延伸。有相变的金属材料，不但在扩散相变过程中具有很大的塑性，并且在淬火过程中，奥氏体向马氏体转变，即在无扩散的脆性转变过程（$\gamma \rightarrow \alpha$）中，也具有相当程度的塑性。同样，在淬火后有大量残余奥氏体的组织状态下，回火过程、残余奥氏体向马氏体单向转变过程也可以获得异常高的塑性。另外，如果在马氏体开始转变点（M_s）以上的一定温度区间加工变形，可以促使奥氏体向马氏体逐渐转变，在转变过程中也可以获得非常高的延伸，塑性大小与转变量的多少、变形温度及变形速度有关。这种过程称为“转变诱发塑性”，即所谓“TRIP”现象。Fe-Ni 合金、Fe-Mn-C 合金等都具有这种特性。

③ 其他超塑性（或第三类超塑性）。在消除应力退火过程中，在应力作用下可以得到超塑性。Al-5%Si 及 Al-4%Cu 合金在溶解度曲线上、下施以循环加热，可以得到超塑性，根据 Johnson 试验，具有异向热膨胀的材料如 U、Zr 等，加热时可有超塑性，称为异向超塑性。有人把 α-U 在有负荷及照射下的变形也称为超塑性。球墨铸铁及灰铸铁经特殊处理也可以得到超塑性。

也有人把上述的第二类及第三类超塑性称为动态超塑性或环境超塑性。

3.2.4 典型的超塑性材料

目前已知的超塑性金属及合金已有数百种，按基体区分，有 Zn 基、Al 基、Ti 基、Mg 基、Ni 基、Pb 基、Sn 基、Zr 基、Fe 基等合金。其中包括共析合金、共晶合金、多元合金、高级合金等类型。部分典型的超塑性合金见表 3-1。

表 3-1 部分典型的超塑性合金

合金成分(质量分数/%)	M	延伸率 δ/%	变形温度/℃
共析合金			
Zn-22Al	0.5	＞1500	200～300
共晶合金			
Zn-5Al	0.48～0.5	300	200～360
Al-33Cu	0.9	500	440～520
Al-Si	—	120	450
Cu-Ag	0.53	500	675
Mg-33Al	0.85	2100	350～400
Sn-38Pb	0.59	1080	20
Bi-44Sn	—	1950	20～30
Pb-Cd	0.35	800	100
Al 基合金			
Al-6Cu-0.5Zr	0.5	1800～2000	390～500
Al-25.2Cu-5.2Si	0.43	1310	500
Al-4.2Zn-1.55Mg	0.9	100	530
Al-10.72Zn-0.93Mg-0.42Zr	0.9	1550	550
Al-8Zn-1Mg-0.5Zr	—	＞1000	—
Al-33Cu-7Mg	0.72	＞600	420～480
Al-Zn-Ca		267	500
Cu 基合金			
Cu-9.5Al-4Fe	0.64	770	800
Cu-40Zn	0.64	515	600

续表

合金成分(质量分数/%)	M	延伸率 δ/%	变形温度/℃
Fe-C 合金(钢铁)			
Fe-0.8C		210～250	680
Fe-(1.3,1.6,1.9)C		470	530～640
GCr15	0.42	540	700
Fe-1.5C-1.5Cr		1200	650
Fe-1.37C-1.04Mn-0.12V		817	650
AISI01(0.8C)	0.5	1200	650
52160	0.6	1220	650
高级合金			
901	—	400	900～950
Ti-6Al-4V	0.85	>1000	800～1000
In744Fe-6.5Ni-26Cr	0.5	1000	950
Ni-26.2Fe-34.9Cr-0.58Ti	0.5	>1000	795～855
IN100	0.5	1000	1093
纯金属			
Zn(商业用)	0.2	400	20～70
Ni		225	820
U700	0.42	1000	1035
Zr 合金	0.5	200	900
Al(商业用)	0.60	6000(扭转)	377～577

注：1. 延伸率与试样尺寸、形状有关，不能准确比较。
2. m 值由于测量方法不同，也不能精确比较。

3.2.5 超塑性的应用

由于金属在超塑状态下具有非常高的塑性，极小的流动应力，极大的活性及扩散能力，可以在很多领域中应用，包括压力加工、热处理、焊接、铸造，甚至切削加工等方面。

3.2.5.1 超塑性在压力加工方面的应用

超塑性压力加工属于黏性和不完全黏性加工。对于形状复杂或变形量很大的零件，都可以一次直接成形。成形的方式有气压成形、液压成形、挤压成形、锻造成形、拉延成形、无模成形等多种方式。其优点是流动性好，填充性好，需要的设备功率吨位小，材料利用率高，成形件表面精度质量高。相应的困难是需要一定的成形温度和压力持续时间，对设备、模具润滑、材料保护等都有一定的特殊要求。

3.2.5.2 相变超塑性在热处理方面的应用

相变超塑性在热处理领域可以得到多方面的应用，例如，钢材的形变热处理、渗碳、渗氮、渗金属等方面都可以应用相变超塑性的原理来增强处理效果。相变超塑性还可以有效地细化晶粒，改善材料品质。

3.2.5.3 相变超塑性在焊接方面的应用

无论是恒温超塑性还是相变超塑性都可以利用其流动特性及高扩散能力进行焊接。将两块金属材料接触，利用相变超塑性的原理，施加很小的负荷和加热、冷却循环即可使接触面完全粘合，得到牢固的焊接，我们称之为相变超塑性焊接——TSW。这种焊接由于加热温度低（在固相加热），没有一般熔化焊接的热影响区，也没有高压焊接的大变形区，焊后不经热处理或其他辅助加工即可应用。相变超塑性焊接所用的材料，可以是钢材、铸铁、Al 合金、Ti 合金等。焊接对偶可以是同种材料，也可以是异种材料。原则上，具有相变点的金属或合金都可以进行超塑性相变焊接。非金属材料的多形体氧化物，如有代表性的陶瓷，

ZrO_2、$MgAlO_4/Al_2O_3$、MgO/BeO、$MgCrO_4$ 等同素异形转变、共晶反应、固溶体反应的材料等都可以发生相变超塑性，可以进行固相焊接。

3.2.5.4 相变诱发塑性的应用

根据相变诱发塑性（TRIP）的特性，它可在许多方面获得应用。实际上在热处理及压力加工方面已经在不自觉地应用了。例如，淬火时用卡具校形，在紧固力并不太高的情况下能控制马氏体转变时的变形，便是应用了 TRIP 的作用。有些不锈钢（如 AISI301）在室温压力加工时可以得到很大的变形，其中就有马氏体的诱发转变。如果在变形过程中能够控制温度、变形速度及应变量，使马氏体徐徐转变，则会得到更好的效果。

在改善材质方面，有些材料经 TRIP 加工，可以在强度、塑性和韧性等方面获得很高的综合力学性能。

一种典型的超塑性工艺——超塑成形-扩散焊复合工艺已在航空航天制造业中发挥着日益重要的作用。

3.3 复杂零件的精密模锻及复杂管件的精密成形

3.3.1 精密塑性体积成形

3.3.1.1 精密塑性体积成形的概念

精密塑性体积成形是指所成形的制件达到或接近成品零件的形状和尺寸，它是在传统塑性加工基础上发展起来的一项新技术。它不但可以节材、节能、缩短产品制造周期、降低生产成本，而且可以获得合理的金属流线分布，提高零件的承载能力，从而可以减轻制件的质量，提高产品的安全性、可靠性和使用寿命。该项新技术由于具有上述诸多优点，加之工业发展的需要，近 20 多年来得到了迅速发展，尤其在一些工业发达国家发展迅猛。目前，精密塑性体积成形技术作为先进制造技术的重要组成部分，已成为提高产品性能与质量、提高市场竞争力的关键技术和重要途径。

3.3.1.2 精密塑性体积成形的精度

（1）径向尺寸精度　一些锻件的径向尺寸精度如下。

① 一般热模锻件：±0.5～±1.0mm

② 热精锻件：±0.2～±0.4mm

③ 温精锻件：±0.1～±0.2mm

④ 冷精锻件：±0.01～±0.1mm

（2）表面粗糙度　一般热模锻件及冷精锻件的表面粗糙度如下。

① 一般热模锻件：$R_a 12.5\mu m$

② 冷精锻件：$R_a 0.2 \sim 0.4\mu m$

据粗略估计，每 100 万吨钢材由切削加工改为精密模锻，可节约钢材 15 万吨（15%），减少机床 1500 台。例如，德国 BLM 公司热精锻齿轮达 100 多种，齿形精度达 DIN6 级，节约材料 20%～30%，力学性能提高 20%～30%。精锻螺旋伞齿轮的最大直径达 280mm，模数达到 12。美国、奥地利的热模锻叶片占总产量的 80%～90%，叶型精度达 0.15～0.30mm，锻后叶型部分只需抛光、磨光，减少机械加工余量达 90%。

3.3.1.3 影响锻件精度的因素

影响锻件精度的因素主要有坯料的体积偏差（下料或烧损）、模膛的尺寸精度和磨损、模膛温度和锻体温度的波动、模具和锻件的弹性变形、锻件的形状和尺寸、成形方案、模膛和模具结构的设计、润滑情况、设备、工艺操作。

3.3.1.4 拟定精密塑性体积成形工艺时应注意的问题

① 在设计精锻件图时，不应当要求所有部位的尺寸都精确，而只需保证主要部位的尺寸精确，其余部位尺寸精度要求可低些。这是因为现行的备料工艺不可能准确保证坯料的尺寸和质量，而塑性变形是遵守体积不变条件的。因此，必须利用某些部位来调节坯料的质量误差。

② 对某些精锻件，适当地选用成形工序，不仅可以使坯料容易成形，保证成形质量，而且可以有效地减小单位变形力和提高模具寿命。

③ 适当地采用精整工序，可以有效地保证精度要求。例如，叶片（尤其是型面扭曲的叶片）精锻后，应当增加一道精整工序。有时对锻件的不同部位需采用不同的精整工序。

④ 坯料良好的表面质量（指氧化、脱碳、合金元素贫化和表面粗糙度等）是实现精密成形的前提。另外，坯料形状和尺寸的正确与否以及制坯的质量等对锻件的成形质量也有重要影响。在材料塑性、设备吨位和模具强度允许的条件下，尽可能采用冷成形或温成形。

⑤ 设备的精度和刚度对锻件的精度有重要影响，但是模具精度的影响比设备更直接、更重要。有了高精度的模具，在一般设备上也可以成形精度较高的锻件。

⑥ 在精密成形工艺中，润滑是一项极为重要的工艺因素，良好的润滑可以有效地降低变形抗力，提高锻件精度和模具寿命。

⑦ 模具结构的正确设计、模具材料的正确选择以及模具的精确加工是影响模具寿命的重要因素。

⑧ 在高温和中温精密成形时，应对模具和坯料的温度场进行测量和控制，它是确定模具材料、模具和模锻件热胀冷缩率以及坯料变形抗力的依据。

3.3.1.5 精密塑性体积成形的应用

① 成形大批量生产的零件，如汽车、摩托车上的一些零件，特别是复杂形状的零件。

② 成形航空、航天等工业的一些复杂形状的零件，特别是一些难切削的复杂形状的零件；难切削的高价材料（如钛、锆、钼、铌等合金）的零件；要求性能高、使结构质量轻化的零件等。

3.3.2 精密塑性体积成形的方法

3.3.2.1 精密塑性体积成形的分类

（1）按成形温度分类

① 冷成形（冷锻）：室温下的成形。

② 温成形（温锻）：在室温以上，再结晶温度以下的成形。

③ 热成形（热锻）：在材料再结晶温度以上的成形。

④ 等温成形（等温锻）：在几乎恒温条件下的成形，变形温度通常在再结晶温度以上。

（2）按成形方法分类　按成形方法分类包括模锻、挤压、闭塞式锻造、多向模锻、径向锻造、精压、摆动辗压、精密辗压、特种轧制、变薄拉深、强力旋压和粉末成形等。

① 热成形（热锻）的优点为变形抗力低、材料塑性好、流动性好、成形容易、所需设备吨位小，但其缺点包括产品的尺寸精度低、表面质量差、钢件表面氧化严重、模具寿命低、生产条件差。

② 冷成形（冷锻）的优点为产品的尺寸精度高、表面质量好、材料利用率高，其缺点有冷成形的变形抗力大、材料塑性低、流动性差。

③ 温成形（温锻）的特点：与冷锻比较，温锻时由于变形抗力小、材料塑性好，成形比冷锻容易，可以采用比冷锻大的变形量，从而减少工序数量、减少模具费用和压力机吨

位，模具寿命也比冷锻时高；与热锻相比，温锻时由于加热温度低，氧化、脱碳减轻，产品的尺寸精度和表面质量均较好。如果在低温范围内温锻，产品的力学性能与冷锻产品差别不大。对不易冷锻的材料，改用温锻可减少加工难度。有些适宜冷锻的低碳钢，也可作为温锻的对象。因为温锻常常不需要进行坯料预先软化退火、工序之间的退火和表面磷化处理，这就使得组织连续生产比冷锻容易。

温锻主要用于以下几种情况：冷锻变形时硬化剧烈或者变形抗力高的不锈钢、合金钢、轴承钢和工具钢等；冷变形时塑性差、容易开裂的材料，如铝合金 LC4、铜合金 HPb59-1 等；冷态难加工，而热态时严重氧化、吸气的材料，如钛、钼、铬等；形状复杂，或者为了改善产品综合力学性能而不宜采用冷锻的零件；变形程度较大，或者尺寸较大，以致冷锻时现有设备能力不足的零件；为了便于组织连续生产的零件。

④ 等温成形（等温锻）的特点：等温成形是在几乎恒温的条件下进行的，这时模具也加热到与坯料相同的温度。通常是在行程速度较慢的设备上进行的。主要用于铝合金、镁合金和钛合金锻件的成形。

3.3.2.2 少飞边和无飞边模锻

普通开式模锻时，金属的变形过程如图 3-6 所示。

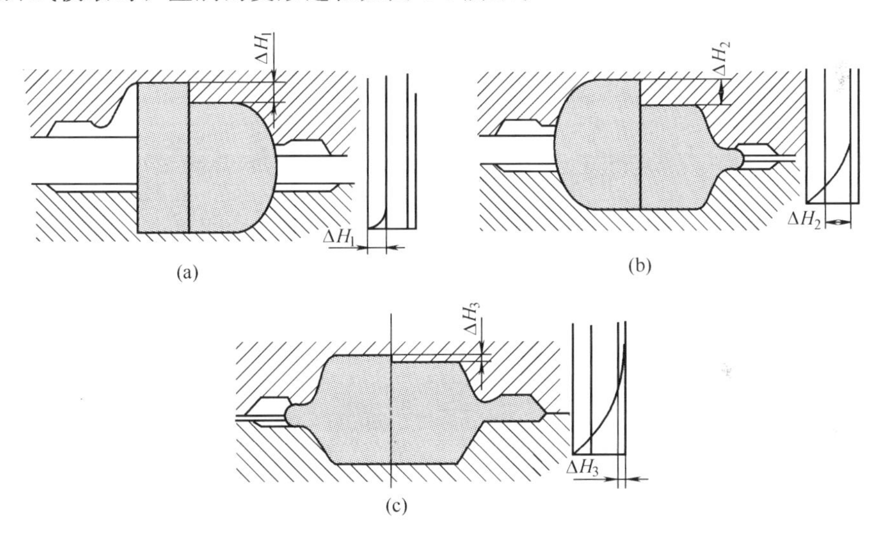

图 3-6 普通开式模锻时，金属的变形过程

为了在模锻初期就建立足够大的金属外流阻力，将飞边槽设置在金属变形较困难的坯料端部。在模锻初期，中间部分金属的变形流动就受到了侧壁的限制，迫使金属充满模膛。这种形式飞边槽的模锻，叫做少飞边模锻（图 3-7）。远离分模面的部位“A”常不易充满。

无飞边模锻，也称闭式模锻，其模膛结构如图 3-8 所示，其特点是凸、凹模间间隙的方

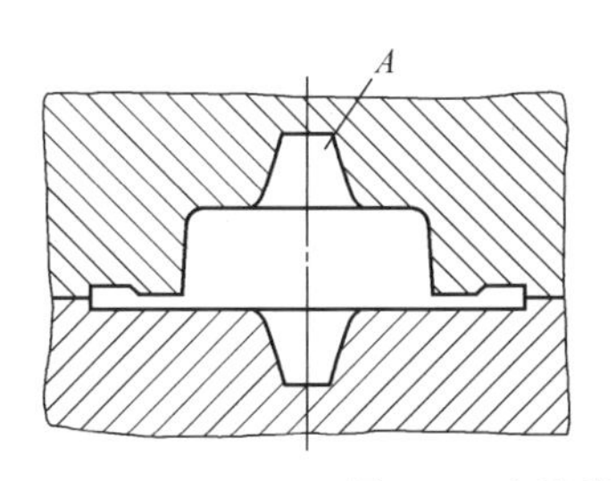

图 3-7 少飞边模锻零件

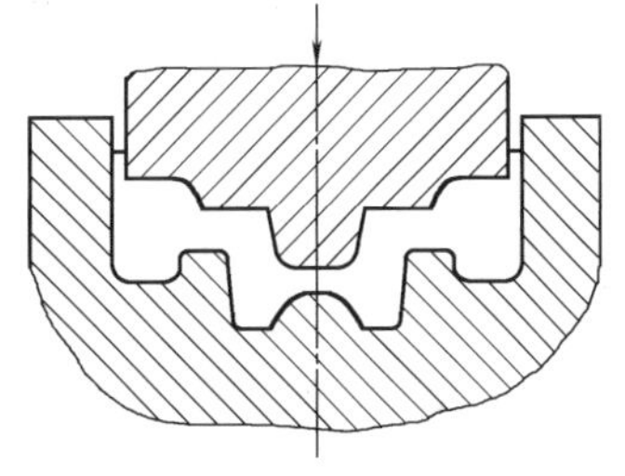

图 3-8 无飞边闭式模锻模膛结构

向与模具运动的方向平行。在模锻过程中间隙的大小不变。由于间隙很小，金属流入间隙的阻力一开始就很大，这有利于金属充满模膛。

无飞边模锻的优点：有利于金属充满模腔；有利于进行精密模锻；减少了飞边损耗，并节省了切飞边设备；无飞边模锻时金属处于明显的三向压应力状态下的塑性材料的成形。

无飞边模锻应满足的条件：坯料体积准确；坯料形状合理，并能在模膛内准确定位；能够较准确地控制打击能量或模压力；有简便的取件措施或顶料机构。

3.3.2.3　挤压

挤压是金属在三个方向的不均匀压应力作用下，从模孔中挤出或流入模膛内以获得所需尺寸、形状的制品或零件的塑性成形工序。目前不仅冶金厂利用挤压方法生产复杂截面的型材，机械制造厂也已广泛利用挤压方法生产各种锻件和零件。

采用挤压工艺不但可以提高金属的塑性，生产复杂截面形状的制品，而且可以提高锻件的精度，改善锻件的内部组织和力学性能，提高生产率和节约金属材料等。

挤压的种类包括正挤压（图 3-9）、反挤压（图 3-10）、复合挤压（图 3-11）、径向挤压（图 3-12）。

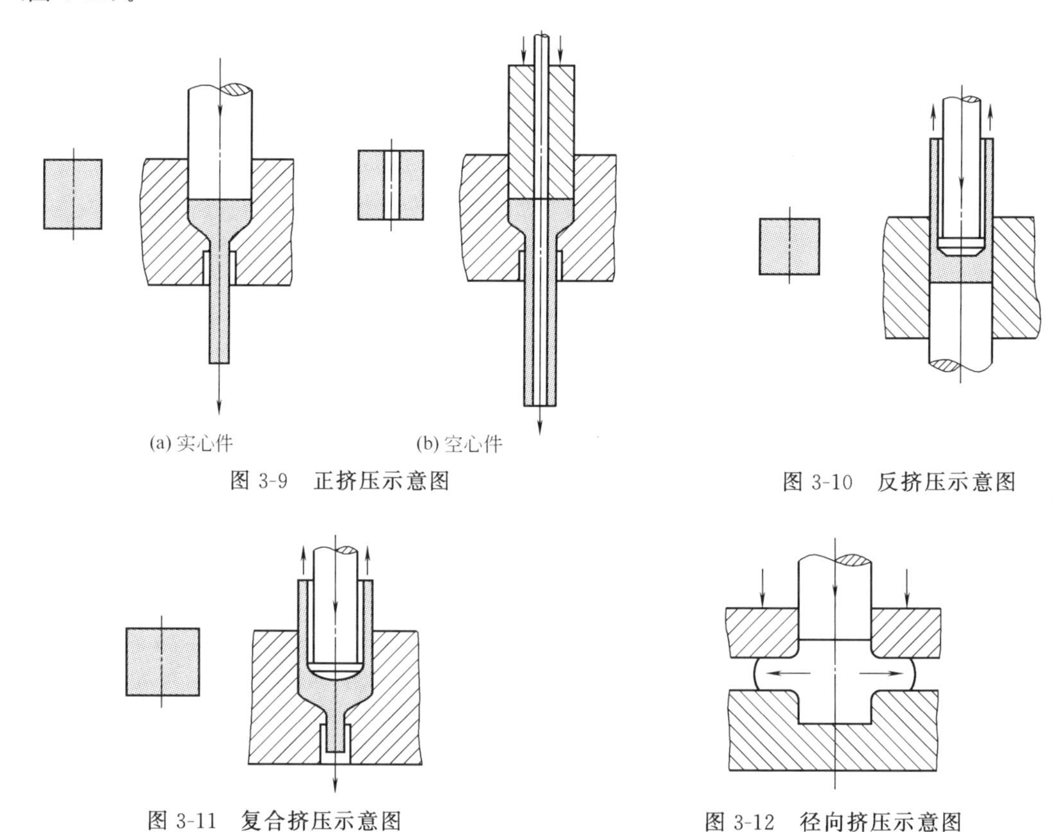

(a) 实心件　(b) 空心件

图 3-9　正挤压示意图

图 3-10　反挤压示意图

图 3-11　复合挤压示意图

图 3-12　径向挤压示意图

挤压的变形过程包括四个阶段：充满阶段Ⅰ，开始挤出阶段Ⅱ，稳定挤压阶段Ⅲ，终了挤压阶段Ⅳ。

其挤压变形曲线及过程如图 3-13、图 3-14 所示。

3.3.2.4　闭塞式锻造

闭塞式锻造是近年来发展十分迅速的精密成形方法，先将可分凹模闭合，并对闭合的凹模施以足够的合模力，然后用一个冲头或多个冲头，从一个方向或多个方向对模膛内的坯料进行挤压成形。这种成形方法也称为闭模挤压，是具有可分凹模的闭式模锻（图 3-15）。

闭塞式锻造的优点如下：

① 生产效率高，一次成形便可以获得形状复杂的精锻件；

② 由于成形过程中坯料处于强烈的三向压应力状态，适于成形低塑性材料；

③ 金属流线沿锻件外形连续分布，因此，锻件的力学性能好。

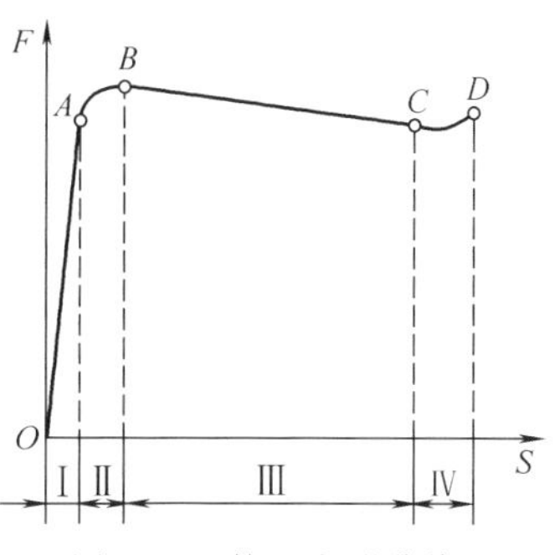

图 3-13　挤压变形曲线

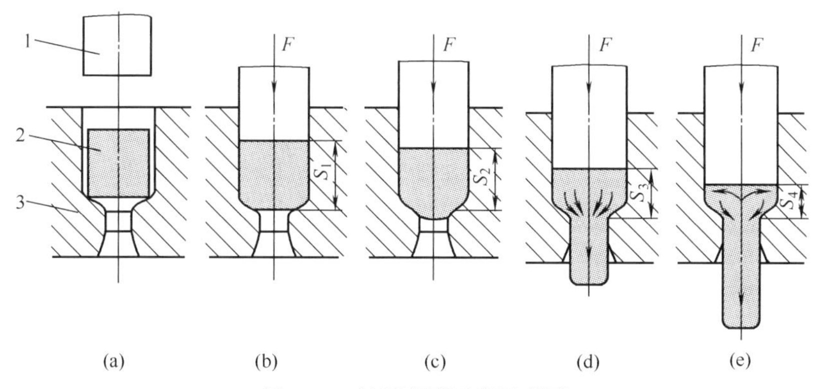

图 3-14　挤压变形过程示意图

1—模具；2—坯料；3—模膛

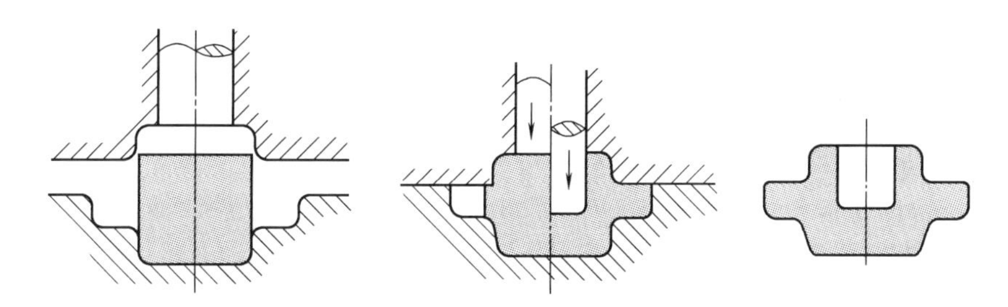
图 3-15　闭塞式锻造示意图

3.3.2.5　多向模锻

多向模锻是在几个方向同时对坯料进行锻造的一种新工艺，主要用于生产外形复杂的中空锻件。

多向模锻的过程如图 3-16 所示，当坯料置于工位上后［图（a)]，上、下两模块闭合，进行锻造［图（b)]，使毛坯初步成形，得到凸肩，然后水平方向的两个冲头从左、右压入，将已初步成形的锻坯冲出所需的孔。锻成后，冲头先拔出，然后上、下模分开［图(c)]，取出锻件。

典型的多向模锻件如图 3-17 所示。其中，图（a）为凿岩机缸体，图（b）为三通管接头，图（c）为飞机起落架，图（d）为大型阀体。

(1) 多向模锻的变形过程　可分为基本形成阶段、充满阶段、形成飞边阶段。

第Ⅰ阶段——基本形成阶段。由于多向模锻件大都是形状复杂的中空锻件，而且通常坯

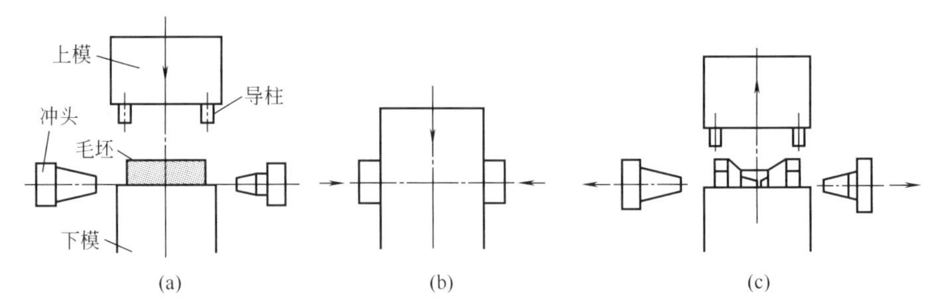

图 3-16　多向模锻的过程示意图

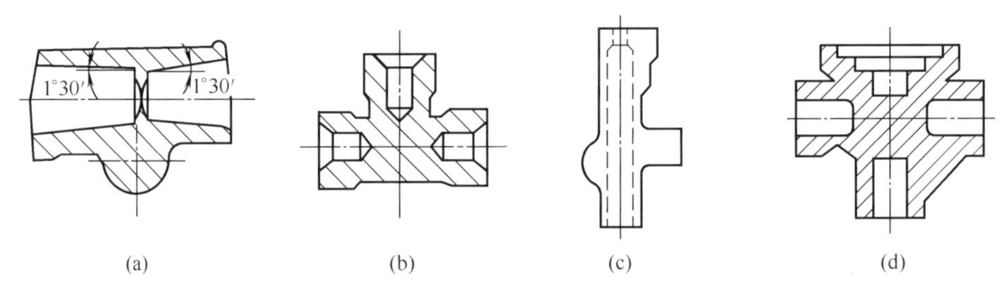

图 3-17　典型的多向模锻件

料是等截面的，第Ⅰ阶段金属的变形流动特点主要是反挤压-镦粗成形和径向挤压成形。

第Ⅱ阶段——充满阶段。由第Ⅰ阶段结束到金属完全充满模腔为止为第Ⅱ阶段，此阶段的变形量很小，但此阶段结束时的变形力比第Ⅰ阶段末可增大2～3倍。

第Ⅲ阶段——形成飞边阶段。此时坯料已极少变形，只是在极大的模压力作用下，冲头附近的金属有少量变形，并逆着冲头运动的方向流动，形成纵向飞边。如果此时凹模的合模力不够大，还可能沿凹模分模面处形成横向飞边。此阶段的变形力急剧增大。这个阶段的变形对多向模锻有害无益，是不希望出现的，它不仅影响模具寿命，而且产生飞边后，清除也非常困难。

(2) 多向模锻的优点　多向模锻具有以下几个方面的优点。

① 与普通模锻相比，多向模锻可以锻出形状更为复杂，尺小更加精确的无飞边、无模锻斜度（或很小模锻斜度）的中空锻件，使锻件最大限度地接近成品零件的形状、尺寸。从而显著地提高材料利用率，减少机械加工，降低成本。

② 多向模锻只需坯料一次加热和压机一次行程便可使锻件成形，因而可以减少模锻工序，提高生产效率，并能节省加热设备和能源，减少贵重金属的烧损、锻件表面的脱碳及合金元素的贫化。一次加热和一次成形，还意味着金属在一火之内得到大变形量的变形，为获得晶粒细小均匀和组织致密的锻件创造了有利条件，这对于无相变的高温合金具有重要意义。

③ 由于多向模锻不产生飞边，从而可避免锻件流线末端外露，提高锻件的力学性能，尤其是抗应力腐蚀的性能。

④ 多向模锻时，坯料是在强烈的压应力状态下变形的，因此，可使金属塑性大为提高，这对锻造低塑性的难变形合金是很重要的。

(3) 多向模锻的缺点

① 要求使用刚性好、精度高的专用设备或在通用设备上附加专用的模锻装置。

② 要求坯料的尺寸与质量精确。

③ 要求对坯料进行少、无氧化加热或设置去氧化皮的装置。

3.3.2.6　径向锻造

径向锻造是在自由锻型砧拔长的基础上发展起来的，用于长轴类件锻造的新工艺，用于锻造截面为圆形、方形或多边形的等截面或变截面的实心轴［图 3-18(a)］、内孔形状复杂或内孔细长的空心轴［(图 3-18(b)］。

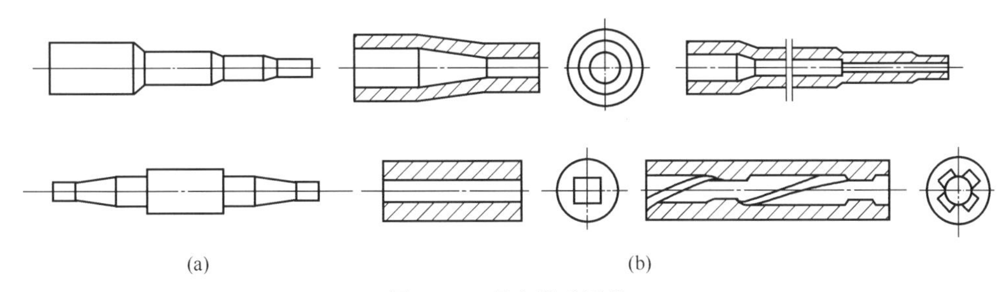

图 3-18　径向锻造零件

径向锻造的工作原理（图 3-19）是利用分布于坯料横截面周围的两个或两个以上的锤头，对坯料进行高频率同步的锻打。在锻造圆截面的工件时，坯料与锤头既有相对轴向运动，又有相对旋转运动；在锻造非圆截面的工件时，坯料与锤头仅有相对轴向运动，而无相对旋转运动。

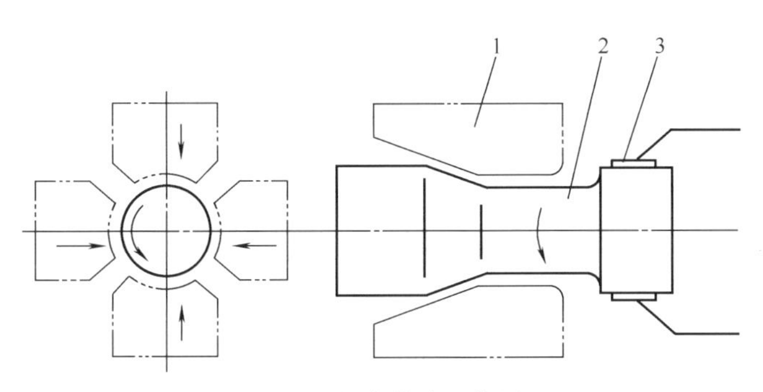

图 3-19　径向锻造工作原理

(1) 径向锻造的变形特点　径向锻造是多向同时锻打，可以有效地限制金属的横向流动，提高轴向延伸效率。

径向锻造能够减少和消除坯料横截面内的径向拉应力，可以锻造低塑性、高强度的难熔金属，如钨、钼、铌、锆、钛及其合金。

径向锻造机的“脉冲加载”频率很高，每分钟在数百次甚至上千次，这种加载方式可以使金属的内、外摩擦系数降低，使变形更均匀，更易深入内部，有利于改善锻件心部组织，提高其性能。

径向锻造时每次锻打的变形量很小，变形区域小，金属移动的体积也很小。因此，可以减小变形力，减小设备吨位，提高工具的使用寿命。

(2) 径向锻造的加工质量　由于径向锻机的工作精确度高、刚度大、每次锻打的变形量小，因此径向锻造的锻件可以获得较高的尺寸精度和较低的表面粗糙度。

冷锻时，尺寸精度为 2～4 级，表面粗糙度为 R_a0.4～0.8μm；热锻时，尺寸精度为 6～7 级，表面粗糙度为 R_a1.6～3.2μm。锻件的表面粗糙度随坯料横截面压缩量的增大而降低。

(3) 径向锻造的加工范围　目前径向锻造的锻件，其尺寸已达到相当大的范围。例如，在滚柱式旋转锻机上锻造的锻件，其直径为ϕ15mm（实心的）到ϕ320mm（管）。目前国内使用的径向锻机可锻最大直径为ϕ250mm、最长达6m的实心件。世界上已有可锻最大直径为ϕ900mm、长度达10m的径向锻机。

（4）径向锻造的锻件品种

① 电机轴、机床主轴、火车轴、汽车、飞机、坦克上的实心轴和锥度轴以及自动步枪的活塞杆等。

② 带有来复线的枪管、炮管，带有深螺母、内花键等特定形状内孔的零件。

③ 各种汽车桥管、各种高压储气瓶、炮弹、航空用球形储气瓶、火箭用喷管等需缩口、缩径的零件。

④ 矩形、六边形、八边形以及三棱刺刀等异形截面的零件。

例如，汽车吸振器的活塞杆和汽车转向柱，以前均是用实心棒料车削而成的，现改用标准低碳钢管坯进行旋锻生产，前者每分钟可生产5件，杆端完全封闭，与实心件相比，减重约40%；后者每分钟可生产2.5～3件，减重可达70%。

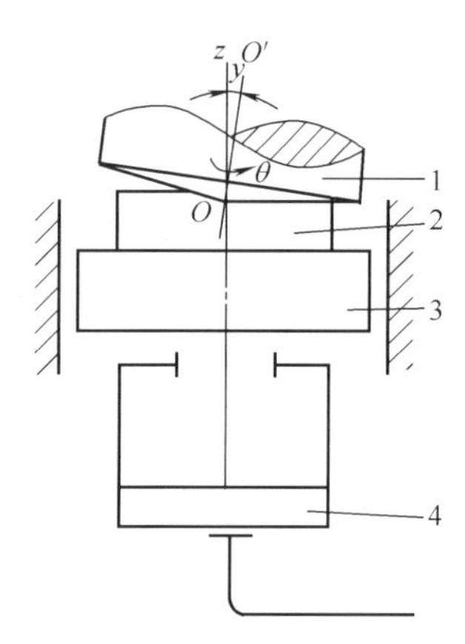

图3-20　摆动辗压工作原理
1—摆头（上模）；2—坯料；
3—滑块；4—进给缸

3.3.2.7　摆动辗压

摆动辗压是20世纪60年代才出现的一种新的压力加工成形方法。它适用于盘类、饼类和带法兰的轴类件的成形，特别适用于较薄工件的成形。

摆动辗压的工作原理如图3-20所示，圆锥形上模的中心线OO'与摆轴中心线Oz成θ角，称为摆角。当摆轴旋转时，摆头的中心线OO'绕摆轴中心线Oz旋转，于是摆头产生回摆运动，与此同时，滑块3在油缸作用下上升。这样，摆头的母线便在工件上连续不断地滚动，局部地、按顺序地对工件施加压力，最后达到整体成形的目的。由此可见，摆动辗压是一种连续局部加载的成形方法。摆动辗压时的变形区如图3-21所示。

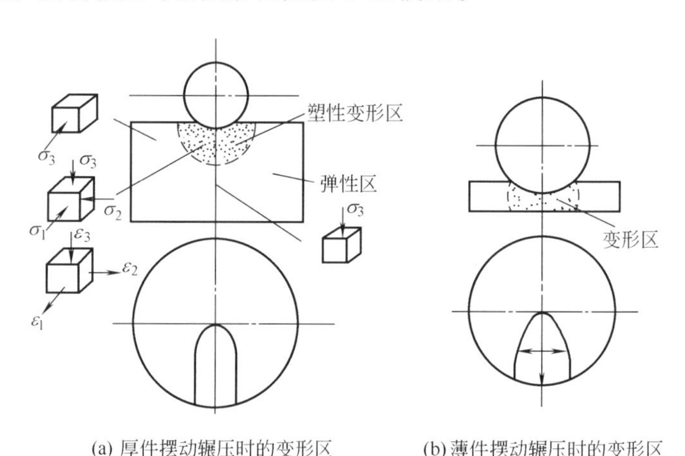

图3-21　摆动辗压时的变形区

普通模锻与摆动辗压所需轴向力的比较，如图3-22所示。

摆动辗压的优点：①省力，可以用较小的设备成形较大的锻件；②因摆动辗压是局部加载成形工艺，因此可以大大降低变形力，实践证明，加工相同锻件，其辗压力仅是常规锻造方法变形力的1/20～1/5；③产品质量高，可用于精密成形；④由于是局部加载，可以建立比较高的单位压力，当工件较薄和模具的尺寸精度和粗糙度很低时，可以得到高精度尺寸的工件，表面粗糙度可达R_a0.2～0.4；⑤机器的振动及噪声小，工作条件较好。

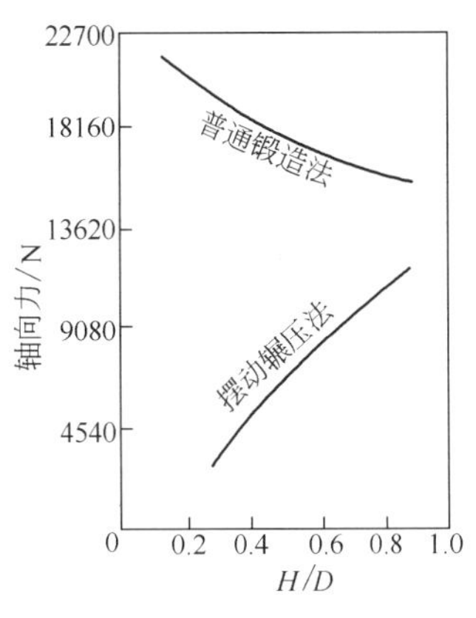

图 3-22 普通模锻与摆动辗压所需轴向力的比较

典型的摆辗零件有法兰盘、铣刀坯、碟形弹簧坯、汽车后半轴、扬声器导磁体、伞齿轮、端面齿轮、链轮、销轴等。

3.3.2.8 等温模锻和超塑性模锻

等温模锻是指坯料在几乎恒定的温度条件下模锻成形。为了保证恒温成形的条件，模具也必需加热到与坯料相同的温度。等温模锻常用于航空、航天工业中钛合金、铝合金、镁合金等零件的精密成形，其原因有二。

① 在常规锻造条件下，这些金属材料的锻造温度范围比较窄。尤其在锻造具有薄的腹板、高肋和薄壁零件时，坯料的热量很快地向模具散失，温度降低、变形抗力迅速增加，塑性急剧降低，不仅需要大幅度地提高设备吨位，也易造成锻件和模具开裂。尤其是钛合金更为明显，它对变形温度非常敏感，钛合金等温模锻时的变形力大约只有普通模锻变形力的1/10～1/5。

② 某些铝合金和高温合金对变形温度很敏感，如果变形温度较低，变形后为不完全再结晶的组织，则在固溶处理后易形成粗晶，或晶粒粗细不均的组织，致使锻件性能达不到技术要求。

等温锻造常用的成形方法也有开式模锻、闭式摸锻和挤压等，它与常规锻造方法的不同点在于以下两点。

① 锻造时，模具和坯料要保持在相同的恒定温度下。这一温度是介于冷锻和热锻之间的一个中间温度，对某些材料，也可等于热锻温度。

② 考虑到材料在等温锻造时具有一定的黏性，即应变速率敏感性，等温锻造时的变形速度应很低。根据生产实践，采用等温锻造工艺生产薄腹板的肋类、盘类、梁类、框类等精锻件具有很大的优越性。

目前，普通模锻件肋的最大高宽比为6∶1，一般精密成形件肋的最大高宽比为15∶1，而等温模锻时肋的最大高宽比达23∶1，肋的最小宽度为2.5mm，腹板厚度可达1.5～2.0mm。

超塑性模锻也是在恒温条件下的成形，但是要求在更低的变形速度和适宜的变形温度下进行。因此，要求设备的行程速度更慢。而且在超塑性模锻前，坯料需进行超塑性处理以获得极细的晶粒组织。

3.3.2.9 精压

为了进一步提高精密成形锻件的精度和降低表面粗糙度，最终达到精锻件图的要求，在锻压生产中常采用精压的方法。在实际生产中，由于设备、模具和锻件的弹性回复量控制不准确；模具和坯料的热胀冷缩值控制不准确；模膛的个别部位不易充满；整个或局部模膛磨损或变形；锻件在取出过程中可能有变形；采用局部塑性变形工艺时（如辊锻等），变形区金属的流动规律控制不够准确，使锻件尺寸精度较低；因此，某些锻件经初步精密成形后还需进一步精压。

（1）精压件的加工质量

① 表面粗糙度：钢件：R_a1.6～3.2μm；铝合金件为R_a0.4～0.8μm。

② 尺寸精度：一般为±0.1～±0.25mm。

根据金属变形情况，精压时可分为平面精压、体积精压、局部体积精压。精压可以在冷态、温态和热态下进行。

(2) 提高精压件尺寸精度的工艺措施

① 降低精压时工件的平均单位压力q，具体措施有采用热精压，适当地进行润滑，控制每次精压时的变形程度和精压余量。

② 减小精压面积S。

③ 提高精压模的结构刚度和模板材料的硬度。

④ 其他工艺措施，如采用带限程块的精压模、将精压模板的工作表面预先做成中心带凸起的形状或将精压件的坯料预先做成中心凹陷的形状。

3.4 板料精密成形

3.4.1 精冲技术的发展与应用

3.4.1.1 精冲工艺的类型及其发展

相对于普通冲裁而言，精密冲裁就是采用各种不同的冲裁方法，直接用板料冲制出尺寸和形位精度高，冲切面平整、光洁的精密冲裁件。从最早的冲裁件修边（也称为整修）到现在推广用于生产的强力齿圈压板精冲以及如表3-2所列的各种精冲方法，其共同目的都是要获取冲切面平整光洁、尺寸与形位精度高的平板冲裁件。

3.4.1.2 精冲技术的发展历史

Fritz Schiess于1919年开始研究至1923年3月9日由德国专利局批准了他申请的《金属零件的液压冲裁与冲压装置》技术专利。1924年Fritz Schiess在德国建立了精冲模制造车间，并于1925年生产出第一件精冲件。此后到1950年，该技术一直秘密地用于钟表制造业。1952年瑞士出现了第一个研究与开发精冲技术的专业公司，即Heinrich Schmid公司。该公司首先设计并制造出轴杆传动机械式三动精冲压力机。1956年该公司还制造了第一台全液压三动精冲压力机。1957年该项技术从秘密走向公开，瑞士又相继成立了Feintool、ESSA、Hydrel等几个精冲专业公司，为强力齿圈压板精冲技术在1958年以后的推广及发展注入了新活力，该技术很快被推广到法国、意大利、英国与美国。此后，Feintool公司在创始人Fritz Busch的领导下，精冲技术在金属加工与制造各行业的推广取得了很大突破，并于1960年由Feintool Osterwald Schweiz工厂制造出的机械式三动专用精冲压力机在瑞士Basel机床展览会上展出并投放市场，使精冲技术进入一个发展期。

1960年后，Feintool SMG工厂开发生产出全液压三动专用精冲压力机并投放国际市场。日本从1960年开始开发精冲技术，1962年在生产中得到应用。1962年A. Guidi第一次发表精冲理论，引起了中国冲压行家的关注并将其论文翻译后在1963年《机械译从》杂志上发表。1965年中国原机械部机械科学研究院机电研究所、西安交通大学与西安仪表厂合作研制和开发应用精冲技术，同年10月，已有拨杆、凸轮、齿轮等多种仪表零件分别用负间隙、圆刃口及强力齿圈压板精冲法加工并投入生产。1965年西安仪表厂从瑞士Feintool AG Osterwald/Schweiz公司购进一台800kN轴杆式三动精冲机和多套小模数齿轮精冲模，生产仪表零件。1965年5月原机械部济南铸锻所完成了与天津红星工厂合作用强力齿圈压板精冲打字机零件的研究报告。日本于1964年由大阪机工、三井三池、小松制作所三家公司分别全套引进瑞士ESSA、Hydrel、Feintool三家精冲公司的技术专利并按瑞士提供的技术、成套图纸制造精冲机，1966年制出500kN卧式精冲机，1967年又制出4000kN、

8000kN 全液压精冲机并投放国际市场，促进了日本精冲技术的发展与提升。中国则由于各种原因，1966 年后精冲工艺的发展与推广停滞了 10 年。然而，精冲技术在世界范围内发展很快：1960～1970 年，精冲件生产已扩展到办公机械、照相机、缝纫机、计算机、通讯仪器、电气开关、收音机等很多制造行业；同时，开始进入汽车、摩托车、拖拉机、起重运输机械、纺织机械和自行车等零件的制造行业。

表 3-2　已开发研试的各种精冲方法

序号		精冲方法名称	开发和研试日期	研发国家及发明人	基本原理及加工特点	推广应用情况	备　注
板料（含板、条、带、卷料）	1	修边，也称为整修	不详	瑞士	对冲裁毛坯用修边（整修）模进行小间隙冲切，以获得平整光洁的冲切面及高的尺寸精度	现在较少采用。曾使用过内孔与外缘整修并有振动整修专用压力机	要配修边模二次冲切，成本高，效率低，但修边质量好
	2	用 V 型齿圈的强力压板精冲，也称为齿圈压板精冲	1923 年 3 月 9 日获取德国专利，证书号：371004	德国 Frils Schiess	用带 V 型齿圈的强力压板和反顶装置夹紧板料于精冲过程的始末，采用小于料厚 1% 的冲裁间隙，落料凹模刃口带小圆角，直接从板料上冲制成品件	各工业国都已推广使用，国内也已进入推广普及期，仪表、电器行业，尤其汽车行业使用更多	该工艺对冲件材料塑性要求较高，要用三动专用压力机，并必须有良好的润滑
	3	对向凹模精冲	1968 年	日本近滕	利用平面切削原理，采用上、下对应的成对凸模与凹模按规定程序分次冲切。凹模刃口有小圆角，采用 0.01～0.03mm 的冲切间隙，可冲切硬脆材料	日本已投入实际使用，欧洲一些国家购买了专利，国内有厂家研试并曾投入生产应用	可冲切硬脆材料，具有一定优势
	4	同步剪挤精冲	1970 年开发，1973 年 5 月 8 日获民主德国专利，专利证号：2058628	日本 KONDO 等	落料凸模制成台阶，冲孔凹模制成台阶，由于模具的一半具有两个不同尺寸的台阶，精冲时凸模和凹模在一次行程中先后形成正、负两个冲裁间隙	还未见进入实用阶段的报道	复杂形状的落料与冲孔，模具难制造
	5	复动和往复精冲	1958 年	日本前田	在一个精冲过程中，有多次往复运动，采用微间隙，使用压料板和反顶装置，模具结构复杂，需专用压力机	未推广用于生产	
	6	负间隙精冲	1957 年	瑞士	凸模大于凹模形成（10%～20%）t 负间隙，精冲时凸模最低位置距凹模表面 0.1～0.2mm	适用于塑性好的有色金属，低碳钢板料精冲亦称光洁冲裁，国内已推广用于生产	适用于外廓形状简单的落料与冲孔件
	7	圆刃口凹模精冲		德国	凹模刃口呈 1/4 圆弧过渡，取 0.02mm 以下微间隙，相当于冲裁-挤压复合加工工艺过程	适用于塑性好的有色金属，低碳钢板料精冲，也称为光洁冲裁，国内已推广用于生产	适用于外廓形状简单的落料与冲孔件
	8	无毛刺冲裁	1976、1978 年获德国专利，专利号：27274559	德国 H. Liebing	用压凸、反顶、分离 3 工步连续冲裁法使冲切面上、下面产生两个塌角面、两个光亮带而无毛刺	国外已用于生产，国内使用很少	无论冲裁件还是精冲件都有毛刺。该工艺的冲件无毛刺且光洁面占冲裁件料厚的 2/3 以上，属于精冲工艺类

续表

序号		精冲方法名称	开发和研试日期	研发国家及发明人	基本原理及加工特点	推广应用情况	备注
板料(含板、条、带、卷料)	9	台阶式分段凸模精冲孔	1970年	日本近滕、前田	采用分段台阶式凸模,相邻两段径向尺寸差很小,最后一段凸、凹模间隙≤0.01mm。凸模每段末尾均设半圆凹槽,以利于加工与润滑,一般为3段以上凸模,用一次行程完成加工	多用于高精度圆孔精冲,国内使用不多	
	10	挤压精冲孔	1957年	德国	采用截锥、圆锥或两台阶式凸模并使用压料板及0.01mm以上的冲孔间隙,用于精冲小尺寸的圆孔	在钟表制造及仪器仪表行业中使用,国内目前使用不多	
	11	轴向加压精密剪切	1959年开始,1960年获专利	匈牙利Veres教授	对棒料径向夹紧而轴向加压,实施精密剪切,最小剪切长度$L \geqslant d/3$	广为推广应用,并进一步深化开发,1980年西安交通大学陈金德教授等进一步开发剪切出$L=0.13d$的超短毛坯,剪切出异型材薄片,为用型材及不同截面形状棒料剪切不等厚度的平板零件开创了一种新工艺	1971年匈牙利布达佩斯机械学院制出第一台设备;西安交通大学陈金德教授等写的《棒料轴向加压精密剪切的研究》论文曾在1981年第22届国际机床年会上宣读
杆料(含杆、棒、型材)	12	径向加压精密剪断	1975年	罗马尼亚(Costantinniescu)	对棒料径向加压,精密剪断	推广应用广泛,国内使用较多	剪切模具及设备结构简单,容易实施
	13	棒料高速精密剪切	1975年	英国日本	利用高应变、高速度范围内的脆性断裂,采用小间隙,精密剪切棒料	广泛使用,但下料质量好坏不一,不稳定	运作噪声大
	14	热剪切	不详		利用钢材加热的蓝脆性进行脆性剪切	使用广泛,质量较好	需要加热运作
	15	塑性疲劳剪切	1975年	日本田村公男	先用滚轮形刃口在棒料上切出凹槽,再给棒料以旋转的塑性变形,利用疲劳应力将棒料剪断	使用较少	剪切设备复杂

1971年后，瑞士Feintool精冲公司发展迅猛，除总部在瑞士并设立Feintool AG Lyss/Schweiz公司外，又在美国Cicinnati、日本kanagawa、法国巴黎、英国伦敦等设立销售公司与科研工厂，使该公司的精冲技术及精冲机面向世界，获得大发展。1968年，日本发明了对向凹模精冲技术，并于1973年开始在生产中使用。1976年，中国与Feintool公司开始精冲技术交流，翻译了Feintool《实用精冲手册》（初版）。Feintool第一次向中国提供了精冲技术培训资料，后被译出，于1977年由国防工业出版社出版，即《精冲技术》一书。文革后，国内开发应用精冲技术成果累累。先是武汉733B厂在JB21-100型开式双柱固定台压力机上安装液压装置精冲电传打字机零件获得成功并扩大生产，还将此项技术传授给天津754厂，也取得满意成果。此后，1977年原一机部北京机电所设计的精冲液压模架在天津第三开关厂投入使用，使国内精冲料厚增大到10mm，可精冲零件最大尺寸达到250mm。1978

年哈尔滨锻压机床厂研制出 Y26-25/40 型 250kN，内江锻压机床厂研制出 Y26-100 型 1000kN 全液压三动精冲压力机。截至 1978 年底，国内已有西安仪表厂、无锡模具厂、安徽电影机械厂、天津电器厂、上海人民电器厂、上海星火模具厂等 100 多家科研单位与企业开发应用精冲技术。1979 年为介绍国外先进经验，总结国内推广精冲技术的成果，原机械部第十一设计研究院受国家仪表总局的委托在无锡召开了全国首次精冲技术交流会，来自全国 21 个省、市、自治区 91 个单位的 131 名代表进行了长达 8 天的精冲技术推广与应用的交流，这次会议对推广应用精冲技术是一个极大的推动。1980 年精冲技术在汽车制造行业普及推广并开始精冲厚板料。Feintool SMG 公司推出 4000kN、25000kN 大吨位全液压三动精冲压力机，为冲制厚板、大尺寸零件创造了条件，1981 年中国研制出 6300kN 精冲压力机。

1985 年后，强力齿圈压板精冲技术更加完善和成熟，在全世界各工业国得到了推广和应用，其工艺技术更上升到一个新水平。

① 精冲件最大外廓尺寸：800mm。

② 精冲件最大料厚 t_{max}：铝板 $t_{max}=25$mm；钢板 $t_{max}=16$mm（$\sigma_b \leqslant 500$MPa），$t_{max}=20$mm（$\sigma_b \leqslant 420$MPa）。

1985 年无锡模具厂接受“六五”科技攻关项目“精冲新工艺”，用国产 Y99-25 型精冲机和进口 Feintool GKP25/40 精冲机精冲电镀表 $m=0.3350$ 的小模数齿轮、照相机调焦凸轮等零件获得成功，并通过国家鉴定，投入生产。基于中国汽车工业总公司“八五”行业发展规划重点技改项目，该公司筹建了苏州东风精冲工程有限公司，从 Feintool 公司成套引进精冲技术及设备，标志着国内推广精冲技术已进入汽车制造行业。目前该公司已具备设计与制造精冲模 50 套/年及各类精冲件 800 万件/年的能力，是国内较有实力的汽车精冲零件加工中心。

3.4.1.3 精冲技术的发展前景

精冲技术是综合多种基础工艺技术与多门学科技术的系统工程，进入 21 世纪以后，精冲技术发展更快。

（1）精冲材料方面的发展　强力齿圈压板精冲对精冲材料的性能要求很高，该工艺从形式上看是冲切分离工序，但在精冲过程中，精冲件在最后从材料上分离出来之前，始终与材料保持为一个整体，通过塑性变形冲出零件，最后靠凸模刃口与凹模刃口到达同一平面或凸模刃口进入凹模刃口而使其切断分离。因此，精冲材料必须具有良好的塑性。通常适合于冷挤或经过前处理可以冷挤的材料均可精冲。钢板精冲取决于其力学性能、化学成分、金相组织及外观质量。对钢而言，屈强比 $\sigma_s/\sigma_b \approx 60\%$，延伸率尽可能高，球化退火后是否满足 $\sigma_b \leqslant 500$MPa 是其能否精冲的基本条件。为了突破上述极限，精冲高强度厚钢板，Feintool 公司开发精冲性能好的高强度微量合金细晶粒钢获得突破，见表 3-3。

表 3-3　Feintool 公司开发的精冲新钢种（高强度微量合金细晶粒钢）

序号	牌号	主要化学成分/%					主要力学性能	
		C	Si	Mn	P	S	σ_b/MPa	σ_s/MPa
1	UQ380	0.15	0.11	0.89	0.010	0.016	600	370
2	UQ550K	0.14	0.11	1.05	0.010	0.018	860～890	665～715
3	QStE380TM	0.15	0.11	0.89	0.010	0.016	600	365
4	QStE500TM	0.14	0.11	1.05	0.010	0.018	860～890	650～700

由于高强度微量合金细晶粒钢良好的使用性能，越来越多地用于精冲件生产。原材料的初始强度及其在精冲过程中的冷作硬化可获得冲切面硬度很高的精冲件，而且冲切面上还无

裂纹与其他缺陷。

（2）精冲零件结构工艺性及其扩展　精冲早已不限于平板零件的冲裁，而从平面零件向各种立体成形零件延伸，包括弯曲、拉伸、翻边、压形、冷挤、沉孔等精冲工艺作业。精冲（Feinschneiden）已从纯冲裁进入板料冲压的所有工艺作业，因此，称为精密冲压（Feinstanzen）更确切。

精冲料厚 t 的范围已达到 0.5～2.5mm，精冲材料强度 σ_b 已突破 650MPa 而达到 900MPa；精冲件结构尺寸的限制数据也随模具的高强度、高韧性、高耐磨材料的应用而有所突破，如过去可精冲的最小边距、孔径及环宽等以小于料厚为宜，最小值限在 $0.6t$。现在可以达到 $(0.3\sim0.4)t$。精冲件尺寸越来越大。20 世纪 80 年代，已精冲过料厚 $t=7.1$mm，外廓尺寸为 680mm×794mm 的柴油机面板。

（3）精冲模具的发展　精冲模向“高精度、高效率、高寿命”，即所谓“三高”及大型化方向发展，促进了精冲工艺应用的普及和扩展。

至今，精冲模使用固定凸模式结构的多达 80%，使用活动凸模式结构的较少，且主要用于薄料小零件精冲；使用高精度滑动导向导柱模架精冲厚料；采用新型成形滚珠导柱模架，提高模架导向精度，增加精冲模结构刚度；采用多工位连续式复合模冲制形状复杂的立体成形精冲件，直接用带料一模成形。

尽管影响精冲模寿命的因素很多，但其工作零件选材正确、制模工艺先进合理、表面强化处理得当及减磨增寿措施到位，就可提高精冲模寿命。在通常情况下，精冲模寿命比普通冲压用全钢冲模要短。为了提高精冲模寿命，近年来国外采用化学气相沉积（CVD）法和物理气相沉积（PVD）法镀 TiC 和 TiN 来强化凸、凹模刃口，效果显著。

在精冲模设计中要特别注意主冲裁力、齿圈压边力、反顶压力的准确计算及精冲设备的选择。考虑到精冲时往往要按精冲材料的精冲适应性调大压边力和反顶压力，以获取最佳的冲切面质量，推荐按计算设备吨位乘 1.5 的调整系数并就高弃低选用标准规格精冲压力机。由于精冲间隙很小，仅为 $1\%t$，故模架除要求加强模座与导柱，使用导柱导套为过盈配合的滚珠或滚珠导柱模架外，也可使用无间隙滑配合的滑动导向导柱模架，确保模架导向无误差。与普通全钢冲模大同小异，在精冲模的计算机辅助设计与制造（CAD/CAM）方面，国外早在 20 世纪 70 年代已进入实际应用阶段，国内目前尚不普及，但在制模过程中，不少企业已使用 CNC 线切割机、CNC 光学曲线磨以及 CNC 连续轨迹坐标磨，在精冲模制造中发挥了很好的作用。

3.4.2 液压成形技术

3.4.2.1 管材液压成形

管材液压成形起源于 19 世纪末，当时主要用于管件的弯曲。由于相关技术的限制，在以后相当长一段时间内，管材液压成形只局限于实验室研究阶段，在工业上并未得到广泛应用。但随着计算机控制技术的发展和高液压技术的出现，管材液压成形开始得到大力发展。20 世纪 90 年代以来，伴随着汽车工业的发展以及对汽车轻量化、高质量和环保的要求，管材液压成形受到人们重视，并得到广泛应用。

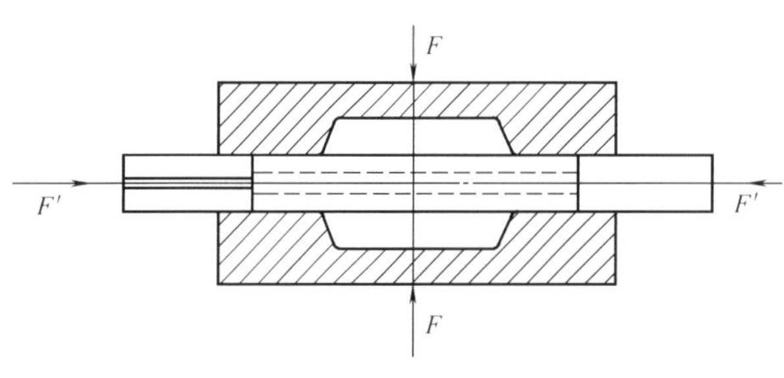

图 3-23　管材液压成形的原理

管材液压成形的原理如图 3-23 所示。首先将原料（直管或预先弯曲成形的钢管）放入底模，然后管件两端的冲头在液压缸的作用下压入，将管件内部密闭，冲头内有液体通道，液体不断流入管件，此时上模向下移动，与下模共同形成封闭的模腔，最后高压泵与阀门控制液体压力不断增大，冲头向内推动管件，管壁逐渐贴近模具变形，最终得到所需形状的产品。

如果零件较为复杂，还需在成形前进行预成形——将管坯弯曲或冲压成与最终零件较为近似的形状，接下来退火以消除预成形所带来的残余应力；在管坯最终成形后，还需要进行一些后处理，如切除废料或表面处理等。

管材液压成形的关键问题是怎样控制液体的流动，以保证得到合格的零件，这主要取决于液体压力的控制。如果有轴向加载，还同轴向加载大小以及这两者之间的匹配关系有关。成形中常见的缺陷主要是折曲起皱和破裂。在找出最佳的加载策略后，通过计算机对液体压力和轴向推力进行精确控制，从而加工出合格的零件。除此之外，影响成形的还有其他一些因素，如润滑条件、工件和模具的材料性能以及表面质量等。提高工件和模具的表面质量，再加上良好的润滑条件可以减小材料流动的摩擦力，有助于成形。

3.4.2.2　液压胀球

液压胀球技术为哈尔滨工业大学王仲仁教授首创，此技术产生于20世纪80年代，曾先后获得省科技进步一等奖及国家发明奖，同时在第18届北美加工研究会上，液压胀球被列为五项新成果之首。相对于传统的球形容器加工工艺，此项技术具有缩短生产周期、降低生产成本、提高成形质量等优点，且利用此项技术不需要大型压力机和模具。因此，该技术已逐渐成为制造球形容器的主流技术。

液压胀球技术的基本原理如图3-24所示，是利用单曲率壳体或板料，经过焊接后组装成一个封闭的多面壳体或单曲率壳体，在壳体中充入传压介质，使之发生塑性变形并逐步胀形成为球形容器。

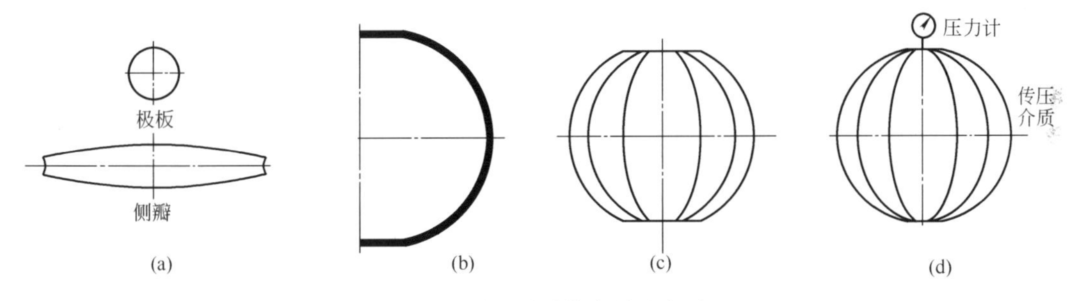

图3-24　液压胀球技术的基本原理

理论依据：一是力学上的趋球原理，即曲率半径不同的壳体在趋球弯矩的作用下，将逐渐趋于一致；二是金属材料存在塑性变形的自动调节能力，当某一区域的变形过于集中时，该区域将发生变形强化，塑性变形将转移至它处。

液压胀球成形时有两个关键点：一个是传压介质的加载，另一个是焊接的质量。

传压介质的加载包括液压泵的流量、加载速度以及保压时间。一般来说，在成形初期，可使用大流量和大的加载速度，但在成形末期，必须降低流量和加载速度。同时在成形过程中，当压力达到适当的值时，还必须保持一段时间，以利于球壳成形。

焊接质量的好坏也决定着成形的成功与否。焊接质量不好，会造成成形过程中焊接处开裂。因此在成形前需对焊接处进行表面探伤，一旦发现焊接处有裂纹，需及时修补。

液压胀球技术的优点：不需要大型的模具和压力机，产品初投资少，因而可大大降低成本；生产周期短，产品变更容易，下料组装简单；经过超载胀形，有效地降低了焊接残余应力，安全性高。

3.4.2.3 板材液压成形

板材液压成形则是从管材液压成形推广而来的。美国、德国和日本相继于20世纪50～60年代开发出了橡皮囊液压成形技术。但由于橡皮囊易损坏，需经常更换，并且成形时需很高压力以消除法兰部位的起皱，在实际生产中并没有得到广泛应用。后来日本学者对此进行了改进，去除了橡皮囊，开发出对向液压拉深技术。

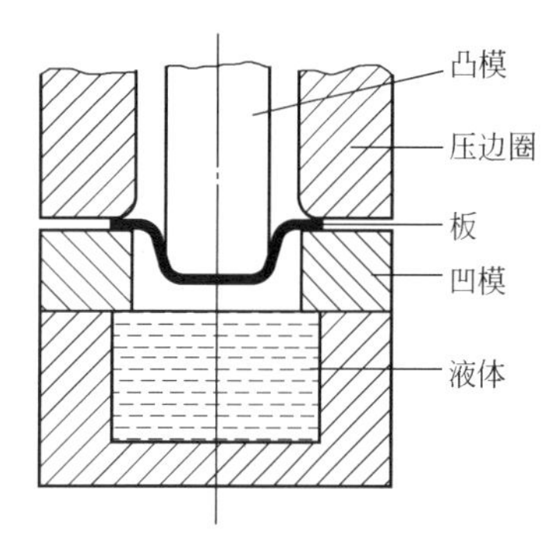

图3-25 对向液压拉深技术原理

在板材液压成形中，应用最为广泛，技术也最为成熟的是对向液压拉深技术，其原理如图3-25所示。首先将板料放置于凹模上，压边圈压紧板料，使凹模型腔形成密封状态。当凸模下行进入型腔时，型腔内的液体由于受到压缩而产生高压，最终使毛坯紧紧贴向凸模而成形。当然，如果成形初期对液体压力要求较高，可在成形一开始使用液压泵，实行强制增压，使液体压力达到一定值，以满足成形要求。

现在板材液压成形的进展主要体现在两个方面。一方面是对现有工艺的引深和扩展。如周向液压拉深技术以及板材成对液压成形技术等。周向液压拉深技术是在对向拉深的基础上，将液体介质引导至板材外周边，从而对板材产生径向推力，使板材更易向凹模内流动，同时在板材上、下两面实现双面润滑，减小了板材流动的阻力，进一步提高了成形极限。周向液压拉深的拉深比可达到3.3，高于一般的液压拉深所能达到的拉深比。板材成对液压成形工艺适用于箱体零件的成形。成形前需先将板材充液预成形，切边后再将周边焊接，然后在两板中间充入高压液体使其贴模成形。中间过程采用焊接，可使两块板材准确定位，保证了零件精度。同时焊接后再充液成形，能消除焊接引起的变形。

另一方面则是技术的改进。由于压边力在成形中起着重要的作用，对于不规则的零件，在成形时法兰处材料的流动情况是不一样的，为了控制法兰不同区域材料的流动，有关专家研制出了多点压边系统。此系统具有多个液压缸，每个液压缸独立控制一个区域的压边力，这样就满足了不同区域所需压边力不同的条件，采用此系统可以大大提高成形极限和成形质量。

3.4.3 金属板料数字化成形技术

金属板料数字化成形技术的主要特点是无模成形和数控渐进成形。

金属板料无模成形工艺最早是用手工方法，后来出现了旋压技术。近十年，由于市场需求的多样化，制造业对产品开发技术提出了更高的要求，促使板料无模成形方法有了新的发展，日本和德国在这方面进行了大量的研究。板材旋压成形是最常用的无模成形技术之一，从目前的研究和应用情况看，成形理论较成熟，并已达到数控成形水平，但是这种方法只能加工轴对称的制件。德国和日本学者开发的一种CNC成形锤渐进成形法（图3-26）是一种用刚性冲头和弹性下模对板材进行局部锤击成形的工艺。但这种方法只能加工形状比较简单的制件，而且成形后留下大量的锤击压痕，影响制件的表面质量。日立公司、吉林大学开发的多点成形法如图3-27所示，采用多个高度方向可调

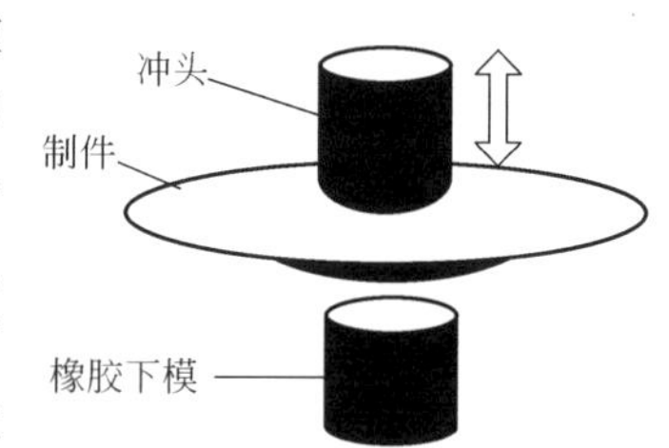

图3-26 成形锤渐进成形法

的液压加载伺服单元，形成离散曲面代替模具进行曲面成形，可分为多点模具成形［图 3-27(a)］和多点压机成形［图 3-27(b)］两种方式。该成形法对于加工形状复杂的汽车覆盖件有较大的困难，此外，机器结构复杂，设备价格过于昂贵。

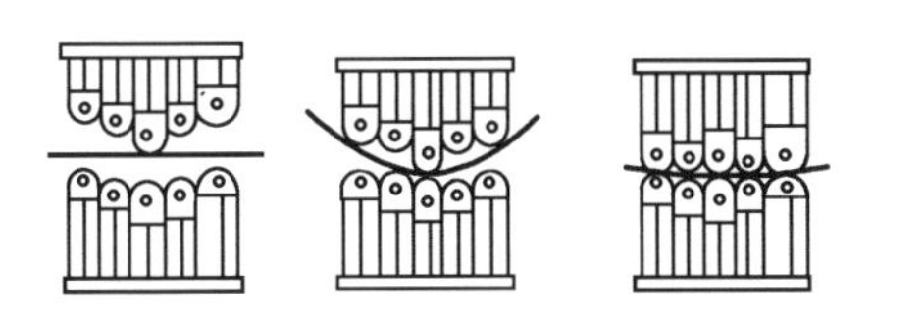

(a) 多点模具成形

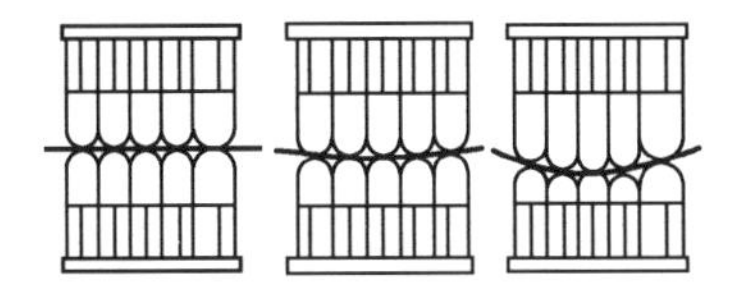

(b) 多点压机成形

图 3-27　多点成形法

数控渐进成形原理是日本学者松原茂夫几年前提出的（图 3-28）。松原茂夫虽然做了大量实验研究，对于复杂的制件尚需在其中加入模芯。尽管该技术提出时间很短，但由于具有广阔的发展前景，引起了国外快速制造领域专家的重视。国际著名塑性加工专家中川威雄教授指出，这种方法代表了板材数字化塑性成形技术的发展方向。日本政府也极为重视该项技术，由日本科学技术振兴事业财团拨出专款支持企业开发，在 AMINO 公司研制出了 3 种样机，可以加工汽车覆盖件等复杂制件，目前正在进行工艺试验以便形成商品。日本丰田汽车公司也在加紧开发汽车大型覆盖件的无模成形技术。就目前国内外金属板材无模成形的研究现状看，金属板材渐进成形技术是一个具有发展前景和值得开发的新领域。

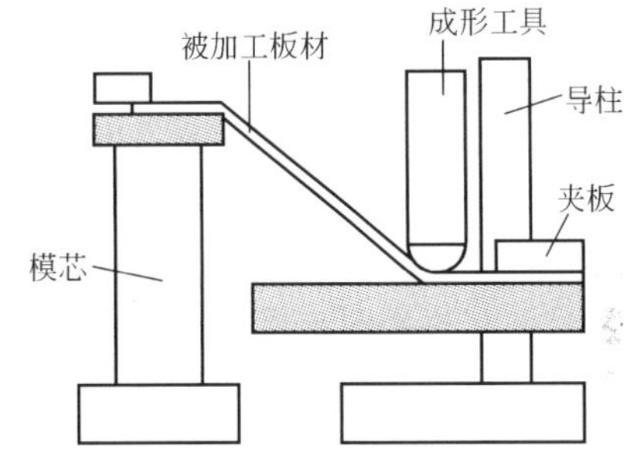

图 3-28　数控渐进成形原理

国外的汽车厂在开发新产品时，一般都是用可加工树脂材料在数控铣床上加工出树脂模具。在树脂模具上试拉伸覆盖件成功后，再制作钢结构的模具。这种方法还存在着成本高、周期长的问题。

国内不少汽车厂也用低熔点合金材料制作过简易模具，有些企业用手工敲制的薄板件作为原型翻制低熔点合金模具，模具精度和制作效率都很低。

随着现代工业生产的发展，产品的品种越来越多，更新换代的速度越来越快，并且产品的生产批量由大批量转向中小批量，这就要求生产过程向柔性化的方向发展。但是三维板类件的生产通常都离不开模具，为了设计、制造与调试这些模具，需要消耗大量的人力、物力与时间，很难适应现代化生产的要求，这就迫切需要新的生产方式的出现。多点成形的设想就是为了实现板类件的无模柔性生产而提出的。其原始思想是利用相对位置可以互相错动的“钢丝束集”对板材实行压制与成形。在多点成形的发展过程中，日本、美国等国的学者们对多点成形进行了技术上的探讨和实验研究，制作了不同的样机。但是，这些研究大多只限于代替模具方面，没有人想到更加充分地利用多点成形时柔性加工的特点。因此，在研究过程中暴露出很多因其变形特点带来的问题，更谈不上实现模具成形时无法达到的功能，得到更好的效果。

3.4.3.1　无模多点成形的概念

无模多点成形是把模具曲面离散成有限个高度分别可调的基本单元，用多个基本单元代替传统的模具（图 3-29）进行板材的三维曲面成形。每一个基本单元称为一个基本体（base element），有的论文中也叫冲头。用来代替模具功能的基本体的集合叫基本体群（elements

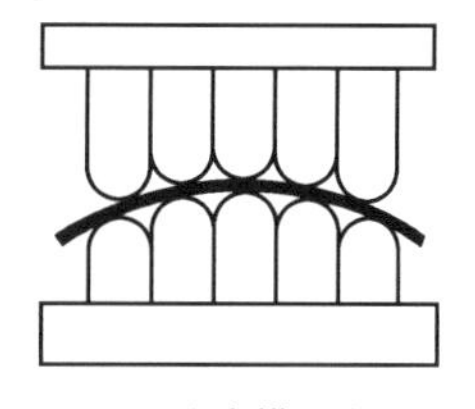
(a) 多点模具成形

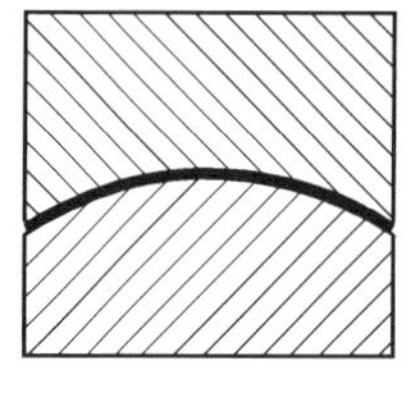
(b) 传统模具成形

图 3-29 多点模具成形和传统模具成形的比较

group）。无模多点成形（multi-point forming, MPF）就是由可调整高度的基本体群随意形成各种曲面形状，代替模具进行板材三维曲面成形的先进制造技术。

无模多点成形设备则是以计算机辅助设计、辅助制造、辅助测试（CAD/CAM/CAT）技术为主要手段的板材柔性加工新装备，它以可控的基本体群为核心，板类件的设计、规划、成形、测试都由计算机辅助完成，从而可以快速经济地实现三维曲面自动成形。

3.4.3.2 无模多点成形的类型

按照对基本体的控制方式，可将基本体分为以下三种类型。①主动型：基本体在成形过程中可随意控制其移动的方向、速度和位移。②被动型：基本体在成形过程中不能随意控制、调节其位移、速度和方向，只是在被施加一定的压力后被动地产生位移。③固定型：这种类型的基本体的相对位置在成形前调整，在成形过程中基本体的高度不变。

按照基本体调整方式的不同，又可以派生出不同的多点成形方法：多点模具成形、半多点模具成形、多点压机成形和半多点压机成形。

（1）多点模具成形　多点模具成形（multi-point die forming）就是上、下基本体群所包含的基本体都为固定型时的无模多点成形（图 3-30）。采用多点模具成形方式成形工件时，上、下基本体群在成形工件前就被调整到适当的位置，形成对成形工件曲面的包络面，在成形过程中，基本体的相对位置不再发生变化，这相当于模具成形中的上、下模具，故称为多点模具成形。

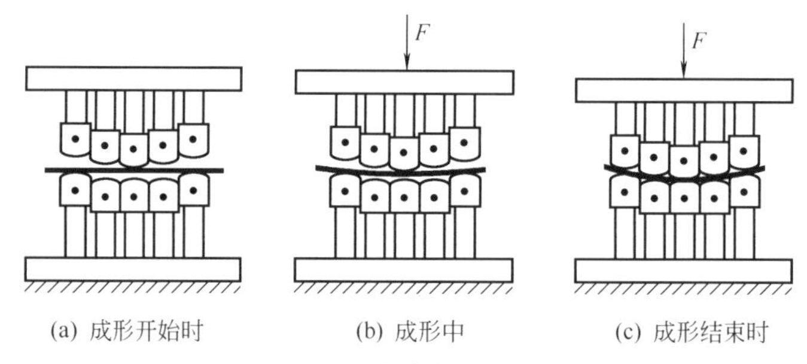

图 3-30 多点模具成形

当板材变形量超过一定的极限，一次不能成形变形程度比较大的工件时，可以进行逐次成形，即先将工件成形到某一中间形状，然后以此中间形状为坯料直至得到合格的制品。使用逐次成形方法可以获得比传统模具一次成形更大的变形量。当由于变形量较大而传统模具不能成形时，多点模的“柔性”将充分发挥其优势。

（2）半多点模具成形　半多点模具成形（semi multi-point die forming）：当上（或下）基本体群中基本体的类型为固定型，而下（或上）基本体群的基本体类型为被动型时，这种无模多点成形就称为半多点模具成形（图 3-31）。

采用这种成形方式时，被动移动的基本体始终与板料保持接触状态，而且与多点模具成形方法相比，显著地减少了控制点的数目和对基本体的调整时间，在采用自动控制方式时，可以降低控制系统的制作费用。半多点模具成形法由于基本体与板材的接触点比较多，能够得到比多点模具成形更好的成形效果。

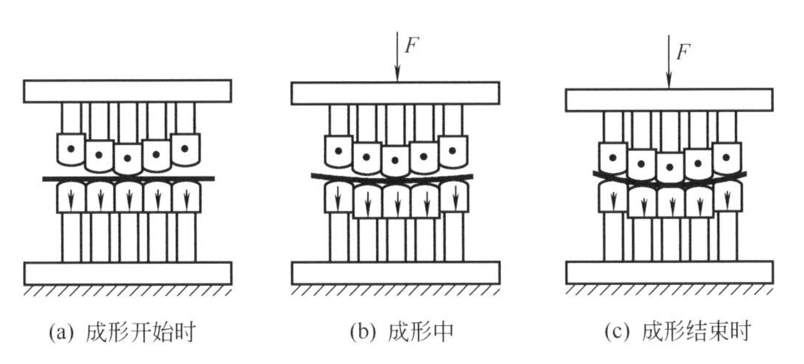

图 3-31 半多点模具成形

(3) 半多点压机成形 半多点压机成形（semi multi-point press forming）：上（下）基本体群中基本体的类型为主动型，而下（上）基本体群中基本体的类型为被动型的多点模具成形称为半多点压机成形（图 3-32）。

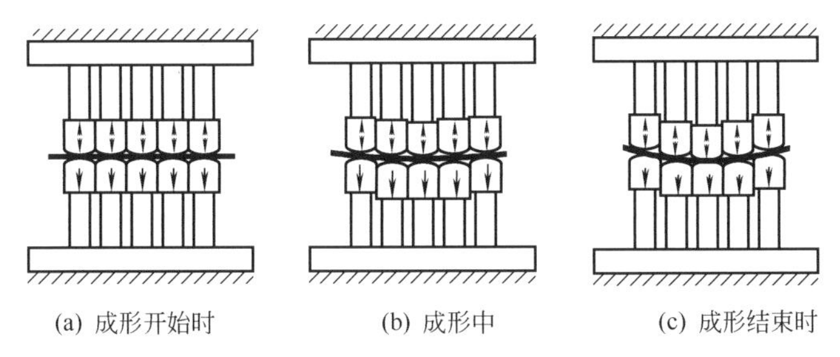

图 3-32 半多点压机成形

半多点压机成形方式与半多点模具成形方式类似，只不过它的上、下基本体群中基本体的位移、速度和方向可以随意控制，从而也可以有更多的成形路径可以选择。半多点压机成形方式的控制系统要比半多点模具成形方式的控制系统复杂，成形工件的质量要好于后者的成形质量，但从经济上来考虑，这种成形方式的应用受到了一定的限制。

(4) 多点压机成形 多点压机成形（multi-point press forming）：上、下基本体群中基本体的类型都为主动型的压机成形称为多点压机成形（图 3-33）。

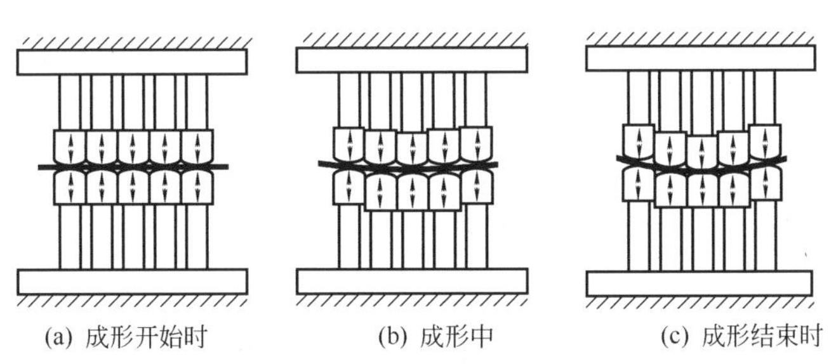

图 3-33 多点压机成形法

在多点压机成形方式中，可以实时地控制每个基本体运动的方向和速度，在成形前不需进行预先调整，上、下基本体群夹住成形板材，在受载的情况下，每个基本体根据需要移动到合适的位置，进行板材三维成形。每一个基本体都像一个小压力机，故称为多点压机成形。多点压机成形方式在成形时可以按照成形工件的最佳成形路径进行成形。所有的基本体在成形过程中始终与板材保持接触，使板材保持最好的受力状态，从而可以最大限度地减少成形时的缺陷，提高板材的成形极限。这种成形方式充分发挥了柔性加工的特色，可以实现多种工件的加工，而中间无需任何换模时间，具有相当高的效率，是几种成形方法中最好的一种。缺点是制作设备费用太高。

另一方面，根据成形工件面积与设备成形面积的关系，多点成形又可以分为整体成形和分段成形。

3.4.3.3　无模多点成形工艺特点方法

（1）实现板类件快速成形　如图 3-34 所示，无模多点成形在进行生产时，直接进行曲面造型后就进行工件生产，免去了传统模具设计、制造与调试的工序，节约大量的模具材料及制造模具所需的时间、空间和费用，大大地缩短了产品的开发周期，适应多品种、小批量现代化生产的需要，能够使生产企业适应市场，及时调节产品结构。

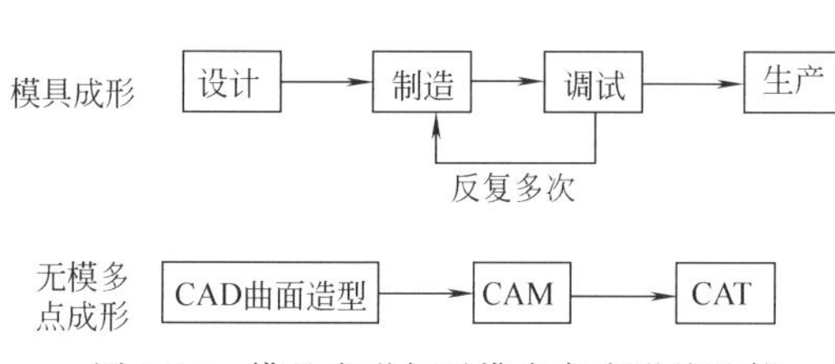

图 3-34　模具成形与无模多点成形的比较

（2）改善变形条件　在传统模具成形时，成形初期只有部分模具表面与板料表面接触。随着变形的增加，与板料接触的面积也逐渐增加，但只有到成形结束时，才有可能使模具表面全部与板料接触。这就是说，在成形的绝大部分过程中，只有部分表面参与变形，从而对板料的约束较少，应力集中现象也很突出，容易产生皱纹等缺陷。因此，模具成形时往往要设计较大的压边面来抑制皱纹的产生。在多点模具成形中，情况也类似。

然而在多点压机成形时情况就完全不同。从成形一开始，所有的基本体都可以与板料表面接触；而且在成形过程中所有的基本体始终与工件表面接触。这样，一方面增加了对板料表面的约束，使工件产生皱纹的机会明显减少；另一方面还减少了单个基本体的集中载荷，减少压痕。如果再结合使用弹性垫就可以大大增加工具与工件的接触面积，减少缺陷的产生。也可以说，在多点压机成形时，工件的表面既是成形面，同时又是压边面。

另外，如果进一步充分利用多点压机成形的柔性特点，在成形过程中适当地控制工件变形的路径，使工件处于最佳变形状态，可以更加提高板材的成形极限，有助于实现难加工材料的塑性变形，得到用传统的模具成形难于实现或无法实现的效果。

如图 3-35 所示为马鞍形曲面的多点模具成形与多点压机成形效果的比较。所用材料为 L2Y2 铝板，尺寸为 140mm×140mm。可以看出，多点压机成形时完好的成形件的曲面曲率比多点模具成形时的成形曲率大很多。

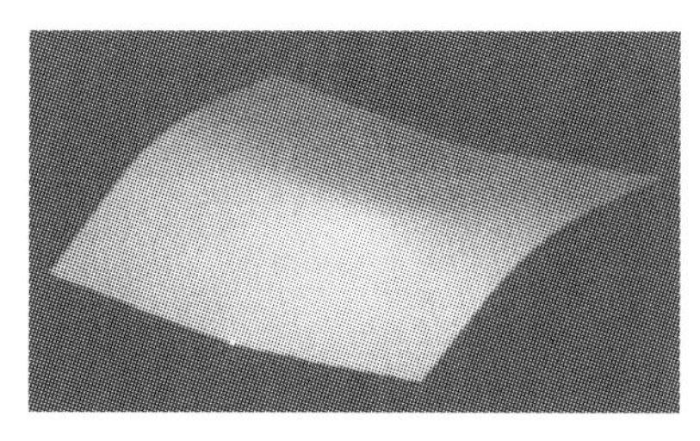
(a) 多点模具成形件

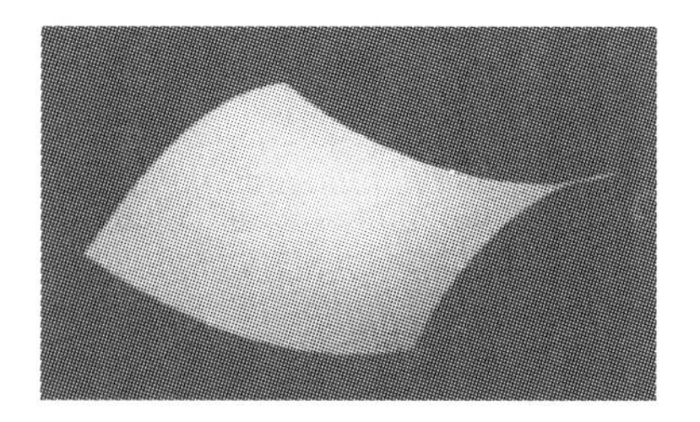
(b) 多点压机成形件

图 3-35　多点模具成形与多点压机成形效果的比较

（3）无回弹成形（springback free forming）　板材成形在塑性变形前总伴有弹性变形，卸载后，工件必然会向着与变形相反的方向产生回弹。工件的回弹值与众多因素有关，而且对于同一种材料，由于生产批号不同，回弹值也不尽相同，因此，回弹的预测十分困难。对于传统模具成形，由于回弹的存在造成模具反复调试，带来了各种问题。多点成形可以用反复成形法加以解决。

反复成形法就是在无模多点成形中，成形件围绕着目标形状连续不间断地反复成形，逐渐靠近目标形状，使材料内部无变形造成的残余应力。

从理论上讲，该方法可以直接消除工件的回弹。如图 3-36 所示，反复成形法的具体成形过程如下。

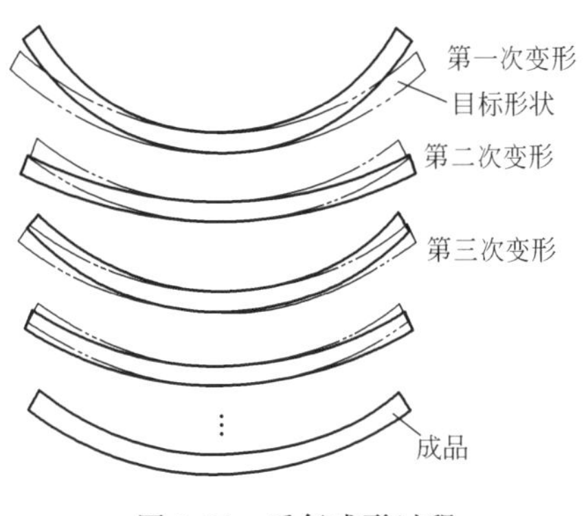

图 3-36　反复成形过程

① 首先使材料变形到比目标形状变形再加上应有的回弹值还大一点的程度。由于三维变形较其简化后的二维变形的回弹量小，因此，所增加的变形量完全可参考简化后的二维变形的回弹量。第一次卸载后沿其厚度方向的应力分布如图 3-37(a)所示。

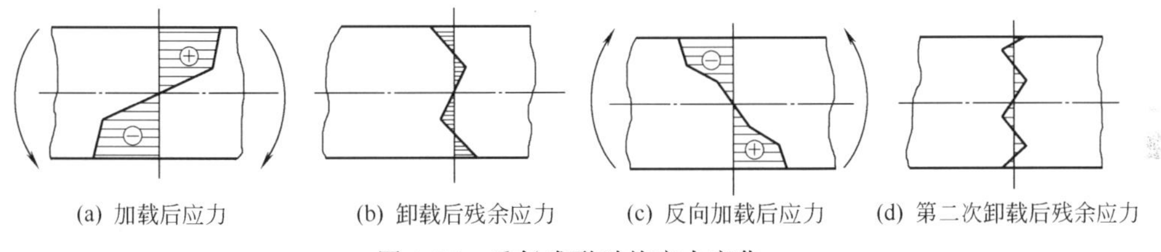

图 3-37　反复成形时的应力变化

② 在第一次变形状态下，使材料往相反方向变形，如果使变形量等于回弹值，就等于卸载过程，其应力分布如图 3-37(b) 所示。继续反向加载，变形越过目标形状。这时所增加的变形量应小于第一次变形所增加的变形量。第二次卸载后沿其厚度方向的应力分布如图 3-37(d) 所示。

③ 以目标形状为中心，重复正向与反向成形，但每次越过目标形状后的变形量要逐渐减少，使板料逐渐接近目标形状，最后在目标形状结束成形。在多次反复成形过程中，残余应力的峰值逐渐变小，变向周期变短，最终可实现无回弹成形。

(4) 无缺陷成形　多点成形时，板料与基本体之间的接触是点接触，为了均布载荷、改善板料的受力状态，应使用弹性垫技术。弹性垫的结构如图 3-38 所示。成形时，使用两块弹性垫，把板料夹在中间（图 3-39）。因为在成形中弹簧钢带板很容易产生变形，并且将冲头集中载荷分散地传递给板料，所以能显著抑制压痕的产生。另外，板料和弹性垫在变形过程中始终接触，使得板料与工具的接触面积比用模具成形还大很多，所以能起到抑制皱纹的作用。成形后，弹性垫完全恢复到原来的形状，成为平整状态。

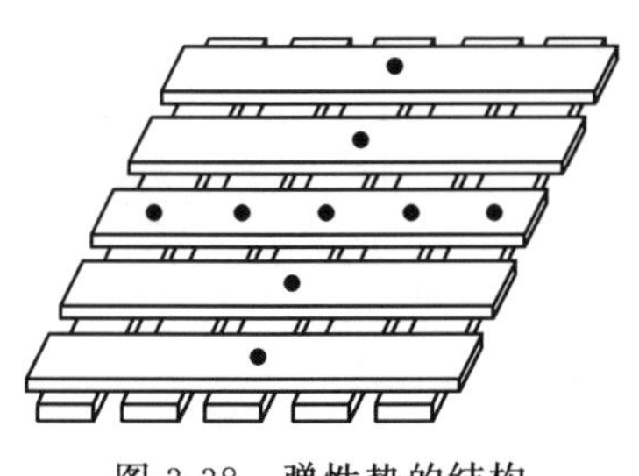
图 3-38　弹性垫的结构

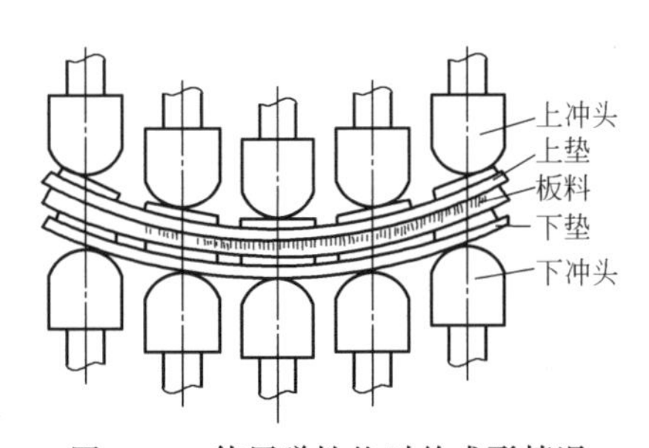

图 3-39　使用弹性垫时的成形情况

经过试验证实，带板状弹簧钢的正交形弹性垫是防止不良现象产生的非常有效的工具。

(5) 小设备成形大型件　在整体成形时，工件的尺寸要小于或等于设备的一次成形面积；而采用分段成形技术，成形件分成若干不分离的成形区域，利用多点成形的柔性特点连续、逐次成形大于设备尺寸的工件（图 3-40），这是无模多点成形的最大优点之一。然而在分段成形时，在一块板料上既有强制变形的区域，又有相对不产生变形的刚性区域，而且在产生变形的强制变形区与不产生变形的刚性区之间必然形成一定的过渡区。在过渡区里，与基本体接触的区域因受刚性区的影响，使变形结果与基本体所控制的形状产生较大的差别；而在不与基本体接触的区域里，也会受到强制变形区的影响，使其产生一定的塑性变形。这样即使是最简单的二维变形，也会变成复杂的三维变形。在分段成形中，对于不同的总体变形量有不同的成形工艺。对于总体变形量较小的情况，采用无重叠区的成形工艺和有重叠区的成形工艺；对于较大变形，由于分段一次压制后，在过渡区产生剧烈塑性变形，发生加工硬化，留下加工缺陷，并在随后的压制中很难消除。可以采用变形协调成形工艺和多道分段成形工艺。

我们在分段多点成形方面取得了明显进展，已经做出了很多分段成形的样件，其中较典型的成形件为总扭曲角度超过 400°的扭曲面（图 3-41）。

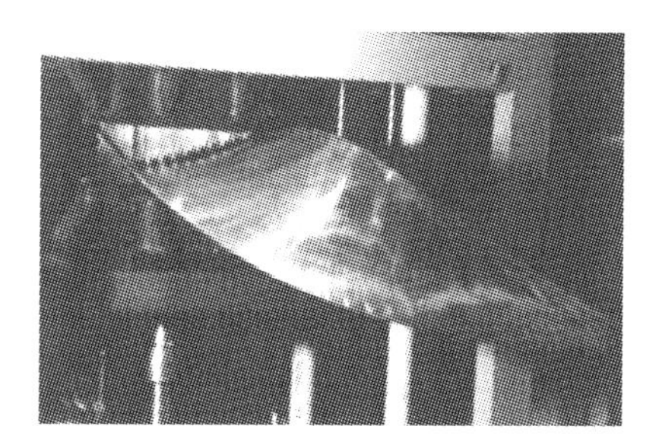
图 3-40　分段多点成形过程

图 3-41　分段成形的扭曲件

(6) CAD/CAM/CAT 一体化生产　在无模多点柔性成形系统中，所要成形曲面的规划、设计、成形、测试等一系列过程全部采用计算机技术，真正实现大型三维板材的无人自动化生产。

3.4.3.4　金属板材无模成形

金属板材无模成形也可称之为分层渐进塑性成形方法。这是一种基于计算机技术、数控技术和塑性成形技术的先进制造技术，其特点是采用快速原型制造技术（rapid prototyping，RP）分层制造（layered manufacturing）的思想，将复杂的三维形状沿 z 轴方向切片（离散化），即分解成一系列二维断面层，并根据这些断面轮廓数据，用计算机控制一台三轴联动成形机，驱动一个工具头，以走等高线的方式，对金属板料进行局部塑性加工。着重强调层作为加工单元的特点，每层可采取更低维或高维单元进行塑性加工得到，即无需制造模具，用渐进成形的方式将金属板料加工成所需要的形状。其成形过程如图 3-42 所示，分 3 工步。

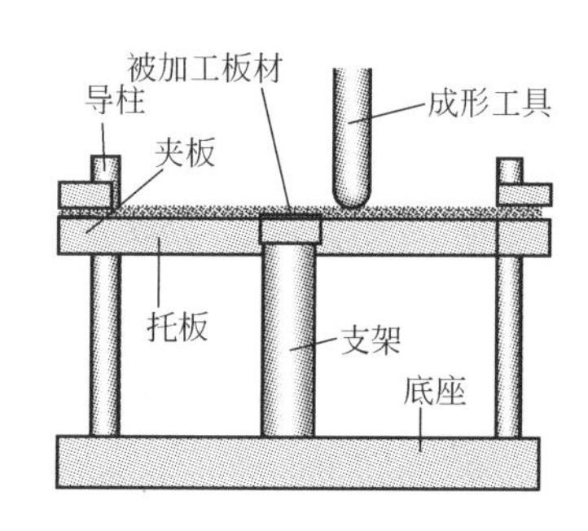

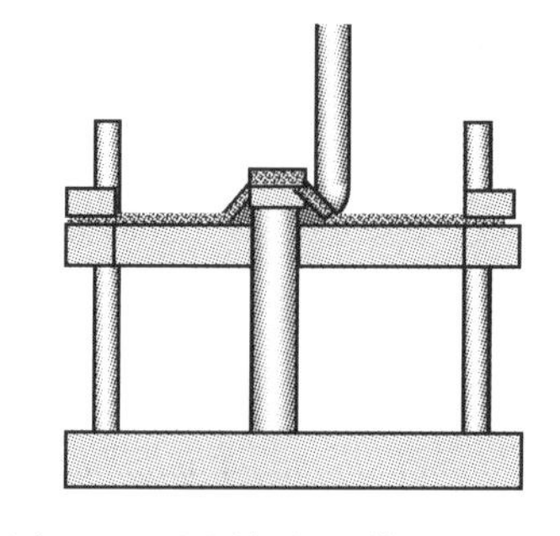
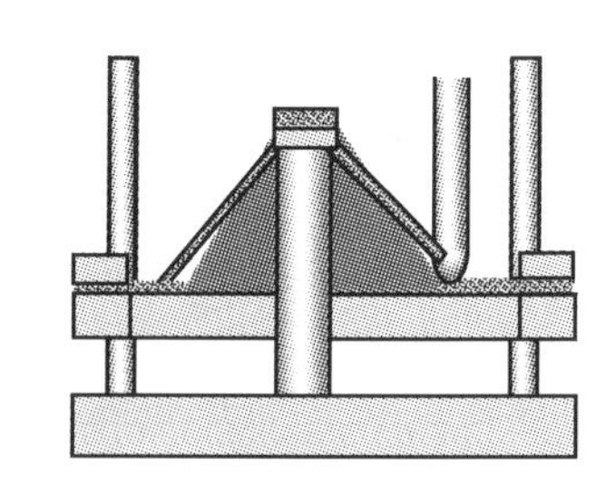
图 3-42　金属板材无模成形过程

① 将板料放置于托板上，四周用夹板夹紧。托板可以沿导柱自由上、下滑动。

② 根据切片断面轮廓数据，用计算机控制三轴联动成形机驱动一个成形工具对板料压下一个量，并以走等高线的方式，对板料进行加工。

③ 每完成一个断面层轮廓的加工后，工具头沿 z 轴方向压下一个高度 H，接着加工下一层的断面轮廓，如此循环往复，直至工件最终成形。

金属板材无模成形无需形状一一对应的模具，成形工件的形状和结构也相应地不受约束。其工艺是用逐层塑性加工来制造三维形体，在加工每一层轮廓时都和前一层自动实现光顺衔接。无模成形既可实现成形工艺的柔性，又可节省制造工装的大量成本。本方法由于不是针对特定工件采用模具一次拉伸成形，其不仅可以加工轿车覆盖件，也可加工任意形状复杂的工件。由于该无模成形法省去了产品设计过程中因模具设计、制造、实验修改等复杂过程所耗费的时间和资金，极大地降低了新产品开发的周期和成本。特别适合于轿车新型样车试制（概念车），也适合于飞机、卫星等多品种、小批量产品；对家用电器等新产品的开发，也具有巨大的经济价值。而且本方法所能成形的零件复杂程度比传统成形工艺高，它可以对板材成形工艺产生革命性的影响，也将引起板壳类零件设计概念的更新。

以轿车大型覆盖件快速成形系统为例，覆盖件的三维图形可在计算机上用 UG、Pro/E 等三维设计软件绘制，然后进行前处理，对图形分层。并把分层的数据通过接口软件直接驱动三轴联动的成形设备，成形设备则像绘图机分层“绘制”零件断面框一样，用一个成形工具头以走等高线的方式，对板材逐层进行渐进式塑性加工，使板材逐步成形为所需的轿车覆盖件。试验结果证明，与传统工艺比较，这种渐进成形方法可加工出具有更高延伸率的工件，也可加工那些用传统工艺加工不出来的具有复杂曲面的工件。

这种快速成形技术不仅适合于新车型的开发和对概念车设计的验证等，也可用这种方法加工的覆盖件作为原型来翻制简易模具，并用这些模具进行小批量生产。

板材渐进成形技术具有潜在和广阔的发展前景，已引起国外快速制造领域专家的重视。该方法如与其他塑性加工工艺相结合，可制造出更理想的工件，将更新板材塑性加工的传统概念，使新产品设计思想得到更大的发挥。

图 3-43 为金属板材无模快速成形过程片段，图 3-44 为华中科技大学和黄石锻压机床厂合作开发的 HRPB-Ⅰ型金属板材无模快速成形设备。

图 3-43　金属板材无模快速成形过程实例

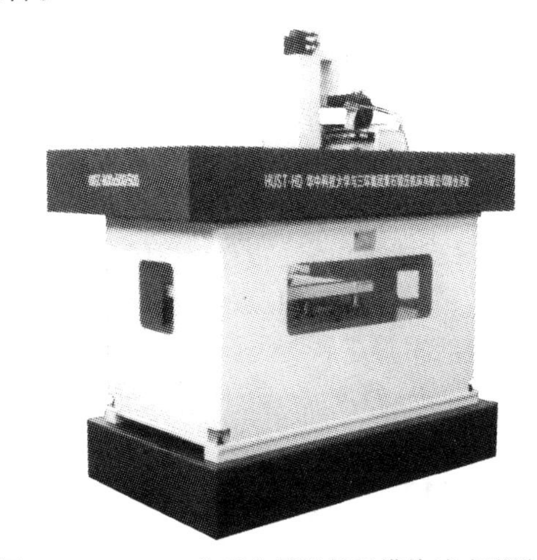

图 3-44　HRPB-Ⅰ型金属板材无模快速成形设备

图 3-45 为用 HRPB-Ⅰ型金属板材无模快速成形设备制作的部分制件，此零件可以用无模成形技术成形突起部分，再冲其余小孔。可以简化模具，节约成本。

图 3-45 用 HRPB-Ⅰ型金属板材无模快速成形设备制作的部分制件

3.5 模具数字化制造技术

3.5.1 模具的高速切削加工技术

模具作为重要的工艺装备，在消费品、电器、电子、汽车、飞机制造等工业行业中具有举足轻重的地位。虽然近年来我国模具技术有了迅速的发展，但与制造强国相比尚有较大差距。目前我国技术含量较低的模具已供过于求，而精密、复杂的高档模具则大量依靠进口。

提高模具的生产技术水平和质量是发展我国模具制造业的关键。由于采用模具高速切削技术可以明显提高模具的生产效率、精度及使用寿命，因此正逐渐取代电火花精加工模具，并已被国外的模具制造企业普遍采用，成为模具制造的大趋势。但高速切削技术在模具生产中应用时间比较短，而且在使用中技术要求比较高，我国大部分模具生产企业还不能掌握并应用，以至于不能发挥优势。下面将着重介绍高速切削加工模具的一些实用技术和应用的问题。

3.5.1.1 高速切削应用于模具加工的优势和现阶段需要解决的问题

模具加工的特点是单件小批量、几何形状复杂，因此加工周期长，生产效率低。在传统的模具加工工艺中，精加工淬硬模具通常采用电火花加工和人工修光工艺，后期加工花费了大量时间。缩短加工时间和降低生产成本是发展模具加工技术的主要目标。近年来，在模具加工工艺方面有了许多新技术，如高速切削、CAD/CAE 设计仿真、快速原型制模、电火花铣削成形加工和复合加工等，其中最引人注目、效果最好的是高速切削加工。

高速切削加工模具是利用机床的高转速和高进给速度，以切削方式完成模具的多个生产工序。高速切削加工模具的优越性主要表现在以下几个方面。

① 高速切削粗加工和半精加工，大大提高了金属切除效率。

② 采用高速切削机床、刀具和工艺，可加工淬硬材料。对于小型模具，在材料热处理后，粗、精加工可以在一次装夹中完成；对于大型模具，在热处理前粗加工和半精加工，热处理淬硬后精加工。

③ 高速高精度硬切削代替光整加工，减少大量耗时的手工修磨，比电火花加工提高效率 50%。

④ 硬切削加工最后成形表面，提高表面质量和形状精度（不仅表面粗糙度低，而且表面光亮度高），用于复杂曲面的模具加工更具有优势。

⑤ 避免了电火花和磨削产生的脱碳、烧伤和微裂纹现象，大大减少了模具精加工后的表面损伤，提高模具寿命 20%。

⑥ 工件发热少、切削力减小，热变形小，结合 CAD/CAM 技术用于快速加工电极，特

别是形状复杂、薄壁类易变形的电极。

高速切削的优势对模具加工的吸引力是不言而喻的，但与此同时，模具的高速切削加工成本高，对刀具的使用要求高，需要有复杂的计算机编程技术做支持，设备运行成本高，因此，由于资金、技术等方面的原因，国内对高速切削加工模具的应用还不多，目前亟待解决如何选择和应用高速加工模具的机床、高速切削刀具、合理的加工工艺、刀具轨迹编程层以及工艺实验等一系列问题。

3.5.1.2 加工模具的高速切削机床

选择用于高速切削模具的高速机床时要注意以下问题。

① 要求机床主轴功率大、转速高，满足粗、精加工。精加工模具要用小直径刀具，主轴转速达到 15000～20000r/min 以上。主轴转速在 10000r/min 以下的机床可以进行粗加工和半精加工。如果需要在大型模具生产中同时满足粗、精加工，则所选机床最好具有两种转速的主轴，或两种规格的电主轴。

② 机床快速进给对快速空行程要求不太高。但要具有比较高的加工进给速度（30～60m/min）和高加速度。

③ 具有良好的高速、高精度控制系统，并具有高精度插补、轮廓前瞻控制、高加速度、高精度位置控制等功能。

④ 选用与高速机床配套的 CAD/CAM 软件，特别是用于高速切削模具的软件。

在模具生产中五轴机床的应用逐渐增加，配合高速切削加工模具具有以下优点。

① 可以改变刀具切削角度，切削条件好，减少刀具磨损，有利于保护刀具和延长刀具寿命。

② 加工路线灵活，减少刀具干涉，可以加工表面形状复杂的模具以及深腔模具。

③ 加工范围大、适合多种类型模具加工。

五轴机床通常有工作台式和铣头式两类，可以针对模具类型进行选择。在铣头式五轴机床中，可更换铣头和更换电主轴头的五轴机床可分别用于模具的粗、精加工。

3.5.1.3 高速切削模具的刀具技术

高速切削加工需配备适宜的刀具。硬质合金涂层刀具、聚晶增强陶瓷刀具的应用使得刀具同时兼具高硬度的刃部和高韧性的基体成为可能，促进了高速加工的发展。聚晶立方氮化硼（PCBN）刀片的硬度可达 3500～4500HV，聚晶金刚石（PCD）的硬度可达 6000～10000HV。近年来，德国 SCS、日本三菱（神钢）及住友、瑞士山特维克、美国肯纳飞硕等国外著名刀具公司先后推出各自的高速切削刀具，不仅有高速切削普通结构钢的刀具，还有直接高速切削淬硬钢的陶瓷刀具等超硬刀具，尤其是涂层刀具在淬硬钢的半精加工和精加工中发挥着巨大的作用。

目前国内高速加工刀具的开发与国外还有较大差距，而进口刀具的昂贵价格也成为阻碍高速切削模具应用的重要因素。

一般来说，当要求刀具以及刀夹的加速度达到 $3g$ 以上时，刀具的径向跳动小于 0.015mm，而刀的长度不大于刀具直径的 4 倍。据 SANDVIK 公司的实际统计，在使用碳氮化钛（TiCN）涂层的整体硬质合金立铣刀（58HRC）进行高速铣削时，粗加工刀具线速度约为 100m/min，而精加工和超精加工时，线速度超过了 280m/min。根据国内高速精加工模具的经验，采用小直径球头铣刀进行模具精加工时，线速度超过了 400m/min。这对刀具材料的性能（包括硬度、韧性、红硬性）、刀具形状（包括排屑性能、表面精度、动平衡性等）以及刀具寿命都有很高的要求。因此，在高速硬切削精加工模具时，不仅要选择高速度的机床，而且必须合理选用刀具和切削工艺。

在高速加工模具时，要重点注意以下几个方面。

① 根据不同的加工对象，合理选择硬质合金涂层刀具、CBN和金刚石烧结层刀具。

② 采用小直径球头铣刀进行模具表面精加工，通常精加工刀具直径<10mm。根据被加工材料及其硬度，所选择的刀具直径也不同。在刀具材料的选用方面，TiAlN超细晶粒硬质合金涂层刀具润滑条件好，在切削模具钢时，具有比TiCN硬质合金涂层刀具更好的抗磨损性能。

③ 选择合适的刀具参数，如负前角等。高速加工刀具要求比普通加工时的抗冲击韧性更高、抗热冲击能力更强。

④ 采取多种方法提高刀具寿命，如合适的进给量、进刀方式、润滑方式等，以降低刀具成本。

⑤ 采用高速刀柄。目前应用最多的是HSK刀柄和热压装夹刀具，同时应注意刀具装夹后主轴系统的整体动平衡。

3.5.1.4 高速切削模具的工艺技术

在高速加工模具技术中，工艺技术是配合机床和刀具使用的关键因素。以目前国内模具生产的情况来看，工艺技术已经在很大程度上制约了高速加工模具的应用。一方面是由于高速加工应用的时间比较短，还没有形成比较成熟的、系统化的工艺体系和标准；另一方面是高速切削工艺试验成本高，需要投入较大的资金和花费较长的时间。

高速切削模具工艺技术主要包括以下两方面。

(1) 针对不同材料的高速切削模具工艺试验 在参考国外高速铣削加工零件的工艺参数时发现，国外公司生产的刀具是依据国外生产的材料标准来做试验的，用其推荐的参数在高速加工国产材料模具时，效果差别比较明显。因此，使用国外刀具，除了需要参考厂家提供的参数外，实际的工艺试验也是必要的。

国内刀具厂家很少推荐高速铣削的技术参数，因此选用国产刀具更有必要做试验，以取得比较满意的工艺参数。最好选用固定生产厂家的刀具，通过试验，形成加工技术标准，并在此基础上优化出一套适合本企业的加工工艺参数，并纳入企业标准。

(2) 高速切削的加工刀具路径及编程 高速切削模具工艺技术中刀具路径、进刀方式和进给量是主要内容。高速切削模具工艺技术中的许多刀具路径处理方法是为了减少刀具磨损、延长刀具使用寿命，因此刀具在高速切削进给中的轨迹比普通加工复杂得多。

高速加工模具工艺处理应该遵循以下原则。

① 采用小直径刀具精加工时，切削速度随着材料硬度的增加而降低。

② 保持相对平稳的进给量和进给速度，切削载荷连续，减少突变，缓进缓退。避免直接垂直向下进刀而导致崩刃：斜线轨迹进刀的铣削力逐渐加大，对刀具和主轴的冲击小，可明显减少崩刃；以螺旋线轨迹进刀切入，更适合型腔模具的高速加工。

③ 小进给量、小刀纹切削。通常进给量小于铣刀直径10%，进给宽度小于铣刀直径40%。

④ 保留均匀精加工余量。

⑤ 保持单刃切削。

根据上述规则，通常使用的进给路径方式有以下几种。

① 尽量避免直拐角的铣削运动；拐角处用螺旋线进给切削，保持切削载荷的平稳。

② 尽量避免工件外的进刀与退刀运动，直接从轮廓进入下一个深度，而是采用斜线逐渐进给切入或螺旋线切入。

③ 恒定每刃进给，以螺旋线或摆线路径进给加工平面，并且保持单刃切削。孔加工时采用铣削高速进给完成，不仅可提高表面质量，而且可延长刀具寿命。

④ 轮廓加工时保持在水平面上（等高线），每层进刀深度相同。在进入下一个深度时，逐渐进给切入。

⑤ 加工槽等较小尺寸形状时，选用直径小于形状尺寸的刀具，以螺旋线或摆线路径进给，保持单刃切削。

这些高速切削模具中使用的刀具路径处理策略需要编程实现，过于复杂的路径手工编程难度和工作量都很大，在一定程度上影响了高速切削模具技术的应用，因此最好能够通过自动编程软件实现。高速切削精加工对 CAM 的编程提出要求，自动编程软件需要适应生产适时推出。

Delcam 公司几年前就开始了高速切削加工编程技术的研究，开发了高速切削自动编程软件模块 PowerMILL；模具加工使用量最大的 MasterCAM 公司也开发了高速切削自动编程 HSM 软件模块。通过这些自动编程软件模块，前文所提到的高速切削路径处理方法均可实现。目前国内软件企业也在开发高速切削自动编程软件模块。

3.5.1.5 高速加工模具的其他技术和实例

高速加工模具时还应考虑 HSM 和 EDM 的选择、干切削和润滑、冷却及安全等问题。

① 对高速切削和电火花加工进行选择的一般原则是加工高硬度、小直径、尖角、窄槽时使用电火花机床，具体参数可以根据各企业的技术和设备情况做出判断。例如，Delcam 提供的一个加工实例采用 1.6mm 直径的刀具加工窄槽，切削参数为转速 40000r/min，切削深度 0.1mm，进给速度 30m/min。

② 高速切削硬模具材料时，采用适当的冷却和润滑可以减少刀具磨损，提高表面质量。但用于高速硬切削的刀具大多抗热冲击能力差，因此高速切削多采用干切削或微量油雾润滑。

③ 高速切削模具时，还应考虑刀具磨损和破坏的监测、刀片连接的强度等安全问题。与采用普通机床加工不同，安全防护和开机前对机床和刀具的严格检查对高速切削非常重要。

总之，模具市场对高速加工有强烈的需求，国内模具企业和研究单位已经取得了一些成绩，获得了一些经验。例如，黄岩地区某模具厂采用南京四开公司生产的高速精加工机床精加工大型汽车轮胎模具，获得了较好的效果。但高速加工模具在我国应用时间较短，应用基础较差，缺乏成熟经验，整体技术水平不高，发展缓慢，在高速机床和刀具应用以及加工工艺方面还存在很多问题，需要产学研结合，加大投入，综合各方面力量推动高速切削在模具制造中的应用。

3.5.2 基于逆向工程的模具 CAD/CAM/DNC 技术

模具设计一般源于功能需求产生的概念设计，之后再进行具体结构设计，产生完整的 CAD 数学模型，继而进行分析制造，这一过程为 CAD/CAM/DNC 正向过程，它适用于比较规则的解析外形零件的模具设计。在先有实物或主模型时，可以通过 CAD/CAM/DNC 逆向工程来开发模具。简而言之，由实物到产品的过程即 CAD/CAM/DNC 逆向工程。它对于缩短模具开发周期非常有效，特别是对那些形状复杂的模具。

3.5.2.1 CAD/CAM/DNC 逆向工程的构成

依据实物或主模型来加工模具，过去常采用仿形加工，即传统的逆向工程。其具体过程为实物或主模型—工艺主模型（仿形靠模）—仿形加工—钳工修配。这种模拟（analog type）的复制方式加工精度很大程度上取决于工人的技术水平，劳动强度大，生产效率低，模具开发周期长，成本高，已逐步被数字化 CAD/CAM/DNC 逆向工程所取代。

数字化 CAD/CAM/DNC 逆向工程一般可分为 5 个阶段。

① 零件原型的数字化，通常采用三坐标测量机或激光扫描等测量装置来获取零件原型表面点的三维坐标值。

② 从测量数据中提取零件原型的几何特征，按测量数据的几何属性对其进行分割，采用几何特征匹配与识别的方法来获取零件原型所具有的设计与加工特征。

③ 零件原型 CAD 模型的重建，将分割后的三维数据在 CAD 系统中分别进行表面模型的拟合，并通过各表面片的求交与拼接，获取零件原型表面的 CAD 模型。

④ 重建 CAD 模型的检验与修正，采用根据获得的 CAD 模型重新测量和加工出样品的方法来检验重建的 CAD 模型是否满足精度或其他试验性能指标的要求，对不满足要求者重复以上过程，直至达到零件的设计要求。

⑤ 在建立模具全数字化三维模型的基础上，实现模具型腔的数控加工。

在图 3-46 中，逆向工程（虚框部分）、CAD/CAM/DNC 环境、零件图库和加工部分一起组成了一个有机整体。

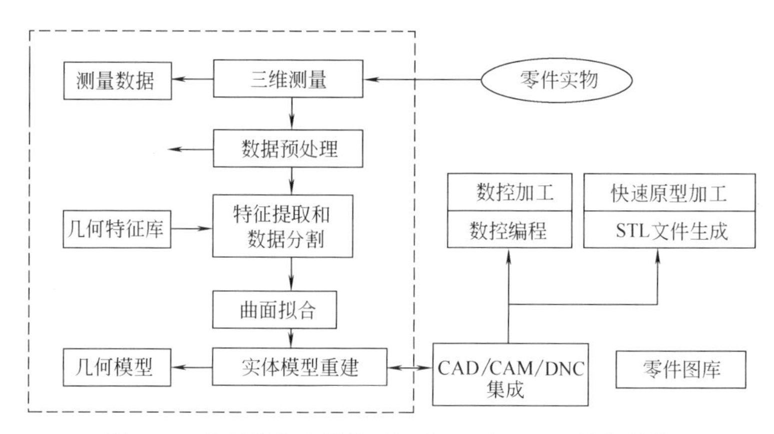

图 3-46 基于逆向工程的 CAD/CAM/DNC 一体化环境

3.5.2.2 模具 CAD/CAM/DNC 一体化技术

采用先进的设计思想和设计手段，在计算机网络及 CAD/CAM 技术的支持下，建立基于逆向工程的模具 CAD/CAM/DNC 一体化环境，在建立模具全数字化三维模型的基础上，可以快速实现产品的再设计。

（1）环境配置　硬件环境由 30 台 NT 工作站，3 台数控加工机床，1 台三坐标测量机组成模具设计与数控加工环境局域网。利用 NT 工作站对模具进行三维实体（曲面）造型、模具装配模拟检查、实体加工仿真模拟、数控加工刀位文件生成和 NC 后处理。3 台 CAM 工作站用于对加工中心和数控机床的控制，以计算机直接数控（DNC）的方式控制机床的在线加工。如图 3-47 所示为模具 CAD/CAM/DNC 一体化网络及硬件环境。

支撑软件采用美国 PTC 公司的 Pro/E 2001 和美国 CNC Software 公司的 Master CAM9.0。利用 Pro/E 2001 强大的造型功能，准确完整地表达和描述模具的复杂曲面和实体模型。利用 Master CAM9.0 软件进行加工切削仿真，检查加工中的过切现象和加工刀位的合理性，从而取代实际试切，降低成本，节约加工工时。

（2）应用流程　在模具 CAD/CAM/DNC 一体化集成环境的支持下，进行复杂模具计算机辅助设计与数控加工（CAD/CAM/DNC）的基本流程如图 3-47 示。

① 根据加工模具的结构形状及设计要求，利用 Pro/E 软件的三维造型（实体和曲面）

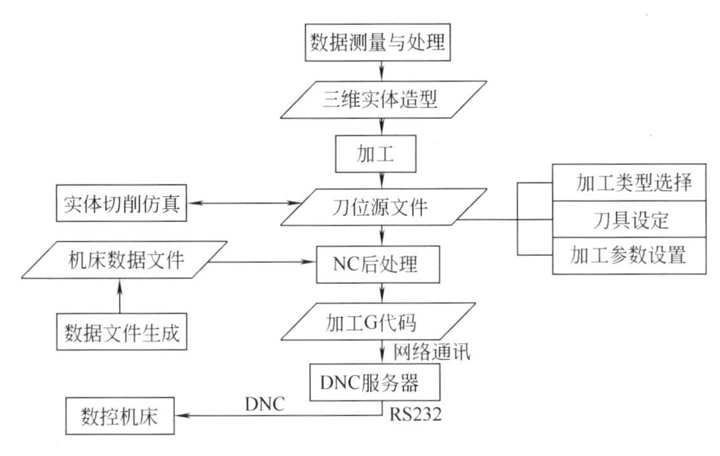

图 3-47　模具 CAD/CAM/DNC 一体化网络及硬件环境

设计建立完整、准确的模具三维实体（曲面）模型。

② 在模具三维主模型的基础上，利用 Master CAM 软件的加工模块拟定模具加工工艺（粗、精加工），选择相应的加工参数及有关选项。

③ 生成模具数控加工的刀位文件。

④ 利用 Master CAM 软件进行数控加工的实体加工仿真模拟，检查刀位文件的合理性及有效性，以代替实际试切过程。

⑤ 根据具体加工机床进行刀位文件的后处理，生成该机床的数控加工指令（加工代码）。

⑥ 将模具的数控加工代码采用 DNC 方式，控制数控机床（加工中心）的在线加工。

3.5.2.3　实例

下面以电话机外壳为例，描述基于逆向工程的模具 CAD/CAM/DNC 的一体化过程。

(1) 数据的测量与 CAD 造型　在模型表面数字化中，采用以 CMM 为代表的接触式测量。采集模型表面或特征线的坐标值，把采集的数据存入计算机中。根据模型制造的需要，对测得的模型进行噪声处理、多视图拼合、比例缩放、镜像、旋转、平移等处理，基于最小二乘法进行数据的光顺，压缩不必要的数据点，以减少后期计算量。将处理后的 3D 点数据以 QI TECH 格式输出。为了满足 Pro/E 的数据格式，必须在文件开头加入 Open arclength、Begin section 以及在每段开始处加入 Begin curve，生成 Pro/E 能够识别的 .ibl 数据格式。

```
Open arclength
Begin section
Begin curve
1-54.956554-103.855154 46.554654
2-51.256489-103.845421 46.555412
……
Begin curve
1-61.788778-105.614542 45.454545
```

Pro/E 软件的 Scantool 模块有线的控制点移动（control poly）、拟合（composite）、断裂（split）、组合（merge）、投影（projected）等功能，可去除特征曲线的坏点，并对特征曲线进行光顺处理（图 3-48），从而可以保证曲面的光顺性。

对于电话机外壳上的一些规则形孔的测量与处理，这里不再赘述。通过曲面造型和实体

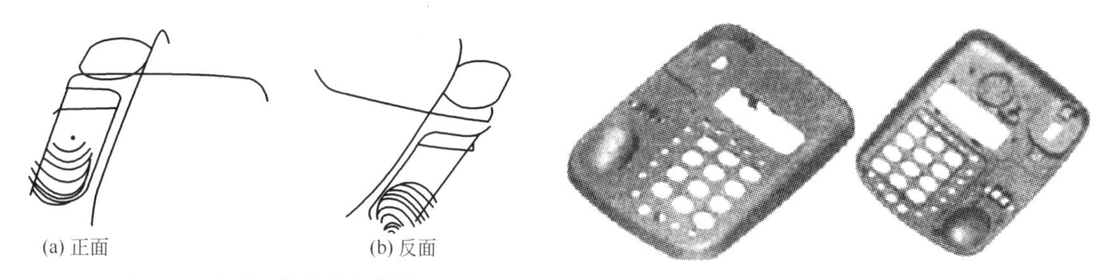

图 3-48 电话机外壳特征曲线

图 3-49 电话机外壳造型

造型，得到如图 3-49 所示的电话机外壳模型。

利用 Pro/E 软件提供的模具设计模块，考虑收缩率，得到的电话机模具的型腔板和型芯，如图 3-50 所示。

(2) NC 程序的自动生成及数控加工

将获得的型腔板以 IGES 格式输出，并在 Master CAM 中打开，建立毛坯，根据型腔曲面选择不同的刀具和加工方式，设置合理的切削量、主轴转速等工艺参数。模拟仿真确认无误后，选择加工中心的后处理器，系统自动生成铣削定位 NCI 和 NC 文件，通过网线与机床通讯并实施加工。图 3-51 为模具型腔的实体加工仿真模拟。

图 3-50 电话机模具的型腔板和型芯

图 3-51 模具型腔的实体加工仿真模拟

总之，基于逆向工程技术，在计算机网络和 CAD/CAM 集成技术的支持下，建立模具 CAD/CAM/DNC 集成化环境，不但缩短了模具的设计制造周期，而且大大降低了模具的生产成本，保证了模具的加工质量，提高了数控设备利用率，实现了模具的快速制造。同时为进一步实施分散化网络制造奠定了坚实的基础。

参 考 文 献

1 吕炎等编著. 精密塑性体积成形技术. 北京：国防工业出版社，2003
2 林兆荣主编. 金属超塑性成形原理及应用. 北京：航空工业出版社，1999
3 陈森灿，叶庆荣. 金属塑性加工原理. 北京：清华大学出版社，1991
4 毛文锋，侯冠群. 超塑性研究和应用新发展. 航空科学技术，1994 (6)：28～31
5 张正修等. 精冲技术的发展与应用. 模具技术，2000 (9)：30～35
6 直妍等. 液压成形技术及其新进展. 热加工工艺，2004 (12)：63～65
7 阮雪榆，赵震. 模具的数字化制造技术. 中国机械工程，2002，Vol 13，No 22：1891～1902
8 王从军等. 金属零件与金属模具的快速制造. 特种铸造及有色合金，2001 (3)：48～49
9 王从军等. 金属模具的快速制造. 模具工业，1998 (5)
10 莫健华等. 金属板材数控无模成形机及其应用程序开发. 锻压机械，2002 (2)
11 滕功勇，王从军. 反求工程在快速成形技术中的应用. 新技术新工艺. 2003 (1)
12 胡勇，王从军. 基于计算机视觉的三维激光扫描测量系统. 华中科技大学学报（自然科学版），2004 (1)
13 王仲仁，苑世剑. 塑性加工领域的新进展. 金属成形工艺，2003 (5)

第4章　先进连接技术理论及应用

连接技术包括焊接技术、机械连接技术和粘接技术等。作为制造业的传统基础工艺与技术，在工业生产中应用的历史并不长，但它的发展却非常迅速。在短短的几十年中，连接在各个重要领域，如航空航天、造船、汽车、桥梁、电子信息、海洋钻探、高层建筑金属结构等得到了广泛应用。连接已成为一门重要的制造技术，是材料科学的一个重要专业学科。

焊接技术的范畴包括焊接方法的特点、焊接热过程、焊接冶金、焊接缺陷、金属焊接性及其试验方法等。

固态金属之所以能够保持固定的形状，是因为其内部原子之间距离（晶格）非常小，原子之间形成了牢固的结合力。除非施加足够的外力破坏这些原子间的结合力，否则一块金属固体是不会变形或分离成两块的。

要把两个分离的金属构件连接在一起，从物理本质上来看，就是要使这两个构件连接表面的原子彼此接近到金属晶格距离（即0.3～0.5nm）。

在一般情况下，当我们把两个金属构件放在一起时，由于其表面粗糙度（即使经精密磨削加工的金属表面粗糙度仍达几到几十微米）和表面存在的氧化膜及其他污染物，实际阻碍着不同构件表面金属原子之间接近到晶格距离并形成结合力。焊接过程的本质就是通过适当的物理化学过程克服上述困难，使金属原子接近到晶格距离。

根据焊接工艺特点，传统上将焊接方法分为三大类，即熔化焊、固态焊和钎焊。将待焊处的母材金属熔化以形成焊缝的焊接方法称为熔化焊，简称为熔焊（fusion welding）。焊接温度低于母材金属和填充金属的熔化温度，加压以进行原子相互扩散的焊接工艺方法称为固态焊（solid-state welding）。

采用比母材熔点低的金属材料作为钎料，将焊件和钎料加热到高于钎料熔点，低于母材熔化温度，利用液态钎料润湿母材、填充接头间隙并与母材相互扩散实现连接焊件的方法称为钎焊。使用熔点高于450℃的硬钎料进行的钎焊称为硬钎焊（brazing），而使用熔点低于450℃的软钎料进行的钎焊称为软钎焊（soldering）。

从冶金角度看，液相焊接时，基材和填充材料熔化—液相互溶—实现材料间原子结合。固相焊接时，压力使连接表面紧密接触—表面之间充分扩散—实现原子结合。固-液相焊接时，待接表面不接触，通过两者之间的毛细间隙中的液相金属在固、液界面扩散，实现原子结合。

焊接作为一种传统技术，面临着时代的挑战。一方面，材料作为21世纪的支柱已显示出以下变化趋势，即从黑色金属向有色金属变化，从金属材料向非金属材料变化，从结构材料向功能材料变化，从多维材料向低维材料变化，从单一材料向复合材料变化。新材料连接必然要对焊接技术提出更高的要求。新材料的出现成为焊接技术发展的重要推动力。例如，异种材料之间的连接，采用通常的焊接方法已经无法完成，而此时固态连接的优越性日益显现，扩散焊与摩擦焊已成为焊接领域的热点，比如金属与陶瓷已经能够进行扩散连接，这在以前是不可想像的。另一方面，先进制造技术的蓬勃发展，从自动化、集成化等方面对焊接技术的发展提出了越来越高的要求，出现的新型高能密度焊接，如电子束焊、等离子焊、激光焊等，其焊接精密度、温度都大大高出了传统电弧焊。

现代焊接技术自诞生以来一直受到诸学科最新发展的直接影响与引导，受材料、信息学科新技术的影响，不仅导致了数十种焊接新工艺的问世，而且也使得焊接工艺操作正经历着从手工焊到自动焊、自动化、智能化的过渡，这已成为必然的发展趋势。

本章主要涉及几种先进焊接技术及其应用。

4.1 激光焊接

激光作为一种高能量密度的能源，自诞生之日起，在焊接方面的应用前景便为人们所关注，在1962年，就已经有关于激光焊接应用的报道。然而在20世纪60年代，激光在焊接方面的应用前景并不为人们所看好，刚开始用第一代百瓦级的CO_2激光器进行焊接时，仅能在工件表面扫描出一道加热的痕迹，而并不能使金属熔化。当时研究的重点集中在脉冲激光焊接。早期的激光焊接研究试验大多数利用固体脉冲激光器，虽然能够获得较高的脉冲能量，但这些激光器的平均输出功率却相当低，激光作用于材料时并未出现类似于电子束焊接的“小孔效应”。尽管如此，人们还是在百瓦级YAG激光的薄板热传导焊以及电子器件的脉冲YAG激光点焊方面取得了一定进展。

直到1971年，第一台千瓦级连续CO_2激光器产生了，人们才首次利用激光实现了类似电子束的小孔效应焊接，从而真正开创了激光焊接应用的新局面。其后，有关激光焊接（主要指激光深熔焊）的理论与技术取得了迅猛发展，伴随着激光器件的不断改进，激光焊接技术在机械、汽车、电子、航天、钢铁以及造船等行业都得到了广泛的应用。

与其他焊接技术相比，激光焊接的主要优点是：

① 深宽比高，激光聚焦后功率密度高，焊缝深宽比可高达10∶1；

② 线能量小，焊件热变形小，焊缝窄，焊缝热影响区（HAZ）也很小；

③ 能实现精密可控微区焊接，极小的聚焦光斑且能精密定位以及极高的加热、冷却速度，使得激光容易实现微区精密焊接，对焊缝周围区域几乎没有热损伤；

④ 高的焊接速度，激光焊接速度比电弧焊高一个数量级以上，薄板激光焊接速度可高达20～30m/min，是一种极为高效的焊接方式；

⑤ 材料适应性好，用激光可实现常规方法难以实现的焊接，并能对异种材料施焊，效果良好；

⑥ 良好的过程适应性，通过灵活的光束传导，且与现代数控技术相结合，容易实现多工位、难以接近部位以及同一设备不同零件的焊接。

激光焊接存在如下局限性：

① 要求焊件的装配精度高，激光聚焦后光斑尺寸很小，约为0.1～0.6mm，且一般不加填充材料，故对工件装配精度和光束定位精度有严格要求；

② 激光器及相关系统的成本高，一次性投资较大。

4.1.1 激光的产生与激光束

激光（laser）是英文“light amplification by stimulated emission of radiation”的缩写，意为“通过受激辐射实现光的放大”。激光的出现是人们长期对量子物理、波谱学、光学和电子学等综合研究的结果。激光和无线电波、微波一样，都是电磁波，具有波粒二象性。但激光的产生机理与普通光不同，因此它具有一系列比普通光优异的特性。

4.1.1.1 受激辐射及粒子集居数反转

按照1913年丹麦物理学家玻尔提出的氢原子理论，原子系统只能具有一系列不连续的能量状态，在这些状态中，电子虽然做加速运动，但不辐射电磁能量，这些状态称为原子的稳定状态（也称为能级）。原子系统的电子可以通过与外界的能量交换，改变其运动状态，从而导致原子系统的能量改变，即同一元素的原子，由于各原子的内能值不同，而处于不同的能级。原子一般都会自发地趋于最低的能量状态（即最低能级），原子处于最低能级时的状态称为基态（也称为基能级）；反之，当原子处于其他任何高于基态的能级时，则称为激发态（也称为激发能级、高能级）。原子从一种能级状态改变到另一种能级状态的过程称为跃迁。如果跃迁时并不辐射或者吸收光子，即粒子系统与外界的能量交换不是以辐射或吸收光子的方式进行，而是以其他形式，如粒子运动的动能、振动能的形式进行交换，这种跃迁过程称为无辐射跃迁。

对于激发态的原子或粒子，其较高的内能使其处于不稳定状态，它总是力图通过辐射跃迁或无辐射跃迁的形式回到低的能级上来，如果跃迁过程中发出一个光子，那么这个过程称为光的自发辐射［图 4-1(a)］。它是一个纯自发产生的过程；自发辐射时每个光子的频率都满足普朗克公式 $h\nu=E_2-E_1$；处于上能级 E_2 上的粒子跃迁时都各自独立地发出一个光子，这些光子是互不相关的，因此，虽然它们的频率相同，但是它们的相位、方向和偏振都不同，因此是散乱、随机、无法控制的。

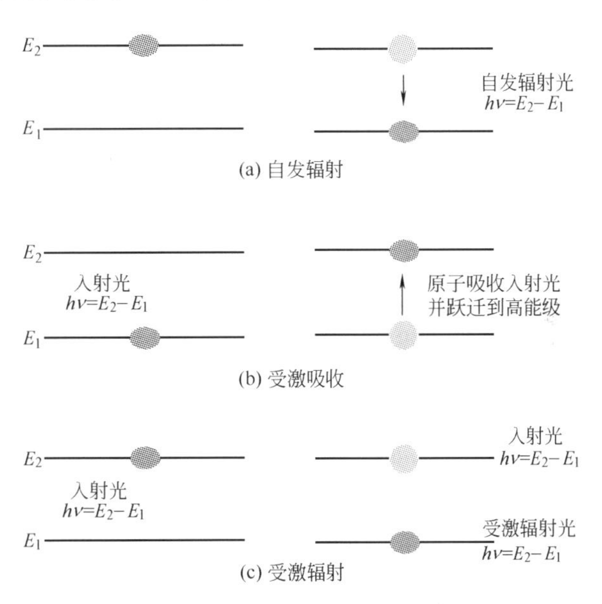

图 4-1　自发辐射、受激吸收和受激辐射示意

自发辐射常用自发跃迁概率（A_{21}）来描述，A_{21}是粒子处于上能级 E_2 上平均寿命（τ）的倒数（即 $1/\tau$）。在自然界中，常见的许多光源，如日光、灯光等都是粒子系统自发辐射的结果。

1916 年，爱因斯坦首次提出了受激辐射的概念。他指出：处于不同能级的粒子在能级间发生跃迁，同时要吸收或发射能量，并唯象地把跃迁过程分为受激跃迁与自发跃迁两类。其中受激跃迁包括受激辐射和受激吸收。

处于低能级 E_1 的粒子由于吸收能量为 $h\nu=E_2-E_1$ 的外来光子，而从 E_1 跃迁到上能级 E_2 上去，就称为光的受激吸收［图 4-1(b)］，光子的辐射能被粒子所吸收，变为粒子的势能或内能。

受激吸收不仅与粒子系统本身有关，而且与外来光子有关，外来光子越多，受激吸收越多。

光的受激辐射是受激吸收的逆过程。如果处于上能级 E_2 上的粒子，受到频率为 $\nu=(E_2-E_1)/h$ 的外来光子的激励，便从 E_2 跃迁到下能级 E_1 上来，并且发出一个和外来激励光子完全相同的光子，就称为光的受激辐射［图 4-1(c)］。

应指出的是，受激辐射和自发辐射虽然都能发出光子，但它们的物理本质并不相同。受激辐射是外来光子激励引起的，而自发辐射却是自发产生的；受激辐射所产生的光子和外来光子完全一样，即发出光子的方向、频率、相位以及偏振方向等特性完全与外来激励光子一样，而自发辐射没有这些特性。

从效果上看，受激辐射相当于加强了外来激励光，即具有光放大作用，因此受激辐射是激光产生的主要物理基础。

上述自发辐射、受激吸收和受激辐射三种情况，在光与粒子的相互作用中都会同时存在。

物质在平衡状态下，各能级上的粒子数目服从玻耳兹曼分布，即平衡态下的正常分布。有

$$\frac{N_2}{N_1}=\exp\left(-\frac{E_2-E_1}{k_B T}\right) \tag{4-1}$$

式中，k_B 为玻耳兹曼常数；T 为热力学温度，$T>0$，单位为 K。

因为 $$E_2>E_1$$

所以 $$N_2<N_1$$

又因为 $$W_{12}=W_{21}$$

所以 $$\left(\frac{dN_{21}}{dt}\right)_{st}<\left(\frac{dN_{12}}{dt}\right)_{st} \tag{4-2}$$

式中，W_{12} 为受激吸收系数；W_{21} 为受激辐射系数。

在平衡态下，能级的能量越高，其上面的粒子数量越少。又因为受激辐射概率等于受激吸收概率，所以当外来光子入射到粒子系统时，下能级上受激吸收的粒子数将多于上能级上受激辐射的粒子数，结果外来光得不到放大，光与这样的系统相互作用只会损失能量。故通常只能看到原子系统的吸收现象（光减弱），而看不到受激辐射现象（光增强）。由此可见，处于平衡状态下的粒子系统是不能产生激光的。

要使受激辐射超过受激吸收，必须使系统处于高能态的粒子数（N_2）多于处于低能态的粒子数（N_1），即 $N_2>N_1$。这种分布称为粒子集居数反转（简称粒子数反转）。

经过粒子数反转后的介质称为激活介质。当介质激活后，假若有一束强度为 I_0 的外来光入射到介质中（其频率 ν 必须满足 $h\nu=E_2-E_1$），当光在介质中传播时，一方面要产生光的受激吸收，另一方面也要产生受激辐射。但在激活介质中，单位时间内从上能级 E_2 上受激辐射的粒子数大于从下能级上受激吸收的粒子数，受激辐射居于主导地位，光通过介质后得到加强。通常将激活介质称作激光工作物质；将光通过介质后得到加强的效果称为增益。

激活介质（激光工作物质）具有以下特征：一是介质必须处于外界能源激励的非平衡状态下；二是介质的能级系统的上能级中必须有亚稳态能级存在，以便实现粒子数反转；三是激活介质一定是增益介质。

形成粒子数反转的方法很多，如光泵浦、气体放电的激励、电子束激励、气体动力激励、化学反应激励、核泵等，最常见的还是光泵浦和电激励。光泵浦是用光照射激励工作物质，利用粒子系统的受激吸收使低能级上的粒子跃迁到高能级上，形成粒子数反转，如红宝石的粒子数反转是依靠氙灯照射实现的。电激励是通过介质的辉光放电，促成电子、离子及分子间的碰撞以及粒子间的共振交换能量，使低能级上的粒子跃迁到高能级上，形成粒子数反转，如 CO_2 气体等的粒子数反转。

可以证明，如果粒子系统只有两个能级，则不能实现粒子数反转。

4.1.1.2 激光的产生过程与激光特性

激光工作物质受到外部能量的激励，从平衡态转变为非平衡态，在两能级的粒子系统中，处于下能级 E_1 上的粒子通过种种途径被抽运到激光上能级 E_2 上，在 E_2 与 E_1 间形成粒子数反转。粒子在 E_2 上的滞留时间（平均寿命 τ）较长，但有自发向 E_1 跃迁的趋势。当

粒子开始向 E_1 跃迁时，发出一个光子，这些自发辐射的光子作为外来光子（其频率肯定满足普朗克公式）激发其他粒子，引起其他粒子受激辐射和受激吸收。因为 $N_2>N_1$，产生受激辐射的粒子数多于受激吸收的粒子数，因而总的来说，光是得到放大的；一个光子激励一个上能级 E_2 上的粒子，使之受激辐射，产生一个和激励光子完全一样的新光子，这两个光子又作为激励光子去激励 E_2 上另外两个粒子，从而又产生两个与前面激励光子完全一样的新光子，这种过程继续下去，就出现光的雪崩式放大，光得到迅速增强；若在激光工作物质两端装有两块互相平行的反射镜，则构成谐振腔。

由于谐振腔的作用，只有那些平行于谐振腔光轴方向的光束可以在激光工作物质中来回反射，得到放大，而其他方向上的光经两块反射镜有限次的反射后总会逸向腔外而消失，所以在粒子系统中出现一个平行于光轴的强光；如果谐振腔的右边是一个半反射镜，当光达到一定强度时，则有部分激光会透过半反射镜输出腔外。随着腔内光强的增加，腔内受激辐射越来越强，上能级 E_2 上的粒子数减小，而下能级 E_1 上的粒子数增加，当光强增加到某一值后，受激辐射和受激吸收平衡，光强不再增加，就得到一个稳定输出的激光。图 4-2 是激光产生过程和激光产生基本条件示意图。

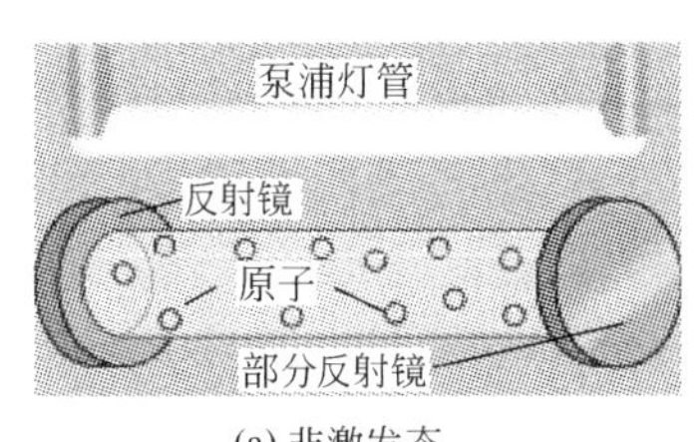

(a) 非激发态

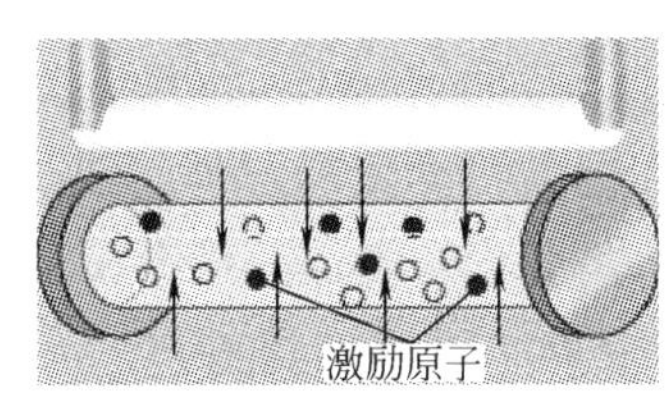

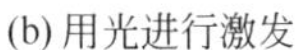
(b) 用光进行激发

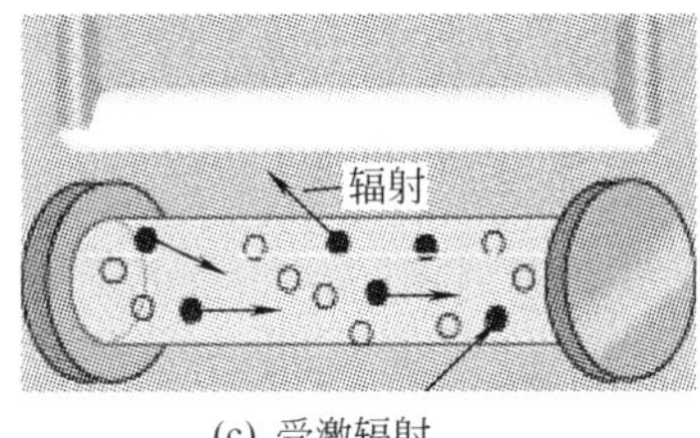

(c) 受激辐射

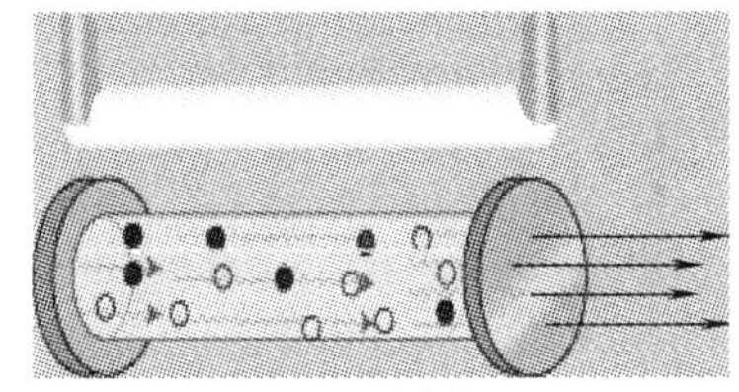

(d) 输出激光

图 4-2　激光产生过程和激光产生基本条件

当然，当激光器工作时，一方面，工作物质要产生受激辐射，进行光的放大；另一方面，还会产生损耗，削弱甚至抵消增益。这些损耗包括衍射损失、散射损失和镜片的反射损失等消耗。只有增益大于总的损失，才能产生激光输出。

1960 年 7 月，美国科学家梅曼（Maiman）博士在休斯实验室研制成功了世界上第一台红宝石激光器。随后几年，各种激光器如同雨后春笋般相继出现。

激光是一种崭新的光源，它除了与其他光源一样是一种电磁波外，还具有其他光源所不具备的特性：高方向性、高亮度（光强）、高单色性和高相干性。

正是因为激光具有这些特点，用其作为加工热源是十分理想的。激光的发散角很小，接近平行光，而且单色性好，频率单一，经透镜聚焦后可形成很小的光斑，并且可以做到使最小光斑直径与激光的波长的数量级相当，再加上激光的高亮度，使聚焦后光斑上的功率密度达 $10^{15}\,\mathrm{W/cm^2}$ 或更高，材料在如此高的功率密度光的照射下，会很快熔化、汽化或爆炸。因此激光用于焊接、切割和打孔，是一种很好的高功率密度能源。

4.1.1.3 激光的模式

根据经典电磁理论和量子力学知道，激光是一种电磁波，它在谐振腔内振荡并形成稳定分布后，也只能以一些分立的本征态出现。存在于谐振腔中的这些分立的本征态就称作腔模。而腔中激光的每一个分立的本征态就是一个模式。每一个模式都有一个对应的特定频率和特定空间场强的分布。

CO_2 气体激光的模式包括纵模和横模两种。描述激光频率特性和对应的一个光束场强在光轴方向（即纵向）的分布称为激光的纵模，它与激光加工的关系很小。而描述其场强横向（即光轴横截面）分布特性的叫激光的横模，它在激光热加工中有着重要意义。因为激光在热加工中是作为热源利用的，而激光的横模既然反映了场强的横向分布特性，也就反映了能量在光束横截面上集中的程度。横模常用 TEM_{mn} 表示，其中 m 和 n 均为小正整数。横模可以是轴对称的，也可以是对光轴旋转对称的。对于轴对称的情况，m、n 分别表示沿两个互相垂直的坐标轴光场出现暗线的次数。几种典型的模式及其相应的 m、n 值如图 4-3 所示。

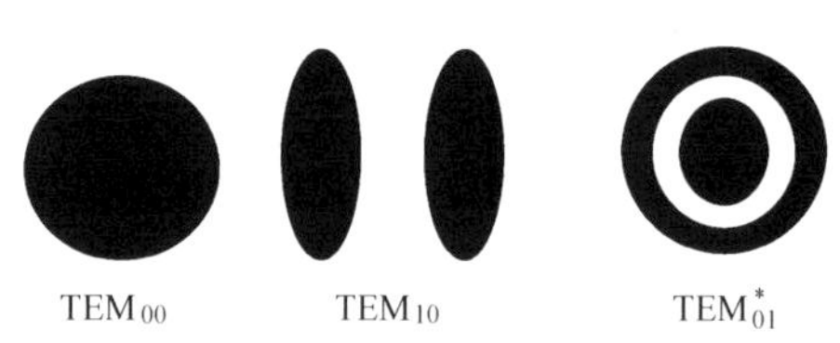

图 4-3 激光的模式与 m、n 值

横模 TEM_{00} 称为激光的基模，其激光能量最集中，其余的低阶模的激光能量有些分散，但仍很集中，这正是激光焊接和切割所需要的。TEM_{01}^{*} 模是轴对称 TEM_{01} 模和 TEM_{10} 模的叠加，通常称为环形模，是采用非稳腔的高功率激光器经常输出的模式。此外，还有高阶模（m、n 数值大），其能量分散。由于激光器的结构或形式不同，它可以输出一种模式的激光，也可以输出多种模式的激光。

对于掺钕钇石榴石（Nd^{3+}：YAG，含 Nd^{3+} 的 Yttrium-aluminium-garnet，YAG）等固体激光器，其光能的空间分布更复杂，不能用简单的数学公式描述。这是因为固体激光器不可避免地存在一些缺陷，折射率不均匀，在光泵作用下受热而产生光程变化和双折射等。经过选模，YAG 等固体激光器也可在接近基模或低阶模下运行，不过此时其输出功率将显著下降。

4.1.2 激光加工设备

激光加工设备主要由激光器、导光系统、控制系统、工件装夹及运动系统等主要部件和光学元件的冷却系统、光学系统的保护装置、过程与质量的监控系统、工件上（下）料装置、安全装置等外围设备组成。这里主要介绍工业加工用激光器。

4.1.2.1 激光器的分类与组成

按激光工作物质的状态，激光器可分为固体激光器和气体激光器。激光器一般由下列部件组成：

① 激光工作物质，它必须是一个具有若干能级的粒子系统并具备亚稳态能级，使粒子数反转和受激辐射成为可能；

② 激励源（泵浦源），由它给激光物质提供能量，使之处于非平衡状态，形成粒子数反转；

③ 谐振腔，给受激辐射提供振荡空间和稳定输出的正反馈，并限制光束的方向和频率；

④ 电源，为激励源提供能源；

⑤ 控制和冷却系统等，保证激光器能够稳定、正常和可靠地工作。

⑥ 如果是固体激光器，则还有使光泵浦的光能最大限度地照射到激光工作物质上，提高泵浦光的有效利用率的聚光器。

用于焊接等热加工的固体激光器主要是 YAG 激光器；气体激光器主要是 CO_2 激光器。因此主要介绍这两种激光器。

其他新型激光器，如 CO 激光器，输出波长为 5μm 左右的多条谱线，这种激光器能量转换效率比 CO_2 激光器高，目前 CO 激光器输出功率可达数千瓦至十千瓦，光束质量也高，并有可能实现光纤传输，但只能运行于低温状态，其制造和运行成本均较高，尚处在实用化的研究阶段；极有发展前途的高功率半导体二极管激光器，随着其可靠性和使用寿命的提高及价格的降低，在某些焊接领域将可替代 YAG、CO_2 激光器。

4.1.2.2 YAG 激光器

激光焊接用 YAG 激光器，平均输出功率为 0.3～3kW，最大功率可达 6kW 以上。YAG 激光器可在连续或脉冲状态下工作，也可在调 Q 开关状态下工作。三种输出方式的 YAG 激光器的特点如表 4-1 所示。YAG 激光器的一般结构见图 4-4。

表 4-1 不同方式 YAG 激光器输出特点

输出方式	平均功率/kW	峰值功率/kW	脉冲持续时间	脉冲重复频率	能量/脉冲/J
连续	0.3～4	—	—	—	—
脉冲	约 4	约 50	0.2～20ms	1～500Hz	约 100
Q 开关	约 4	约 100	<1μs	约 100kHz	10^{-3}

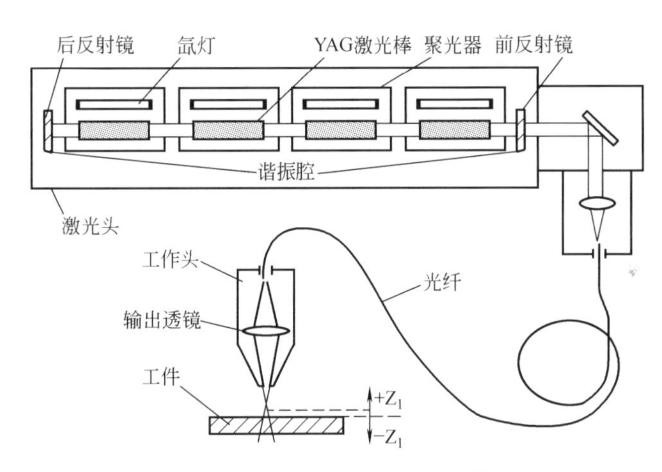

图 4-4 典型的 Nd：YAG 激光器结构示意图

YAG 激光器输出激光的波长为 1.06μm，是 CO_2 激光波长的十分之一。波长较短有利于激光的聚焦和光纤传输，也有利于金属表面的吸收，这是 YAG 激光器的优势；但 YAG 激光器采用光浦泵，能量转换环节多，器件总效率比 CO_2 激光器低，而且泵浦灯使用寿命较短，需经常更换。YAG 激光器一般输出多模光束，模式不规则，发散角大。

4.1.2.3 CO_2 激光器

CO_2 激光器是目前工业应用中数量最大，应用最广泛的一种激光器。CO_2 激光器工作气体的主要成分是 CO_2、N_2 和 He，CO_2 分子是产生激光的粒子，N_2 分子的作用是与 CO_2 分子共振交换能量，使 CO_2 分子激励，增加激光上能级上的 CO_2 分子数，同时它还有抽空激光下能级的作用，即加速 CO_2 分子的弛豫过程。He 分子的主要作用是抽空激光下能级的粒子。He 分子与 CO_2 分子相碰撞，使 CO_2 分子从激光下能级尽快回到基级。He 的导热性很好，故又能把激光器工作时气体中的热量传给管壁或热交换器，使激光器的输出功率和效率大大提高。不同结构的 CO_2 激光器，其最佳工作气体成分不尽相同。CO_2 激光器具有如下特点。

① 输出功率范围大。CO_2 激光器的最小输出功率为数毫瓦，最大可输出几百千瓦的连续激光功率。脉冲 CO_2 激光器可输出 10^4J 的能量，脉冲宽度为纳秒级（ns）。因此，在医疗、通讯、材料加工甚至军事武器等诸方面广为应用。

② 能量转换效率大大高于固体激光器。CO_2 激光器的理论转换效率为 40%，在实际应用中，其电光转换效率也可达到 15%。

③ CO_2 激光波长为 10.6μm，属于红外光，它可在空气中传播很远而衰减很小。

在热加工中应用的 CO_2 激光器，根据它们的结构分为三种，即封离式或半封离式、横流式、轴流式。

图 4-5 是封离式 CO_2 激光器的结构示意图。封离式激光器的放电管是由石英玻璃制成的。由于石英玻璃的热膨胀系数很小，因此作为放电管时，稳定性较好。谐振腔一般采用平凹腔，全反射镜是一块球面镜，由玻璃制成，表面镀金，使反射率达 98%以上。另一块是半反射镜（平面），作为激光器的输出窗口，由砷化镓（GaAs）制成。谐振腔的两块镜片常用环氧树脂粘在放电管两端，使放电管内的工作气体与外界隔绝，所以称为封离式 CO_2 激光器，其结构特点是工作气体不能更换。一旦工作气体“老化”，则放电管不能正常工作，甚至不能产生激光。为此，可在封离式 CO_2 放电管上开孔，接上抽气-充气装置，即将已“老化”的气体抽出放电管，然后充入新鲜的工作气体。这样，放电管又能正常工作了。这种可定期地更换工作气体的 CO_2 激光器称为半封离式 CO_2 激光器。封离式或半封离式 CO_2 激光器的优点是结构简单，制造方便，成本低；输出光束质量好，容易获得基模；运行时无噪声，操作简单，维护容易。但输出功率小，一般在 1kW 以下。这类激光器每米放电长度上仅能获得 50W 左右的激光输出功率，为了增加激光输出功率，除了增加放电管长度外，别无它法。为了缩短激光器长度，可以制成折叠式的结构。

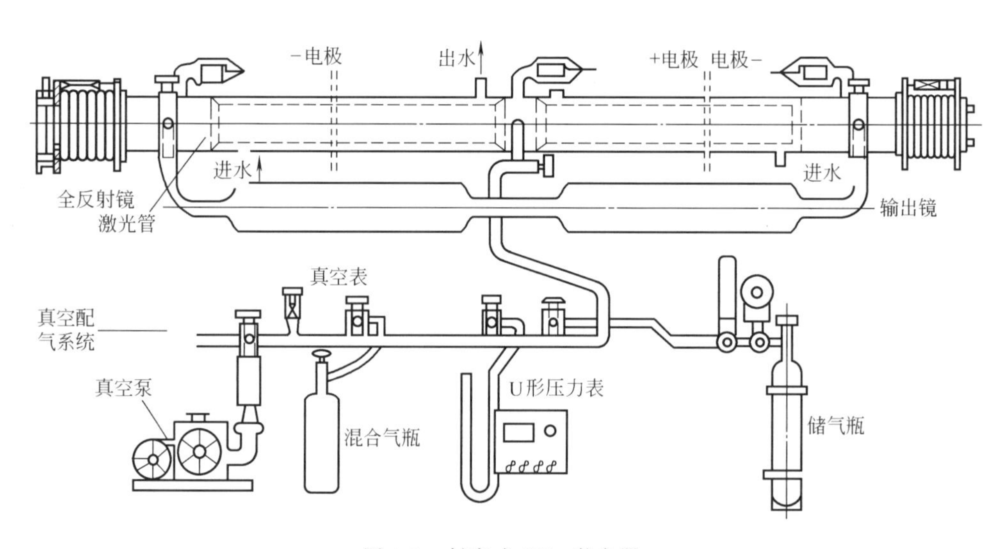

图 4-5 封离式 CO_2 激光器

封离式 CO_2 激光器输出功率不高的主要原因是工作时气体是不流动的，而放电管中产生的热量只能通过气体的热传导进行散热，热量通过工作气体传给管壁，然后由管壁传给管外的冷却水带走。由于气体的导热性不好，因此单位体积气体内输入的能量不能太大，否则其温度会升高，导致激光器的输出功率降低，甚至停止输出。为了提高输出功率，可从两个方面加以改进，一是改善冷却条件和方法，在提高输入能量密度的同时，使气体温度不致明显升高，因此，在激光器中加装冷却器并强迫气体通过冷却器流动，加快气体散热；二是提高气体工作气压，增加单位体积中工作气体密度。横流式 CO_2 激光器就是在这种思想指导下发明的。图 4-6 是它的结构示意图。

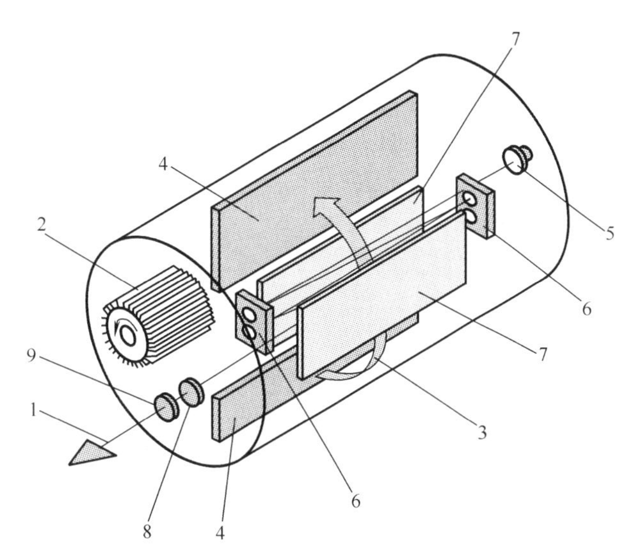

图 4-6　横流式 CO_2 激光器结构示意图

1—激光束；2—风机；3—气体流动方向；4—热交换器；5—后反射镜；6—折叠镜；7—高频电极；8—输出镜；9—输出窗口

激光器工作时，工作气体由风机驱动在风管内流动，流速可达 60～100m/s，管板电极组成了激光器的辉光放电区，当工作气体流过放电区时，CO_2 分子被激发，然后流过由全反射镜和输出窗口组成的谐振腔，产生受激辐射，发出激光。气体经过放电区，温度升高，在风管内有一台冷却器强制冷却由风机驱动的气体，冷却后的气体又循环流回放电区，工作气体如此循环进行流动，可获得稳定的激光输出。由于输出的激光束、放电方向以及放电区内气流的方向三者之间互相垂直，所以称为横流式 CO_2 激光器。

横流式 CO_2 激光器的主要特点是输出功率大，占地面积较小（与封离式比）。现在最大连续输出功率已达几十千瓦。输出激光模式一般为高阶模或环形光束。

轴流式 CO_2 激光器也称为纵流式 CO_2 激光器，按工作气体在激光器内的流速不同，又可以分为快速轴向流动式（气体流速一般为 200～300m/s，有时超过音速，最高流速可达 500m/s）和慢速轴向流动式（气体流速仅为 0.1～1.0m/s）两种。

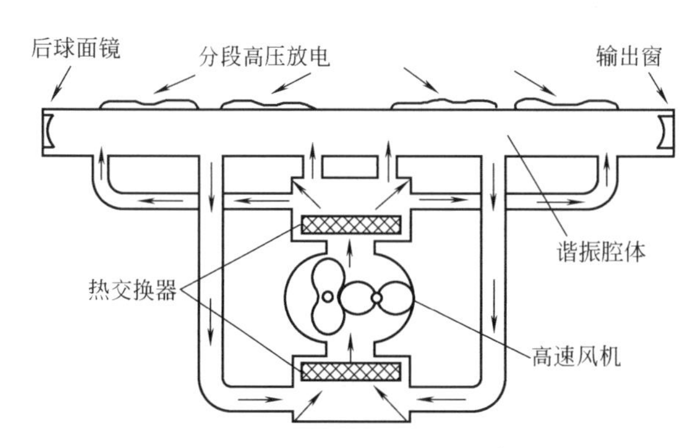

图 4-7　快速轴向流动式 CO_2 激光器结构示意图

CO_2 激光器快速轴向流动式 CO_2 激光器结构见图 4-7，工作气体在罗茨泵的驱动下流过放电管受到激励，并产生激光。工作时真空系统不断抽出一部分气体，同时又从补充气源不断注入新的工作气体（换气速度约为 100～200L/min），以维持气体成分不变。

与封离式 CO_2 激光器相比，快速流动式 CO_2 激光器的最大特点是单位长度的放电区域上获得的激光输出功率大，一般大于 500W/m，因此体积大大缩小，可用作激光焊接机器人；它的另一个特点是输出光束质量好，以低阶或基模输出，而且可以脉冲方式工作，脉冲频率可达数十千赫兹。由于谐振腔内的工作气体、放电方向和激光输出方向一致，故称为快速轴向流动式 CO_2 激光器。

慢速轴向流动式与快速轴向流动式相似，工作时也要不断抽出部分气体和补充新鲜气体，以有效地排除工作气体中的分解物，保持输出功率稳定于一定水平。不过与快速轴向流动式相比，其抽出和补充的气体都少得多，所以单位时间内消耗的新气体大大减少。单位长度的放电区域上仅可获得 80W/m 左右的输出功率。因此，为减少占地面积和增加输出功率，可做成折叠式的。图 4-8 是慢速轴向流动式 CO_2 激光器示意图。由于制成高功率器件时尺寸大，慢速轴向流动式正被快速轴向流动式所取代。不过，结合我国当前国情看，慢速轴向流动式的换气率低，消耗新工作气体远较快速轴向流动的少，这对我国 He 气非常昂贵的实际情况而言，减少新气体消耗，也就减少了 He 气的消耗，可使运行费用大大降低，不失为一种可供选择的激光器。

还有一种射频激励扩散冷却板状 CO_2 激光器，如图 4-9 所示。由于极间距离很短，为 1～2mm；放电宽度为 10～30mm，输出光束为长宽比值很大的矩形光斑，不同方向发散角也不同，不适合工业激光精加工。放电均匀稳定，放电光束质量好。但射频信号对人体有危害，射频激励技术复杂，成本昂贵，不便于普及和推广。

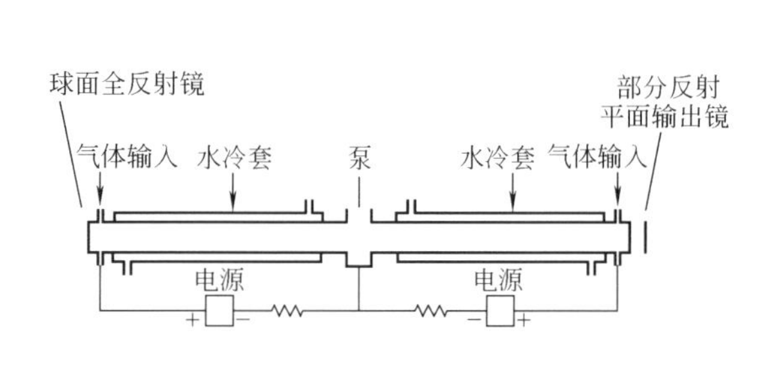

图 4-8 慢速轴向流动式 CO_2 激光器结构示意图

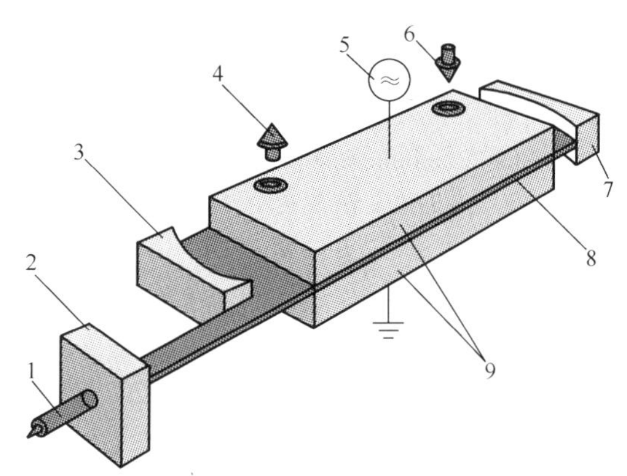

图 4-9 射频激励扩散冷却板状 CO_2 激光器

1—激光；2—光束修整单元；3—输出镜；
4—冷却水；5—射频激励；6—冷却水；
7—后反射镜；8—射频激励机；9—波导电极

4.1.2.4 激光焊接设备

激光焊接设备主要由激光器、光束检测仪、焊接过程监测系统、导光及聚焦系统、保护或切割气源、工作台和计算机等组成。

光束检测仪的作用是监测激光器的输出能量或功率及测量光束横截面上的能量分布状况，用来判断激光束的模式。

焊接过程监测系统对整个加工过程及质量进行监控。

导光及聚焦系统一般由若干块反射镜组成导光系统，使激光器输出的激光通过反射镜改变光路方向，到达指定的方位，然后通过聚焦镜对激光聚焦进行焊接或其他加工。常用的导光聚焦系统如图 4-10 所示。有时为了加工或焊接的方便，还可在导光系统中加入工件观察对中系统。

保护或切割气源为工件提供正、反面保护气或切割时吹气，可根据不同的材料和加工要求，配用合适的气体和喷嘴。

工作台不仅能装夹工件，而且还要做二维以上的多维运动，使聚焦后的激光束始终能照射到所需要加工或焊接的部位上。对于大型工件，特别是大型板料工件的加工，可用龙门式工件台。但是这种三维工作台的激光束在工作时其光轴始终是垂直向下的，有时并不能对空间形状复杂的工件进行加工，为此，还可进行改进，增加激光头的两个“关节”，即增加两个方向的旋转自由度，这样就形成五维工作台，实现全方位加工。

计算机用于对整个激光加工机的控制和调节，如控制激光器的输出功率，控制工作台的运动，对激光加工质量进行监控等。利用计算机可以控制整个加工机的焊接规范或加工规范参数，使焊接和加工过程在最好的焊接和加工参数范围内进行，得到良好的加工质量。

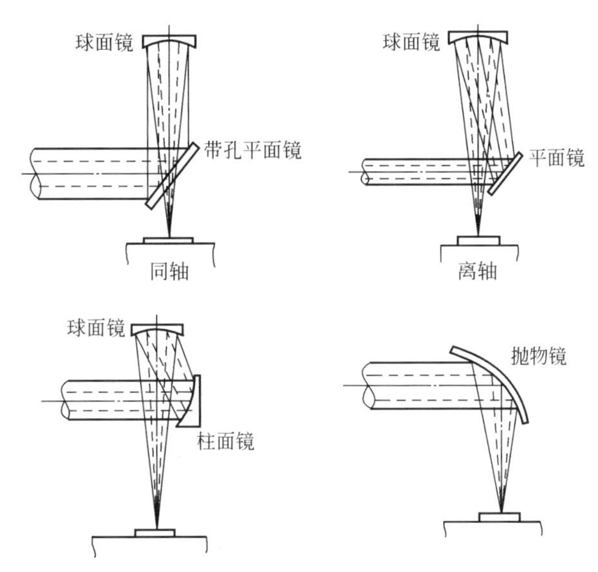

图 4-10　常用的导光聚焦系统

图 4-11 是多工位（CO_2 激光器）的激光加工装置示意图。图 4-12 是激光加工机器人（YAG 激光器）示意图。

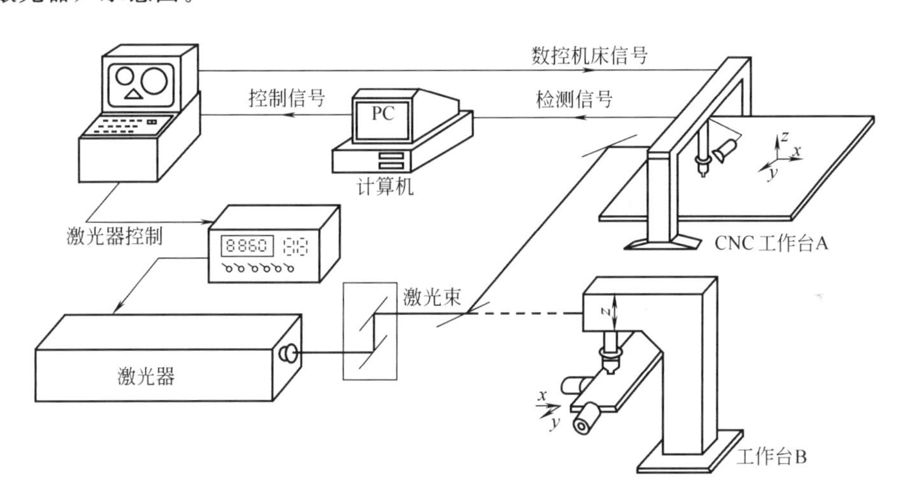

图 4-11　多光束（多工位）的激光加工装置示意图

4.1.3　激光与材料的相互作用

4.1.3.1　材料对激光的吸收

激光焊接时，激光照射到被焊材料表面，与其发生作用，一部分被反射，一部分进入材料内部。对于不透明材料，透射光被吸收，金属的吸收系数约为 $10^7 \sim 10^8 m^{-1}$，当物体某处光强 I 等于其表面所吸收的原始光强的 1/e 时，该处与表面的距离被认为是吸收距离 x_0，即有 63.2%的光在这段距离中变为热。对于金属，这个距离为 0.01～0.1μm，也就是说，激光在金属表面 0.01～0.1μm 的厚度中被吸收，转变为热能，导致金属表面温度升高，再传向金属内部。

激光在材料表面的反射、透射和吸收，本质上是光波的电磁场与材料相互作用的结果。激光光波入射材料时，材料中的带电粒子依着光波电矢量的频率振动，因为电子比较轻，所以通常被光波激发的是自由电子或束缚电子的振动，也就是光子的辐射能变成了电子的动

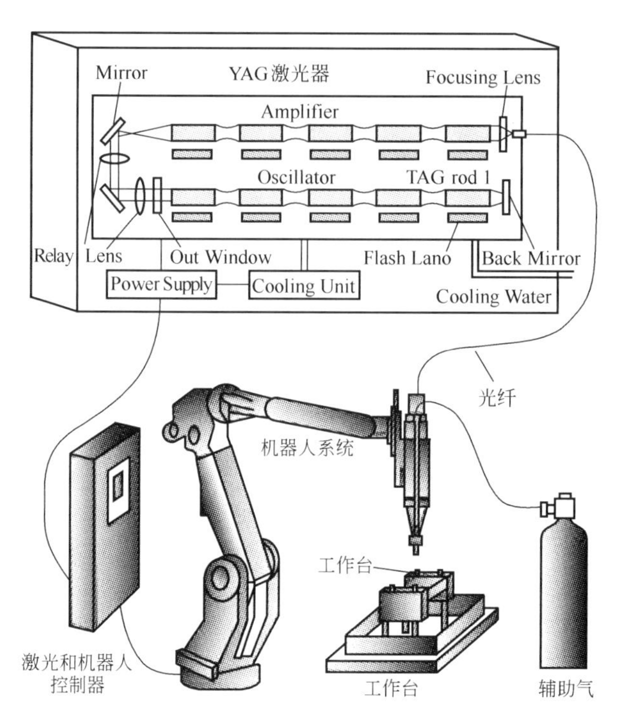

图 4-12　激光加工机器人（YAG 激光器）示意图

能。另外，频率较低的红外线，也可能激起非金属中比较重的带电粒子（离子）的振动。由于带电粒子的振动，原子将成为振荡电偶极子而辐射出次波（次电磁波）。次波之间以及次波与入射波之间是相干的，从而形成一定的反射波和透射波。总之，物质吸收激光后，首先产生的是某些质点的过量能量，如自由电子的动能，束缚电子的激发能或者还有过量的声子。这些原始激发能经过一定过程再转化为热能。

激光加工时，材料吸收的光能向热能的转换是在极短的时间内（约为 10^{-9}s）完成的。在这个时间内，热能仅仅局限于材料的激光辐照区，而后通过热传导，热量由高温区传向低温区。

金属对激光的吸收，主要与激光波长、材料的性质、温度、表面状况和激光功率密度等因素有关。

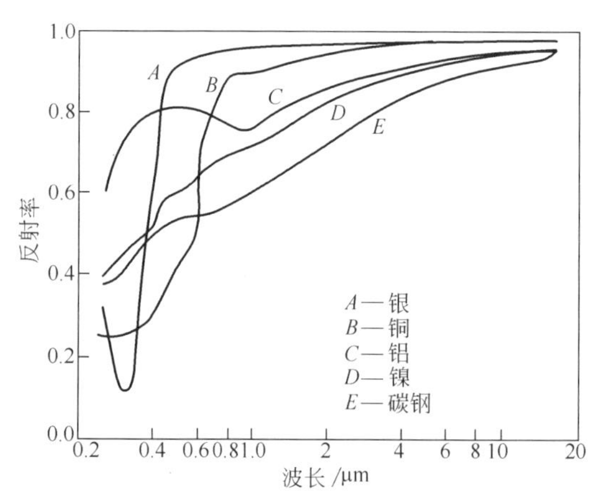

图 4-13　金属在室温下的反射率与波长的关系

(1) 激光波长、材料性质和温度　图 4-13 是几种金属在室温下的反射率与波长的关系曲线。在红外区，材料对激光的吸收率 A（材料所吸收的能量占光束总能量的百分比）与波长 λ 近似地存在下列关系：$A \propto \lambda^{1/2}$。随着 λ 的增加，吸收率减小。大部分金属对 10.6μm 波长的光反射强烈，而对于 1.06μm 波长的光反射较弱，其结果是焊接相厚度的材料，需要的 YAG 激光功率较小；或者说用相同功率的 YAG 和 CO_2 激光器进行焊接时，在相同的条件下，YAG 激光焊接熔深大。

由图 4-13 可见，在可见光及其附近区域，不同金属材料的反射率呈现出较复杂的变化。在 $\lambda > 2\mu m$ 的红外区，所有金属的反射率表现出共同的规律性。在这个波段内，光子能量较低，只能和金属中的自由电子耦合。自由电子密度越大，自由电子受迫振动产生的反射波越强，反射系数越大；同时，自由电子密度越大，该金属的电阻率越低。因此，一般说来，导电性越好的材料，它对红外线的反射率越高。另外，金属对激光的吸收率随温度的上升而增大，随电阻率的增加而增大。图 4-14 是几种常见材料在相同激光功率密度作用下得到的熔深。工作条件为：激光功率 2.5kW，平均功率密度 $5\times10^4 W/cm^2$，激光波长 808nm，焊接速度 1.2m/min，工件厚度 2mm。

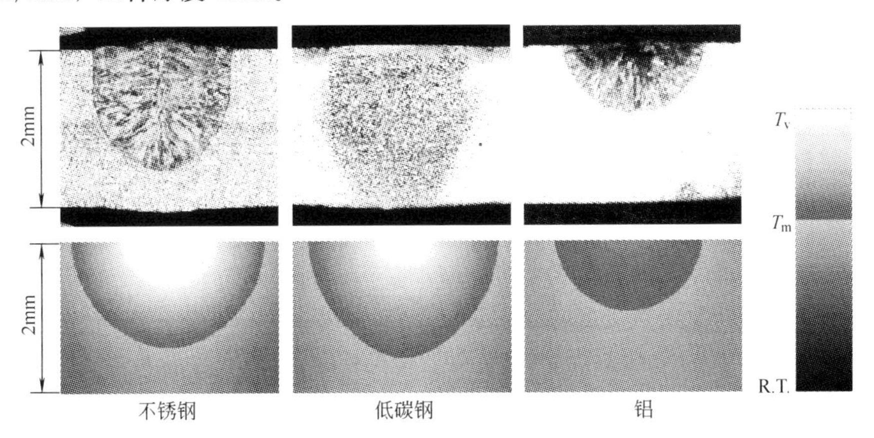

图 4-14　几种常见材料在相同激光功率密度作用下的熔深

（2）材料的表面状况　在室温下，金属表面对 $1.06\mu m$ 波长光的吸收率（理论值）比 $10.6\mu m$ 波长光的吸收率（理论值）几乎大一个数量级。在激光加工的实际应用中，由于氧化和表面污染，实际金属表面对 $10.6\mu m$ 激光的吸收率比理论数据要大得多，而表面状况对 $1.06\mu m$ 激光的吸收率的影响相对较小，因而实际上它们的吸收率之间的差别没有那么大。

材料表面状况主要是指材料有无氧化膜（皮）、表面粗糙度大小、有无涂层等。金属表面存在氧化膜可以大大增加材料对 $10.6\mu m$ 激光的吸收率。表面粗糙度对吸收率也有一定的影响。试验表明，粗糙表面与镜面相比，吸收率可提高一倍以上。为了增加吸收率，表面喷砂是一个较为可行的方法。提高金属表面对激光的吸收率的另外一个方法就是涂层，可以用机械方法（如涂黑涂料）或化学方法（如在金属表面形成磷化膜、氧化膜等）在材料表面形成高吸收率的薄膜。

（3）激光功率密度　理论计算得出的材料对激光的吸收率数值都很小，这些数值是在激光功率密度远小于 $10^6 W/cm^2$ 的条件下得到的。但在激光焊接时，激光光斑上的功率密度处于 $10^5 \sim 10^7 W/cm^2$ 之间，材料对激光的吸收率就会发生变化。对于钢铁材料，当功率密度 $I\geqslant10^6 W/cm^2$ 时，材料表面会出现汽化，形成等离子体，在较大的汽化膨胀压力下，材料生成小孔，而小孔的形成有利于增强对激光的吸收。就材料对激光的吸收而言，材料的汽化是

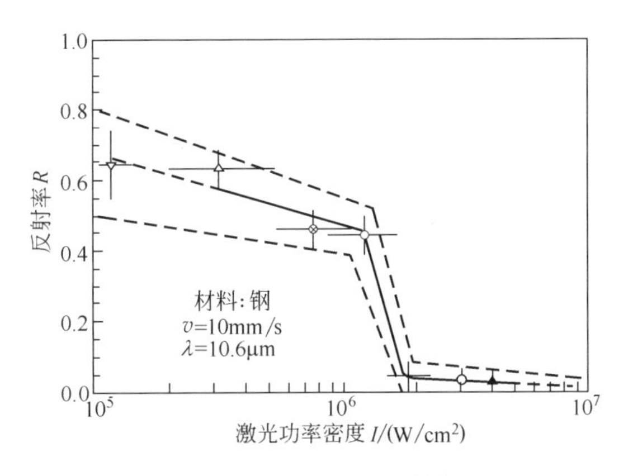

图 4-15　激光功率密度对反射率的影响

一个分界线。如果材料表面没有汽化，无论材料是处于固相还是液相，它对激光的吸收仅随表面温度的升高而略有变化。当材料出现汽化并形成等离子体和小孔时，材料对激光的吸收就会发生突变，其吸收率取决于等离子体与激光的相互作用和小孔效应等因素。如果等离子体控制得较好，当功率密度大于汽化阈值 $10^6 W/cm^2$ 时，反射率 R 就会突然急剧降低，如图 4-15 所示。等离子体对吸收率的影响，在下面有关部分还要论述。一般说来，功率密度越大，材料对激光的吸收率越大。

4.1.3.2　激光焊接机理

按激光器输出能量方式不同，激光焊接分为脉冲激光焊和连续激光焊（包括高频脉冲连续激光焊）；根据激光聚焦后光斑上功率密度的不同，激光焊可分为传热焊和深熔焊。

（1）传热焊　在不同的激光功率密度作用下，材料发生不同的变化，如图 4-16。当采用的激光光斑功率密度小于 $10^5 W/cm^2$ 时，激光将金属表面加热到熔点与沸点之间，焊接时，金属材料表面将所吸收的激光能转变为热能，使金属表面温度升高而熔化，然后通过热传导方式把热能传向金属内部，使熔化区逐渐扩大，凝固后形成焊点或焊缝，其熔深轮廓近似为半球形。这种焊接机理称为传热焊，它类似于 TIG 焊等非熔化极电弧焊过程。

传热焊的主要特点是激光光斑的功率密度小，很大一部分光被金属表面所反射，光的吸收率较低，焊接熔深浅，焊接速度慢。主要用于薄（<1mm）、小零件的焊接加工。

（2）深熔焊　当激光光斑上的功率密度足够大时（$\geqslant 10^6 W/cm^2$），金属在激光的照射下被迅速加热，其表面温度在极短的时间内（$10^{-8} \sim 10^{-6}$s）升高到沸点，使金属熔化和汽化。当金属汽化时，所产生的金属蒸气以一定的速度离开熔池，金属蒸气的逸出对熔化的液态金属产生一个附加压力（例如对于铝，$p \approx 11$MPa，对于钢，$p \approx 5$MPa），使熔池金属表面向下凹陷，在激光光斑下产生一个小凹坑［图 4-16(c)］。当光束在小孔底部继续加热汽化时，所产生的金属蒸气一方面压迫坑底的液态金属使小坑进一步加深，另一方面，向坑外飞出的蒸气将熔化的金属挤向熔池四周。这个过程连续进行下去，便在液态金属中形成一个细长的孔洞。当光束能量所产生的金属蒸气的反冲压力与液态金属的表面张力和重力平衡后，小孔不再继续加深，形成一个深度稳定的孔而进行焊接，因此称为激光深熔焊接［图 4-16(d)］。如果激光功率足够大而材料相对较薄，激光焊接形成的小孔贯穿整个板厚且背面可以接收到部分激光，这种焊接法也可称为薄板激光小孔效应焊。从机理上看，深熔焊和小孔效应焊的前提都是焊接过程中存在着小孔，二者没有本质的区别。

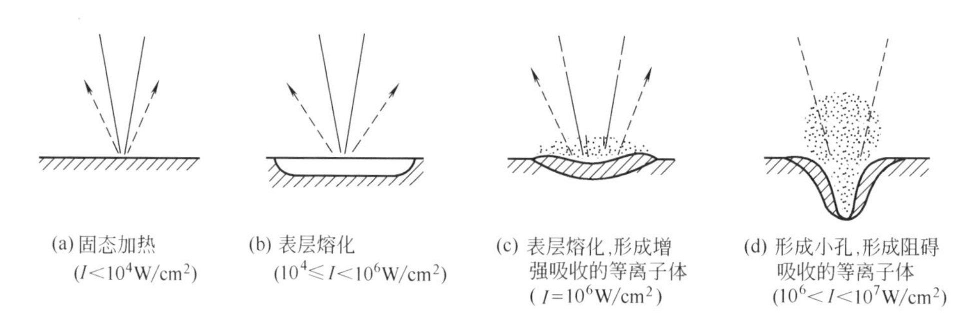

图 4-16　不同激光功率密度时的加热现象

在能量平衡和物质流动平衡的条件下，可以对小孔稳定存在时产生的一些现象进行分析。只要光束有足够高的功率密度，小孔总是可以形成的。小孔中充满了被焊金属在激光束的连续照射下所产生的金属蒸气及等离子体（图 4-17）。这个具有一定压力的等离子体还向工件表面空间喷发，在小孔之上，形成一定范围的等离子体云。小孔周围被熔池所包围，在熔池金属的外面是未熔化金属及一部分凝固金属，熔化金属的重力和表面张力有使小孔弥合的趋势，而连续产生的金属蒸气则力图维持小孔的存在。在光束入射的地方，有物质连续逸出孔外，随着光束的运动，小孔将随着光束运动，但其形状和尺寸却是稳定的。

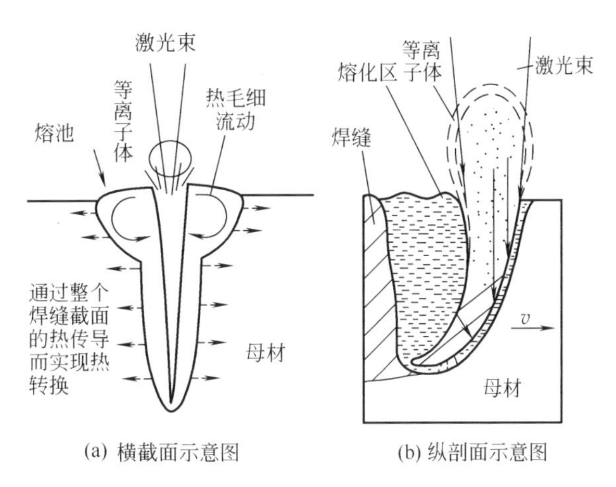

图 4-17 激光深熔焊小孔的形成及熔池流动示意图

当小孔跟着光束在物质中向前运动的时候，在小孔前方形成一个倾斜的烧蚀前沿。在这个区域，随着材料的熔化、汽化，其温度高、压力大，这样，在小孔周围存在着压力梯度和温度梯度。在此压力梯度的作用下，熔融材料绕小孔周边由前沿向后沿流动；另外，温度梯度的存在使得气-液分界面的表面张力随温度升高而减小，从而沿小孔周边建立了一个表面张力梯度，前沿处表面张力小，后沿处的大，这就进一步驱使熔融材料绕小孔周边由前沿向后沿流动，最后在小孔后方凝固起来形成焊缝。

小孔的形成伴随着明显的声、光特征。当激光焊接钢件，未形成小孔时，工件表面的火焰是橘红色或白色的，一旦小孔生成，光焰变成蓝色，并伴有爆裂声，这个声音是等离子体喷出小孔时产生的。利用激光焊接时的这种声、光特征，可以对焊接质量进行监控。

顺便指出，激光束模式对小孔及熔池的形状有较大影响，在不同模式的激光作用下，得到的小孔及熔池形状示意图不同，如图 4-18 所示。当采用模式为基模（TEM_{00}）的激光束

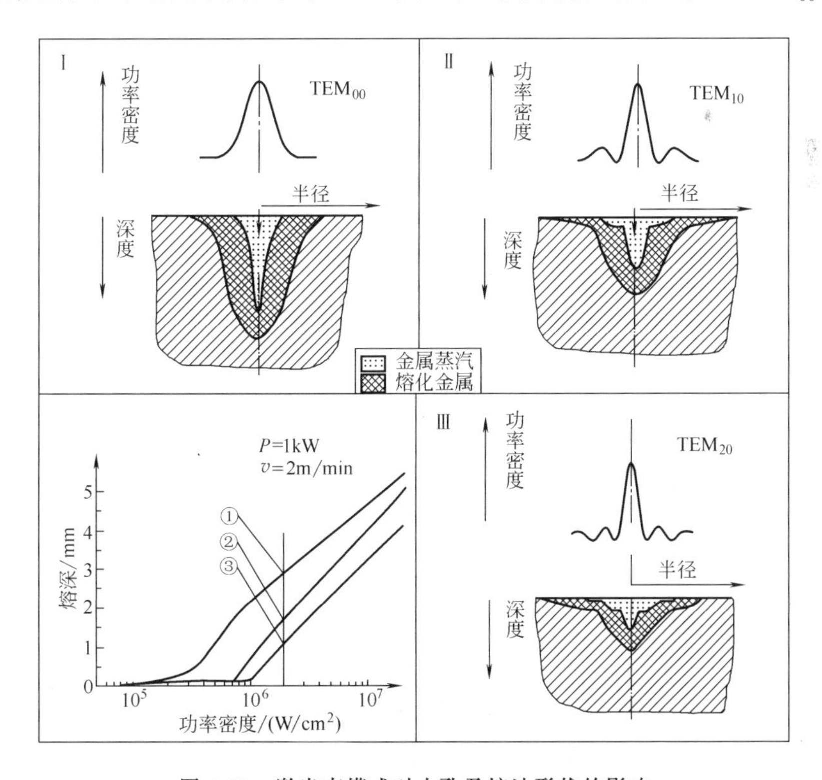

图 4-18 激光束模式对小孔及熔池形状的影响

进行焊接时，因能量高度集中，得到的焊缝窄而深，深宽比较大；随着激光束模式阶数逐渐变高（如 TEM_{01}、TEM_{02}），焊缝宽度变大，而深度减小。

（3）激光焊接过程中的几种效应

① 激光焊接过程中的等离子体　包括等离子体的形成和等离子体的行为。

a. 等离子体的形成。在高功率密度条件下进行激光加工时，会出现等离子体。等离子体的产生是物质原子或分子受能量激发电离的结果，任何物质在接收外界能量而温度升高时，原子或分子受能量（光能、热能、电场能等）的激发都会产生电离，从而形成由自由运动的电子、带正电的离子和中性原子组成的等离子体。等离子体通常称为物质的第四态，在宏观上保持电中性状态。激光焊接时，形成等离子体的前提是材料被加热至汽化。

金属被激光加热汽化后，在熔池上方形成高温金属蒸气，金属蒸气中有一定的自由电子。处在激光辐照区的自由电子通过逆韧致辐射吸收能量而被加速，直至其有足够的能量来碰撞、电离金属蒸气和周围气体，电子密度从而雪崩式地增加。这个过程可以近似地用微波加热和产生等离子体的经典模型来描述。

在 $10^7 W/cm^2$ 的功率密度下，平均电子能量 $\bar{\varepsilon}$ 随辐照时间的加长急剧增到一个常值（约为 1eV）。在这个电子能量下，电离速率占有优势，产生雪崩式电离，电子密度急剧上升。电子密度最后达到的数值与复合速率有关，也与保护气体有关。

激光加工过程中的等离子体主要为金属蒸气的等离子体，这是因为金属材料的电离能低于保护气体的电离能，金属蒸气较周围气体易于电离。如果激光功率密度很高，而周围气体流动不充分时，也可能使周围气体离解而形成等离子体。

b. 等离子体的行为。高功率激光深熔焊时，位于熔池上方的等离子体会引起光的吸收和散射，改变焦点位置，降低激光功率和热源的集中程度，从而影响焊接过程。

等离子体通过逆韧致辐射吸收激光能量，逆韧致辐射是等离子体吸收激光能量的重要机制，是由于电子和离子之间的碰撞所引起的。简单地说就是在激光场中，高频率振荡的电子在和离子碰撞时，会将其相应的振动能变成无规运动能，结果激光能量变成等离子体热运动的能量，激光能量被等离子体吸收。

等离子体对激光的吸收系数与电子密度和蒸气密度成正比，随激光功率密度增加和作用时间的增长而增加，并与波长的平方成正比。同样的等离子体对波长为 10.6μm 的 CO_2 激光的吸收系数比对 1.06μm 的 YAG 激光的吸收系数高两个数量级。由于吸收系数不同，不同波长的激光产生等离子体所需的功率密度阈值也不同。YAG 激光产生等离子体阈值功率密度比 CO_2 激光的高出约两个数量级。也就是说，用 CO_2 激光进行加工时，易产生等离子体并受其影响，而用 YAG 激光，等离子体的影响则较小。

激光通过等离子体时，改变了吸收和聚焦条件，有时会出现激光束的自聚焦现象。等离子体吸收的光能可以通过不同渠道传至工件：等离子体辐射易为金属材料吸收的短波长的光波；等离子体与工件接触面的热传导；材料蒸气在等离子体压力下返回聚集于工件表面。如果等离子体传至工件的能量大于等离子体吸收所造成工件接收光能的损失，则等离子体反而增强了工件对激光能量的吸收，这时，等离子体也可看作是一个热源。

当激光功率密度处于形成等离子体的阈值附近时，较稀薄的等离子体云集于工件表面，工件通过等离子体吸收能量。当材料汽化和形成的等离子体云浓度间形成稳定的平衡状态时，工件表面有一个较稳定的等离子体层。其存在有助于加强工件对激光的吸收。对于 CO_2 激光加工钢材，与上述情况相应的激光功率密度约为 $10^6 W/cm^2$。由于等离子体的作用，工件对激光的总吸收率可由10%左右增至30%～50%。

当激光功率密度为$10^6 \sim 10^7 W/cm^2$时，等离子体的温度高，电子密度大，对激光的吸收率大，并且高温等离子体迅速膨胀，逆着激光入射方向传播，形成所谓激光维持的吸收波。在这种情形中，会出现等离子体的形成和消失的周期性振荡。这种激光维持的吸收波，容易在激光焊接过程中出现，必须加以抑制。

进一步加大激光功率密度（$I > 10^7 W/cm^2$），激光加工区周围的气体可能被击穿。激光穿过纯气体，将气体击穿所需的功率密度一般大于$10^9 W/cm^2$。但在激光作用的材料附近，存在一些物质的初始电离，原始电子密度较大，击穿气体所需功率密度可下降约两个数量级。击穿各种气体所需功率密度大小与气体的导热性、解离能和电离能有关。气体的导热性越好，能量的热传导损失越大，等离子体的维持阈值越高，在聚焦状态下，就意味着等离子体高度越低，越不易出现等离子体屏蔽。对于电离能较低的氩气，当气体流动状况不好时，在略高于$10^6 W/cm^2$的功率密度下也可能出现击穿现象。

气体击穿所形成的等离子体，其温度、压力、传播速度和对激光的吸收系数都很大，形成所谓激光维持的爆发波，它完全、持续地阻断激光向工件的传播。一般在采用连续CO_2激光进行加工时，其功率密度均应小于$10^7 W/cm^2$。

② 壁聚焦效应　采用激光深熔焊时，当小孔形成以后，激光束将进入小孔。当光束与小孔壁相互作用时，入射激光并不能全部被吸收，有一部分将由孔壁反射在小孔内某处重新会聚起来，这一现象称为壁聚焦效应。壁聚焦效应的产生可使激光在小孔内部维持较高的功率密度，进一步加热熔化材料。对于激光焊接过程，重要的是激光在小孔底部的剩余功率密度必须足够高，以维持孔底有足够高的温度，产生必要的汽化压力，维持一定深度的小孔。

小孔效应的产生和壁聚焦效应的出现能大大地改变激光与物质的相互作用过程，当光束进入小孔后，小孔相当于一个吸光的黑体，使能量的吸收率大大提高。

③ 净化效应　净化效应是指CO_2激光焊接时，焊缝金属有害杂质元素减少或夹杂物减少的现象。

产生净化效应的原因是：有害元素在钢中可以以两种形式存在——夹杂物或直接固溶在基体中。当这些元素以非金属夹杂物存在时，在激光焊接时将产生下列作用：对于波长为$10.6\mu m$的CO_2激光，非金属的吸收率远远大于金属，当非金属和金属同时受到激光照射时，非金属将吸收较多的激光，使其温度迅速上升而汽化。当这些元素固溶在金属基体中时，由于这些非金属材料的沸点低，蒸气压高，它们会从熔池中蒸发出来。上述两种作用的总效果是使焊缝中有害元素减少，这对金属的性能，特别是塑性和韧性，有很大的好处。当然，激光焊接的净化效应产生的前提必须是对焊接区加以有效的保护，使之不受大气等的污染。

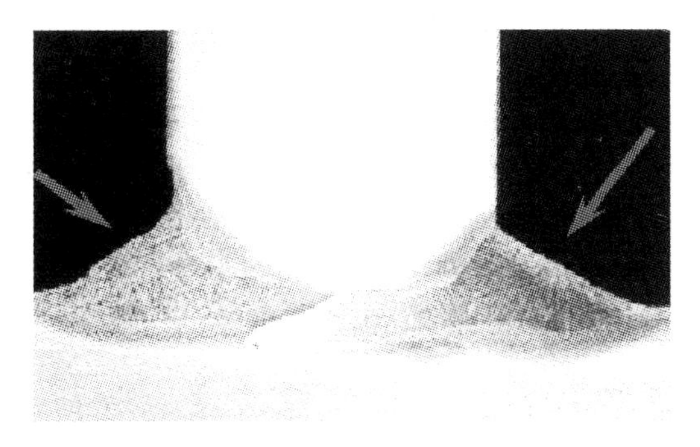

图 4-19　激光跟踪缝隙效应

④ 激光跟踪缝隙效应　当缝隙与激光束中心不同轴时，熔池中心线与激光束中心不重合，熔池趋近接头缝隙，如图 4-19。可以利用这种特性焊接角焊缝。

4.1.3.3　材料的焊接性

(1) 激光焊接的焊缝形成及特点　因为激光传热焊焊缝类似于某些常规焊接方法的接头，这里着重讨论常见的大功率CO_2激光深熔焊焊缝的特点。

从熔池的纵剖面来看，有一个台阶。下部深而窄，上部比较宽而且向后拉长。这种形状在氩弧焊时是没有的。金属蒸气的孔道稍微弯向加热金属一边，是激光束主要加热孔道的前壁，使它汽化的结果。如前所述，金属蒸气对已熔化的金属形成很大压力；而前壁的液态金属由于前、后壁的表面张力之差，使金属向后壁流动，所以形成了孔道向后弯曲。熔池的横截面呈杯状或剑形，这与电子束焊的熔池横截面不同。激光焊熔池上部有一个比较宽的熔化部分，因为激光焊时小孔上部高温的等离子体，它既有屏蔽作用，同时也可以成为一个热源，对金属加热。电子束焊在真空中进行，没有等离子体产生。若在真空条件下进行激光焊，也可以得到剑形熔深，而没有上部较宽的熔池。若采取等离子体控制措施，将等离子体压入小孔内，也可以改变熔池的深度和形状。

对激光焊的熔池研究发现，熔池有周期性的变化。其主要原因是激光与物质作用过程的自振荡效应。这种自振荡的频率与激光束的参数、金属的热物理性能和金属蒸气的动力学特性有关。一般其频率为 $10^2 \sim 10^4$ Hz。而温度波动的幅度约为（1～5）$\times 10^2$ K。由于自振荡效应，使熔池中的小孔和金属的流动现象也发生周期性的变化。当金属蒸气和等离子体屏蔽激光束时，金属蒸发也减少，作为充满金属蒸气的小孔也会缩小，底部就会被液态金属所填充。一旦解除对激光束的屏蔽，又重新形成小孔。同理，液体金属的流动速度和扰动状态也会发生周期性的变化。

熔池的周期性变化有时会在焊缝中产生两个特有的现象。第一是气孔，若按它们的大小而言，也可以称为空洞。充满金属蒸气的小孔，由于发生周期性的变化，同时熔化的金属又在它的周边从前沿向后沿流动，加上金属蒸发造成的扰动，就有可能将小孔拦腰阻断，使蒸气留在焊缝中，凝固之后，形成气孔。这种气孔（或孔洞）与一般焊缝中由于物理化学过程而产生的气孔是完全不同的。有人提出，将激光束沿焊接方向倾斜 15°，则可以减少甚至消除气孔的产生。第二是焊缝根部的熔深的周期性变化。这与小孔的周期性变化有关，是由激光深熔焊的自振荡现象的物理本质所决定的。

由于激光深熔焊的线能量是电弧焊的 1/10～1/3，因此凝固过程很快。特别是在焊缝的下部，因很窄而散热情况好，有很高的冷却速度，使焊缝内产生细化的等轴晶。其晶粒的尺寸为电弧焊的 1/3 左右。从纵剖面来看，由于熔池中熔化金属从前部向后部流动的周期变化，使焊缝形成层状组织。由于周期变化的频率很高，所以层间距离很小。这些因素及激光的净化作用都有利于提高焊缝的力学性能和抗裂性。

(2) 金属的激光焊接性　激光焊的焊接接头具有一些常规焊接方法所不能比拟的性能，这就是接头的良好的抗热裂能力和抗冷裂能力。

① 抗热裂能力　热裂纹的敏感性的评定标准有两个：一是正在凝固的焊缝金属所允许的最大变形速率 v_{cr}，二是金属处于液固两相共存的“脆性温度区”（1200～1400℃）中单位冷却速度下的最大变形速率 a_{cr}。

试验结果表明，CO_2 激光焊与 TIG 焊相比，焊接低合金高强钢时，有较大的 v_{cr} 和较低的 a_{cr}，所以焊接时热裂纹敏感性较低。激光焊虽然有较高的焊接速度，但其热裂纹敏感性却低于 TIG 焊。这是因为激光焊焊缝组织晶粒较细，可有效地防止热裂纹的产生。如果工艺参数选择不当，也会产生热裂纹。

② 抗冷裂纹能力　冷裂纹的评定指标是 24h 在试样中心不产生裂纹所加的最大载荷 σ_{cr}。

对于低合金高强钢，激光焊和电子束焊的临界应力 σ_{cr} 大于 TIG 焊的，这就是说激光焊的抗冷裂纹能力大于 TIG 焊的。焊接 10 钢（低碳钢），两种焊接方法的 σ_{cr} 几乎相同。焊接含碳量较高的35钢，激光焊与TIG焊相比，有较大的冷裂纹敏感性。为了说明上述结果，研究了几种钢的焊接热循环、焊缝和热影响区的组织，发现在600～500℃（奥氏体向铁素体转变）的温度区间，焊接速度为2.0m/min的激光焊的冷却速度比焊速为0.33m/min的TIG焊大一个数量级，不同的冷却速度影响了奥氏体的转变，获得不同的奥氏体转变产物。

低合金高强钢12Cr2Ni4A进行TIG焊时，它的焊缝和HAZ组织为马氏体＋贝氏体，而激光焊时，则是低碳马氏体，两者的显微硬度相当，但后者的晶粒却细得多。高的焊接速度和较小的线能量使激光在焊接低合金高强钢时可获得综合性能特别是抗冷裂性能良好的低碳细晶粒马氏体，接头具有较好的抗冷裂纹能力。

用同样的热循环焊接含碳量较高的35钢，焊缝和HAZ组织就不同了。35钢的原始组织是珠光体，由于TIG焊接速度慢，线能量大，冷却过程中奥氏体发生高温转变，焊缝和HAZ的组织大都为珠光体。激光焊和电子束焊的冷却速度快，焊缝和HAZ是典型的奥氏体低温转变产物——马氏体，因为含碳量高，所形成的板条状马氏体具有很高的硬度(HV650)，这种马氏体是四方晶体，具有较高的组织转变应力，冷裂纹敏感性高。激光焊冷却速度快，导致含碳量高的材料产生硬度高、含碳量高的片状或板条状马氏体，是冷裂纹敏感性大的主要原因。若接头设计不当而造成应力集中，也会促使冷裂纹的形成。

③ 接头的残余应力和变形　CO_2 激光焊加热光斑小，线能量小，使得焊接接头的残余应力和变形比普通焊法小得多。

为了比较激光焊和TIG焊接头的残余应力与变形，取尺寸为200mm×200mm×2mm的钛合金板，用两种焊接方法沿试样中心堆焊一道焊缝。焊接参数分别为：a. TIG焊，P＝880W，v＝4.5mm/s，线能量q＝195J/mm；b. 激光焊：P＝920W，v＝11mm/s，q＝83J/mm；c. P＝1800W，v＝33.5mm/s，q＝47J/mm。焊前先标定好试样的长度和宽度，焊后分别测量接头的纵向应变ε_x和横向收缩Δt_r，然后测定接头的纵向应力。

试验结果表明：规范b的功率与规范a的相差不多，但速度却比规范a的高1倍，因此线能量仅为规范a的1/2，激光焊接头的纵向应变和横向收缩却只是TIG焊的1/3。规范c的线能量是规范a的1/4，焊接速度是规范a的9倍，因而焊后接头的残余变形更小，纵向应变和横向收缩分别只是TIG焊的1/5和1/6。

值得注意的是：激光焊虽有较陡的温度梯度，但焊缝中最大残余拉应力却仍然要比TIG焊的略小一些，而且激光焊参数的变化几乎不影响最大残余拉应力的幅值。由于激光焊加热区域小，拉伸塑性变形区小，因此最大残余压应力比TIG焊的减少40％～70％，这个事实在薄板的焊接中格外重要，因为薄板经TIG焊后常常因为残余压应力的存在而产生波浪变形，而这种变形是很难消除的，用激光焊接薄板，则变形大大减少，一般不会产生波浪变形。

激光焊残余变形和应力小，使它成为一种精密的焊接方法。

④ 冲击韧性　人们在研究HY-130钢激光焊接接头的冲击韧性的试验中发现了表4-2的结果，焊接接头的冲击韧性大于母材的冲击韧性。

表4-2　HY-130钢激光焊接接头的冲击韧性

激光功率/kW	焊接速度/(cm/s)	试验温度/℃	焊接接头冲击韧性/J	母材冲击韧性/J
5.0	1.90	－1.1	52.9	35.8
5.0	1.90	23.9	52.9	36.6
5.0	1.48	23.9	38.4	32.5
5.0	0.85	23.9	36.6	33.9

进一步深入研究发现，HY-130 钢 CO_2 激光焊接接头冲击韧性提高的主要原因之一是焊缝金属的净化效应。相关内容前面已有论述。

⑤ 不同材料间的焊接性　各种材料对激光焊接的焊接性与对传统焊接方法的焊接性类似。不同材料之间的激光焊接只有在一些特定的材料组合间才可能进行，如图 4-20 所示。

	W	Ta	Mo	Cr	Co	Ti	Be	Fe	Pt	Ni	Pd	Cu	Au	Ag	Mg	Al	Zn	Cd	Pb	Sn
W																				
Ta	■																			
Mo	■	■																		
Cr	■	P	■																	
Co	F	P	F	G																
Ti	F	■	■	G	F															
Be	P	P	P	P	F	P														
Fe	F	F	G	■	■	F	F													
Pt	G	F	G	G	■	F	P	G												
Ni	F	G	F	G	■	F	F	G	■											
Pd	F	G	G	G	■	F	F	G	■	■										
Cu	P	P	P	P	F	F	F	F	■	■	■									
Au	–	–	P	F	P	F	F	F	■	■	■	■								
Ag	P	P	P	P	P	F	P	P	F	P	■	F	■							
Mg	P	–	P	P	P	P	P	P	P	P	P	F	F	F						
Al	P	P	P	P	F	F	P	F	P	F	P	F	F	F	F					
Zn	P	–	P	P	F	P	P	F	P	F	F	G	F	G	P	F				
Cd	–	–	–	P	P	P	–	P	F	F	F	P	F	G	■	P	P			
Pb	P	–	P	P	P	P	–	P	P	P	P	P	P	P	P	P	P	P		
Sn	P	P	P	P	P	P	P	P	F	P	F	P	F	F	P	P	P	P	F	

■	优
G	良
F	一般
P	差

图 4-20　不同金属材料间采用激光焊接的焊接性

4.1.3.4　激光焊接工艺和参数

（1）脉冲激光焊接工艺和参数　脉冲激光焊类似于点焊，其加热斑点很小，约为微米数量级，每个激光脉冲在金属上形成一个焊点。主要用于微型、精密元件和一些微电子元件的焊接，它是以点焊或由点焊点搭接成的缝焊方式进行的。

常用于脉冲激光焊的激光器有红宝石、钕玻璃和 YAG 等几种。

脉冲激光焊所用的激光器输出的平均功率低，焊接过程中输入工件的热量小，因而单位时间内所能焊合的面积也小。可用于薄片（0.1mm 左右）、薄膜（几微米至几十微米）和金属丝（直径可小于 0.02mm）的焊接，也可进行一些零件的封装焊。

脉冲激光焊有四个主要焊接工艺参数。它们是脉冲能量、脉冲宽度、功率密度和离焦量。

① 脉冲能量和脉冲宽度　脉冲激光焊时，脉冲能量决定了加热能量大小，它主要影响金属的熔化量；脉冲宽度决定焊接时的加热时间，这影响熔深及热影响区（HAZ）的大小。当脉冲能量一定时，对于不同材料，各存在着一个最佳脉冲宽度，此时焊接熔深最大。它主要取决于材料的热物理性能，特别是导温系数和熔点。导热性好、熔点低的金属易获得较大的熔深。脉冲能量和脉冲宽度在焊接时有一定的关系，而且随着材料厚度与性质不同而变化。焊接时，激光的平均功率 P 由下式决定：

$$P=E/\Delta\tau \tag{4-3}$$

式中，E 为脉冲能量；$\Delta\tau$ 为脉冲宽度。可见，为了维持一定的功率，随着脉冲能量的增加，脉冲宽度必须相应增加，才能得到较好的焊接质量。

② 功率密度　激光焊接时功率密度决定焊接过程和机理。当功率密度较小时，焊接以传热焊的方式进行，焊点的直径和熔深由热传导决定；当激光斑点的功率密度达到一定值（$10^6\,W/cm^2$）后，焊接过程中将产生小孔效应，形成深宽比大于 1 的深熔焊点，这时金属虽有少量蒸发，并不影响焊点的形成。但当功率密度过大时，金属蒸发剧烈，导致汽化金属过多，在焊点中形成一个不能被液态金属填满的小孔，不能形成牢固的焊点。

脉冲激光焊时，功率密度由下式决定：

$$I=\frac{4E}{\pi d^2\Delta\tau} \tag{4-4}$$

式中，I 为激光光斑上的功率密度，W/cm^2；E 为激光脉冲能量，J；d 为光斑直径，cm；$\Delta\tau$ 为脉冲宽度，s。

③ 离焦量 ΔF　离焦量 ΔF 是指焊接时工件表面离聚焦激光束最小斑点的距离。也有人称为入焦量。激光束通过透镜聚焦后，有一个最小光斑直径，如果工件表面与之重合，则 $\Delta F=0$；如果工件表面在它下面，则 $\Delta F>0$，称为正离焦量；反之，则 $\Delta F<0$，称为负离焦量（图 4-21）。改变离焦量，可以改变激光加热斑点的大小和光束的入射状况，较厚板焊接时，采用适当的负离焦量可以获得最大熔深。但离焦量太大会使光斑直径变大，降低光斑上的功率密度，使熔溶减小。离焦量的影响在下面 CO_2 连续激光焊的有关部分还会进一步讨论。

(2) 连续 CO_2 激光焊接工艺和参数　CO_2 激光器广泛应用于材料的激光加工。激光焊接用的商品化 CO_2 激光器连续输出功率为数千瓦至数十千瓦。实验室已研制出 100kW 以上的大功率 CO_2 激光器。

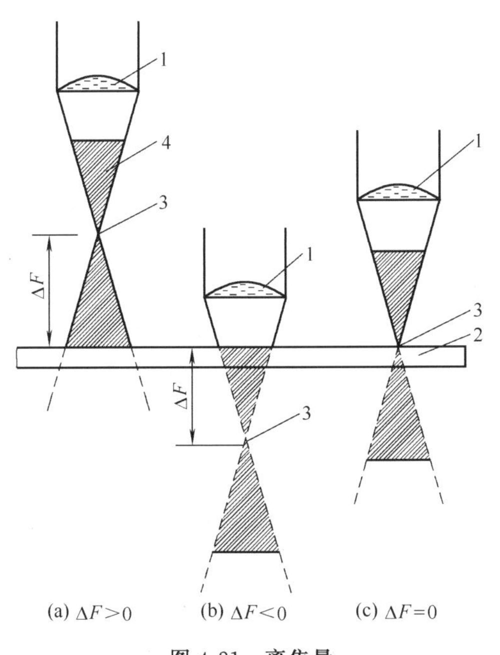

图 4-21　离焦量

1—聚焦透镜；2—工件；3—焦点；4—焦深

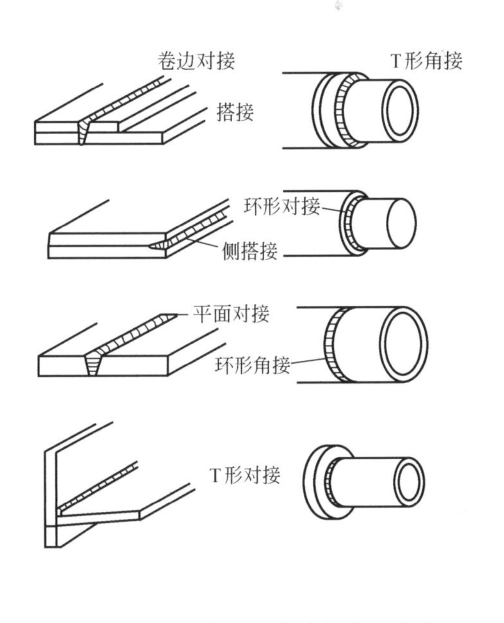

图 4-22　常用的 CO_2 激光焊接头形式

① CO_2 激光焊接工艺

a. 接头形式及装配要求　常见的 CO_2 激光焊接头形式见图 4-22。在激光焊时，用得最多的是对接接头。为了获得成形良好的焊缝，焊前必须装配良好，各类接头的装配要求如表 4-3。对接时，如果接头错边太大，会使入射激光在板角处反射，焊接过程不能稳定。薄板焊时，间隙太大，焊后焊缝表面成形不饱满，严重时形成穿孔。搭接时板间间隙过大，则易造成上、下板间熔合不良。

表 4-3　各类接头的装配要求（h 为板厚）

接头形式	允许最大间隙	允许最大上、下错边量	接头形式	允许最大间隙	允许最大上、下错边量
对接	$0.10h$	$0.25h$	搭接	$0.25h$	$0.25h$
角接	$0.10h$	$0.25h$	卷边接头	$0.1h$	
T 形接头	$0.25h$				

在激光焊接过程中，焊件应夹紧，以防止热变形。光斑在垂直于焊接运动方向对焊缝中心的偏离量应小于光斑半径。对于钢铁等材料，焊前表面除锈、除油处理即可；在要求较严格时，可能需要酸洗，焊前用乙醇、丙酮或四氯化碳清洗。

激光深熔焊可以进行全位置焊，在起焊和收尾的渐变过度可通过调节激光功率的递增和衰减过程或改变焊速来实现，在焊接环缝时，可实现首尾平滑连接。利用内反射来增强激光吸收的焊缝常常能提高焊接过程的效率和熔深。

b. 填充金属　尽管激光焊接适合于自熔焊，但在一些应用场合，仍施加填充金属。其优点是能改变焊缝化学成分，从而达到控制焊缝组织，改善接头力学性能的目的。在有些情形下，还能提高焊缝抗结晶裂敏感性。另外，允许增大接头装配公差，改善激光焊接头准备的不理想状态。实践表明，间隙超过板厚的 3%，自熔焊缝将不饱满。图 4-23 是激光填丝焊示意图。填充金属常常以焊丝的形式加入，可以是冷态的，也可以是热态的。填充金属的施加量不能过大，以免破坏小孔效应。

图 4-23　激光填丝焊

c. 激光焊参数及其对熔深的影响　包括激光功率、焊接速度、光斑直径、离焦量和保护气体。

ⅰ. 激光功率（P）　通常激光功率是指激光器的输出功率，没有考虑导光和聚焦系统所引起的损失。激光焊熔深与激光输出功率密度密切相关，是功率和光斑直径的函数。对一定的光斑直径，在其他条件不变时，焊接熔深 h 随着激光功率的增加而增加。尽管在不同的实验条件下，可能有不同的实验结果，但是熔深随激光功率 P 的变化大致有两种典型的实验曲线，用公式近似地表示为

$$h \propto P^k \tag{4-5}$$

式中，h 为熔深，mm；P 为激光功率，kW；k 为常数，$k \leqslant 1$，典型实验值为 0.7 和 1.0。

图 4-24 是激光焊时熔深-激光功率变化曲线。另外，焊接所需激光功率还是被焊材料厚度的函数，图 4-25 表示不同材料焊接时所需的最小激光功率。

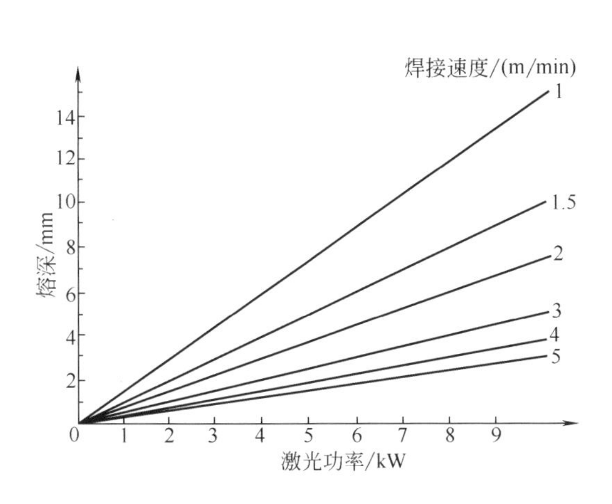

图 4-24 激光功率与熔深的关系

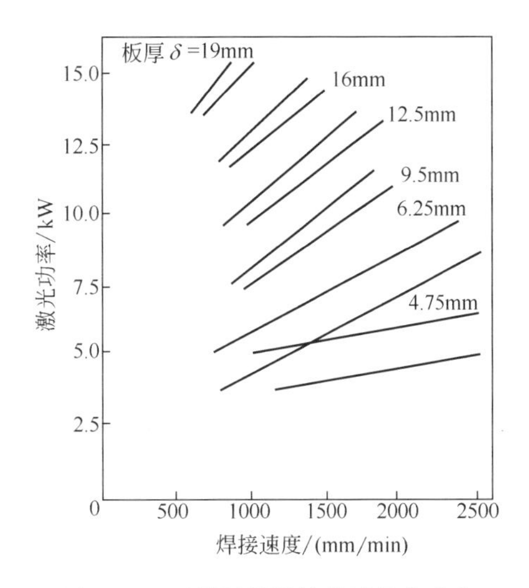

图 4-25 不同材料焊接所需最小功率

ⅱ. 焊接速度（v） 在一定的激光功率下，提高焊速，线能量下降，熔深减小，如图 4-26。在焊速较高时，激光深熔焊与电子束焊的结果较接近。一般来说，焊速与熔深有下面近似的关系：

$$h=1/v^{r} \tag{4-6}$$

式中，$r<1$。

尽管适当降低焊速可加大熔深，但若速度过低，熔深却不会再增加，反而使熔宽增大（图 4-27）。其主要原因是激光深熔焊时，维持小孔存在的主要动力是金属蒸气的反冲压力，在焊速低到一定程度后，线能量增加，熔化金属越来越多，当金属汽化所产生的反冲压力不足以维持小孔的存在时，小孔不仅不再加深，甚至会崩溃，焊接过程蜕变为传热型焊接，因而熔深不会再加大。另一个原因是随着金属汽化的增加，小孔区温度上升，等离子体的浓度增加，对激光的吸收增加。这些原因使得低速焊时，激光焊熔深有一个最大值。也就是说，对于给定的激光功率等条件，存在一个维持深熔焊接的最小焊接速度。

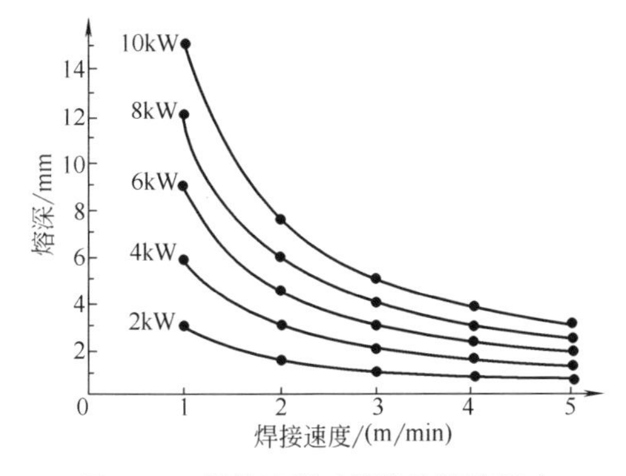

图 4-26 焊接速度对焊缝熔深的影响

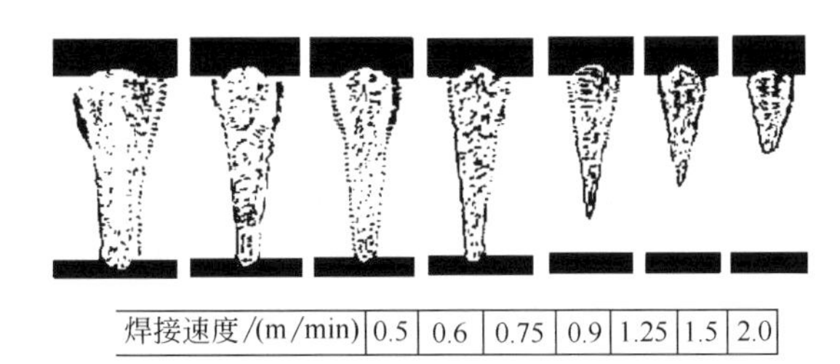

图 4-27 不同焊速下所得到的熔深
（$P=8.7$kW，板厚 12mm）

熔深与功率和焊接速度的关系可用下式表示：

$$h=\beta P^{1/2}v^{-\gamma} \tag{4-7}$$

式中，h 为熔深，mm；P 为激光功率，kW；v 为焊速，m/min。β、γ 为常数，取决于激光

源、聚焦系统和焊接材料。

ⅲ. 光斑直径　指照射到工件表面的光斑尺寸大小。对于高斯分布的激光，有几种不同的方法定义光斑直径。一种是当光强下降到中心光强的 e^{-1}时的直径；另一种是当光强下降到中心光强的的 e^{-2} 时的直径，前者在光斑中包含光束总能量的 60%，后者则包含了 86.5%的激光能量，这里推荐 e^{-2}束径，在激光器的结构一定的条件下，照射到工件表面的光斑大小取决于透镜的焦距 F 和离焦量 ΔF，根据光的衍射理论。聚焦后最小光斑直径 d_0 可以用下式计算：

$$d_0=2.44\times\frac{F\lambda}{D}(3m+1) \tag{4-8}$$

式中，F 为透镜的焦距；λ 为激光波长；D 为聚焦前光束直径；m 为激光振动模的阶数。

由上式可知，对于一定波长的光束，F/D 和 m 值越小，光斑直径越小。焊接时为获得深熔焊缝，要求激光光斑上的功率密度高。提高功率密度的方式有两个：一是提高激光功率 P，它和功率密度成正比；二是减小光斑直径，功率密度与直径的平方成反比。因此，减小光斑直径比增加功率有效得多。减小 d_0 可以通过使用短焦距透镜和降低激光束横模阶数来实现。低阶模聚焦后可以获得更小的光斑。对焊接和切割来说，希望激光器以基模或低阶模输出。

ⅳ. 离焦量（ΔF）　离焦量不仅影响工件表面激光光斑大小，而且影响光束的入射方向，因而对焊接熔深、焊缝宽度和焊缝横截面积形状有较大影响。当 ΔF 很大时，熔深很小，属于传热焊，当 ΔF 减小到某一值后，熔深发生跳跃性增加，此处标志着小孔产生，在熔深发生跳跃性变化的地方，焊接过程是不稳定的，熔深随着 ΔF 的微小变化而改变很大。激光深熔焊时，熔深最大时的焦点位置位于工件表面下方某处，此时焊缝成形也最好。在 $|\Delta F|$ 相等的地方，激光光斑大小相同。但其熔深并不同。其主要原因是壁聚焦效应对 ΔF 的影响。当 $\Delta F<0$ 时，激光经孔壁反射后向孔底传播，在小孔内部维持较高的功率密度，当 $\Delta F>0$ 时，光线经小孔壁的反射传向四面八方，并且随着孔深的增加，光束是发散的，孔底处功率密度比前种情况低得多，因此熔深变小，焊缝成形也变差。图 4-28 是低碳钢激光焊接时，离焦量对焊接熔深的影响。

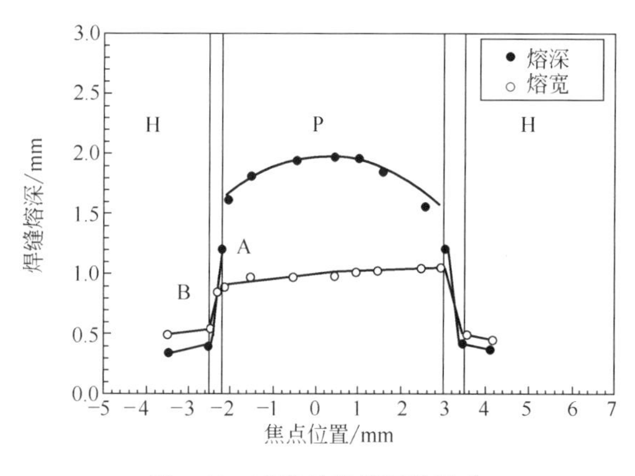

图 4-28　离焦量对熔深的影响

（$P=2$kW，$v=2$m/min，工件厚度＝5mm）

ⅴ. 保护气体　激光焊时采用保护气体有两个作用，其一是保护焊缝金属不受有害气体的侵袭，防止氧化污染，提高接头的性能；其二是影响焊接过程中的等离子体，这直接与光能的吸收和焊接机理有关。前面曾指出，高功率 CO_2 激光深熔焊过程中形成的光致等离子体会对激光束产生吸收、折射和散射等，从而降低焊接过程的效率，其影响程度与等离子体的形态有关。等离子体形态又直接与焊接工艺参数，特别是激光功率密度、焊速和环境气体有关。功率密度越大，焊速越低，金属蒸气和电子密度越大，等离子体越稠密，对焊接过程的影响也就越大。在激光焊接过程中吹保护气体，可以抑制等离子体，其作用机理是通过增加电子与离子、中性原子三体碰撞来增加电子的复合速率，降低等离子体中的电子密度。中性原子越轻，碰撞频率越高，复合速率越高。另外，所吹气体本身的电离能要较高，才不致因气体本身的电离而增加电子密度。

氦气最轻而且电离能最高，因而使用氦气作为保护气体，对等离子体的抑制作用最强，焊接时熔深最大，氩气的效果最差。但这种差别只是在激光功率密度较高、焊速较低、等离子体密度大时，才较明显。在较低功率、较高焊接速度下，等离子体很弱，不同保护气体的效果差别很小。

利用流动的保护气体将金属蒸气和等离子体从加热区吹除。气流量对等离子体的吹除有一定的影响。气流量太小，不足以驱除熔池上方的等离子体云，随着气体流量的增加，驱除效果增强，焊缝熔深也随之加大。但也不能过分增加气流量，否则会引起不良后果和浪费，特别是在薄板的焊接时，过大的气流量会使熔池下落形成穿孔。图 4-29 是在不同的气流量下得到的熔深。由图可知，气流量大于 17.5L/min 后，熔深不再增加。

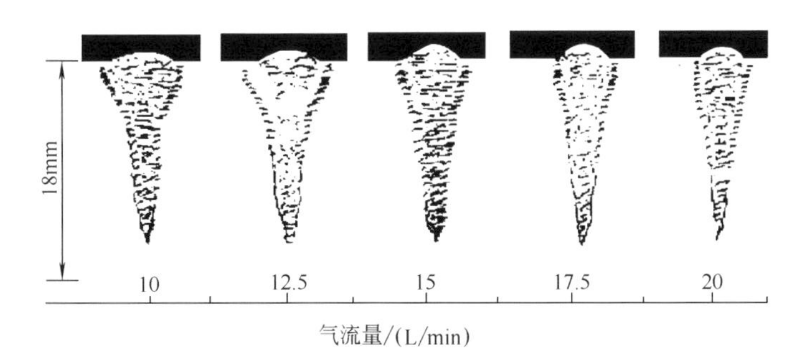

图 4-29　不同气流量下的熔深

不同的保护气体，其作用效果也不同。

② 激光焊接参数、熔深及材料热物理性能之间的关系

激光焊接工艺参数如激光功率 P、焊接速度 v、熔深 d、焊缝宽度 W 以及焊接材料性质之间的关系，已有大量的经验数据。焊接参数间关系的回归方程：

$$P/vd=a+b/r \tag{4-9}$$

式中，a、b 的值和回归系数 r 的值见表 4-4。

表 4-4　几种材料的 a、b、r 值

材　　料	激光类型	a /(kJ/mm²)	b /(kW/mm)	r
304 不锈钢	CO_2	0.0194	0.356	0.82
低碳钢	CO_2	0.016	0.219	0.81
	YAG	0.009	0.309	0.92
铝合金	CO_2	0.0219	0.381	0.73
	YAG	0.0065	0.526	0.99

焊接参数与材料性质的关系也有人进行了研究。不同厚度的 ASTM A36 钢 CO_2 激光焊接时，熔深 d（m）与焊速 v（m/s）、功率 P（W）和导热系数 K（W/m·K）、热扩散率 κ（m²/s）之间的关系可用公式表示为：

$$d=\frac{0.10618P}{KT_m}\left(\frac{vb}{\kappa}\right)^{-1.2056} \tag{4-10}$$

式中，b 为光束直径，m。

4.1.3.5 典型材料的激光焊接

CO_2 激光焊的特点之一就是适用于多种材料的焊接。所有可以用常规焊接方法焊接的材料或具有冶金相容性的材料都可以用 CO_2 激光束进行焊接。尽管 CO_2 激光束波长较长（10.6μm），金属表面对它的反射率高，但随着高功率 CO_2 激光器的出现和应用，人们逐步消除了金属高反射率及等离子体造成的障碍，得到了与电子束焊类似的基于小孔效应的深熔焊。用 10～15kW 的激光功率，单道焊缝深可达 15～20mm。激光焊接的高功率密度及高焊速使得激光焊缝及热影响区（HAZ）很窄，所引起的工件变形小。

本节介绍几种典型材料的 CO_2 激光焊接，从中可以进一步了解激光焊接的特点。

（1）钢的焊接

① 低合金高强钢　低合金高强钢的激光焊接，只要所选择的工艺参数适当，就可以得到与母材力学性能相当的接头。HY130 钢是一种典型的低合金高强钢，经过调质处理，它具有很高的强度和较高的抗裂性。用常规焊接方法焊接，其焊缝和 HAZ 组织是粗晶、部分细晶及原始组织的混合体，接头的韧性和抗裂性与母材相比要差得多，而且焊态下的焊缝和 HAZ 金属组织对冷裂纹特别敏感。

焊后沿焊缝横向制作拉伸试样，使焊缝金属位于试样中心，拉伸结果表明激光焊和电子束焊接头强度不低于母材，塑性和韧性比手工焊和 MAG 焊接头好，接近于母材。

分别对上述四种焊接方法的焊接接头进行缺口冲击试验，结果表明，激光焊接接头不仅具有较高的强度，而且有优良的韧性和抗裂性，它的动态撕裂能与母材相当，有的甚至高于母材。冲击试验后，用扫描电镜对断口进行分析发现断口呈平面应力断裂的特征，在起裂和裂纹终止处，断口较为平坦和光滑，断裂机理是微孔聚集型。结果表明，激光焊接接头不仅具有高的强度，而且具有良好的韧性和良好的抗裂性，其原因是如下。

a. 激光焊焊缝细、HAZ 窄。在冲击试验时，裂纹并不总是沿焊缝或 HAZ 扩展，常常是扩展进母材。冲击断口的扫描电镜观察充分证明了这一点，断口上大部分区域是未受热影响的母材，因此整个接头的抗裂性，实际上很大一部分是由母材所提供的。

b. 从接头的硬度和显微组织的分布来看，激光焊有较高的硬度和较陡的硬度梯度，这表明可能有较大的应力集中出现。但是，在硬度较高的区域，对应于细小的组织。高的硬度和细小的组织的共生效应使得接头既有高的强度，又有足够的韧性。而手工焊和熔化极气体保护焊则不一样，接头中硬度高的区域其组织粗大，这样则产生较大的脆性。

c. 激光焊焊缝 HAZ 的组织主要为马氏体，这是由于它的焊接速度高、线能量小所造成的。HY-130 钢的含碳量很小（约为 0.1%），焊接过程中由于冷却速度快，形成低碳马氏体，这种组织的综合性能优于手工焊和熔化极气体保护焊中产生的针状铁素体和马氏体的混合组织，再加上晶粒细小得多，接头性能优良。

d. 净化效应。HY-130 钢激光焊接时，焊缝中有害杂质元素大大减少，产生了净化效应，提高了接头韧性。激光焊接 HY-130 钢体现了它焊这类低合金高强钢的特点，类似的结果在 X-80 北极管线钢等多种材料的焊接中都能得到。

② 不锈钢　奥氏体不锈钢由于具有良好的抗腐蚀性以及高温和低温韧性而获得了广泛的应用。这类不锈钢的特点是合金元素含量高，导热性仅为低碳钢的 1/3，线膨胀系数大，为低碳钢的 1.5 倍。

对 Ni-Cr 系（300 系列）不锈钢，激光焊接时，具有很高的能量吸收率和熔化效率。CO_2 激光焊 304 不锈钢，在功率为 5kW，焊速为 1m/min，光斑直径为 0.6mm 的条件下，光的吸收率为 85%，熔化效率为 71%，由于焊速快，减轻了不锈钢焊接时的过热现象和膨胀系数大的不良影响，焊缝无气孔、夹杂等缺陷，接头强度与母材相当。不锈钢的激光焊的另一个特点是，用小功率 CO_2 激光焊不锈钢薄板，可以获得外观上成形良好，焊缝平滑美观的接头。

不锈钢的激光焊可用于核电站中不锈钢管、核燃料包等的焊接，也可以用于化工等其他工业。

③ 硅钢　硅钢片是一种应用广泛的电磁材料，在轧制过程中为了保证生产线运行的连续性，需要对硅钢薄板进行焊接，但硅钢含硅量高（约为3%），Si对α-Fe具有强烈的固溶强化作用，使硅钢的硬度、强度增加，塑性、韧性急剧下降，而且冷轧造成的加工硬化使强度、硬度进一步增加。硅钢的热导率仅为纯铁的50%，热敏感性大，易发生过热，使晶粒长大，而且晶粒一旦长大，就很难通过热处理使之细化。目前工业中采用TIG焊，存在的主要问题是接头脆化，焊态下接头的反复弯曲次数低或者不能弯曲，因而不得不在焊后增加一道火焰退火工序。这样既增加了工艺流程的复杂性，也降低了生产效率。

用 CO_2 激光焊接硅钢薄板中焊接性最差的Q112B高硅取向变压器钢（板厚0.35mm），获得了满意的结果。硅钢焊接接头的反复弯曲次数越高，接头的塑性和韧性越好，TIG焊、光束焊和激光焊接接头反复弯曲次数的比较表明，激光焊接接头最为优良，焊后不经热处理即可满足生产对接头韧性的要求。

④ 碳钢　由于激光焊接时的加热速度和冷却速度非常快，所以在焊接碳钢时，随着含碳量的增加，焊接裂纹和缺口敏感性也会增加。

对民用船体结构钢A、B、C级的激光焊接研究已趋成熟。试验用钢的厚度范围分别为A级9.5～12.7mm；B级12.7～19.0mm；C级25.4～28.6mm。在其成分中，含碳量均不大于0.25%，含锰量为0.6%～1.03%，脱氧程度和钢的纯度从A级到C级递增。焊接时，使用的激光功率为10kW，焊接速度为0.6～1.2m/min，焊缝除20mm以上厚板需双道焊外均为单道焊。

力学性能试验结果表明，所有A、B、C级钢的焊接接头拉伸性能都很好，均断在母材处，并具有足够的韧性。

(2) 铝及其合金　铝及铝合金的激光焊的主要困难是它对10.6μm波长的 CO_2 激光束的反射率高。铝合金激光焊接存在的主要问题如图4-30所示。

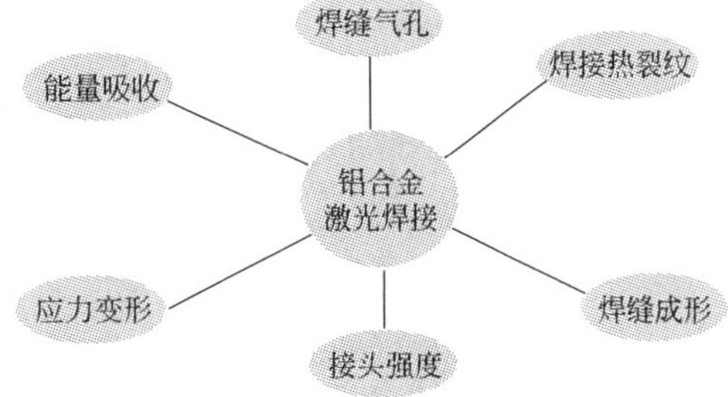

图4-30　铝合金激光焊接存在的主要问题

① 铝合金对激光的反射率高　铝是热和电的良导体，高密度的自由电子使它成为光的良好反射体，铝合金激光焊的难点在于铝合金对 CO_2 激光束（波长为10.6μm）有极高的反射率（超过90%），对YAG激光束（波长1.06μm）反射率也接近80%。也就是说，深熔焊必须从小于10%～20%的输入能量开始，要求很高的输入功率以保证焊接开始时必需的功率密度。而一旦小孔生成，它对光束的吸收率迅速提高，甚至可达90%，从而能使焊接过程顺利进行。有研究表明，实现铝合金的深熔焊所需的临界功率密度为 $4.0\times10^6W/cm^2$。

② 小孔的形成和稳定性　在激光焊接过程中，小孔的出现可大大提高材料对激光的吸收率，这是获得良好焊接质量的前提。

在铝合金的激光焊接中，首要的问题是小孔的形成和维持稳定较困难，这是由于铝合金的材料特性和激光束的光学特性造成的。研究表明，功率密度阈值与焊接速度关系不大。在焊速从3m/min到7m/min变化中，所需功率密度阈值无明显变化。因此降低焊速对诱导小孔产生无很大效果，反而会带来副作用，如合金元素烧损严重而引起接头强度下降。

在相同条件下，在激光焊接铝合金时，使用氮气时可较容易地诱导出小孔，而使用氦气则不易诱导出小孔，单独使用氩气则很难实现深熔接。

其原因可能是 N_2 和Al之间可发生放热反应；由上述反应而生成的三元化合物对激光能量的吸收率要高些。

由于铝合金材料自身性质的影响，加上激光的光学特性，使获得小孔所需能量密度高，而能量密度阈值的高低本质上主要受其合金成分的控制。

另一方面，尽管铝合金中的合金元素如Mg、Zn、Li等，沸点低，易于蒸发，蒸气压大，对诱导小孔的产生起到促进作用；但是由于其电离能低，如 $E(\text{Fe})=7.83\text{eV}$，$E(\text{Al})=5.96\text{eV}$，$E(\text{Mg})=7.61\text{eV}$，$E(\text{Li})=6.94\text{eV}$，因此，铝合金激光焊时，金属蒸气就易于电离，使等离子体中的电子密度大大提高，激光能量的载体光子能量小，易与电子相互作用，导致等离子体本身吸收过多的激光能量，即等离子体“过热”，使小孔不能维持连续的存在。可见，正是由于铝合金的材料特性和激光束的光学特性，使得小孔的诱导和稳定性成为铝合金激光焊接的特有困难。

③ 光致等离子体　如前所述，铝的电离能低，又含有大量的Mg、Zn、Li等低沸点合金元素，在激光焊接时，合金元素的蒸发和光致等离子体的产生是一个不容忽视的问题。

④ 焊缝中的气孔　在铝合金的激光焊接过程中存在两类气孔：氢气孔和由于小孔的塌陷而产生的气孔。

铝合金表面的氧化膜容易吸附环境中的湿气，而氢在液态铝中的溶解度约为其在固态铝中溶解度的20倍，当焊接过程中熔化冷却时，氢就析出，在向上逸出过程中会形成氢气孔（图4-31），激光焊接的冷却速度比常规的焊接方法快得多，因此氢气来不及逸出而形成气孔的可能性大大增加。这类气孔一般形状规则，尺寸大于树枝晶尺寸，在其内表面可见树枝晶结晶凝固花样。

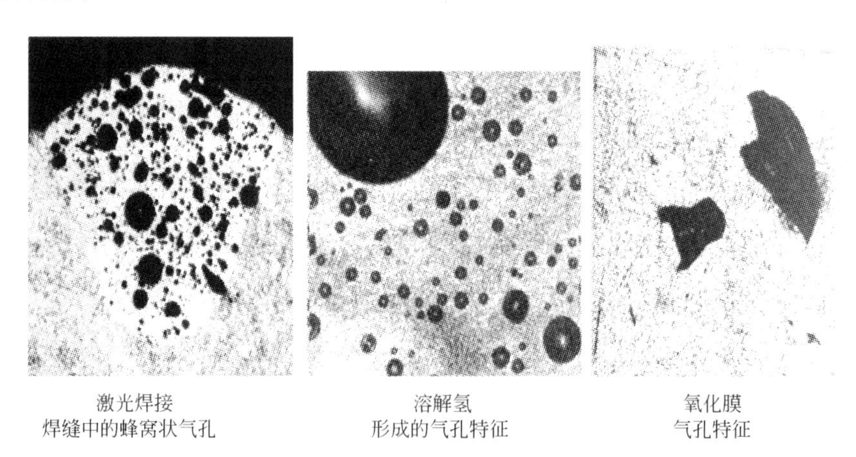

激光焊接
焊缝中的蜂窝状气孔

溶解氢
形成的气孔特征

氧化膜
气孔特征

图4-31　铝合金激光焊接时的氢气孔

由于小孔塌陷也可以形成孔洞，这主要是由于小孔中的动力学因素引起的。如果表面张力大于蒸气压力，小孔将不能维持稳定而塌陷，液态金属来不及填充就造成孔洞，其形态一般不规则。

⑤ 焊缝中的裂纹　铝合金激光焊接时，焊缝中有时会出现裂纹（图4-32）。6000系列

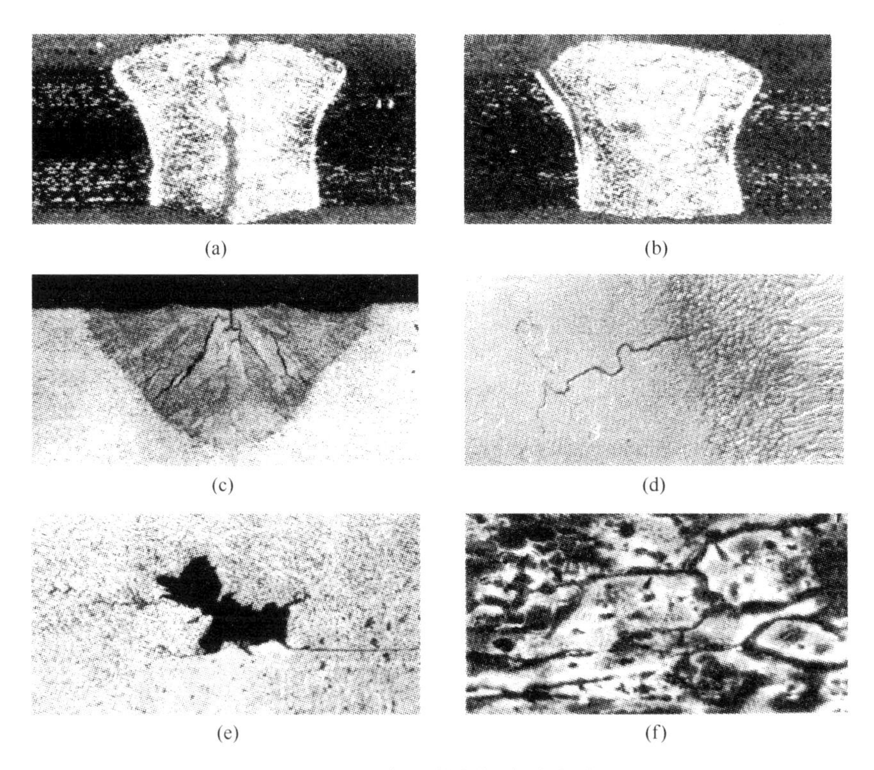

图 4-32　铝合金激光焊接时的裂纹

的 Al-Mg-Si 合金，激光焊接时裂纹敏感性较大。这主要是由于焊缝结晶时，在柱状晶边界形成 Al-Si 或 Mg-Si、Al-Mg-2Si 等低熔共晶，导致结晶裂纹。

⑥ 焊缝组织的变化和合金成分的烧损及接头的力学性能变化　铝合金激光焊接时，存在焊缝组织及热影响区软化的问题。

铝合金的强化机制一般有合金元素的固溶强化和时效沉淀强化两种。无论是固溶强化还是沉淀强化，由于合金元素 Mg 在激光焊接过程中的大量蒸发，必然导致焊缝硬度和强度的下降。另外，在焊接的熔化过程中，强化组织遭到完全的破坏，而变成了铸态结构，这也会使其硬度、强度下降。

熔合区的显微组织比母材组织要细小得多，这主要是因为激光来是高密度能源，熔融金属温度上升很高，与母材间的温度梯度很大，导致冷却速度很快，从而使焊缝的微观组织很细小。

铝合金焊缝合金元素含量在激光焊接过程中也会发生相应变化。其中 Mg、Zn 等强化元素含量下降。

Mg 和 Al 沸点分别是 1090℃ 和 2467℃，相差 1377℃，而 Mn 和 Cr 的熔点分别是 1244℃和 1857℃，它们的沸点分别是 1962℃和 2672℃。因此，当 Mg 达到其沸点时，其他合金元素甚至还未熔化。焊速越慢，Mg 在焊接过程中烧损严重。铝的质量分数的增加是由于 Mg 含量的减少。而 Mn、Cr 的含量的增加一方面是由于 Mg 的减少，另一方面是由于杂质在凝固过程中的偏析。

⑦ 应力和变形　大型铝合金构件存在较大的应力和变形。

(3) 钛及钛合金　钛合金因具有高的比强度（强度和质量比）而广泛用于航空、航天工业，它们是制造卫星、宇宙飞船、航天飞机和现代飞机不可缺少的材料。钛合金化学活性高，在高温下易氧化，在330℃时晶粒即开始长大。在进行激光焊时，正、反面均必须施加惰性气体保护。气体保护范围须扩大到400～500℃（即拖罩保护）。

钛合金对接时，焊前必须将坡口清洗干净，可先用喷砂处理，再用化学方法清洗。另外，装配要精确，间隙宽度要严格控制。激光焊接钛合金，焊速一般较高（80～100m/h），焊接深度大致为1mm/kW。

对工业纯钛和Ti-6Al-4V的CO_2激光焊研究表明，使用4.7kW的激光功率，焊接板厚为1mm的Ti-6Al-4V，速度可达15m/min。经X射线检验表明，接头致密，无气孔、裂纹和夹杂。也没有发现明显的咬边。接头的屈服强度、极限拉伸强度与母材相当，塑性不降低。图4-33是Ti-6Al-4V的激光焊接焊缝组织。

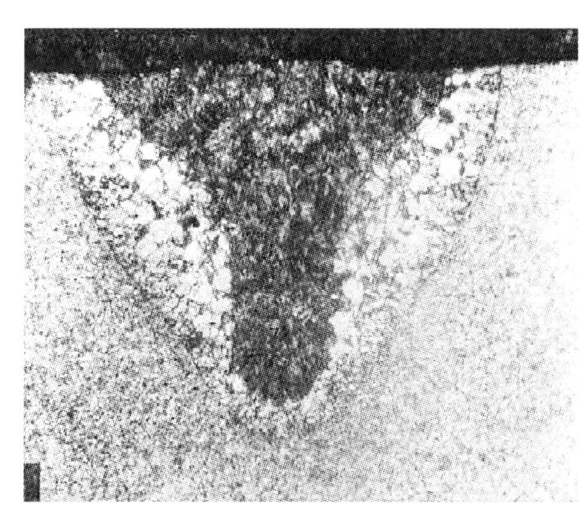

图4-33　Ti-6Al-4V的激光焊接焊缝组织

在适当的焊接参数下，Ti-6Al-4V的接头有与母材同等的弯曲疲劳性能。Ti-6Al-4V在退火状态下的原始组织是α+β相的混合物，经激光焊接后，焊缝组织主要是针状的α马氏体（α′）。在冷却过程中，首先形成的是“一次”α′晶粒，并在较长距离扩展，分割未转变的β相；然后，被分割的β相转变成一系列针状“二次”α′。HAZ组织是α+α′的混合物，从焊缝到母材，α的数量逐渐减少。

钛及其合金焊接时，氧气的溶入对接头的性能有不良影响，在激光焊时，只要使用了保护气体，焊缝中的氧就不会有显著变化。激光焊接高温钛合金，也可以获得强度和塑性良好的接头。

（4）耐热合金　许多镍基和铁基耐热合金都能用CO_2激光进行焊接。激光焊接这类材料时，容易出现裂纹和气孔。用2kW快速轴向流动式激光器，对厚2mm的JM-152合金进行焊接，最佳焊接速度为8.3mm/s；1mm厚的Ni基合金，最佳焊接速度为34mm/s。

（5）异种金属　在一定条件下，Cu-Ni、Ni-Ti、Cu-Ti、Ti-Mo、黄铜-铜、低碳钢-铜、不锈钢-铜及其他一些异种金属材料，都可以进行激光焊接。对Ni-Ti焊接熔合区的金相分析表明，熔合区主要由高分散度的微细组织组成，并有少量金属间化合物分布在熔合区界面。对可伐合金——铜的激光焊发现，其接头强度为退火态铜的92%，并具有较好的塑性，但焊缝金属呈化学不均匀性。图4-34是Ti-6Al-4V合金与Al-0.4Mg-1.2Si的激光焊接接头。

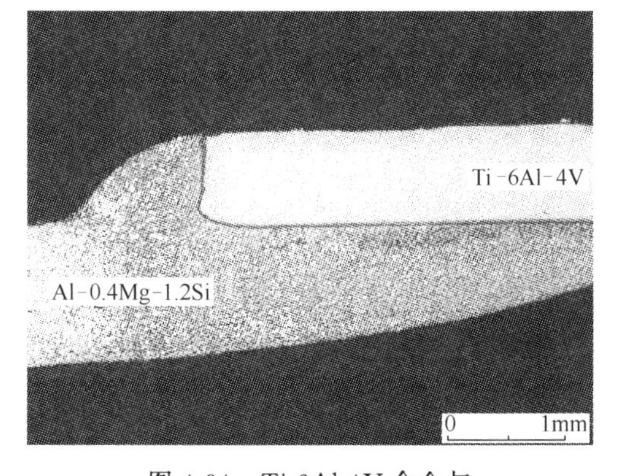

图4-34　Ti-6Al-4V合金与Al-0.4Mg-1.2Si的激光焊接

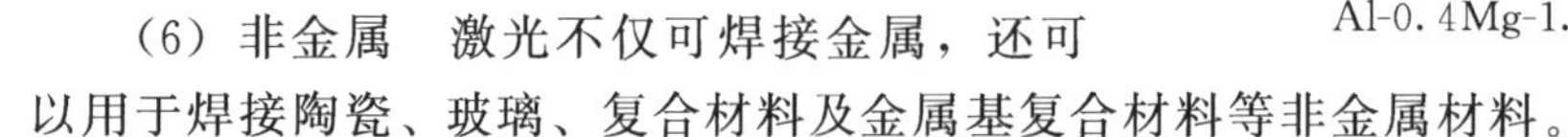

（6）非金属　激光不仅可焊接金属，还可以用于焊接陶瓷、玻璃、复合材料及金属基复合材料等非金属材料。

硅酸盐及氧化物对CO_2激光和YAG激光的吸收率很高，不需很高的功率就能够熔化

Al_2O_3、Y_2O_3 和 ZrO_2 等。但在焊接陶瓷等非金属材料时，要注意的是焊缝及热影响区可能会产生裂纹及气孔；熔化区和热影响区有晶粒长大的倾向；要将结晶控制为所希望的晶粒。焊前预热能防止产生上面所说的缺陷。

金属基复合材料（metal matrix composites，MMCs）广泛用于航空航天和汽车工业领域。焊接 MMCs 的难点是脆性相的产生以及由这些脆性相导致的裂纹和接头强度低。虽然在一定条件下可以获得满意的接头，但目前仍处于研究阶段。

4.1.3.6 复合激光焊接技术

（1）激光-电弧复合焊接 电弧作为一种成熟而经济的焊接热源，应用十分普遍，而由于电弧本身能量分布特性，电弧焊与激光焊相比，具有速度慢（通常为 0.3～1m/min，而激光焊一般为 2～10m/min）、焊接熔深和深宽比小、变形大、生产效率低等缺点。以激光-电弧复合（laser-arc hybrid）能源进行焊接（图 4-35），其原始设想可追溯到 20 世纪 70 年代末，由英国学者 Steen 等率先利用 TIG 和 CO_2 激光实现了激光-电弧复合焊。近年来，随着电弧焊设备和激光器性能的提高，激光-电弧复合焊技术发展更加多样化，已成为激光焊接技术的一大发展方向，这主要在于当激光与电弧作用于同一熔池时，可兼各热源之长而补各自之不足，具有“1+1＞2”的效应，主要表现如下：

① 电弧和激光共同作用于焊接处，电弧可以稀释激光束在焊接区产生的高温、高密度激光等离子体，从而降低激光等离子体对激光能量的吸收、反射和散射，提高激光能量的利用率，增加熔深（或者提高焊速）；

② 激光对电弧也有增强作用，激光在焊点处形成的等离子体通道能为电弧提供导电通路，由于导电通道很窄，所以能够吸引并压缩电弧，这不但增加了熔深，而且还有利于稳弧；

③ 两种热源的叠加使得工件的热输入增加，这样就能够提高熔深（在同样的熔深情况下可以提高焊接速度），同时，线能量的增加适当增大了熔池，减少了单纯激光深熔焊的气孔敏感性；

④ 随着金属温度的升高，金属对激光的吸收率会提高，通过电弧加热金属表层，可以降低金属对激光的反射，提高金属对激光的能量吸收率。

图 4-35 激光-电弧复合焊

激光-电弧复合能量束要比单独的激光束粗，而且可通过焊丝补充焊接材料，这使得这种热源对坡口加工精度和焊前装配间隙等要求比单纯激光焊接时大幅度降低，能改善焊缝成形。

激光-电弧复合焊接有激光（YAG 或 CO_2）与 MIG，TIG 和等离子弧复合三种方式。但目前应用主要集中在激光-MIG 复合焊方式上，因为 MIG 除了为激光焊提供电弧复合能源，能够添加合金元素，调整焊缝金属成分外，还能较好地加强激光焊接所不具备的焊缝金属填充能力，解决存在间隙时的焊缝下凹问题。

（2）激光-等离子弧复合焊接 激光-等离子弧复合焊接的原理与激光-电弧复合焊接有些

相似：像电弧一样，等离子弧的热作用区也较大；等离子弧的预热也使工件被激光初始照射时的温度升高，提高激光的吸收率；等离子弧也提供大量的能量，使总的单位面积热输入增加；激光也对等离子弧有稳定、导向和聚焦的作用，使等离子弧向激光的热作用区集聚。但在激光-电弧复合焊接时，电弧稀释光致等离子体云的效果随着电弧电流的增大而削弱，而激光-等离子弧复合焊接时的等离子体是热源，它吸收激光光子能量并向工件传递，反而使激光能量利用率提高。另外，在激光-电弧复合焊接中，由于反复采用高频引弧，起弧过程中电弧的稳定性相对较差；电弧的方向性和刚性也不理想；同时，钨极端头处于高温金属蒸气中，容易被污染，从而影响电弧的稳定性。而在激光与等离子弧复合焊接过程中，只有起弧时才需要高频高压电流，等离子弧稳定，电极不暴露在金属蒸气中，所以这种工艺可以解决激光-电弧复合焊接的以上问题。

在激光-等离子弧复合焊接装置中，激光束与等离子弧可以同轴，也可以不同轴，但等离子弧一般指向工件表面的激光光斑位置。与激光-电弧复合焊接一样，这种工艺除能焊接一般材料外，也能够焊接高反射率、高热导率的材料。

（3）激光-感应热源复合焊接　电磁感应是一种依赖于工件内部产生的涡流电阻热进行加热的方法，与激光一样，属于非接触性环保型加热，加热速度快，可实现加热区区域和深度的精确控制，特别适合于自动化材料加工过程，已在工业上得到了广泛的应用。将电磁感应和激光两种热源结合起来进行焊接，主要有如下优点：

① 实现焊接过程的同步加热或后热，控制焊接接头的冷却速度，产生较小的内应力，防止焊接裂纹的产生，改善焊接接头的组织和性能；

② 较慢的冷却、凝固过程还有利于气体的排除，激光-感应复合焊接在保持焊缝高深宽比的同时，可以减少或消除气孔；

③ 改善材料对激光的吸收，可在激光功率一定的情况下，进一步提高焊接熔深，保证焊缝成形，提高焊接制造质量的可靠性，或在满足相同的熔深要求时，提高焊接速度。

在这种复合焊接工艺中，可用高频感应热源对工件进行预热，在工件达到一定温度后，再用激光对工件进行焊接；也可用感应热源与激光同步对工件进行加热。这种工艺要求工件材料能被感应热源加热，而加热工件的感应圈对工件形状有所限制，比较适合的是管状或棒状工件的焊接，也可用感应线圈的漏磁实现平板的激光-感应复合焊接。

（4）双光束激光复合焊　双光束激光焊是近年来出现的新激光焊工艺，可采用单束激光分光（CO_2 激光）或多束激光复合（YAG 激光与 YAG 激光、CO_2 激光或 YAG 激光与高功率的半导体激光 HPDL）实现。双光束焊接能降低接头的冷却速度，改善接头的组织，降低焊缝硬度，防止焊缝裂纹产生，并可减少咬边、飞溅和未焊透等缺陷，尤其有利于铝合金激光焊接头质量的改善。

英国 TWI 将 3 台 YAG 激光的光束在直径 1mm 的 SI 光纤中合为一束，焊接 15mm 厚的钢板获得了良好的熔透焊缝。3.5kW 的 CO_2 激光与 1.5kW 的半导体激光复合焊接铝镁硅合金，前者垂直于工件，后者以 60°入射，显著地减少了气孔，焊缝表面成形质量比单 CO_2 激光焊好得多。德国 Munich 大学建立了 3kW 的 HPDL 激光和 3kW 的 YAG 激光复合焊系统，用半透镜耦合两束激光后再聚焦，用于铝合金的焊接，减少了飞溅和气孔，改善了焊缝的成形，提高了接头间隙装配阈值，2mm 厚的铝镁硅合金的间隙可为 0.4mm。

4.1.3.7　激光焊接在工业中的应用

早期的激光应用大都是采用脉冲固体激光器，进行小型零部件的点焊和由焊点搭接而成的缝焊。这种焊接过程多属于传导型传热焊。20 世纪 70 年代，大功率 CO_2 激光器的出现开辟了激光应用于焊接及工业领域的新纪元。激光焊接在汽车、钢铁、船舶、航空、轻工等行业得到日益广泛的应用。实践证明，采用激光焊接，不仅生产率高于传统的焊接方法，而且焊接质量也得到了显著的提高。

近年来，高功率YAG激光器有突破性进展，出现了平均功率4kW左右的连续或高重复频率输出的YAG激光器，可以用其进行深熔焊接，且因为其波长短，金属对这种激光的吸收率大，焊接过程受等离子体的干扰少，因而有良好的应用前景。

（1）脉冲激光焊的应用　脉冲激光焊已成功地用于焊接不锈钢、铁镍合金、铁镍钴合金、铂、铑、钽、铌、钨、钼、铜及各类铜合金、金、银、铝硅合金丝等。

脉冲激光焊接实际应用的成功事例之一就是显像管电子枪的组装。电子枪由数十个小而薄的零件组成，传统的电子枪组装方法是用电阻焊。电阻焊时，零件受压畸变，使精度下降，并且因为电子枪尺寸日益小型化，焊接设备的设计制造越来越困难。采用脉冲YAG激光焊，光能通过光纤传输，自动化程度高，易实现多点同时焊，且焊接质量稳定，所焊接的阴极芯装管后，在阴极成像均匀性与亮度均匀性方面，都优于电阻焊。每个组件的焊接过程仅需几毫秒，每组件焊接全过程为2.5s，而采用电阻焊需要5.5s。

脉冲激光焊接还可用于核反应堆零件的焊接、仪表游丝的焊接、混合电路薄膜元件的导线连接等。用脉冲激光封装焊接继电器外壳、锂电池和钽电容外壳、集成电路等都是很有效的方式。

（2）连续CO_2激光焊接的应用实例

① 汽车制造业　CO_2激光焊接在汽车制造业中应用最为广泛。据专家预测，汽车零件中有50%以上可用激光加工，其中切割和焊接是最主要的激光加工方法。世界三大主要汽车产地中，北美和欧洲以激光焊接为主，而日本则以切割为主。发达国家的汽车制造业越来越多地采用激光焊接技术来制造汽车底盘、车身板、底板、点火器、热交换器及一些通用部件。

以前用电子束焊接的冲压板（tailor blank），现在正逐步被激光焊所取代。用激光焊拼接冲压成形的板料毛坯，可以减少冲模套数、焊装设备和夹具，可提高部件精度，减少焊缝数量，降低产品成本，减轻车身质量，减少零件个数。如卡迪拉克某型轿车车身侧门板，不同厚度的5块冲压板采用激光焊拼接后进行冲压成形，可优化零件强度和刚度，无需传统工艺必需的加强筋。通过优化设计，充分利用材料，可将材料的废损率降低到10%以下。图4-36是激光焊接汽车车身侧门板。

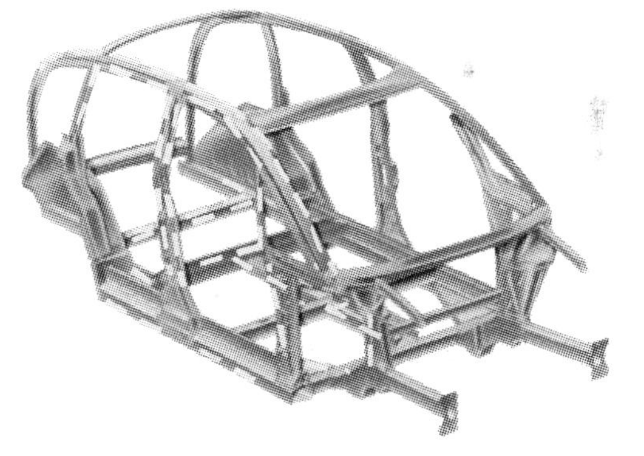

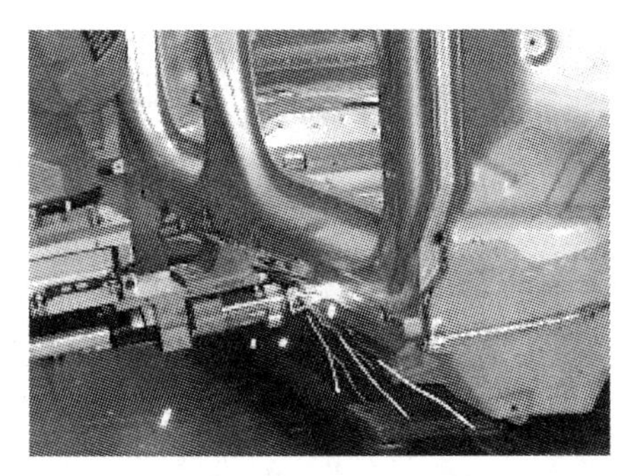

图4-36　激光焊接汽车车身侧门板

美国福特汽车公司采用6kW激光加工系统，将一些冲压的板材拼接成汽车底盘，整个系统由计算机控制，可有5个自由度的运动，它特别适于新型车的研制。该公司还用带有视觉系统的激光焊接机，将6根轴与锻压出来的齿轮焊接在一起，成为轿车自动变速器齿轮架部件，生产速度为200件/小时。

意大利菲亚特（Fiat）公司用激光焊接汽车同步齿轮，费用只比老设备高一倍，而生产率却提高了5～7倍。日本汽车电器厂用2台1kW激光器焊接点火器中轴与拔板的组合件，该厂于1982年建成两条自动激光焊接生产线，日产1万件。德国奥迪（Audi）公司用激光拼接宽幅（1950mm×2250mm×0.7mm）镀锌板，作为车身板，与传统焊接方法相比，焊缝及HAZ窄，锌烧损少，不损伤接头的耐蚀性。

用激光叠接焊代替电阻点焊，可以取消或减少电阻焊所需的凸缘宽度，例如，某车型车身装配时，传统的点焊工艺需100mm宽的凸缘，用激光焊只需1.0～1.5mm，据测算，平均每辆车可减轻质量50kg。

由于激光焊接属于无接触加工，柔性好，又可在大气中直接进行，故可以在生产线上对不同形状的零件进行焊接，有利用于车型的改进及新产品的设计。

② 钢铁行业　CO_2激光焊接在钢铁行业中主要用于以下几个方面：钢带的焊接及连续酸洗线等的应用。

a. 硅钢板的焊接　生产中的半成品硅钢板一般厚为0.2～0.7mm，幅宽为50～500mm，常用的焊接方法是TIG焊，但焊后接头脆性大，用1kW CO_2激光焊这类硅钢薄板，最大焊速可达10m/min，焊后接头的性能得到了很大改善。

b. 冷轧低碳钢板的焊接　板厚为0.4～2.3mm，宽为508～1270mm的低碳钢板，用1.5kW CO_2激光器，最大焊速为10m/min，投资成本仅为闪光对焊的2/3。

c. 酸洗线用CO_2激光焊机　酸洗线上板材最大厚度为6mm，板宽最大值为1880mm，材料种类多，从低碳钢到高碳钢、硅钢、低合金钢等，一般采用闪光对焊。但闪光对焊存在一些问题，如焊接硅钢时接头里形成SiO_2薄膜，HAZ晶粒粗大，焊高碳钢时有不稳定的闪光及硬化，造成接头性能不良。用激光焊接可以焊最大厚度为6mm的各种钢板，接头塑性、韧性比闪光焊有较大改进，可顺利通过焊后的酸洗、轧制和热处理工艺而不断裂。例如，日本川崎钢铁公司从1986年开始应用10kW的CO_2激光，焊接8mm厚的不锈钢板，与传统焊接方法相比，接头反复弯曲次数增加两倍。

③ 镀锡板罐身的激光焊　镀锡板俗称马口铁，其主要特点是表层有锡和涂料，是制作小型喷雾罐身和食品罐身的常用材料。小型喷雾罐身由约0.2mm厚的镀锡板制成，采用1.5kW激光器，焊速可达26m/min。

对0.25mm厚的镀锡板制作的食品罐身，用700W的激光进行焊接，焊接速度为8m/min以上，接头的强度不低于母材，没有脆化的倾向，具有良好的韧性。这主要是因为激光焊缝窄（约为0.3mm），HAZ也小，焊缝组织晶粒细小。另外，由于净化效应，使焊缝含锡量得到控制，不影响接头的性能。焊后的翻边及密封性检验表明，无开裂及泄漏现象。英国CMB公司用激光焊罐头盒纵缝，每秒可焊10条，每条缝长120mm，并可对焊接质量进行实时监测。

④ 组合齿轮的焊接　在许多机器中，常常用到组合齿轮（塔形齿轮），当两个齿轮相距很近时，机械方法难以加工，或因为需留退刀槽而增大了坯料及齿轮的体积。因此，一般是分开加工成两个齿轮，然后再连成整体。这类齿轮的连接方法通常是胶结或电子束焊。前者是用环氧树脂把两个零件粘在一起，其接头强度低，抗剪切力一般只有20MPa，而且由于粘接时间隙不均匀，齿轮的精度不高。电子束焊则需真空室。用激光焊接组合齿轮，具有精度高、接头剪切强度大（约300MPa）等特点，焊后齿轮变形小，可直接装配使用。因为不需要真空室，上料方便，生产效率高。在电厂的建造及化工行业，有大量的管-管、管-板接头，用激光焊接可得到高质量的单面焊双面成形焊缝。

在舰船制造业，用激光焊接大厚板（可加填充金属），接头性能优于通常的电弧焊，能降低产品成本，提高构件的可靠性，有利于延长舰船的使用寿命。激光焊接在航空航天领域也得到了成功的应用。如美国 PW 公司配备了 6 台大功率 CO_2 激光器（其中最大功率为 15kW），用于发动机燃烧室的焊接。

激光焊接还应用于电机定子铁芯的焊接，发动机壳体、机翼隔架等飞机零件的生产，航空涡轮叶片的修复等。

激光焊接还有其他形式的应用，如激光钎焊（激光再流焊）、激光-电弧焊、激光填丝焊、激光压力焊等几种。激光钎焊主要用于印刷电路板的焊接（详见 4.5.3.2 节），激光压力焊则主要用于薄板或薄钢带的焊接。其他两种方法则适合于厚板的焊接。

4.1.4 激光焊接质量的实时监测与控制

激光焊接过程包含着许多复杂而又相互影响的物理过程，如材料的熔化和蒸发、小孔的形成以及光致等离子体的出现等。一方面，这种激光-物质-等离子体之间的相互作用，使得影响激光焊接质量的因素十分复杂；另一方面，在被焊工件的预加工和装配过程中，会不可避免地出现一些误差。在长时间的焊接过程中，激光器及其光学系统会出现不稳定性和污染等，这些因素都会使得激光焊接质量有偏差。为了充分发挥激光焊接高速高效的优势，对焊接质量进行在线监测和控制是十分必要的。激光焊接的在线监测包括过程监测和质量监测。过程监测是在焊接（加工处理）时，对加工过程，通过加工体系中机械量、物理量的同步测量，进行有关过程稳定性准则的检验，从而判定加工过程是否稳定有效，并将测量结果以相同或变换对应的信息输出，供生产人员进行如终止加工、修改加工参数等操作。质量监测是指对加工后的工件尺寸、形状、性能等，进行采集和测量，与设计要求指标比较，若不相符，则参考加工专家系统修改加工工艺参数，最终依靠相应的加工过程使加工质量符合要求。图 4-37 是激光焊接（加工）的监测对象。

激光焊接过程和质量监测手段，可以标示焊接工艺的有效性和焊接系统的稳定性；分析造成焊接过程失稳、焊接质量欠缺的物理机制；对各类因素分类判别并实时采取补偿措施。

常用技术单元及其组合如图 4-38 所示。下面从传感信号的选取和激光焊接缺陷诊断方法的发展来讨论目前的进展。

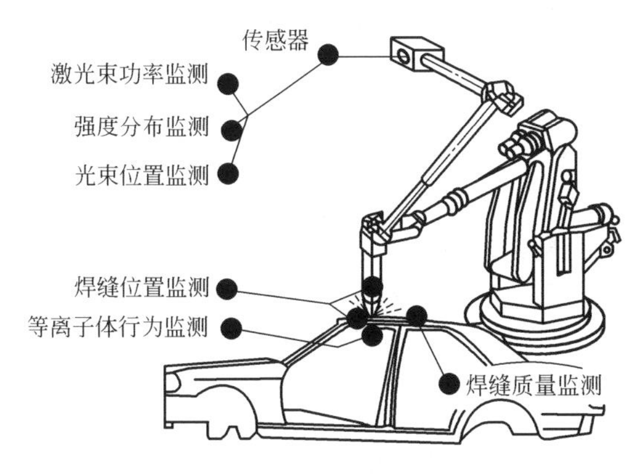

图 4-37 激光焊接（加工）的监测对象

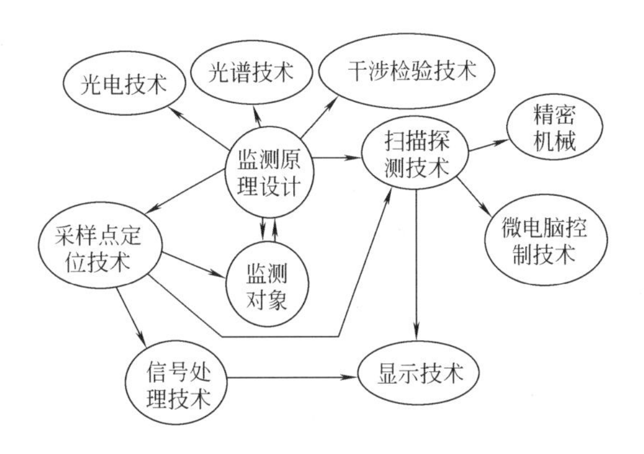

图 4-38 激光焊接过程监测常用技术单元及其组合

4.1.4.1 传感信号

（1）用光辐射作为信号　在激光焊接过程中，与焊接质量有关的信号有很多（图 4-39），其中光信号有被工件反射或在穿透焊情况下透过小孔的激光辐射；工件上方或在穿

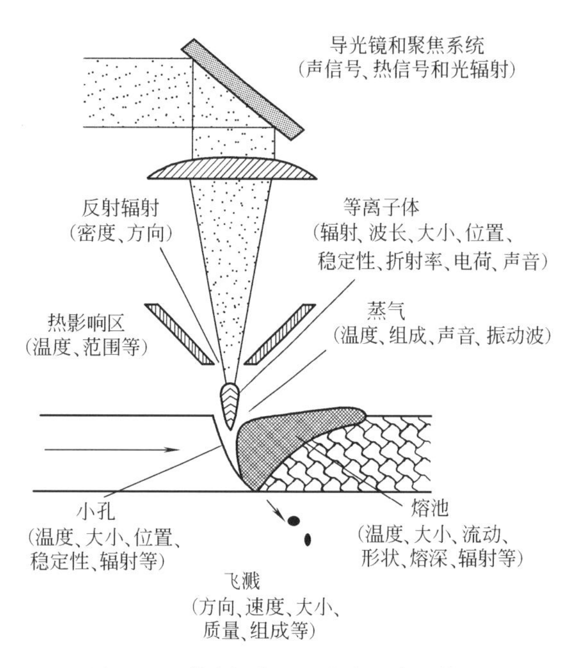

图 4-39 激光焊接过程发出的各种信号

透焊情况下工件下方等离子体发出的从紫外到红外的光辐射；熔池或焊根的热辐射等。

从熔池或焊根发出的红外信号主要反映熔池或焊根的温度变化，对其进行取样的一种方法是用高温计或红外监测仪作为传感器，但这种传感器响应速度较慢。另一种方法是采取被工件反射或在穿透焊情况下透过小孔的激光辐射作为信号。在不同焊接状态下，等离子体对激光的反射、折射、散射和吸收等作用是不同的。如小孔一旦形成，由于壁聚焦效应，工件对激光的吸收率大大提高，即被工件反射的激光功率减少；若未出现小孔，那么由工件反射的激光功率就大大提高。因此，通过对激光辐射进行测量就可监测激光焊接过程。第三种也是最常用的传感信号是光致等离子体的光辐射。图 4-40 是低碳钢对接焊时，通过对等离子体光辐射进行监测来诊断焊接质量的结果。

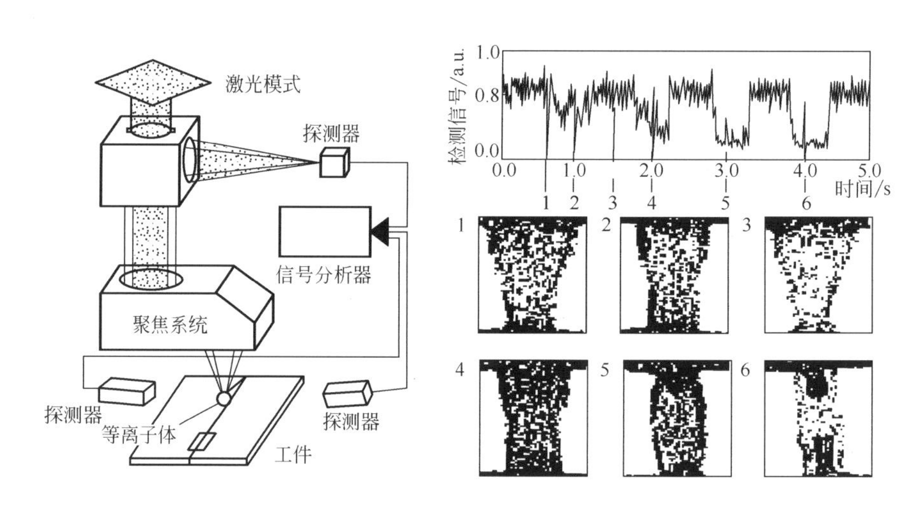

图 4-40 等离子体光辐射强度与接头间隙（低碳钢对接，3mm）

1—间隙为 0mm；2—间隙为 0.1mm；3—间隙为 0mm；4—间隙为 0.2mm；5—间隙为 0.4mm；6—间隙为 0.6mm

对等离子体信号的接收有三种类型。

其一，用光谱法或微探针法等来分析激光诱导的等离子体中电子密度（N_e）和电子温度（T_e）等的分布变化以反映焊接过程的状况。例如，用光谱分析仪获取等离子体光谱，测得各线光谱的强度，再计算 N_e 和 T_e，从而来分析和计算等离子体的一些物理参数，对焊接过程进行监测。

其二，利用 CCD 摄像仪摄取等离子体的图像，通过对图像的处理来监控激光焊接过程（图 4-41）。

其三，利用单个光电探测器来测量等离子体的光强。这种方法的优越性在于光谱强度由等离子体中粒子的跃迁辐射决定，它取决于等离子体的长度、粒子密度及等离子体温度，受干扰的可能性小；能直接反映等离子体状态，与焊接质量紧密相关；光信号的传感、处理较简单。普通的光电传感器如光电二极管和光电三极管具有反应速度快、信噪比高、坚固性好、体积小和费用低等特点，一般用光电二极管或光电三极管配用窄带或宽带滤光镜即可满足监测技术的要求。图 4-42 是基于光电管检测和神经网络计算的闭环控制系统，可通过计算机调节离焦量，实现对焊接质量的控制。

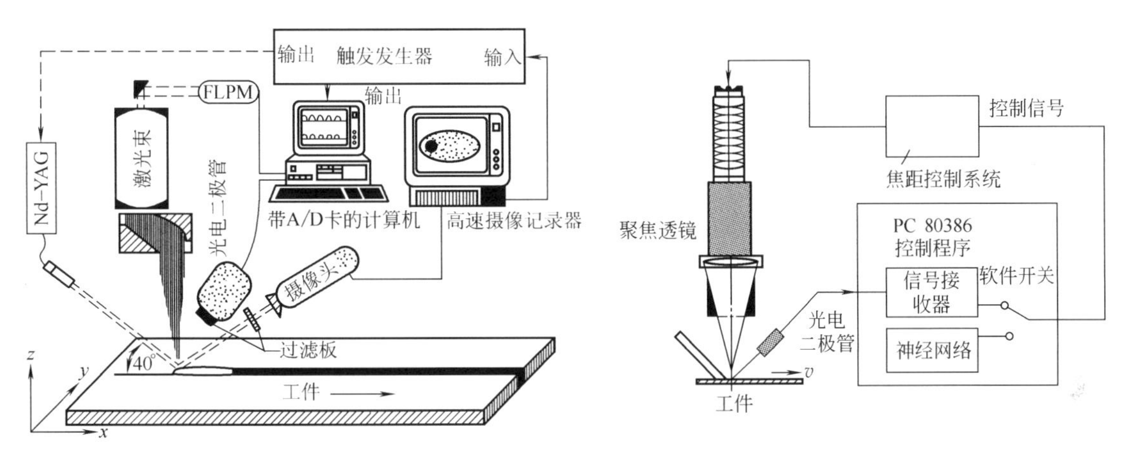

图 4-41　激光焊接质量图像监测系统

图 4-42　基于光电管和神经网络的闭环控制系统示意图

(2) 用声辐射作为信号　声辐射信号主要有两种。一种是结构中产生的声辐射信号，它是由激光焊接过程中工件上及其他结构中热应力的释放而产生的。由于在不同的焊接状态下，等离子体对激光的折射、反射、散射和吸收情况在不断变化，激光器输出窗口上受热的作用也在不断改变，因此会产生声辐射信号；如果在工件上方放置一块金属板，由于受到等离子体压力波冲击的影响，该金属板上也会产生声辐射信号。声辐射信号频率很高，信号微弱而庞杂，可由放置在工件、激光器输出窗口或邻近加工区的金属板上的压力传感器进行探测，这种传感器需要与工件或激光器输出窗口紧密耦合，同时对声辐射信号的分析要进行电子滤波和信号调制。

另一种是可听声信号。进行深熔激光焊接时，会发出一种可听见的声音。一般认为这种声信号是由等离子体从小孔中喷射出来时造成的压力波形成的。其声压与等离子体的粒子密度及小孔形状有关。这种声信号除了与等离子体有关外，还与小孔及熔池的行为密不可分，故能反映焊接质量的变化。可听声信号可用麦克风进行探测并转化为覆盖小孔的等离子体压力的变化。图 4-43(a) 是这类方法的示意图，图 4-43(b) 表明，在不同的焊接速度下，声信号强度不同。

(3) 用喷嘴与工件之间的电位差作为信号　宏观呈电中性的等离子体中存在着大量带负电的自由电子和带正电的离子，这些带正电的离子和带负电的自由电子在蒸气压力的作用下，从小孔或工件表面向喷嘴方向运动。由于自由电子的运动速度大大高于带正电离子的速度，在等离子体内部，局部的电平衡会被破坏，形成相对于激光入射点、沿激光入射轴线方向的电位差。通过测量工件与焊接喷嘴之间的电位差，可以判断等离子体的强度或电子密度（图 4-44）。在未形成深熔焊时，工件上方的金属蒸气未被电离，不存在带电离子和自由电子，

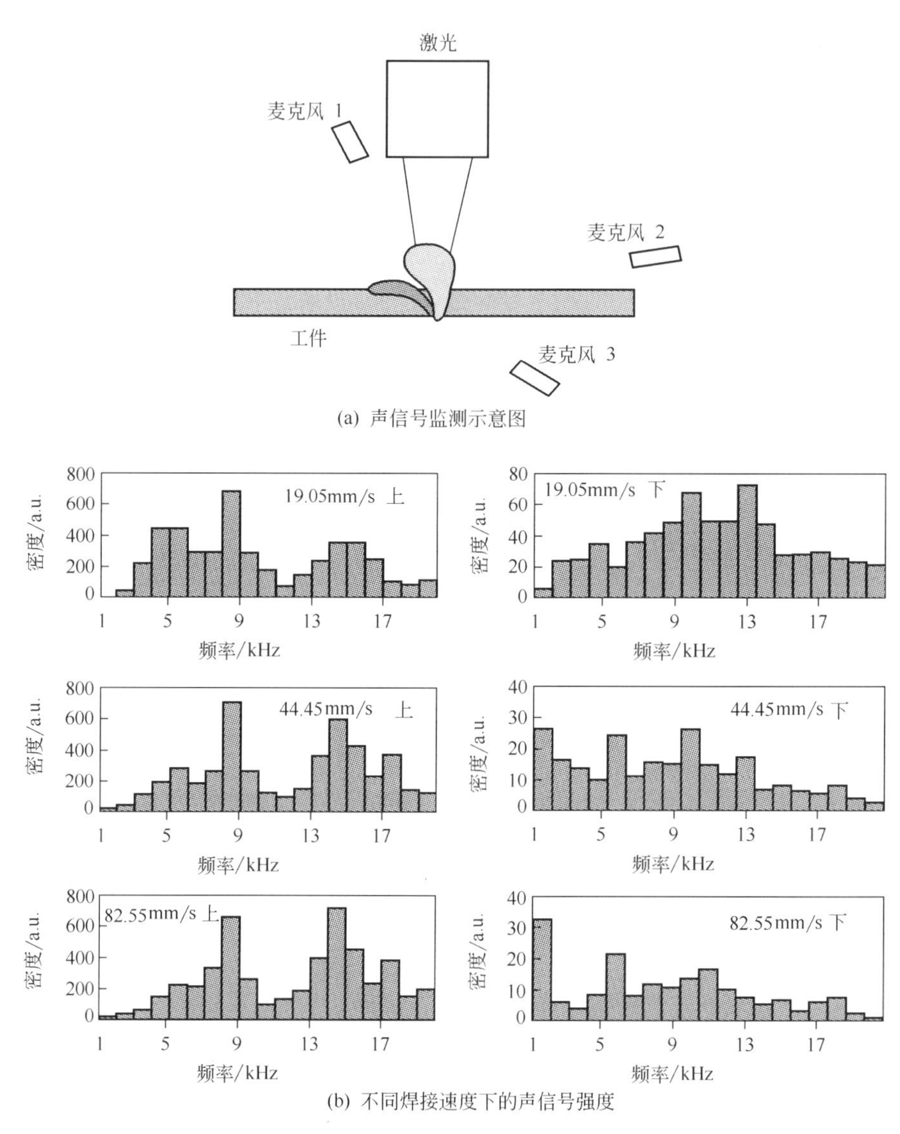

图 4-43 用声辐射信号监测焊接过程

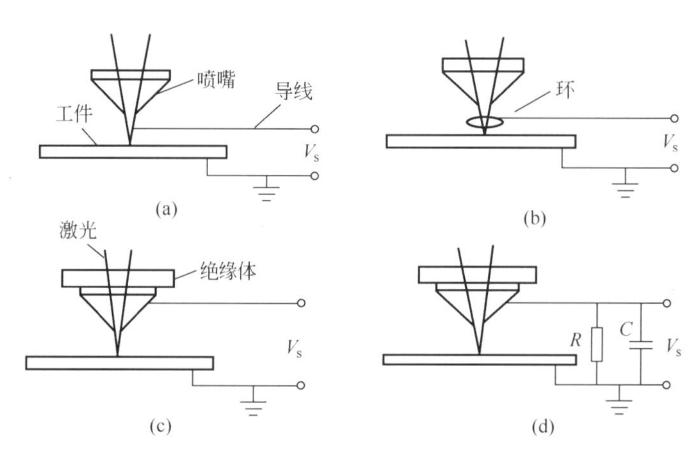

图 4-44 喷嘴与工件间电位差的测量方法示意图

就不会有电信号产生。

4.1.4.2 激光焊接缺陷诊断方法

(1) 双限比较法　这种方法主要依据以下结论：在未焊透时，等离子体光强或声压较低；当小孔稳定存在时，焊接质量良好，光强和声压基本维持在一个稳定的水平上；当出现烧穿等情况时，光强和声压会在短时间内急剧上升。这种质量监测系统只对信号做简单的放大、滤波、比较处理，对罐身、汽车板激光焊接中的未焊透、烧穿等缺陷可进行较好的监测，不过响应速度较慢。

(2) 信号数字化处理及频谱分析方法　目前普遍认为等离子体经历产生、从小孔喷出、熄灭、再一次产生的动态周期性过程。等离子体受到熔池凝固、吹气气流的影响。因此激光焊接过程中的光、声信号属于动态信号。要了解动态信号规律，必须对信号进行时域以外的频域分析。最常用的方法就是快速傅里叶变换。这种分析方法可加深对信号物理本质的认识，同时又可提高诊断系统的精度和灵敏度。

典型的分析系统主要包括一套由计算机控制的模拟信号采集器和数字信号处理器，可对信号快速进行采样、保持、模数转换、快速傅里叶频谱分析（FFT）等处理（图 4-45）。采样速度最高达 40kHz，然后对数字信号进行傅里叶变换，分析信号的频谱特征。在出现不同缺陷时，可找出信号在频域上的特征，从而提高缺陷诊断系统的精度。

(3) 专家系统　激光焊接缺陷实时诊断专家系统通常由推理机、知识库（包括规则、数据库）和用户界面组成，现在已发展到包括神经网络的模糊控制专家系统（图 4-45）。对缺陷的识别依据是信号强度和波形。例如，由利物浦大学开发并应用于罐身激光焊接上的专家系统，所使用的信号为喷嘴与工件间的电位差，用于探测等离子体的变化情况；用焊接喷嘴作为探针，探测由熔池压力波冲击所产生的声发射信号，用于监测熔池的变化情况。其采样速度为 25Hz。

(4) 人工神经网络　人工神经网络是基于神经科学、计算机科学、哲学和心理学等领域的最新研究成果发展起来的新型边缘学科。一个人工神经网络通常由很多个神经元组成，表现为一个高维非线性动力学系统，使得单个神经元特性的畸变并不致造成人工神经网络的整体特性的严重损失。人工神经网络能根据环境不断修正自己，表现出自适应、自组织和自学习的能力，适合处理具有多种变化的信息。光致等离子体辐射的光、声信号是一种频谱庞杂的动态信号，而进行频谱分析，并由此诊断出不同的缺陷，人工神经网络是一种理想的工具。图 4-45 是智能化激光焊接质量监测和控制系统示意图，由信号处理单元、神经网络部分和模糊逻辑控制系统等组成，是包括神经网络的模糊控制专家系统。

尽管激光焊接过程是一个难以用数学解析方法建立精确模型的系统，但随着计算机技术的发展，人工智能技术（包括专家系统、模糊控制、人工神经网络）在非线性、时变性和不确定性系统中解决问题的能力日益加强，可以预见，激光焊接质量监测技术将向智能化方向发展，人工智能技术在激光焊接质量诊断上的应用将发挥巨大作用。

近年来，随着现代光学技术、信息技术及计算机技术的飞速发展，激光焊接质量的诊断在信号拾取、信息提取、缺陷识别以及通用性、适应性等方面取得了较大进展。主要表现在以下几个方面。

① 多传感器的广泛采用　早期的激光焊接实时监测系统一般采用一到两个传感器采集焊接过程中的光或声信号，从中可提取的有效信息较少，并且容易受到干扰，系统的可靠性差，且只能用于监测焊接过程的稳定性。近几年来，采用多传感器从多个方面获取焊接质量信息成为一个研究的热点，多传感器的采用不仅可以获取更为全面的质量信息，使焊接缺陷

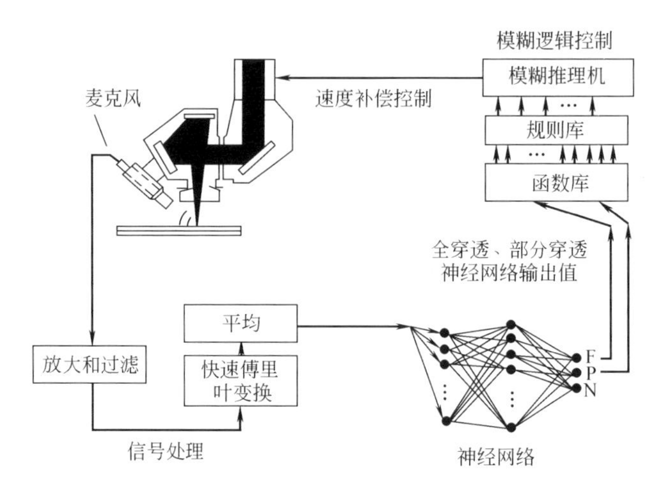

图 4-45　智能化激光焊接质量监测和控制系统示意图

的识别成为可能，更大大提高了系统在恶劣工业环境下的可靠性。

② 同轴方向信号拾取　随着现代光学器件制备技术的不断进步，已经可以制造出特殊的分光/反射镜片用于逆激光传输的方向拾取等离子体或熔池的光辐射信号，这种同轴信号拾取方式较早期采用的偏轴信号拾取方式，其优点如下：可很好地适用于二维曲线和三维曲面焊接；传感器易于对准焊接区域；借助于滤光和图像处理技术可实现熔池和小孔的观察；除了用于激光焊接监测外，还可用于激光切割、热处理以及打孔等加工方式的质量监测。

③ 现代信息处理技术的结合使用　信息技术的飞速发展为激光焊接质量的诊断提供了有效手段，近年来新进展主要表现在三个方面：一是信号处理方法从时域分析、频域分析到时频分析不断向前发展；二是信息融合技术的采用，多传感器监测从多方面提取了焊接质量信息，信息融合技术可以结合不同信号中的一致有效的信息，去除不同信号中冗余甚至矛盾的信息，从而保证结论的正确性和可靠性；三是现代模式识别技术用于不同焊接缺陷的判别。

④ 缺陷识别能力增强　早期的研究一般只限于监测焊接过程的稳定性，随着信息获取与处理手段的增强，不同焊接缺陷或焊接状态的识别已成为可能。

⑤ 熔池与小孔的直接观察　相对其他监测手段而言，熔池与小孔的直接观察具有无可比拟的优势，虽然激光焊接过程中存在强烈的等离子体弧光，但现代技术的发展已使熔池与小孔的直接观察成为可能，随着机器视觉技术的进步，拍摄更为清晰的熔池与小孔图像、开发更快的图像处理算法必然成为一个重要的发展趋势。

4.2　电子束焊接

4.2.1　引言

电子束焊接在工业上的应用已有 50 余年的历史。1948 年 Steigerwald 在研究电子显微镜中的电子束时，发现具有一定功率和功率密度的电子束可用来加工材料，他用电子束对机械表上的红宝石进行打孔，对尼龙等合成纤维批量产品的图案凹模进行刻蚀以及切割。接着 Steigerwald 又发现电子束具有焊接能力，因为它具有小孔效应，所以焊速快，热输入低，焊缝深宽比大，因此克服了传统热源靠热传导进行焊接所产生的局限。

与 Steigerwald 同时研究电子束焊接的还有 J. A. Stohr，他当时为法国原子能委员会工作，要对用于核工业燃料元件上的锆基合金这样的活泼金属进行焊接。由于金属材料的熔焊是一个冶金过程，在真空中对活泼金属进行焊接将更有利，因而真空电子束焊接是最合适的方法。1956 年 J. A. Stohr 申请了专利，阐述了电子束焊接的基本想法，1958 年，Steigerwald 和 Stohr 向世界上所有的工业国家公布了最初的研究成果并建造了世界上第一台电子束焊机，开始用于工业生产。现在已广泛应用于原子能及宇航工业、航空、汽车、电子电器、工程机械、医疗、石油化工、造船等几乎所有的工业部门。

4.2.2 电子束焊基本原理

4.2.2.1 电子束的产生

电子束焊是由高电压加速装置形成的高能量电子束流通过磁透镜会聚，得到很小的焦点（其能量密度可达 $10^4 \sim 10^9 W/cm^2$），轰击置于真空或非真空中的工件时，电子的动能迅速转变为热能，熔化金属，完成焊接过程。在热发射材料和被焊工件之间的电位差使热发射电子连续不断地加速飞向工件，形成电子束流。通过电子光学系统，把束流会聚起来以提高能量密度，熔化金属，实现焊接。图 4-46 所示是三极电子枪结构示意图。

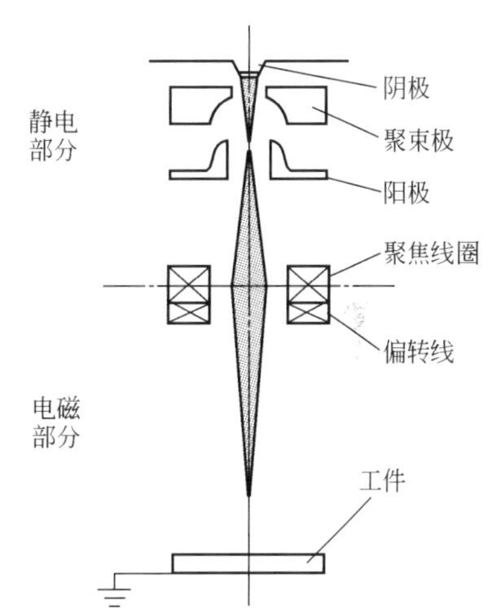

图 4-46 三极电子枪结构示意图

(1) 阴级 通常由钨、钽以及六硼化镧等材料制成，在加热电源直接加热或间接加热下，其表面温度上升，发射电子。

(2) 阳极 为了使阴极发射的自由电子定向运动，在阴极上加一个负高压，阳极接地，阴、阳极之间形成的电位差加速电子定向运动，形成束流。

(3) 聚束极（控制极、栅极） 只有阴、阳两极的电子枪叫二极枪。为了能控制阴、阳两极间的电子，进而控制电子束流，在电子枪上又加上一个聚束极，也叫控制极或栅极。聚束极在负高压一侧，但其上加一个比阴极更高的负高压，以调节电子束流的大小。具有阴极、阳极和聚束极的枪称为三极枪。

(4) 聚焦透镜 电子从阴极发射出来，通过聚束极和阳极组成的静电透镜后，向工件方向运动，但这时的电子束流能量并不十分集中，在所经过的路径上产生发散，为了得到足以焊接金属的电子束流，必须通过电磁透镜将其聚焦，聚焦线圈可以是一级，也可以是两级，经聚焦后的电子束流能量密度可达到 $10^7 W/cm^2$ 以上。

(5) 偏转系统 电子束流在静电透镜和电磁透镜作用下，径直飞向工件，但有时电子束需偏离轴线。一方面，焊接接头可能是 T 形或其他类型，需电子束偏转；另一方面，有时加工工艺需要电子束具有扫描功能，因而也需要电子束能偏摆。偏转系统由偏转线圈和函数发生器以及控制电路所组成。

(6) 合轴系统 电子束经过静电透镜、电磁透镜这些电子光学系统以及偏转系统后，因为有像差、球差等的影响，到达工件时，其电子束斑点可能不是所要求的，为了得到满意的电子束斑点，在电子枪系统中，往往加上一套合轴系统，合轴线圈结构与偏转线圈类似，不过其线圈极数多些，它可放在静电透镜上部或下部。

4.2.2.2 电子束深熔焊机理

电子束焊接时，在几十到几百千伏加速电压的作用下，电子可被加速到光速的 1/2～2/3，高速电子流轰击工作表面时，被轰击的表层温度可达到10^4℃以上，表层金属迅即被熔化。表层的高温还可向焊件深层传导，由于界面上的传热速度低于内部，因而焊件呈现出趋向深层的等温线。

前苏联科学院院士雷卡林教授根据这一热传导理论，推算出了一个简化的等效公式：

$$P_d = P_i / \pi R_b^2 \tag{4-11}$$

$$T_c = (1/\lambda) P_d R_b \tag{4-12}$$

式中，P_d为功率密度；T_c为被加热区的中心点的温度；R_b为电子束加热区的半径；P_i为输入功率；λ是与材料有关的常量。

当输入功率不变时，缩小束斑尺寸将使功率密度P_d按二次方增加，从而提高加热区中心点的温度T_c。当束斑直径缩得足够小时，功率密度分布曲线变得窄而陡，热传导等温线便向深层扩散，形成窄而深的加热模式。提高电子束的功率密度可以增加穿透深度。

在大厚度焊接中，焊缝的深宽比可高达60∶1，焊缝两边缘基本平行，似乎温度横向传导几乎不存在，出现这种现象的原因是在电子束焊接中存在小孔效应。高能量密度电子束轰击工件，使工件表面材料熔化并伴随着液态金属的蒸发，材料表面蒸发走的原子的反作用力力图使液态金属表面压凹，随着电子束功率密度的增加，金属蒸气量增多，液面被压凹的程度也越大，并形成一个通道。电子束经过通道轰击底部的待熔金属，使通道逐步向纵深发展。液态金属的表面张力和流体静压力是力图拉平液面的，在达到力的平衡状态时，通道的发展才停止，并形成小孔。

形成深熔焊的主要原因是金属蒸气的反作用力。它的增加与电子束的功率密度成正比。实验证明，当束功率密度低于10^5W/cm^{2}时，金属表面不产生大量蒸发的现象，电子束的穿透能力很小。在大功率焊接中，电子束的功率密度可达10^8W/cm^{2}以上，足以获得很深的穿透效应和很大的深宽比。

但是，电子束在轰击路途上会与金属蒸气和二次发射的粒子碰撞，造成功率密度的下降。液态金属在重力和表面张力的作用下，对通道有浸灌和封口作用。从而使通道变窄甚至被切断，干扰和阻断了电子束对熔池底部待熔金属的轰击。在焊接过程中，通道不断地被切断和恢复，达到一个动态平衡。

由此可见，为了获得电子束焊接的深熔焊效应，除了要增加电子束的功率密度外，还要设法减轻二次发射和液态金属对电子束通道的干扰。

4.2.2.3 电子束焊接技术的特点

① 电子束能量密度高，是理想的焊接热源。电子束与其他焊接热源的比较见表4-5。

表4-5 各种热源的能量密度

热源	能量密度/(W/cm^2)	热源直径/cm	热源	能量密度/(W/cm^2)	热源直径/cm
电弧	10^4	0.2～2	电子束	10^4～10^7	0.03～1
等离子	10^4～10^5	0.5～2	激光	10^3～10^7	0.01～1

② 电子束焊热源稳定性好，易控制。

③ 真空电子束焊接时，焊缝免遭大气污染，在2Pa真空度下焊接相当于99.99%氩气的保护，获得真空所消耗的成本远低于消耗氩气的成本。

④ 电子束焊机易实现自动化控制，操作简单，焊接质量易保证，适合于批量生产。

⑤ 允许采用的焊接接头形式较其他焊接方法少，焊接速度快，热影响区窄、焊接变形小，可作为最后加工工序或仅保留精加工余量。

⑥ 大功率电子束适合焊接大厚度零件，提高材料利用率，经济效益好。

⑦ 电子束焊的适用范围极广，它可用于焊接贵重部件（如喷气式发动机部件），又可焊接廉价部件（如齿轮等）；既可适用于大批量生产（如汽车、电子元件），也适用于单件生产（如核反应堆结构件）；既可以焊接微型传感器，也可焊接结构庞大的飞机机身；从薄的锯片到厚的压力容器它都能焊接；不但可焊接普通的结构，也可焊接多种特殊金属材料，如超高强度钢、钛合金、高温合金及其他贵重稀有金属。

电子束焊接具有很多优于传统焊接方法的特点，见表 4-6。

表 4-6　电子束焊接工艺特点

工艺特点	内　　容
焊缝深宽比高	束斑尺寸小，能量密度高。可实现高深宽比（即焊缝深而窄）的焊接，深宽比达 60：1，0.1～300mm 厚度不锈钢板可一次焊透
焊接速度快，焊缝物理性能好	能量集中，熔化和凝固过程快。例如，焊接厚 125mm 的铝板，焊接速度达 400mm/min，是氩弧焊的 40 倍，能避免晶粒长大，使接头性能改善，高温作用时间短，合金元素烧损少，焊缝抗蚀性好
工件热变形小	能量密度高，输入工件的热量少，工件变形小
焊缝纯洁度高	真空对焊缝有良好的保护作用，高真空电子束焊接尤其适合于焊接钛及钛合金等活性材料
工艺适应性强	参数易于精确调节，便于偏转，对焊接结构有广泛的适应性
可焊材料多	不仅能焊金属，也可焊陶瓷、石英玻璃等以及非金属材料与某些金属的异种材料接头
再现性好	电子束焊接参数易于实现机械化、自动化控制，重复性、再现性好，提高了产品质量的稳定性
可简化加工工艺	可将重复的或大型整体加工件分为易于加工的、简单的或小型部件，用电子束焊为一个整体，减少加工难度，节省材料，简化工艺

4.2.2.4　电子束焊接工艺

（1）电子束焊接工艺参数　电子束焊接的主要工艺参数是加速电压 U_a、电子束流 I_b、聚焦电流 I_f、焊接速度 v_b 及工作距离 H。

① 加速电压　在大多数电子束焊接中，加速电压参数往往不变，根据电子枪的类型（低、中、高压），通常选取某一数值，如 60kV 或 150kV。在相同的功率、不同的加速电压下，所得焊缝深度和形状是不同的。提高加速电压可增加焊缝的熔深。当焊接大厚件并要求得到窄而平行的焊缝或电子枪与工件的距离较大时，可提高加速电压。

② 束流　束流与加速电压一起决定着电子束的功率。在电子束焊接中，由于电压基本不变，所以为满足不同的焊接需要，常常要调整、控制束流值。这些调整主要是：在焊接环缝时，要控制束流的上升、下降，以获得良好的起始、收尾搭接处质量；在焊接各种不同厚度的材料时，要改变束流，以得到不同的熔深；在焊接大厚件时，由于焊速较低，随着工件温度增加传热变快，焊接电流需逐渐减小。

③ 焊接速度　焊接速度和电子束功率一起决定着焊缝的熔深、焊缝宽度以及被焊材料熔池行为（冷却、凝固及熔合包络线）。

④ 聚焦电流　电子束焊接时，电子束的聚焦位置有三种，上焦点、下焦点和表面焦点（详见 4.1.3.4 节）。焦点位置对焊缝形状影响很大。根据被焊材料焊接速度、焊缝接头间隙等决定聚焦位置，进而确定电子束斑点大小。

当工件被焊厚度大于 10mm 时，通常采用下焦点焊，且焦点在焊缝熔深的 30%处。当焊接厚度大于 50mm 时，焦点在焊缝熔深的 50%～75%之间更合适。

⑤ 工作距离　工件表面距电子枪的工作距离会影响到电子束的聚焦程度，工作距离变

小时，电子枪的压缩比增大，使束斑直径变小，增加了电子束功率密度。但工作距离太小，会使过多的金属蒸气进入枪体，造成放电，因而在不影响电子枪的稳定工作的前提下，可以采用尽可能短的工作距离。

(2) 获得深熔焊的工艺方法　电子束焊接的最大优点是具有深穿透效应。为了保证获得深穿透效果，除了选择合适的电子束焊接参数外，还可采取如下的一些工艺方法。

① 电子束水平入射焊接　当焊深超过 100mm 时，往往可采用电子束水平入射方法进行焊接。因为水平入射时，液态金属在重力作用下流向偏离电子束轰击路径的方向，其对小孔通道的封堵作用降低。但此时的焊接方向应是自下而上的。

② 脉冲电子束焊接　在同样功率下，采用脉冲电子束焊接，可有效地增加熔深。因为脉冲电子束的峰值功率比直流电子束的高得多，使焊缝获得较高的峰值温度。而金属蒸发速率随温度的升高会以高出一个数量级的比例提高。脉冲焊可获得更多的金属蒸气，蒸气反作用力增大，小孔效应增加。

③ 变焦电子束焊接　极高的功率密度是获得深熔焊的基本条件。电子束的功率密度最高的区域在它的焦点上。在焊接大厚度时，可使焦点位置随着焊件的熔化速度变化而变化，始终以最大功率密度的电子束来轰击待熔金属。但由于变焦的频率、波形、幅值等参数是与电子束功率密度、焊缝深度、材料和焊接速度有关，操作起来比较复杂。

④ 工件焊前预热或预置坡口　工件在焊前被预热，可减少焊接时热量沿焊缝横向的热传导损失，有利于增加熔深。有些高强钢焊前预热，还可减少焊后裂纹倾向。由于焊缝是铸造组织，在深熔焊时，往往有一定量的焊缝金属堆积在工件表面，如果预开坡口，则这些金属会填充坡口，相当于增加了熔深。另外，如果结构允许，尽量采用穿透焊，因为液态金属的一部分可以在工件的下表面流出，就可减少熔化金属在焊口表面的堆积，减少液态金属的封口效应，增加熔深。

4.2.3 电子束焊接的应用实例

4.2.3.1 大厚件电子束焊接

在焊接大厚件方面，电子束具有很大的优势。大功率电子束可一次焊透钢 300mm，铝 450mm。表 4-7 列出的是一些大厚件电子束焊接实例。

表 4-7　大厚件电子束焊接实例

名　　称	材　料	最大焊接深度	说　　明
JT-60 反应堆的环形真空槽	Inconel625	65mm	10 个波纹管连成直径 ϕ10m 的空心环，最大管径为 ϕ3m，全部采用电子束焊，焊后不加工
核反应堆大型线圈隔板	14Mn 18Mn-N-V	最大焊深 150mm	全部采用电子束焊，焊后不加工
日本 6000m 级潜水探测器球体观察窗	Ti-6Al-4V	最大焊深 80mm	采用电子束焊，焊后不加工
大型传动齿轮	535C 8NC22	最大焊深 100mm	焊前氩弧焊点焊并用电子束预热，电子束焊后不加工

4.2.3.2 电子束焊在航空工业中的应用

① 电子束焊接在飞机重要受力构件上的应用举例见表 4-8。

F-14 战斗机钛合金中央翼盒是典型的电子束焊接结构。该翼盒长 7m，宽 0.9m，整个结构由 53 个 TC_4 钛合金件组成，共 70 条焊缝，用电子束焊接而成。焊接厚度 12～57.2mm，全部

表 4-8　电子束焊接在飞机重要受力构件上的应用

国别及公司	机种型号	电子束焊重要受力构件
格鲁门公司(美)	F-14	钛合金中央翼盒
帕那维亚公司(英、德、意合作)	狂风	钛合金中央翼盒
波音公司(美)	B727	300M 钢起落架
格鲁门公司(美)	X-29	钛合金机翼大梁
洛克希德公司(美)	C-5	钛合金机翼大梁
达索·布雷盖公司(法)	幻影-2000	钛合金机翼壁板 大型钛合金长桁蒙皮壁板
伊留申设计局(前苏联)	ИЛ-86	高强度钢起落架构件
英、法合作	协和	推力杆
英、法合作	美洲虎	尾翼平尾转轴
通用动力公司、格鲁门公司(美)	F-111	机翼支撑结构梁

焊缝长达 55m。电子束焊接使整个结构减重 270kg。

C-5 是美国空军使用的大型运输机，该机的许多部件在设计时均未采用整体锻件，主起落架的设计精度高，电子束焊是一种可行的、经济的制造工艺方法，起落架减振支柱、肘支架、管状支架等均为 300M 钢电子束焊接件。

F-22 是美国近年发展的战斗机。其机身段中钛合金经电子束焊接的长度为 87.6m，厚度在 6.4～25mm 之间。

② 电子束焊接应用于发动机转子部件的典型件举例见表 4-9。

表 4-9　各主要发动机公司电子束焊接整体转子举例

公　　司	发动机	部　　件	材　　料
	Abour	高压盘	IMI685
罗·罗公司	RB199 RB211	风扇盘 中压/高压转子	
	V2500		
普·惠公司	F100 PW2037 PW4000 F100-PW-229	风扇转子 高压转子 风扇及低、高压转子 风扇转子	Ti6242 钛合金及镍基合金
涡轮联合公司(英、德、意)	RB199	中压转子	Ti-6Al-4V
斯奈克玛公司	CFM56 M53	风扇转子 高压转子	钛合金 钛合金
莫斯科发动机生产联合体	РД-33 (米格-29)	转子	BT25
	АЛ-31Ф (苏-27)	1～9 级 转子 10～11 级	钛合金 高温合金
乌发航空发动机制造厂	Д-36	低压 3 级 转子 高压 11 级	钛合金 高温合金

从20世纪80年代开始，我国在航空发动机的制造中应用了电子束焊接技术，主要的零部件有高压压气机盘、燃烧室机匣组件、风扇转子、压气机匣、功率轴、传动齿轮、导向叶片组件等，涉及的材料有高温合金、钛合金、不锈钢、高强钢等，还进行过飞机起落架、飞机框梁的电子束焊接研究。

4.3 摩擦焊接技术

摩擦焊接是在外力作用下，利用焊件接触面之间的相对摩擦运动和塑性流动所产生的热量，使接触面及其近区金属达到黏塑性状态并产生适当的宏观塑性变形，通过两侧材料间的相互扩散和动态再结晶而完成焊接的一种压焊方法。多年来，摩擦焊接以其优质、高效、节能、无污染的技术特色，在航空、航天、核能、海洋开发等高技术领域及电力、机械制造、石油钻探、汽车制造等产业部门得到了越来越广泛的应用。

4.3.1 摩擦焊接原理

摩擦焊接过程如图4-47所示。图4-48是连续驱动摩擦焊接过程中几个主要参数随时间的变化规律。

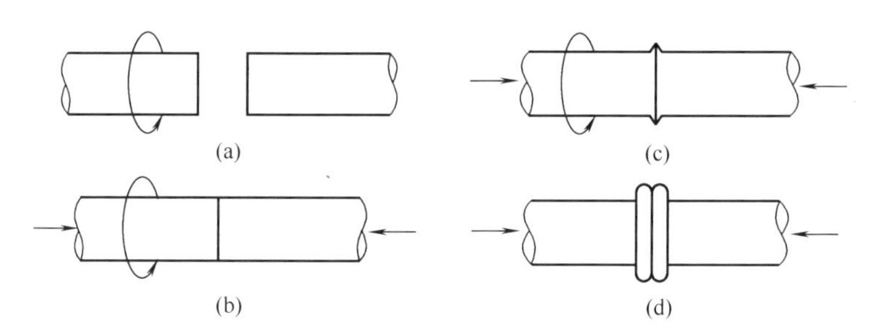

图4-47 摩擦焊接过程

焊前，待焊的一对工件中，一件夹持于旋转夹具中，称为旋转工件，另一件夹持于移动夹具中，称为移动工件。焊接时，旋转工件在电动机驱动下开始高速旋转，移动工件在轴向力作用下逐步向旋转工件靠拢［图4-47(a)］，两侧工件接触并压紧后，摩擦界面上一些微凸体首先发生粘接与剪切，并产生摩擦热［图4-47(b)］。随着实际接触面积增大，摩擦扭矩迅速升高，摩擦界面处温度也随之上升，摩擦界面逐渐被一层高温黏塑性金属所覆盖。此时，两侧工件的相对运动实际上已发生在这层黏塑性金属内部，产热机制已由初期的摩擦生热转变为黏塑性金属层内的塑性变形生热。在热激活作用下，这层黏塑性金属发生动态再结晶，使流动应力降低，故摩擦扭矩升高到一定程度（前峰值扭矩）后逐渐降低。随着摩擦热量向两侧工件的传导，焊接面两侧温度也逐渐升高，在轴向压力作用下，焊合区金属发生径向塑性流动，从而形成飞边［图4-47(c)］，轴向缩短量逐渐增大。随摩擦时间延长，摩擦界面温度与摩擦扭矩基本恒定，温度分布区逐渐变宽，飞边逐渐增大，此阶段称为准稳定摩擦阶段。在此阶段，摩擦压力与转速保持恒定。当摩擦焊接区的温度分布、变形达到一定程度后，开始刹车制动并使轴向力迅速升高到所设定的顶锻压力［图4-47(d)］。此时轴向

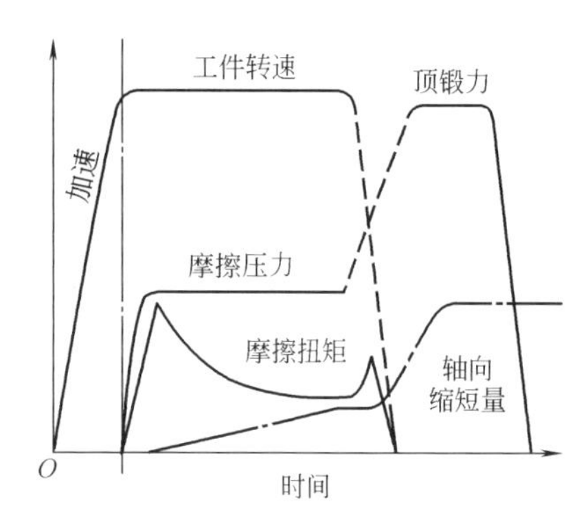

图4-48 连续驱动摩擦焊接过程中几个主要参数随时间的变化规律

缩短量急骤增大，并随着界面温度降低，摩擦压力增大，摩擦扭矩出现第二个峰值，即后峰值扭矩。在顶锻过程中及顶锻后的保压过程中，焊合区金属通过相互扩散与再结晶，使两侧金属牢固地粘接在一起，从而完成整个焊接过程。在整个焊接过程中，摩擦界面温度一般不会超过熔点，故摩擦焊是固态焊接。

4.3.2 摩擦焊接的特点

（1）固态焊接　在摩擦焊接过程中，被焊材料通常不熔化，仍处于固相状态，焊合区金属为锻造组织。与熔化焊接相比，在焊接接头的形成机制和性能方面，存在着显著区别。首先，摩擦焊接头不产生与熔化和凝固冶金有关的一些焊接缺陷和焊接脆化现象，如粗大的柱状晶、偏析、夹杂、裂纹和气孔等；其次，轴向压力和扭矩共同作用于摩擦焊接表面及其近区，产生了一些力学冶金效应，如晶粒细化、组织致密、夹杂物弥散分布以及摩擦焊接表面的“自清理”作用等；最后，摩擦焊接时间短，热影响区窄，热影响区组织无明显粗化。上述三方面均有利于获得与母材等强的焊接接头。这一特点是决定摩擦焊接头具有优异性能的关键因素。

（2）广泛的工艺适应性　上述特点决定了摩擦焊接对被焊材料具有广泛的工艺适应性。除传统的金属材料外，还可焊接粉末合金、复合材料、功能材料、难熔材料等新型材料，并且特别适合于异种材料，如铝-铜、铜-钢、高速钢-碳钢、高温合金-碳钢等的焊接，甚至陶瓷-金属、硬质合金-碳钢、钨铜粉末合金-铜等性能差异非常大的异种材料也可采用摩擦焊接方法连接。因此，当为了降低结构成本或充分发挥不同材料各自性能优势而采用异种材料结构时，摩擦焊接是解决连接问题的优选途径之一。对某些新材料，如高性能航空发动机转子部件采用的U700高铝高钛镍基合金和飞机起落架采用的AISI4340（300M）超高强钢等，由于合金元素含量较高，采用熔化焊接可能在焊接或焊后热处理过程中产生裂纹，熔焊焊接性较差，而摩擦焊接已被确认为是焊接这类材料最可靠的焊接方法。

摩擦焊接还具有广泛的结构尺寸和接头形式适应性。现有的摩擦焊机可以焊接截面积为1～161000mm^2的中碳钢工件。可用于管对管、棒对棒、棒对管、棒（管）对板的焊接，也可将管和棒焊接到底盘、空板及突出部位，在任何位置都可以实现准确定位。

（3）焊接过程可靠性好　摩擦焊接过程完全由焊接设备控制，人为因素影响很小。焊接过程中所需控制的焊接参数较少，只有压力、时间、速度和位移。对惯性摩擦焊接，当飞轮转速被设定时，实际上只需控制轴向压力一个参数，易于实现焊接过程和焊接参数的自动控制以及焊接设备的自动化，焊机运行和焊接质量的可靠性、重现性大大提高。采用计算机技术对焊接参数进行实时检测与闭环控制，可进一步提高摩擦焊接过程的控制精度与可靠性。摩擦压力控制精度可达±0.3MPa，主轴转速控制精度可达±0.1%。

（4）焊件尺寸精度较高　由于摩擦焊接为固态连接，其加热过程具有能量密度高、热输入速度快以及沿整个摩擦焊接表面同步均匀加热等特点，故焊接变形较小。在保证焊接设备具有足够大的刚性、焊件装配定位精确以及严格控制焊接参数的条件下，焊件尺寸精度较高。焊接接头的长度公差和同轴度可控制在±0.25mm左右。

（5）高效　据美国通用电气公司报道，采用惯性摩擦焊接TF39航空发动机大截面、薄壁（直径为610mm，壁厚为3.8mm）压气机盘时，其焊接循环时间仅需3s左右；美国休斯公司焊接高强度、大截面石油钻杆（直径127mm，壁厚为15mm）的焊接循环时间也只需15s左右。一般来说，摩擦焊接的生产效率要比其他焊接方法高1～100倍，非常适合于大批量生产。若配备有自动上、下料装置，则生产效率会进一步提高。

（6）低耗　摩擦焊接不需要特殊的电源，所需能量仅为传统焊接工艺的20%左右，也不需要填加其他消耗材料，如焊条、焊剂、电极、保护气体等，因此是一种节能、低耗的连接工艺。

（7）清洁　摩擦焊接过程中不产生火花、飞溅、烟雾、弧光、高频和有害气体等对环境产生影响的污染源，是一种清洁的生产工艺。

另外，摩擦焊接还具有易于操作、对焊接面要求不高等优点。其局限性是受被焊零件形状的限制，即摩擦副中一般至少要求一个零件是旋转件。目前主要用于圆柱形轴心对称零件的焊接。但近期研究的相位摩擦焊接、线性摩擦焊接、搅拌摩擦焊接等成功地解决了轴心不对称且具有相位要求的非圆柱形构件乃至板件的焊接问题，进一步扩大了摩擦焊接的应用范围。

搅拌摩擦焊技术是世界焊接技术发展史上自发明到工业应用时间跨度最短和发展最快的一项固相连接新技术，被认为是最有前途和最适合宇航材料以及结构件制造的工艺方法之一。1991年，英国焊接研究所（TWI）利用相互摩擦产生热量的原理，发明了搅拌摩擦焊。搅拌摩擦焊是利用一种特殊的非耗损的搅拌头，旋转着压入被焊零件的界面，搅拌头与被焊零件的摩擦使被焊材料热塑化，当搅拌头沿着焊接界面向前移动时，热塑化的材料由前向后转移，在热/机联合作用下扩散连接形成致密的固相连接接头。搅拌摩擦焊接头主要包括四个微结构区域：焊核区、热/机影响区、热影响区和母材；中间区域为晶粒非常细小的焊核区域，其中椭圆形的“洋葱”环状组织结构是焊接接头良好的标志；在焊核区的外围存在一个热/机影响区，这部分晶粒组织发生了明显的塑性变形和部分重结晶。

近几年来，我国科技工作者先后开展了对铝合金、紫铜、PVC塑料、钛合金、镁合金和黑色金属等材料的搅拌摩擦焊工艺研究，并有成功的实际工程应用。

4.4　扩散连接技术

4.4.1　扩散连接原理及特点

4.4.1.1　扩散连接的特点

扩散连接是指相互接触的表面在高温和压力的作用下，被连接表面相互靠近，局部发生塑性变形，经一定时间后结合层原子间相互扩散，而形成整体的可靠连接的过程。

扩散连接与熔焊、钎焊相比，在某些方面具有明显的优点，如表4-10所示。

表4-10　不同焊接方法的比较

条　　件	熔　　焊	扩散连接	钎　　焊
加热	局　部	局部、整体	局部、整体
温度	母材熔点	母材熔点的0.5～0.8	高于钎料的熔点
表面准备	不严格	注意	注意
装配	不严格	精确	不严格，有无间隙
焊接材料	金属合金	金属、合金、非金属	金属、合金、非金属
异种材料连接	受限制	无限制	无限制
裂纹倾向	强	无	弱
气孔	有	无	有
变形	强	无	轻
接头施工可达性	有限制	无	有限制
接头强度	接近母材	接近母材	决定于钎料强度
接头抗腐蚀性	敏感	好	差

扩散连接方法主要有以下几个特点。

① 扩散连接适合于耐热材料（耐热合金、钨、钼、铌、钛等），陶瓷，磁性材料及活性

金属的连接。特别适合于不同种类的金属与非金属异种材料的连接，在扩散连接技术研究与实际应用中，有70%涉及到异种材料的连接。

② 它可以进行内部及多点、大面积构件的连接以及电弧可达性不好，或用熔焊的方法根本不能实现的连接。

③ 它是一种高精密的连接方法，这种方法连接后，工件不变形，可以实现机械加工后的精密装配连接。

4.4.1.2 扩散连接原理

扩散连接是压力焊的一种，与常用压力焊方法（冷压焊、摩擦焊、爆炸焊及超声波焊）相同的是在连接过程中要施加一定的压力。

扩散连接的参数主要有表面状态、中间层的选择、温度、压力、时间和气体介质等，其中最主要有4个参数，即温度、压力、时间和真空度，这些因素是相互影响的。

扩散连接过程可以大致分为三个阶段：第一阶段为物理接触阶段，在高温下微观不平的表面，在外加压力的作用下，总有一些点首先达到塑性变形，在持续压力的作用下，接触面积逐渐增大，最终达到整个面的可靠接触；第二阶段是接触界面原子间的相互扩散，形成牢固的结合层；第三阶段是在接触部分形成的结合层逐渐向体积方向发展，形成可靠的连接接头。当然，这三个过程不是截然分开的，而是相互交叉进行，最终在接头连接区域由于扩散、再结晶等过程形成固态冶金结合，它可以生成固溶体及共晶体，有时生成金属间化合物，形成可靠连接。

4.4.2 扩散连接时材料间的相互作用

扩散连接通过界面原子间的相互作用形成接头，原子间的相互扩散是实现连接的基础。对具体材料与合金，还要具体分析扩散的路径及材料界面元素间的相互物理化学作用，异种材料连接还可能生成金属间化合物，而非金属材料的连接界面可能进行化学反应，界面生成物的形态及其生成规律对材料连接接头性能有很大的影响。

4.4.2.1 材料界面的吸附与活化作用

（1）物理接触形成阶段　被焊材料在外界压力的作用下，被焊界面应首先靠近到距离为R_1（2～4nm），才会形成范德瓦尔斯力作用的物理吸附过程。经过仔细加工的表面，微观总有一定的不平度，在外加应力的作用下，被焊表面微观凸起部位形成微区塑性变形（如果是异种材料，则较软的金属变形），被焊表面的局部区域达到物理吸附程度。

（2）局部化学反应　延长扩散连接时间，被焊表面微观凸起变形量增加，物理接触面积进一步增大，在接触界面的某些点形成活化中心，在这个区域可以进行局部化学反应。此时，被焊表面局部区域形成原子间相互作用，原子间距应达到R_2（0.1～0.3nm），则形成原子间相互作用的反应区域达到局部化学结合。首先出现的是个别反应源的活化中心，受控于接触面的活化过程，在这些部位往往具有一定的缺陷或较大畸变能。对晶体材料位错在表面上的出口处，晶界可以作为反应源的发生地，而对于非晶态材料，以可以萌生微裂纹的区域作为反应源的产生地。在界面上完成由物理吸附到化学结合的过渡。在金属材料扩散连接时，形成金属键，而当金属与非金属连接时，则此过程形成离子键与共价键。

随着时间的延长，局部的活化区域沿整个界面扩展，局部表面形成局部粘接与结合，最终导致整个结合面出现原子间的结合。仅结合面的粘接还远不能称为固态连接过程的最终阶段，必须进行结合材料向结合面两侧的扩散或在结合区域内完成组织变化和物理化学反应（称为体反应）。

在连接材料界面的结合区中，由于再结晶形成共同的晶粒，接头区由于应变产生的内应力得到松弛，使结合金属的性能得到调整。对同种金属体反应，总能改善接头的结合性能。异种金属扩散连接体反应的特点可以由状态图特性来决定，可以生成无限固溶体、有限固溶体、金属间化合物或共析组织的过渡区。当金属与非金属连接时，体反应可以在连接界面区形成尖晶石、硅酸盐、铝酸盐及其热力学反应新相。如果结合材料在焊接区可能形成脆性层，则体反应的过程必须用改变扩散焊接工艺参数的方法加以控制与限制。

4.4.2.2 固体中的扩散

扩散连接接头的形成及接头的质量与元素的粒子扩散行为是分不开的，同时扩散影响接头缺陷的形成。

扩散是指相互接触的物质，由于热运动而发生的相互渗透，扩散向着物质浓度减小的方向进行，使粒子在其占有的空间均匀分布，它可以是自身原子的扩散，也可以是外来物质形成的异质扩散。

扩散与组织缺陷的关系：实际工程中应用的材料不管晶态或非晶态材料，在材料中都有大量的缺陷，很多材料甚至处于非平衡状态，组织缺陷对扩散的影响十分显著，实际上在很多情况下，组织缺陷决定了扩散的机制和速度。

金属、非金属材料（陶瓷、玻璃、微晶玻璃等）进行扩散连接时，对于细晶粒多晶体材料的扩散系数，晶界与晶体的扩散系数可以相差 $10^3 \sim 10^5$，而晶界扩散激活能与晶体相比也低。可以认为材料的晶粒越细，即材料一定体积中的边界长度越大，则沿晶界扩散的现象越明显。

玻璃与陶瓷中的扩散：陶瓷材料通过矿物粉末和人造无机物的烧结来制取，工业陶瓷主要用氧化物（Al_2O_3、MgO、ZrO_2、BeO 等），碳化物（SiC、WC、TiC、TaC 等）及氮化物（Si_3N_4 等）等来制造。无论何种陶瓷大体上都由陶瓷晶体、晶界玻璃相及内部一定的孔隙三种相组成。氧化物及氮化物本身的扩散是很困难的，陶瓷中的扩散现象主要发生在无序排列晶界的玻璃相中，在玻璃相中的扩散系数比在晶体氧化物中的扩散系数要高几个数量级。因此，在陶瓷材料扩散连接中，陶瓷中的玻璃相有着非常重要的作用，即使在陶瓷材料中存在少量的玻璃相也可以起到决定的作用。许多氧化物甚至是高纯度氧化物在晶界上都可以形成类似于玻璃的夹层，厚度有可能比金属的晶界还要薄。陶瓷材料沿晶界扩散量比体扩散量大，耐火氧化物尤其如此。即使到很高的温度，体扩散仍进行得很慢，因为它不是简单的原子扩散。大量的试验证明，在向玻璃及陶瓷玻璃相的扩散过程中，优先进行的不是中性原子，而主要是金属离子（Cu^+、Ag^+、Au^+）。当在玻璃中存在单价碱金属离子和碱土金属离子时，非碱金属单价离子的扩散占优势。由于钠离子、钾离子具有较大的活动性，它们能保持交换过程顺利进行。

4.4.3 材料的扩散连接工艺

从可连接性的角度看，可以认为采用扩散连接这种方法，各种材料、各种复杂结构都能够实现可靠的连接。这种连接方法一般要求在真空环境下进行，要用特殊的设备。因此，限制了这种方法的广泛应用。主要用于航空、航天、原子能及仪表等领域，解决一些特殊件的连接问题。用于新材料组合零件、内部夹层、中空零件、异种材料及精密件等的连接。

4.4.3.1 耐热合金的扩散连接

在镍中加入其他合金元素组成镍基耐热合金，是现代燃气涡轮、航天、航空喷气发动机的基本结构材料。镍基耐热合金扩散连接特点由它们的性能、组成、高温蠕变和变形能力来确定。镍基耐热合金可以是铸态或锻造状态应用，一般采用的精密铸造的构件可焊性极差，焊接时极易产生裂纹，因此，这种合金用钎焊或扩散连接的方法能实现可靠的连接。

材料的扩散连接表面应仔细加工，使被焊表面接触良好，还要克服表面氧化膜对扩散连接的影响，通过真空加热使氧化膜分解。在一般真空度条件下，在扩散连接过程中，消除氧化膜的影响，实现可靠的扩散连接。

① 钛镍型 这类材料扩散连接时，氧化膜的去除主要靠氧化膜在母材中溶解。如镍表面的氧化膜是氧化镍，氧在镍中的溶解度 1427K 时为 0.012%，0.005μm 厚的氧化膜，在 1173～1473K 只要几十分之一秒至几秒的时间就可以溶解；一般表面只有 0.003μm 厚的氧化膜，在高温下，这样薄的氧化膜可以很快在母材中溶解，不会对扩散连接接头造成影响。

② 钢铁型 经过清理后表面的少量氧化膜，由于氧在基体中溶解量较少，在扩散连接过程中形成氧化膜的集聚，而后逐渐溶解，最终在界面上看不到氧化膜的痕迹，不影响连接的质量。

③ 铝类型 表面有一层致密的氧化膜，而且这种氧化膜在基体中的溶解度很小。在扩散连接过程中通过微观区域的塑性变形，挤坏氧化膜，出现新鲜金属表面，或在扩散连接时，在真空室中含有很强的还原元素，如镁等，可以将铝表面的氧化膜还原，才能形成可靠的连接。因此，铝合金扩散连接在微观接触的表面要有一定的塑性变形，才能克服表面氧化膜的阻碍作用。

(1) 无中间层扩散连接 镍基耐热合金扩散连接在国外已经应用，主要用来连接航空、航天发动机叶轮构件。大量的试验证明，镍基耐热合金扩散连接时，规范参数对接头性能的影响与其他金属的相似，但要保证接头性能，特别是保证与基体金属相同的持久强度和塑性是不易做到的。

(2) 加中间层扩散连接 扩散连接常用加中间层的方法改善接头的性能，中间层的选择主要有以下几点考虑：

① 中间层金属能与被焊母材相互固溶，不生成脆性的金属间化合物；

② 中间层较软，在扩散连接过程中，易于塑性变形，而改善被焊材料界面的物理接触及相互扩散的状况；

③ 在异种材料连接时，由于不同材料物理性能的差异，加入中间层可以缓和接头的内应力，有利于得到优质的接头。

(3) 液相扩散连接 一般扩散连接对材料表面加工粗糙度要求较高，同时要加较大的压力，可能引起接头较大的塑性变形。液相扩散连接可以用较低的压力，表面准备要求也较低，加上熔化金属的润湿，去除表面氧化膜，有利于材料连接。如用含有锂、硅、硼等低熔点合金作为中间层，连接时熔化合金中的锂可与氧化膜反应，生成 LiO (1703K)，它与 Cr_2O_3 (2263K) 化合，可以形成低熔点 (790K) 的复合盐。在压力作用下，可以从间隙中挤出低熔点的液体，残留的熔化金属经过扩散处理，使熔化金属中的某些成分向母材扩散，母材中的一些元素在熔化中间层溶解，改变熔化中间层的成分，在高温下达到凝固点而形成接头。在微观分析时，看不到明显中间层痕迹。在高真空条件下，熔化金属沿耐热合金表面的润湿和漫流是非常快的。

在间隙中留下的液相层厚度与液体的黏度和施加的压力有关。由金属学原理可知，共晶成分具有较低的熔点和较好的流动性。因此，常用共晶成分的材料作为液相扩散连接的中间层材料。

4.4.3.2 陶瓷材料的扩散连接

(1) 陶瓷材料连接特性 由于陶瓷材料具有高硬度、耐高温、抗腐蚀及特殊的电化学性能，近年来得到了飞快的发展，特别是一些具有特殊性能的工程陶瓷，已经在生产中得到应用，常常遇到把陶瓷本身或与其他材料连接在一起。近年来，陶瓷材料连接技术已经成为国际焊接界研究的热门课题。陶瓷材料主要有以下几种。

① 氧化物陶瓷　这种陶瓷材料最多，它包括有 Al_2O_3、SiO_2、MgO、TiO_2、BeO、CaO、V_2O_3 等，同时还有各种氧化物的混合物，如 Al_2O_3 加入 SiO_2、MgO 及 CaO，ZrO_2 加入 Y_2O_3 或加入 MgO、CaO，SiO_2 加入 Na_2O、Al_2O_3、MgO 等。

② 碳化物陶瓷　如 WC、ZrC、MoC、SiC、TiC、VC、TaC、NbC 等各种碳化物陶瓷。

③ 氮化物陶瓷　如 ZrN、VN、Cr_2N、Mo_2N、SiN、TiN、Si_3N_4、BN、AlN 及 NbN 等各种氮化物陶瓷。

另外，还有硼化物（ZrB_2、TiB_2、W_2B_5…）及硅化物（Mg_2Si 、CoSi、ZrSi、TiSi 及 HfSi 等）陶瓷，生产中广泛应用的主要是前三种陶瓷。

陶瓷材料的连接主要有以下困难。

① 在扩散连接（或钎焊）过程中，很多熔化的金属在陶瓷表面不能润湿。因此，在陶瓷连接过程中，往往在陶瓷表面用物理或化学的方法（PVD、CVD）涂上一层金属，这也称为陶瓷表面的金属化，而后再进行陶瓷与其他金属的连接。实际上就把陶瓷与陶瓷或陶瓷与其他金属的连接变成了金属之间的连接，这也是过去常用连接陶瓷的方法。这种方法的不足之处在于接头的结合强度不太高，主要用于密封的焊缝。对于结构陶瓷，如果连接界面要承受较高的应力，扩散连接时必须选择一些活性金属作为中间层，或中间层材料中含有一些活性元素，改善和促进金属在陶瓷表面的润湿过程。

② 金属与陶瓷材料连接时，由于陶瓷与金属热膨胀系数不同，在扩散连接或使用过程中，加热和冷却必然产生热应力，容易在接头处由于内应力作用而破坏。因此，加入韧性好的中间层缓和这种内应力。选择连接材料时，应当使两种连接材料的膨胀系数差值小于10%。

陶瓷材料连接中间层的选择有以下几个原则：

a. 用活性材料或这种材料生成的氧化物能与陶瓷进行反应的，改善润湿和结合情况；

b. 用塑性较好的金属作为中间层，以缓解接头内应力；

c. 用在冷却过程中发生相变，使中间层体积膨胀或缩小，来缓和接头的内应力；

d. 用作中间层或连接的材料必须有良好的真空密封性，在很薄的情况下也不能泄漏；

e. 必须有较好的加工性能。

实际上很难找到完全满足上述要求的材料，有时为了满足综合性能的要求，可采用两层或三层不同金属组合的中间过渡层。

常用的中间层合金材料有不锈钢（1Cr18Ni9Ti）、科瓦合金等，用作中间层的纯金属主要有铜、镍、钽、钴、钛、锆、钼及钨等。

(2) 陶瓷连接　用活性金属做中间层的连接。这种方法的原理是活性金属在高温下与陶瓷材料中的结晶相进行还原反应，生成新的氧化物、碳化物或氮化物，使陶瓷与还原层可靠地结合，最后形成材料间的可靠连接。

常用的活性金属主要有铝、钛、锆、铌及铪等，这些都是很强的氧化物、碳化物及氮化物形成元素，它们可以与氧化物、碳化物、氮化物陶瓷反应，而改善金属对连接界面的润湿、扩散和连接性能。活性金属与陶瓷相的典型反应如下：

$$Si_3N_4+4Al \longrightarrow 3Si+4AlN$$

$$Si_3N_4+4Ti \longrightarrow 3Si+4TiN$$

$$3SiC+4Al \longrightarrow 3Si+Al_4C_3$$

$$4SiC+3Ti \longrightarrow 4Si+Ti_3C_4$$

$$SiO_2+Al \longrightarrow Al_2O_3+Si$$

$$Al_2O_3+4Al \longrightarrow 3Al_2O$$

$$Si_3N_4 + 4Zr \longrightarrow 3Si + 4ZrN$$

……

以这种反应为基础，可以用活性金属作为中间层连接陶瓷。

4.5 微连接技术

4.5.1 定义和分类

微连接技术是随着微电子技术的发展而逐渐形成的新兴的焊接技术，它与微电子器件和微电子组装技术的发展有着密切的联系。1961 年，完整的硅平面工艺出现之际，也正是微连接这一名词首先在西方工业发达国家采用之时。此后每一类新的微电子器件的研制成功，都必然导致在微连接技术上有新的突破，而微连接技术的发展又推动着微电子技术向组装密度更高、质量更轻、体积更小、信号传输速度更快的方向迅猛发展。如今微连接技术已经自成体系，成为一门独立的焊接技术。

微连接技术是指由于连接对象尺寸的微小精细，在传统焊接技术中可以忽略的因素，如溶解量、扩散层厚度、表面张力、应变量等将对材料的连接性及连接质量产生不可忽视的影响，这种必须考虑接合部位尺寸效应的连接方法称为微连接。微连接技术并不是一种传统连接技术之外的连接方法，只是由于尺寸效应，使微连接技术在工艺、材料、设备等方面与传统连接技术有显著不同。

微连接技术的主体由现有的各种连接方法（表 4-11）构成，主要应用对象是微电子器件内部的引线连接和电子元器件在印刷电路板上的组装，涉及的主要焊接工艺为压焊和软钎焊。

表 4-11 微连接方法分类

连接方法		组装技术	连接部位(举例)
熔焊	弧焊		精密机械元件连接
	微电阻焊	平行间隙电阻焊、闪光焊	接头连接
液-固相连接	软钎焊	浸渍焊	电子元器件装联
		波峰焊	
		再流焊	
	液相扩散连接		
	喷镀法		
固-固相连接	固相扩散连接		
	反应扩散连接		
	冷压焊		大功率晶体管外壳封装
	超声焊		
	热压焊	楔压焊	
		丝球焊	
气-固相连接	物理沉积	真空沉积	电极膜形成 扩散阻挡层形成
		离子沉积	
	化学沉积		
	电镀		电极膜形成
粘接			芯片粘接，电子元件组装，精密机械元件连接

4.5.2 微电子器件内引线连接中的微连接技术

微电子器件的内引线连接是指微电子元器件制造过程中固态电路内部互连线的连接，即芯片表面电极（金属化层材料，主要为Al）与引线框架（lead frame）之间的连接。按照内引线形式，可分为丝材键合、梁式引线技术、倒装芯片法和载带自动键合技术。

4.5.2.1 丝材键合（wire bonding）

丝材键合是最早应用于微电子器件内引线连接的技术，1957年，贝尔实验室即发表了丝材热压键合的工艺成果。该方法最初采用手工操作，现在采用带图形识别和计算机控制的自动设备，效率可达到每根引线焊接时间少于0.2s。丝材键合是实现芯片互连的最常用方法，目前90%的微电子元器件内引线连接采用这种方法。其技术较为成熟，散热特性好，但焊点所占面积较大，不利于组装密度的提高。

丝材键合借助于球-劈刀（ball-wedge）或楔-楔（wedge-wedge）等特殊工具，通过热、压力和超声波等外加能量去除被连接材料表面的氧化膜并实现连接。连接材料为直径10～200μm的金属丝。根据外加能量形式的不同，丝材键合可分为超声波键合、热压键合和热超声波键合三种。根据键合工具的不同，可分为丝球焊和楔焊两种。

(1) 丝材超声波键合（ultrasonic bonding） 丝材超声波键合是通过辅助工具——楔，把连接材料——Al丝紧压在被连接硅芯片上的Al表面电极上，然后瞬间施加平行于键合面的超声振动（通常频率为15～60kHz），破坏键合面的氧化层（主要是Al_2O_3），从而实现原子距离的结合。工艺过程如图4-49所示。

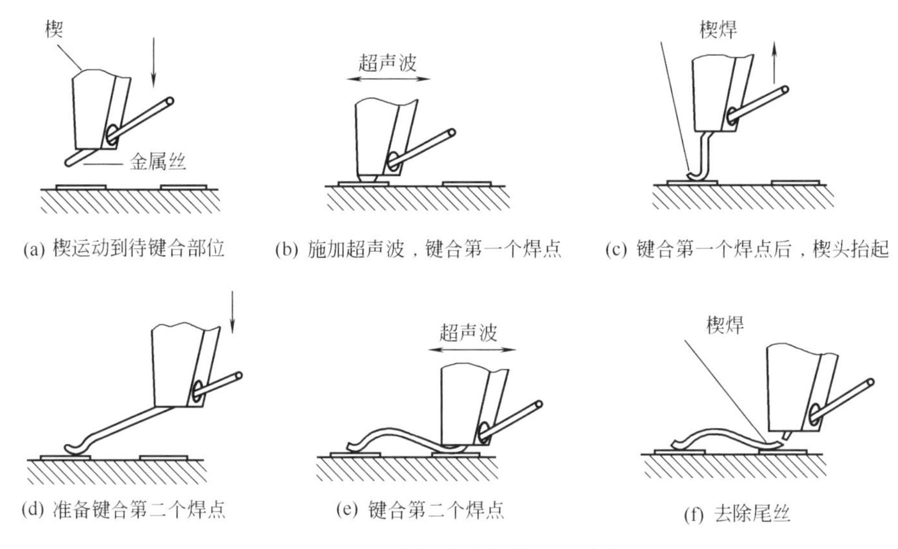

图4-49 丝材超声波键合工艺过程

此法可在常温下进行连接，属于冷压焊的范畴。适用于混合集成电路以及热敏感的单片集成电路。缺点是对芯片电极表面粗糙度敏感，金属丝的尾丝不好处理，不利于提高器件的集成度，并且其第二焊点的压丝方向要与第一焊点相适应，因而实现自动化的难度较大，生产效率也比较低。

(2) 丝材热压键合（wire thermocompression bonding） 丝材热压键合是通过键合工具——楔，直接或间接地以静载或脉冲方式将压力与热量施加到键合区，使接头区产生典型的塑性变形，从而实现连接。为保证丝材迅速发生塑性变形，键合区一般预热到300～400℃。该方法要求键合金属表面和键合环境的洁净度十分高，同时考虑到被键合材料的韧性及其对氧的亲和力，实际的热压键合工艺均采用金丝。

(3) 丝材热超声波键合（wire thermosonic bonding） 丝材热超声波键合法结合热压与超声波两者的优点，超声波与热共同作用，一方面利用了超声波的振动去膜作用，另一方面又利用了热扩散作用，因此连接时的加热温度可以低于热压法，并且在第一焊点向第二焊点运动时不用考虑方向性。该方法特别适用于难于连接的厚膜混合基板的金属化层。

4.5.2.2 丝球焊（wire ball bonding）

为增加金属丝与芯片表面电极的连接面积，提高连接强度和可靠性，键合之前在金属丝端部形成球，而后通过热压或热超声方式实现金属丝球与表面电极之间的连接，这便是丝球焊的来源。丝球焊采用的是上述热压焊或热超声波焊的方法，其特点在于金属丝端部的形球过程。金属丝通过空心劈刀的毛细管穿出，其伸出毛细管的长度一般为丝材直径的 2 倍。然后经过瞬时电弧放电使伸出部分端部熔化，并在表面张力作用下成球形，球径为丝径的 2～3 倍（图 4-50）。

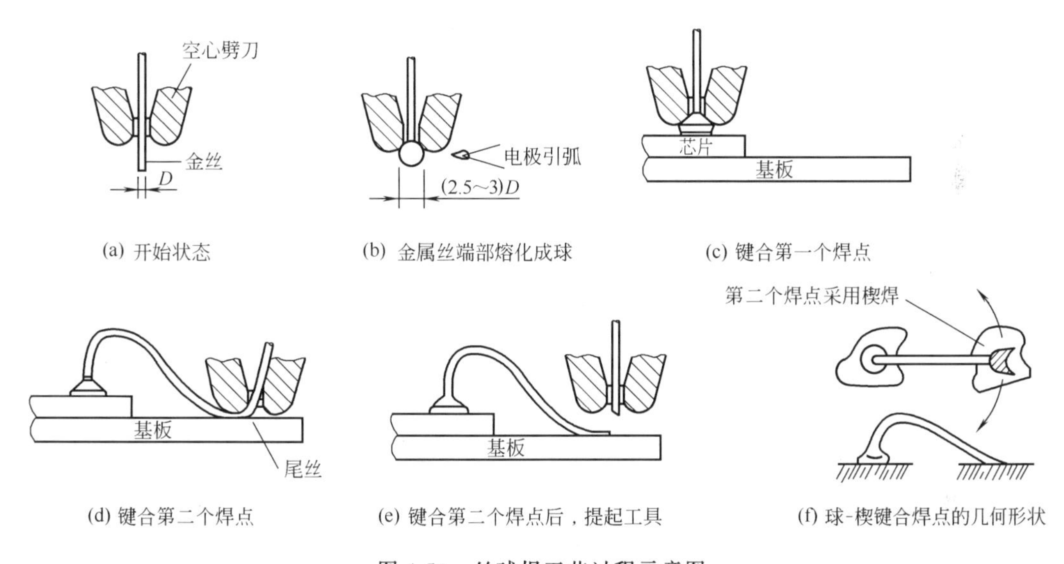

图 4-50 丝球焊工艺过程示意图

丝球焊一般采用金丝，金丝球焊是微电子元器件内引线连接的主要生产工艺方法，占丝材键合应用的 90%。其专用设备国内已批量生产，工艺稳定，自动化程度较高。但是金丝球焊时金丝球与芯片表面铝电极间的键合会形成一种紫色的脆性 Au-Al 金属间化合物（purple plague，紫斑），严重影响连接的可靠性。同时金丝球焊耗用大量贵金属，生产成本较高，因此为了节省成本、消除“紫斑现象”，国内外已开发出金丝的替代金属，主要是铜丝和铝丝。国内研究人员已开发出一种铜丝球焊装置，采用受控脉冲放电式双电源形球系统，并对微机控制形球高压脉冲的数量、频率、频宽比以及低压维弧时间，从而实现了对铜丝形球能量的精确控制和调节，在氩气保护条件下，确保了铜丝形球质量，有效地实现了铜丝球焊。

4.5.2.3 梁式引线技术（beam-lead bonding）

梁式引线法采用复层沉积方式在半导体硅片上制备出由多层金属组成的梁，以这种梁式引线代替常规内引线，与外电路实现连接。其主要优点是减少了对芯片内引线的连接，并且每根梁式引线是一种集成接触，而不是用机械制成的连接，提高了电路可靠性。把梁式引线焊到芯片上时主要采用热压焊方法。由于梁的制作工艺复杂、成本高昂，这种方法主要在军事、宇航等要求长寿命和高可靠性的器件中得到了应用。

4.5.2.4　倒装芯片法（flip-chip bonding）

随着大规模和超大规模集成电路的发展，微电子器件内引线的数目也随之增加。传统的丝材键合方法由于丝径和芯片上电极尺寸的限制，最大的引出线数目存在极限，于是相继出现了一些可以提高芯片级组装密度（单位面积上的I/O数）的微连接技术，其代表是倒装芯片法和载带自动键合。

以往的芯片级封装技术都是芯片的有源区面朝上，背对芯片载体基板粘贴后通过内引线与引线框架连接，而倒装芯片法则是将芯片有源区面对芯片载体基板，通过芯片上呈阵列排列的金属凸台（代替金属丝）来实现芯片与基板电路的连接。倒装芯片法组装中采用的焊接工艺主要为再流软钎焊，目前占总产量的80％～90％，其余为热压焊。采用再流软钎焊时的工艺过程如下：首先在芯片的电极处预制钎料凸台，同时将钎料膏印刷到基板一侧的电极上，然后将芯片倒置，使硅片上的凸台与之对位，利用再流焊使钎料熔化，实现引线连接的同时将芯片固定在基板上。该方法由于钎料重熔时的自调整作用对于元器件的放置精度要求较低，从而可实现高速生产，因此成为倒装芯片法连接工艺的主流。采用热压焊工艺时，把预制金属凸台与基板表面电极直接通过热压焊连接在一起。

金属凸台的制作是倒装芯片法的关键技术，而且决定了焊接工艺的选择。金属凸台分为可重熔的和不可重熔的两类，前者用于再流软钎焊，后者用于热压焊。世界主要电子公司采用的凸台种类见表4-12。

表4-12　倒装芯片法中采用的金属凸台种类

凸台种类	制作工艺及材料	采用的公司
完全重熔	沉积钎料合金	IBM，Motorola，日立
	电镀钎料合金	MCNC，Aptos，Honeywell
	钎料膏	Flip Chip Tech.，Delco，Lucent
部分重熔	Cu基座/钎料端部	TI，Motorola，Philips
	Pb基座/共晶钎料	Motorola，E3
不可熔	Cu球	IBM，SLT
	Ni/Au凸台	Tessera
	Au球	松下

倒装芯片法的优点是：减小封装外形尺寸；提高电性能，由于互连结构的互连长度小，连接点I/O的节距小，导致小的互连电感、电阻和信号延迟，同时耦合噪声较低，与丝材键合及载带自动键合相比改善了10％～30％；高I/O密度；改善疲劳寿命，提高可靠性，该工艺最后用填充料将每个焊点密封起来，这种韧性密封剂对芯片与基板键合过程中产生的热应力起到了缓冲、释放的作用，从而提高了可靠性；可以对裸芯片进行测试，芯片至少可以拆装10次。倒装芯片法的缺点是钎料凸台制作复杂，焊后外观检查困难，并且需要焊前处理和严格控制焊接规范。

倒装芯片法20世纪60年代问世于IBM公司，迄今已有40多年的历史。由于它能提供很高的封装密度、I/O数、很小的封装外形，所以目前世界上所有大公司都在开展倒装芯片法的研究工作。据统计，1997年和1998年世界范围内半导体制造商选择的内引线连接方式中倒装芯片法均占50％，而传统的丝材键合技术仅占22％和18％。

4.5.2.5 **载带自动键合技术**（tape automatic bonding）

载带自动键合技术于1964年由美国通用电气公司推出，是在类似于胶片的聚合物柔性载带上粘接金属薄片，在金属薄片上经腐蚀作出引线图形，而后与芯片上的凸台（代替内引线）进行热压连接（图4-51）。

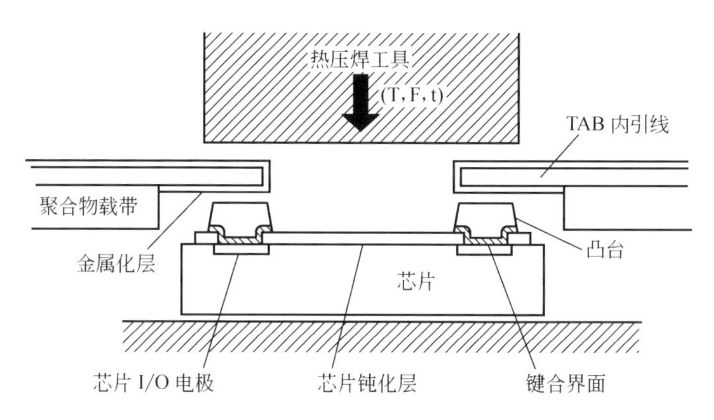

图4-51 TAB内引线键合示意图

载带自动键合方法中所采用的载带有多种形式，材料、宽度（10～70mm）、表面镀层、几何形状等各不相同，基本分为3类。①单层载带。由蚀刻金属制成（一般为Cu），厚度为70μm左右，因引线较短，载带上的器件不可测试。同时为适应印刷精细引线图案，载带金属化层很薄，无支撑部位的线长度受到限制，从而使内引线键合点与外引线键合点之间的引线长度受到限制。②双层载带。在聚合物（聚酰亚胺、聚酯等）薄膜上镀金属（Cu）图案，厚度为20～40μm。支持独立引线，载带上的器件可测试。载带制作的关键是聚合物层与金属化层之间的粘接。通常的方法是先在聚合物薄膜上连续溅射铬和铜（厚度为1μm），随后在此金属化层上沉积Cu引线图案，而后在聚合物上蚀刻出传送齿轮孔。另一种方法是3M公司提出的，先在无预制图案的Cu上喷射沉积聚合物，而后Cu及聚合物上均蚀刻出引线图案。③三层载带。Cu箔与预先打好孔的聚合物薄膜用胶粘接在一起，而后蚀刻出引线图案。与双层载带的主要区别在于传送孔用金属模具打出而非蚀刻，在新载带设计时将增加时间和成本。

载带自动键合技术中芯片上的凸台结构复杂，由四层组成：作为芯片配线的铝膜、铝膜上粘着的PSC保护层、隔离层金属及金焊台。在目前的载带自动键合技术中，广泛采用的是电镀金的铜引线图案和芯片上的金凸台，键合方法为热压焊。

采用载带自动键合技术，内引线键合间距可以小至50～60μm。其优点是可以预先对芯片进行有效的测试和筛选，能够保证器件的质量和可靠性；可以进行群焊，自动化程度高，生产效率高，所有内引线可在1～2s内键合完毕；键合强度是丝材键合的3～10倍；具有良好的高频特性和散热特性。缺点是工艺复杂，成本高，且芯片的通用性差，芯片上凸台的制作、芯片返修难。

4.5.3 印刷电路板组装中的微连接技术

印刷电路板组装是指微电子元器件信号引出端（外引线）与印刷电路板（printed circuit board，PCB）上相应焊盘之间的连接。印刷电路板组装中微连接技术的发展与微电子元器件外引线设计的发展密切相关。为适应微电子器件功能更强、信号引出端更多的要求，后者经历了从外引线分布在器件封装两旁的双列直插（dual in-line package，DIP）形式，到分布在封装四周（如小外形封装，small outline，SO；四边扁平封装，quad flat package，QFP)，再到分布在封装底面的球栅阵列 BGA 形式（1997 年被称为 BGA 年）的发展，外引线形式也经历了从适用于插装的直线型，到适用于贴装的 J 型、翼型和金属镀层的边堡型，再到直接利用钎料凸台作为外引线的发展，相应的微连接技术也经历了从通孔插装（through hole technology，THT）到表面组装（surface mount technology，SMT）的革命，极大地推动了微电子产业的发展。

印刷电路板组装中的微连接技术主要是软钎焊技术，它与传统的软钎焊连接原理相同，只是由于连接对象的尺寸效应，在工艺、材料、设备上有很大不同。

目前微电子工业生产中常见的印刷电路板组装为微电子元器件插装/贴装混合方式。预计到 2000 年，表面贴装元件（surface mount device，SMD）将占其中的 80%。常见的软钎焊工艺为波峰焊和再流焊。波峰焊和再流焊的根本区别在于热源和钎料。在波峰焊中，钎料波峰起提供热量和钎料的双重作用。在再流焊中，预置钎料膏在外加热量下熔化，与母材发生相互作用而实现连接。

4.5.3.1　波峰焊（wave soldering）

波峰焊是借助于钎料泵使熔融态钎料不断垂直向上地朝狭长出口涌出，形成 20～40mm 高的波峰。钎料波以一定的速度和压力作用于印刷电路板上，充分渗入到待钎焊的器件引线和电路板之间，使之完全润湿并进行钎焊。由于钎料波峰的柔性，即使印刷电路板不够平整，只要翘曲度在 3%以下，仍可得到良好的钎焊质量。

在通孔插装工艺中，主要采用单波峰焊。引线末端接触到钎料波，毛细管作用使钎料沿引线上升，钎料填满通孔，冷却后形成钎料圆角。其缺点是钎料波峰垂直向上的力，会给一些较轻的器件带来冲击，造成浮动或虚焊。而在表面组装工艺中，由于表面组装元件没有通孔插装元件（through-hole device，THD）那样的安装插孔，钎剂受热后挥发出的气体无处散逸，另外表面贴装元件具有一定的高度与宽度，且组装密度较大（一般为 5～8 件/cm^2），钎料的表面张力作用将形成屏蔽效应，使钎料很难及时润湿并渗透到每个引线，此时采用单波峰焊会产生大量的漏焊和桥连，为此又开发出双波峰焊（图 4-52）。双波峰焊有前、后两个波峰，前一个波峰较窄，波高与波宽之比大于 1，峰端有 2～3 排交错排列的小波峰，在这样多头的、上下左右不断快速流动的湍流波作用下，钎剂气体都被排除掉，表面张力作用也被减弱，从而获得良好的钎焊质量；后一个波峰为双向宽平波，钎料流动平坦而缓慢，可以去除多余钎料，消除毛刺、桥连等钎焊缺陷。双波峰焊已在印刷电路板插贴混装上广泛应用。其缺点是印刷电路板经过两次波峰，受热量较大，一般耐热性较差的电路板易变形翘曲。

为克服双波峰焊的缺点，近年来又开发出喷射空心波峰。它采用特制电磁泵作为钎料喷射动力泵，利用外磁场与熔融钎料中流动电流的双重作用，迫使钎料按左手定则确定的方向

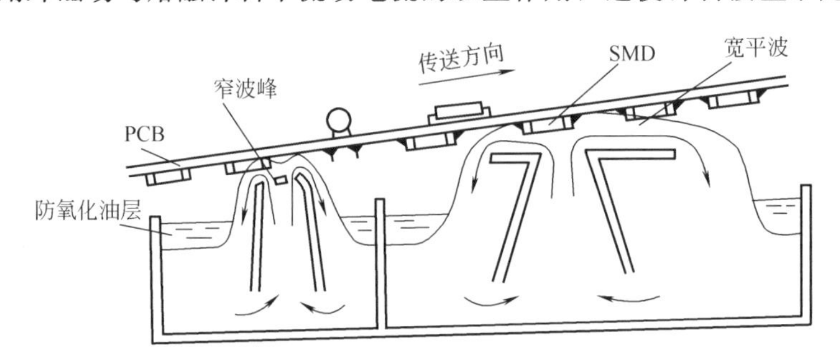

图 4-52　双波峰软钎焊示意图

流动，并喷射出空心波。调节磁场与电流量，可达到控制空心波高度的目的。空心波高度一般为 1～2mm，与印刷电路板成 45°逆向喷射，喷射速度高达 100cm/s。依照流体力学原理，可使钎料充分润湿 PCB 组件，实现牢固连接。波钎料空心与印刷电路板接触长度仅为 10～20cm，接触时间仅为 1～2s，因而可减少热冲击。喷射空心波软钎焊对表面贴装元件适应性较好。相比之下，对通孔插装元件会产生外观不丰满的焊点，因此其适用于表面贴装元件比例高的混装印刷电路板连接。

波峰焊是适用于连接插装件和一些小外形表面贴装件的有效方法，不适用于精密引线间距器件的连接，所以随着传统插装器件的减少以及表面贴装元件的小型化和精细化，波峰焊的应用逐渐减少。

4.5.3.2　*再流焊*（reflow soldering）

再流焊是适用于精密引线间距的表面贴装元件的有效连接方法。由于表面组装技术的兴起，再流软钎焊的应用范围日益扩大。再流焊使用的连接材料是钎料膏，通过印刷或滴注等方法将钎料膏涂敷在印刷电路板的焊盘上，再用专用设备——贴片机在上面放置表面贴装元件，然后加热使钎料熔化，即再次流动，从而实现连接，这也是再流焊名称的来源。各种再流焊方法以其加热方式不同而区别，但工艺流程均相同，即滴注/印刷钎料膏—放置表面贴装元件—加热再流。加热再流前必须进行预热，使钎料膏适当干燥，并缩小温差，避免热冲击。再流焊后，自然降温冷却或用风扇冷却。各种再流焊方法的区别在于热源和加热方法。根据热源不同，再流焊主要可分为红外再流焊、气相再流焊和激光再流焊。

(1) 红外再流焊（infrared reflow soldering）　红外再流焊是利用红外线辐射能加热实现表面贴装元件与印刷电路板之间连接的软钎焊方法，如图 4-53 所示。红外线辐射能直接穿透到钎料合金内部，被分子结构所吸收，吸收能量引起局部温度增高，导致钎料合金熔化再流，这是红外再流焊的基本原理。

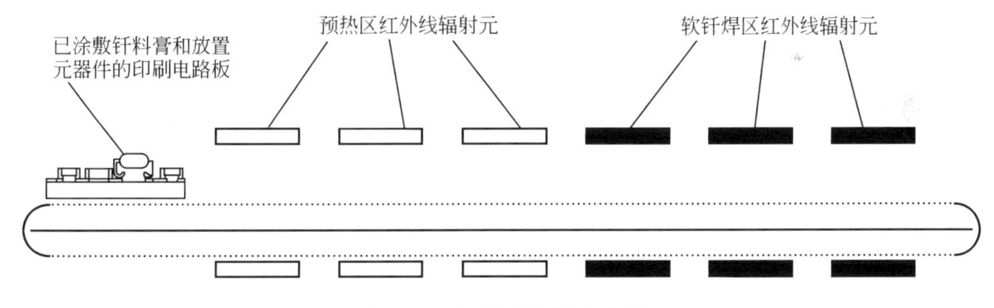

图 4-53　红外再流焊示意图

红外线的波长为 0.73～1000μm，波长范围对加热效果有很大影响。红外再流焊中采用 1～7μm 的波长范围，其中 1～2.5μm 范围为短波，辐射元件为钨灯；4μm 以上为长波，辐射元件为板元。波长越小，印刷电路板及小器件越容易过热，而钎料膏越容易均匀受热。长波红外线辐射元可以加热环境空气，而热空气再加热组装件，这称为自然对流加热，它有助于实现均匀加热并减少焊点之间的温差。计算机控制强制对流加热装置可实现加热区热分布曲线控制，加热区域数量柔性化，能够视加热需要扩展到 10～14 个区域，从而能够适应各种印刷电路板尺寸和器件性能要求。

再流焊的钎焊质量主要取决于是否能实现所有焊点的均匀加热，因此钎焊温度规范起着至关重要的作用。红外再流焊的温度规范（图 4-54）分为四个阶段：①预热升温阶段，温度尽可能快地上升到指定值，结束时焊点中存在相当大的温差；②预热保温阶段，使所有焊

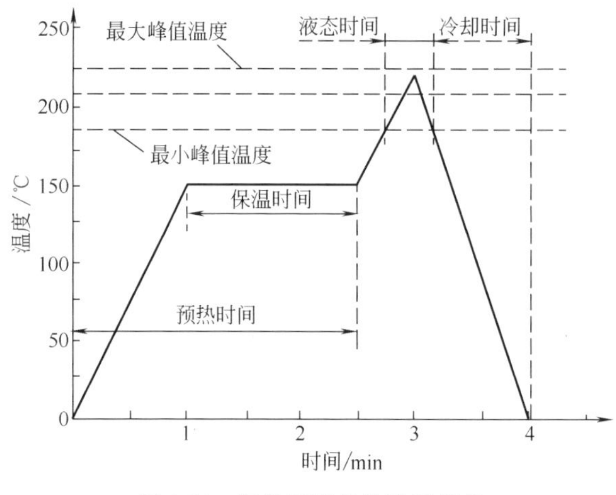

图 4-54 红外再流焊的温度规范

点处于同一温度，同时激活钎料膏中的钎剂并蒸发其中的水分；③再流阶段，温度高于钎料合金熔点，钎料熔化并与待结合面金属发生溶解-扩散反应；④冷却阶段，焊点凝固，实现连接。如图 4-54 所示为理想状态，实际的钎焊温度规范允许温度在一定范围内变化，但最大、最小峰值温度等指标必须严格遵守，以防止过热或未润湿。对于目前通用的强制对流红外再流焊设备，其钎焊温度规范须遵循以下原则：①预热阶段的最大升温速率为 6℃/s；②预热保温阶段温度在 130～170℃之间，时间在 1～3min 以内；③再流阶段温度超过 200℃，时间在 30～90s 以内；④最大峰值温度为 235℃。

红外再流焊一般采用隧道加热炉，适用于流水线大批量生产。其缺点是表面贴装元件因表面颜色的深浅、材料的差异及与热源距离的远近，所吸收的热量也会有所不同；体积大的表面贴装元件会对小型元件造成阴影，使之受热不足而降低钎焊质量。如 PLCC 器件引线位于壳体的下面，由于壳体对红外辐射的遮蔽作用，钎料达不到熔化温度，无法用红外再流焊的方法钎焊；加热区间的温度设定难以兼顾所有表面贴装元件的要求。

(2) 气相再流焊 (vapor reflow soldering)　气相再流焊是利用饱和蒸气的汽化潜热加热实现表面贴装元件与印刷电路板之间连接的软钎焊方法。气相再流焊的热源来自氟烷系溶剂（典型牌号为 FC-70）饱和蒸气的汽化潜热。如图 4-55 所示，印刷电路板放置在充满饱和蒸气的氛围中，蒸气与表面贴装元件接触时冷凝并放出汽化潜热使钎料膏熔化再流。达到钎焊温度所需的时间，小焊点为 5～6s，大焊点为 50s 左右。饱和蒸气同时可起到清洗作用，去除钎剂和钎剂残渣。

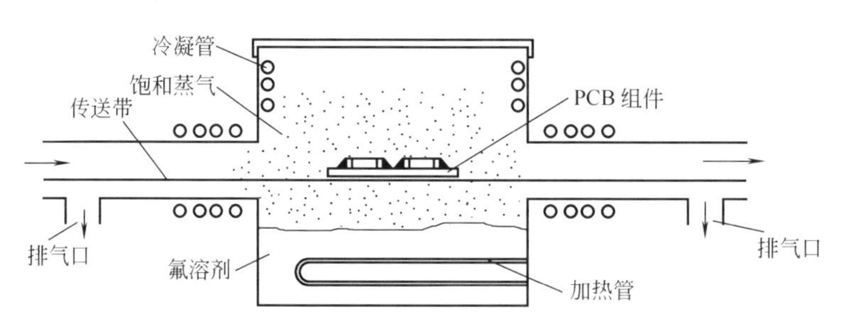

图 4-55 气相再流焊原理图

气相再流焊的优点是整体加热，溶剂蒸气可到达每一个角落，热传导均匀，可完成与产品几何形状无关的高质量钎焊；钎焊温度精确，(215±3)℃，不会发生过热现象。但气相再流焊的主要传热方式为热传导，因金属传热比塑料速度高，所以引脚先热，焊盘后热，这就容易产生“上吸锡”现象。小型元件（如电阻、电容元件）由于升温速度快（可达到 40℃/s），两端引线很难同时达到钎焊温度，先熔化一端所形成的表面张力差将导致所谓“墓碑”现象。气相再流焊温度几乎不能控制，所以预热必须由其他方法（通常为红外辐射）完成。另一缺点是溶剂价格昂贵，生产成本较高；如操作不当，溶剂经加热分解会产生有毒的氟化氢和异丁烯气体。

（3）激光再流焊（laser reflow soldering） 激光再流焊是利用激光辐射能加热实现表面贴装元件与印刷电路板之间连接的软钎焊方法（图4-56）。激光再流焊的热源来自激光束辐射能量，目前主要有三种激光源用于再流焊：①CO_2激光源，特征波长为10.6μm，辐射波几乎全部被金属表面反射，但可被钎剂强烈吸收，受热的钎剂再将热量传递给钎料，这种激光辐射波不能通过光纤材料；②Nd/YAG激光源，特征波长为1.06μm，辐射波被金属表面强烈吸收，可通过光纤材料；③半导体真空管激光源，特征波长为800～900nm，比Nd/YAG激光效率更高，所需能量更少。基于激光束优良的方向性和高功率密度，激光再流焊特点是加热过程高度局部化，适用于窄间距的微电子器件外引线连接；钎焊时间短（200～500ms），热影响区小，热敏感性强的器件不会受到热冲击；热应力小，焊点显微组织得到细化，抗热疲劳性能得到提高。

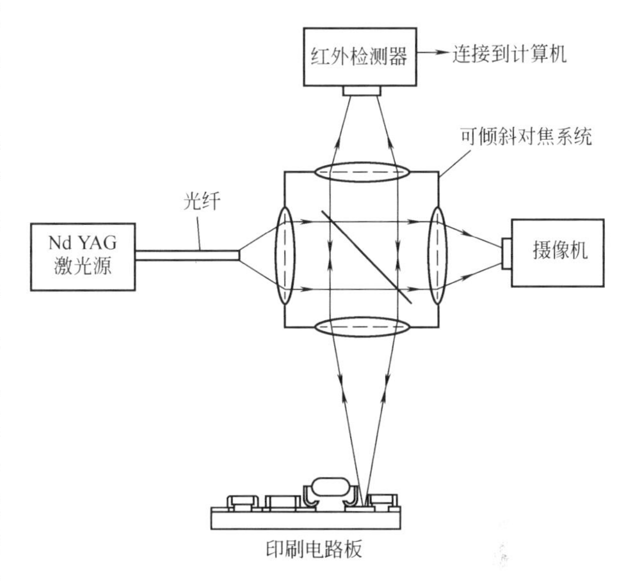

图4-56 激光再流焊示意图

上述优点表明激光再流焊可实现高密度、高可靠性的微连接，但实际中该方法并未得到广泛应用，主要是受到以下因素的制约。

① 作为再流焊方法中惟一的点焊技术，生产效率极低。

② 无论是移动激光束，还是移动待焊组件，位置精度的控制都是难题。

③ 激光束方向取决于待焊元件。对于翼形引线元件，激光束应垂直于待钎焊面，否则反射激光将损坏元件封装。对于J形引线，激光束必须与待钎焊面成一定角度，因此激光束的姿态调整又增加了一个控制问题。

④ 激光束的能量密度和钎焊时间取决于元件、基板及接头形式，如J形引线内侧的钎料膏激光束照射不到（即使成一定角度），为保证焊盘上所有钎料膏熔化，必须增大能量密度或增加钎焊时间，这又增加了一个焊接规范的控制问题。

⑤ 接头形式的设计和激光束焊接位置取决于所使用的激光源。如对于翼形引线，采用Nd/YAG激光源，因其可被引线金属强烈吸收，激光束可直接垂直照射到引线金属表面，焊盘尺寸稍大于引线接合面即可；采用CO_2激光源，因其几乎被金属完全反射而被钎剂强烈吸收，故须增加焊盘伸出长度，使激光束垂直照射到伸出部分上预置的钎料膏表面，而非引线金属表面。

目前，激光再流焊主要用于引线间距在0.65～0.5mm以下的高密度组装，如Philips公司研制的“Laser Number PLM1”用于在波峰焊或再流焊之后组装专用集成电路，引线间距达0.2mm也不会发生桥接。

4.5.4 导电胶粘接

导电胶（conductive adhesives）在电子封装中早已有应用，1967年美国首先采用一种银-环氧树脂导电胶进行半导体器件中芯片与载体的粘接。导电胶粘接工艺可在室温至200℃之间进行，比传统的金-硅共晶焊、软钎焊和银浆烧结的温度都低，可以避免高温对芯片特性的损伤。同时这种工艺适合大批量生产和自动化作业，目前已成为半导体器件芯片装联的主流技术。

近年来随着环境保护意识的提高，导电胶被作为一种“绿色”连接材料来替代印刷电路板组装中传统的连接材料 Sn-Pb 钎料合金，同时免去了清洗工序。随着研究的深入，人们发现了导电胶具有许多适用于表面组装工艺的其他优点：适用于精细的引线节距；焊点之间的空隙不必采用填充材料；可实现低温连接；工艺过程简单且具柔性，成本低。

导电胶属于添加型导电材料，依靠合成树脂基体的粘接作用和导电填料颗粒相互接触形成导电通路。导电胶主要由黏结剂、溶剂、导电填料和固化剂四部分组成。黏结剂采用环氧树脂或聚酰亚胺树脂。溶剂的作用使胶体稀释，不致因黏度太高而影响导电胶涂敷。常用的溶剂为醚类、酮类、甲苯类有机物。但溶剂不宜多加，以免树脂与导电填料分层而影响胶的导电性能。导电填料一般采用导电性能稳定的银粉，其加入量可超过树脂基体本身质量的2～3 倍。环氧树脂一定要加了固化剂以后才能固化。常用的环氧树脂固化剂为胺类、酸酐类有机物。

导电胶的导电性能取决于其中导电填料的种类和数量。按照导电性能，导电胶分为各向同性导电胶（isotropically conductive adhesives，ICAs）和各向异性导电胶（anisotropically conductive adhesives，ACAs）两类。各向同性导电胶以 Ag 金属颗粒作为填充材料，后者的体积分数为 25%～30%，可通过 Ag 颗粒相互接触而直接实现各向同性导电。各向异性导电胶以表面镀金属的聚合物球或 Ni 作为填充材料，后者的体积分数仅为 5%～10%，因此不能实现导电填料之间直接的相互接触，只有在固化过程中经受加压之后，才能在压力方向上实现电连接。由于导电填料颗粒之间没有直接接触，各向异性导电胶特别适用于精密引线节距电子器件的组装。

目前导电胶在微电子元器件内引线连接和印刷电路板组装方面的应用日益广泛，已经成为一种新型的连接方法，并正在部分取代传统的微连接工艺。例如，智慧卡（smart-card）中集成电路与基板的连接通常采用 Al 丝键合工艺，现在德国的 Microtec 公司和美国的 Epoxy Technology 公司已经推出各向同性导电胶粘接工艺。而欧洲共同体的 BRITE/EU-RAM CRAFT 计划正在为印刷电路板组装开发一种光固化各向异性导电胶，以期降低成本50%，缩短生产时间 90%。

针对上述新的应用背景，传统用于芯片与载体粘接的导电胶的适用性受到了广泛关注。研究发现该种导电胶的冲击强度不符合要求，因此目前的研究集中于开发具有高冲击强度的新型导电胶，并保证其导电性，固化工艺也在进一步研究之中。公认的结论是：在现有的导电胶中，没有一种材料同时具有良好的电性能和力学性能，从而能够“即时”替代软钎料合金。与此同时，生产工艺流程、电子元件几何、元件金属化层、导电胶自身等方面均需做进一步的改进。

在导电胶的具体应用中，尚需进一步解决下述问题：导电胶以树脂聚合物为基体，而当进行光固化时，光可能破坏聚合物的分子链，其作用机制尚不清楚，也没有相关文献报道；尽管已经知道腐蚀性气体将破坏树脂聚合物分子链，但不同气体对聚合物分子链稳定性的作用机制不清楚；导电胶接头服役寿命的预测问题。由于导电胶接头是由金属和树脂聚合物构成的复合材料，用于纯金属或纯聚合物服役寿命预测的规律将不再适用；导电胶接头的疲劳-蠕变特性及潮湿环境对其性能的影响；各向同性导电胶中含有高体积分数的导电填料以保证其电性能，但其力学性能受到影响。如尺寸为250cm×300cm的各向同性导电胶粘接表面组装电路板，中心部位受到10mm位移的弯曲力矩后导电胶接头即出现裂纹，因此树脂聚合物/导电填料的体积分数尚需进一步优化以同时保证电性能和力学性能；导电胶接头的修补工作、功能测试、质量判断、成本分析等方面均需做进一步研究。

参 考 文 献

1 李志远，钱乙余，张九海．先进连接方法．北京：机械工业出版社，2000

2 左铁钏．高强度铝合金的激光加工．北京：国防工业出版社，2002

3 Walter W. Duley. Laser Welding. A Wiley-Interscience Publication，1999

4 李力均．现代激光加工及其装备．北京：北京理工大学出版社，1993

5 熊建钢，刘建华，陈祖涛等．高功率 CO_2 激光焊接及其应用现状．中国机械工程．1996，7（2）：55～57

6 熊建钢，张伟，胡乾午等．基于人工神经网络模型的钛合金YAG激光焊接工艺参数优化．应用激光，2001，21（4）：243～246

7 熊建钢，胡席远，陈祖涛等．激光焊接铸造镍基高温合金工艺研究．中国激光，1996，23（12）：1107～1111

8 骆红．薄板激光焊接过程中焊接缺陷的诊断原理和技术．博士学位论文．武汉：华中科技大学，1999

9 王亚军．电子束加工技术的现状与发展．航空工艺技术，1995（增刊）：28～31

10 中国机械工程学会焊接学会．焊接方法及设备．见：焊接手册．第1卷．北京：机械工业出版社，2000

11 刘春飞，张益坤．电子束焊接技术发展历史、现状及展望（Ⅰ）．航天制造技术，2003，2（1）：32～36

12 刘春飞，张益坤．电子束焊接技术发展历史、现状及展望（Ⅱ）．航天制造技术，2003，4（2）：37～42

13 刘春飞，张益坤．电子束焊接技术发展历史、现状及展望（Ⅲ）．航天制造技术，2003，6（3）：27～31

14 刘春飞，张益坤．电子束焊接技术发展历史、现状及展望（Ⅳ）．航天制造技术，2003，8（4）：24～29

15 刘春飞，张益坤．电子束焊接技术发展历史、现状及展望（Ⅴ）．航天制造技术，2003，10（5）：48～52

16 杜随更．摩擦焊接工艺新发展（二）．焊接技术，2000，29（6）：48～50

17 徐聪，吴懿平，陈明辉．电子封装与组装中的激光再流焊．电子工艺技术，2001，22（6）：252～259

第5章 复合化成形加工方法及技术基础

5.1 材料成形加工技术的复合化

从20世纪70年代开始，人们把信息、能源和材料誉为人类文明的三大支柱，20世纪80年代以来，又把新材料技术与信息技术、生物技术一起列为高新技术革命的重要标志。材料科学与工程技术作为基础科学以及应用科学技术领域所有高新技术的主要支撑技术，其关键地位与重要作用越来越显著。材料成形加工是新材料实用化的关键，是新材料技术的重要组成部分。

21世纪科学与技术的重要特征及发展趋势是在更广泛和更深层次上的多学科交叉融合。新世纪的多学科交叉融合的科学技术发展特征体现在材料加工领域就是融合新材料、高能束、信息等高新技术，在成形加工全过程中实现高效、优质、灵敏和洁净化、材料制备与成形的短流程和一体化。

随着尖端科技与人类文明的高度发展和进步，不仅要求高精度地制造外观新颖的产品，而且需要经济、绿色地制造性能优异的零部件。一方面，一些应用于能源、航空航天、微电子、信息、生物工程等尖端科技的零部件（如燃料电池、生物材料、压电材料、超导材料、隐形材料、环保材料……），若用传统的液态或固态的体积成形、去除成形或粉末冶金和物理化学方法制造，材料制备与成形加工过程分离，工艺流程与制造周期长，难以满足低成本、绿色制造的要求；另一方面，随着全球经济一体化和知识经济时代的到来，制造业要在激烈的全球化市场竞争中求生存和发展，必须追求新产品快速开发的灵敏响应能力、优质高附加值、低成本和产品生命周期的低环境负荷四个方面的综合最佳化。为适应尖端科技的发展、全球化市场竞争以及国民经济可持续发展的需要，材料加工技术向着复合化方向发展，复合化的特征表现在“过程综合、材料综合、能量场综合、技术综合”四个方面及其相互间的交叉融合。

“过程综合”指工艺流程的短缩化，如连铸连轧、半固态成形、无模直接制造等。“材料综合”指梯度功能材料或复合材料的制备与成形一体化，如喷射成形、数控添加材料沉积成形。“能量场综合”指除利用热能、机械能外，还借助电磁、等离子、激光、电子束等能量场的复合作用来成形，如无模电磁铸造、通电轧制、复合高能束焊接/喷涂等。“技术综合”指铸造、塑性加工、焊接、热处理、表面工程、特种加工、CAD/CAE/CAM等技术的复合化，如板料的无模柔性成形、快速原型和快速制造技术的诞生与发展就是技术综合的产物。

下面将围绕这四个方面综合介绍材料加工复合化技术。

5.2 连铸连轧技术

5.2.1 定义及产生背景

5.2.1.1 连铸连轧技术的定义

“连铸连轧”是指由铸机生产出来的高温无缺陷坯，无需清理和再加热（但需经过短时均热和保温处理）而直接轧制成材，这种把“铸”和“轧”直接连成一条生产线的工艺流程就称为“连铸连轧”。国外把这种工艺称为CC-DR（continuous casting and direct rolling）

工艺——连铸坯直接轧制工艺。其突出优点是使铸坯的热量得到充分利用，也有利于改善连铸坯表面和内部的质量，提高金属收得率，而且可由单一尺寸的结晶器获得多种形状尺寸的铸坯，特别是获得难以浇铸的小截面铸坯。

连铸连轧技术的出现，促使钢铁厂无论从生产模式到钢厂结构都发生了深刻的变革，从而使能耗降低，生产流程缩短，产品质量和经济、社会效益显著提高等，给钢铁企业带来了更大的市场竞争能力和发展空间。

5.2.1.2 产生背景

20 世纪 70 年代的能源危机刺激了欧、美、日等地区和国家开发薄板坯连铸机的积极性。在此之前，人们虽然对此也做过大量的试验、研究，并取得了许多成果，但终因向连铸机注入钢水的方法、高速浇铸和高纯度钢水等问题得不到根本解决而中止。70 年代后期，耐火材料、过程控制和炉外精炼等技术已发展成熟，从而为解决以上问题打下了基础；但研究工作的精力主要集中在以采用移动式结晶器为主的双带连铸机上，难度较大，一直没有用于大规模的工业生产。到 80 年代，常规板坯连铸技术已日益成熟，把常规板坯连铸的成熟技术应用到薄板坯连铸上成为研究开发的指导思想。其中，德国的 DEMAG 公司和 SMS 公司走在了研究和开发的前列。1986 年，SMS 公司在 Thyssen 公司的铸钢车间成功地进行了薄板坯连铸机试验，开始了薄板坯连铸技术应用的新篇章。薄板坯连铸机的成功使薄板坯连铸连轧成为可能。1989 年 7 月，美国纽克钢公司在印第安那州的克劳福兹维尔建成了世界上第一个 CSP 车间，标志着薄板坯连铸连轧技术真正投入了工业生产。

自世界上为短流程小钢厂开发的薄板坯连铸连轧技术获得工业上的成功以来，受到了世界各国冶金界的极大关注，并产生了巨大反响。因为人们由此看到了所谓“夕阳工业”的钢铁工业新的生机。据预测，到 2010 年，全球将建成 75 个薄板坯连铸连轧生产厂，总生产能力将达 1.9 亿吨，届时，50％左右的热轧卷板将通过薄板坯连铸连轧来生产。

近终形钢产品连铸是一项高新技术，目前已趋于成熟，走向工业化。它的实质是在保证成品钢材质量的前提下，尽量缩小铸坯的截面来取代压力加工。近终形连铸通常可分为三大类：薄板坯连铸、板带连铸及喷雾成形。与普通连铸工艺相比，薄板坯连铸连轧具有如下优点。

① 工艺简化，设备减少，生产线缩短。薄板坯连铸连轧省去了粗轧和部分精轧机架，生产线一般仅为 200 余米，降低了单位基建造价，缩短了施工周期，可较快地投产，并发挥投资效益。

② 生产周期短。从冶炼钢水至热轧板卷输出，仅需 1.5h，从而节约流动资金，降低生产成本，企业可较快取得较好的经济效益。

③ 节约能源，提高成材率。由于实现了连铸连轧，薄板坯连铸连轧可直接节能 66kg/t、间接节能 145kg/t，成材率提高 11％～13％。

近年来，大批薄板坯连铸连轧生产线在世界各地纷纷建成。截至目前，世界上已有 38 个薄板坯连铸连轧生产厂约 60 条生产线，其中 CSP 32 套（占全部套数的 56％），ISP 10 套，FTSC 7 套，QSP 5 套，CONROLL 6 套，总生产能力已超过 5500 万吨。在如此短的时间内有这种局面，显示出薄板坯连铸连轧技术在短流程小钢厂中的实践是成功的。它具有多种技术和效益上的优势，现已被众多钢铁联合企业看好，并准备在传统的高炉-转炉流程中采用该技术。它将充分发挥薄板坯连铸连轧技术的优势，也将促进传统流程的产品结构优化，产生显著的经济和社会效益。

薄板坯连铸连轧是当今世界钢铁冶金工业具有革命性的前沿技术，它集科学、技术和工程为一体，将热轧板料的生产在一条短流程的生产线上完成，充分显示出其先进性和科学性，世界各国都对此给予了极大关注。

5.2.2 技术优点与经济效益

用钢水直接浇铸成接近成品形状的带钢或者棒线材是钢铁界梦寐以求的理想。自从1846年H. Bessemer提出设想，经过100多年诸多业内人士的努力奋斗，在攻克了诸如快速凝固技术、自动控制技术、自动检测技术和新材料控制技术等一些关键技术之后，在20世纪80年代终于实现了薄板坯连铸连轧和棒线材连铸连轧，它是继氧气转炉炼钢、连续铸钢之后，钢铁工业重要的革命性技术之一。与传统的连铸再热轧工艺相比，薄板坯连铸连轧工艺具有流程短、基建投资少、能耗低、金属成材率高、技术集成度高、生产周期短等特点而迅速在全世界范围内得到认可，成为新热轧生产线上的首选。

近终形连铸以其接近最终产品尺寸、可改善材料性能、生产流程短、投资省、节能和保护环境等一系列优点，被誉为冶金科技的一项重大变革，是当今国际冶金界的一个热点。其最终目标是尽量提供与成品轧材尺寸和形状接近的连铸坯，以减小压力加工实施的塑性压缩量。传统热轧带钢生产一般是在炼钢车间冶炼钢水，铸成一定规格长度的厚板坯，冷却后送往轧钢车间，经处理、编组后需由加热炉进行再加热至轧制温度才能轧制成材。炼钢车间与轧钢车间是两个相对独立的车间，生产线不连续，而薄板坯连铸连轧是将连铸机和连轧机连成一条生产线，钢水由薄板坯连铸机铸成一定规格长度的薄板坯，随即进入在线的再加热炉进行少量加热，即送入连轧机轧制成材。

开发近终形连铸与轧钢系统直接连接而构成连铸连轧生产线，可以明显地简化轧钢生产系统、降低吨钢设备投资和生产费用、加速流动资金周转和节约能源等。与传统方式相比，轧制设备投入节省约30%，动力和能耗节省约50%，吨钢成本下降了185～370元。据国外统计，近年来薄规格热轧产品以每年60%的比例增长，每吨超薄热带的利润可增加20～40美元。具体地说，连铸连轧具有如下优点。

① 生产周期短，从钢水到产品的生产流程从数天或者5～6h，缩短到不足0.5h。

② 占地面积少，薄板坯连铸连轧厂占地面积约为常规流程的1/4。

③ 固定资产投资少，尤其是薄板坯连铸连轧厂固定资产投资优势明显，约为常规流程的1/5。

④ 金属的收得率高，尤其是无头轧制技术的成材率超过了99%。

⑤ 钢材性能好，由于铸坯过程的快速冷却，板坯铸态组织致密，钢水的冷却强度很大，改善了钢材质量。对于某些低合金钢，由于坯料无相变加热有利于微量合金元素的完全溶解，在$\gamma \rightarrow \alpha \rightarrow \gamma$的相变过程中，晶粒得到了细化，这对改善轧件组织是有利的。

⑥ 能耗少，由于采用热送热装、感应加热以及连铸连轧（endless casting and rolling，ECR）等技术，能耗仅为常规生成方式的35%～45%；电耗仅为常规流程的80%～90%；生产成本降低20%～30%。

⑦ 工厂定员大幅降低，棒材厂可减员20%，而薄板坯连铸连轧厂的定员仅为常规热带厂的13%。

以上几方面的优点必然使基建投资少，资金占用少，能源、人力消耗低，得到较高的经济效益。但是，连铸连轧生产方式存在的最关键的问题是如何保证生产过程的在线、离线协调一致。这是一个复杂的系统管理工程，它需要计划、调度、生产和设备诸方面协调配合的一致性来保证生产过程的稳定进行。

由于薄板坯连铸连轧能带来显著的经济效益，因而近十年来其开发应用受到工业发达国家和发展中国家的高度重视。据不完全统计，迄今为止，全世界已有 6 个国家和地区的公司和工厂建成了 17 套试验性和工业性生产的薄板坯连铸连轧机组，还有 10 家与有关设备制造公司签订了订货合同。据日本钢板界权威人士预测，到 2020 年，全世界由薄板坯连铸连轧机组生产的带钢将占带钢总产量的 40%～60%。

5.2.3 典型的连铸连轧生产线组成

5.2.3.1 传统的连铸再热轧工艺流程

传统的连铸再热轧工艺是由钢水直接浇注铸造成坯，然后保温冷却，再送至轧制车间重新加热到一定温度进行热轧。流程长、时间和空间跨度大、能源与人力资源浪费严重，造成企业的资金流动性和经济效益较差，材料的利用率低，且已不能适应汽车、能源、航空航天、造船等相关产业的市场快速响应的要求。图 5-1 为传统工艺生产与连铸连轧工艺在能耗和制造周期方面的比较。

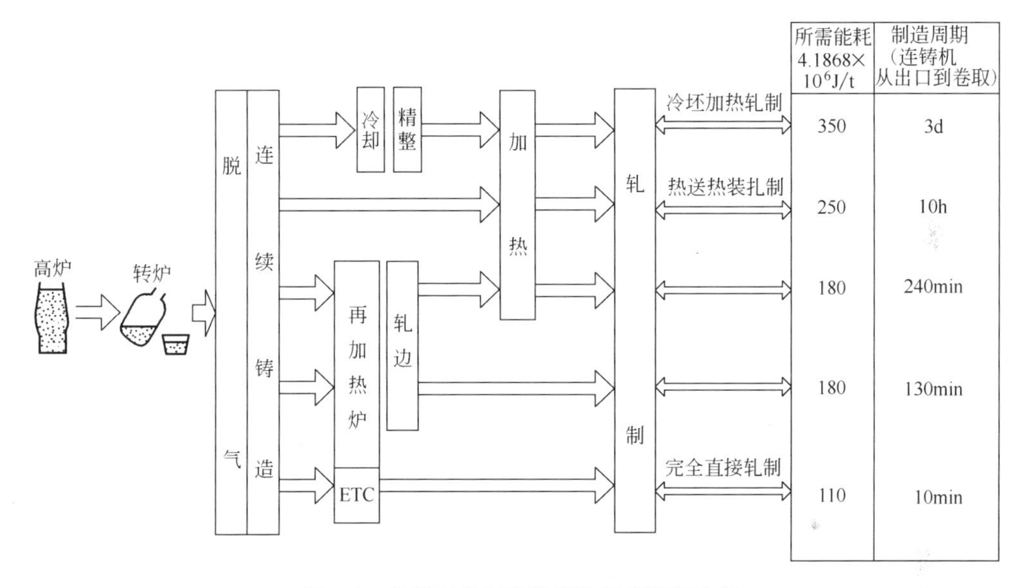

图 5-1 传统工艺与连铸连轧工艺流程比较

5.2.3.2 典型连铸连轧工艺流程

薄板坯连铸连轧工艺的发展主要分为两个时期，第一个时期以紧凑式带钢生产线开发为主，其工艺技术的主要代表有德国西马克（SMS）公司的 CSP 技术（图 5-2、图 5-3），德国德马克（MDH）公司的 ISP 技术（图 5-4、图 5-5），意大利达涅利（DANIELl）公司的 FTSR 技术（图 5-6、图 5-7）。奥地利奥钢联（VAl）公司的 CONROLL 技术（图 5-8、图 5-9）以及其他工艺技术。第二个时期的超薄带生产线的应用是在原来紧凑式生产线上开发出半无头轧制工艺和铁素体轧制工艺，主要是轧制 1.4mm 以下的产品。各种薄板连铸连轧技术各具特色，同时又互相影响，互相渗透，并在不断地发展和完善。

5.2.3.3 德国西马克 CSP（compact strip production）技术

CSP 技术是由德国西马克公司开发的世界上最早并投入工业化生产的薄板坯连铸连轧技术。自 1989 年在纽柯公司建成第一条 CSP 生产线以来，随着技术的不断改进，该生产线不断发展完善，现已进入成熟阶段。其典型工艺流程如图 5-2 所示。

CSP 工艺具有流程短、生产简便且稳定，产品质量好、成本低，有很强的市场竞争力等一系列突出优点。目前，CSP 生产线数量居各种薄板坯连铸连轧技术之首，约 23 条，可

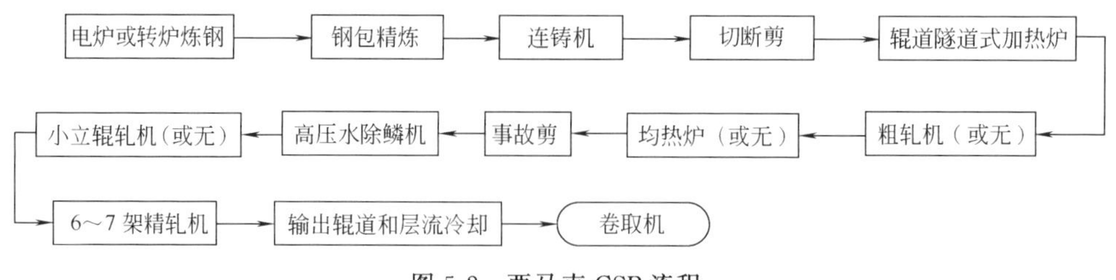

图 5-2 西马克 CSP 流程

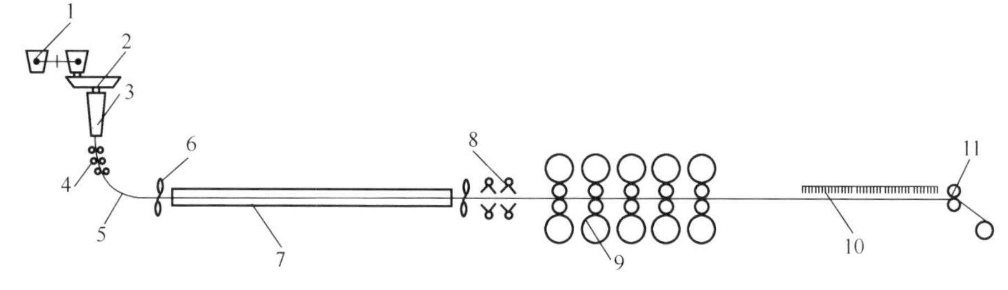

图 5-3 薄板坯连铸连轧 CSP 生产布置

1—钢包回转台；2—中间包；3—结晶器；4—二冷区；5—空冷区；
6—剪切机；7—直通式辊底加热炉；8—高压水除鳞机；
9—精轧机组；10—层流冷却；11—卷取机

以说 CSP 是目前最成熟的工艺。

CSP 技术的主要特点表现在 3 个方面。①采用立弯式铸机，漏斗型直结晶器，刚性引锭杆，浸入式水口，连铸用保护渣，电磁制动闸，液芯压下技术，结晶器液压振动，衔接段采用辊底式均热炉，高压水除鳞，第一架前加立辊轧机，轧辊轴向移动、轧辊热凸度控制、板形和平整度控制、平移式二辊轧机。②可生产 0.8mm 或更薄的碳钢、超低碳钢。③生产钢种包括低碳钢、高碳钢、高强度钢、高合金钢及超低碳钢。

5.2.3.4 德马克 ISP 技术

ISP 工艺（inline strip production）即在线热带生产工艺。该技术于 1992 年 1 月在意大利阿维迪（Arvedi）钢厂建成投产，设计生产能力为 50 万吨/流。其特点是生产线布置紧凑，采用液芯压下和固相铸轧技术，采用气雾冷却或干铸二次冷却技术，能耗少，并可有效完成脱碳保铬、净化钢水等任务，其典型流程如图 5-4。

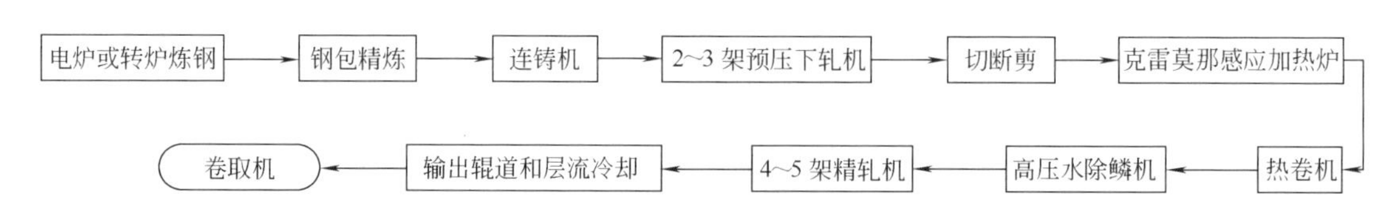

图 5-4 德马克 ISP 流程

它是目前最短的薄板坯连铸连轧生产线（图 5-5），主要技术特点：①采用直-弧型铸机，小漏斗型结晶器，薄片状浸入式水口，连铸用保护渣，液芯压下和固相铸轧技术，感应加热接克日莫那炉（也可用辊底式炉），电磁制动闸，大压下量初轧机＋带卷开卷＋精轧机，轧辊轴向移动、轧辊热凸度控制、板形和平整度控制、平移式二辊轧机；②生产线布置紧凑，不使用长的均热炉，总长度仅 180m 左右，从钢水至成卷仅需 30min，充分显示其高效性；

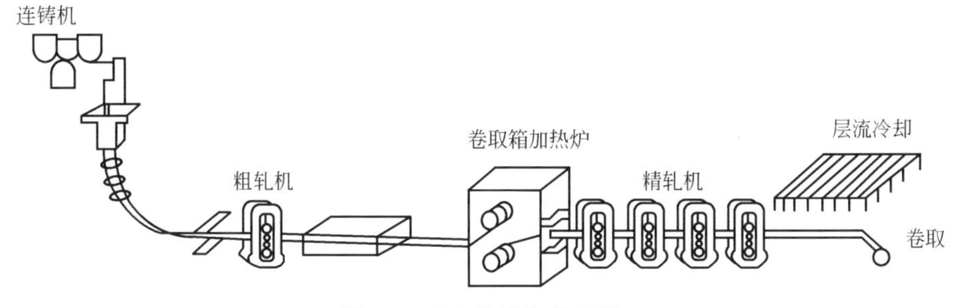

图 5-5　ISP 典型生产布置

③二次冷却采用气雾或空冷，有助于生产较薄断面且表面质量要求高的产品；④整个工艺流程热量损失较小，能耗少；⑤可生产 1.0mm 或更薄的产品。

5.2.3.5　达涅利 FTSR 技术

FTSR 工艺（flexible thin slab rolling for quality）称之为生产高质量产品的灵活性薄板坯轧制，是由意大利丹涅利联合公司开发的又一种薄板坯连铸连轧工艺（图 5-6）。

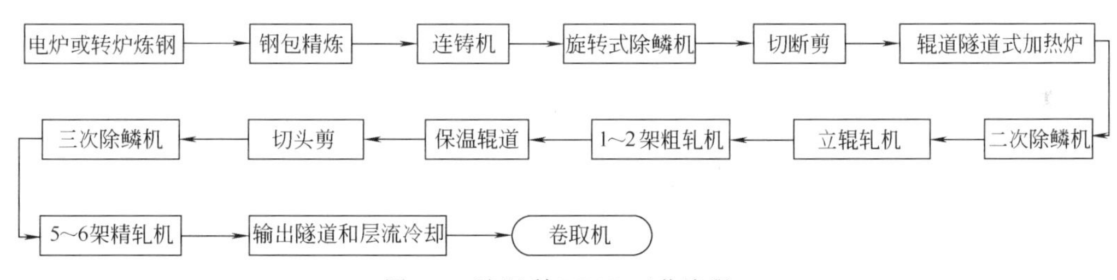

图 5-6　达涅利 FTSR 工艺流程

FTSR 技术具有相当的灵活性，能浇铸范围较宽的钢种，可提供表面和内部质量、力学性能、化学成分均匀的汽车工业用板。主要技术特点：①采用直-弧型铸机，H2 结晶器，结晶器液压振动，三点除鳞，浸入式水口，连铸用保护渣，动态软压下（分多段、每段可单独），熔池自动控制，独立的冷却系统，辊底式均热炉，全液压宽度自动控制轧机，精轧机全液压的 AGC，机架间强力控制系统，热凸度控制系统，防止粘皮的辊星系统，工作辊抽动系统，双缸强力弯辊系统等；②可生产低碳钢、中碳钢、高碳钢、包晶钢、特种不锈钢等。其典型的工艺

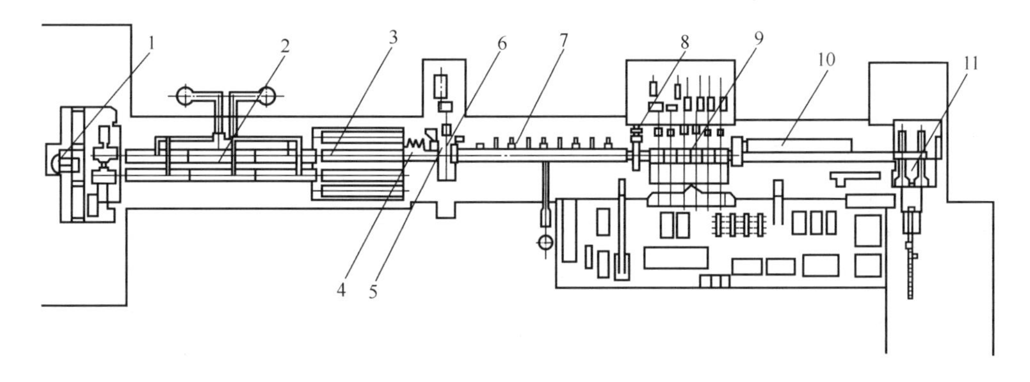

图 5-7　典型的 FTSR 技术工艺布局

1—连铸机；2—旋转式加热炉；3—隧道式加热炉；4—二次除鳞；
5—立辊轧机；6—粗轧机；7—保温辊道；8—三次除鳞；
9—精轧机；10—输出辊道和冷却段；11—卷取机

布局如图 5-7 所示。

5.2.3.6 奥钢联 CONROLL 技术

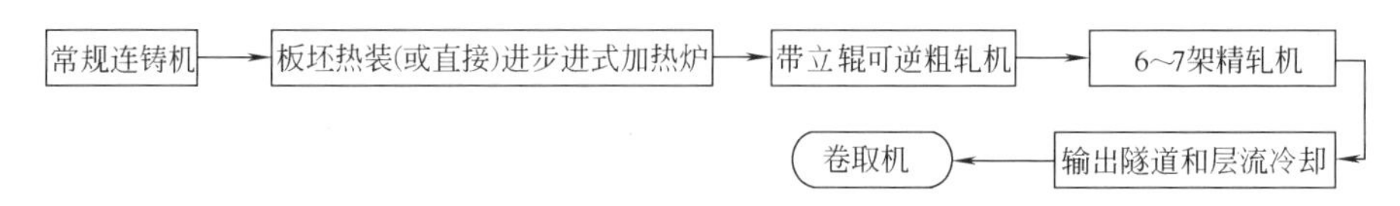

图 5-8 奥钢联 CONROLL 工艺流程

奥钢联工程技术公司（VAI）开发的 CONROLL 工艺（图 5-8），用于生产不同钢种的高质量热轧带卷，具有生产率高，且产品价格便宜等特点，铸坯厚度可达 130mm，该技术与传统的热轧带钢生产技术接近。美国的阿姆科·曼斯菲尔德（Armco Mansfield）钢厂于 1995 年 4 月正式建成投产第一条 CONROLL 生产线。该技术特点是全部采用成熟技术，使用可靠，铸坯较厚，一般为 75～125mm，铸坯在粗轧机处进行可逆轧制，经粗轧后厚为 25～28mm，精轧最终厚度为 1.8～12.7mm，年产量最高为 180 万吨。

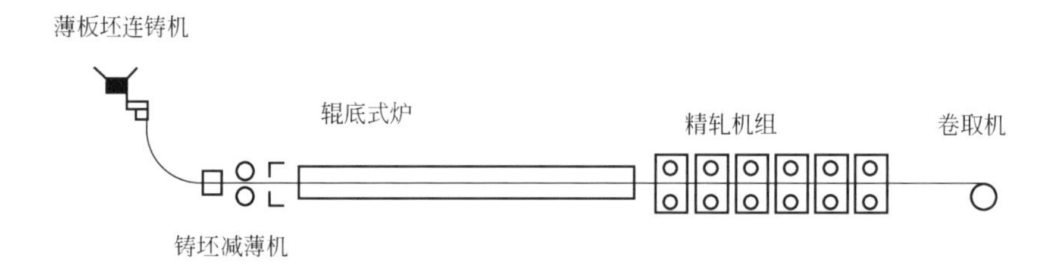

图 5-9 CONROLL 技术工艺流程

主要技术特点是：①超低头弧型连铸机，平板式直结晶器，结晶器宽度自动调整，新型浸入式水口，结晶器液压驱动，旋转式高压水除鳞，二冷系统动态冷却，步进式加热炉，液态轻压下，液压 AGC，工作辊带液压活套装置，轧机 CVC 技术等；②可生产低、中、高碳钢，高强度钢，合金钢，不锈钢，硅钢，包晶钢等。

5.2.3.7 日本住友 QSP 技术

QSP 技术是日本住友金属公司开发出的生产中厚板坯的技术，开发的目的是在提高铸机生产能力的同时，生产高质量的冷轧薄板。主要技术特点是：①采用直-弧型铸机，采用多锥度高热流结晶器，非正弦振动，电磁制动闸，二冷系统大强度冷却，中间罐高热值预热燃烧器，辊底式均热炉，轧辊热凸度控制，板形和平整度控制等；②可生产碳钢、低碳铝镇静钢（LCAK）、低合金钢、包晶钢等。

5.2.4 连铸连轧关键技术

薄板坯连铸连轧具有流程短、能耗低、劳动生产率高、设备简单、投资省、成本低等一系列优点，所生产的热轧板卷价格比常规流程生产的产品便宜，显示出极具竞争力的发展势头。究其原因是该技术有许多地方突破了传统工艺概念，是大胆创新之举，它们经实践检验证明是成功的。

5.2.4.1 结晶器及其相关装置

薄板坯连铸机上使用的结晶器早期大体分为两类：平行板型和漏斗型。西马克公司开发了漏斗型结晶器，其上口处中间部位厚度达 150mm，有利于浸入式水口的伸入和保护渣的熔化，进而使铸坯表面质量有保证。而下口处厚度为 40～70mm，能满足铸坯厚度的要求，这是因为铸坯厚度需在70mm以下才能直接进精轧机组轧制。从世界上现已投产的几条生产线来看，钢液在这种漏斗型结晶器内凝固时要产生变化，必须保证厚度变化过渡区的弯曲弧度设计准确，且浇钢时拉速应尽可能稳定。德马克公司在阿维迪热装生产线（inline strip production，ISP）上最早使用的是传统平行铜板结晶器，由于上口厚度仅为60～80mm，只能使用薄片型长水口，其壁厚仅有10mm，大通钢量为2t/min，受到了限制，同时水口寿命很短。为此经改进将平行板型扩展为小鼓肚型，由于小鼓肚的存在，上口空间加大，使薄片型水口壁厚增加至20mm，使用寿命延长。奥钢联现在也使用平行板型直结晶器，厚度为70～125mm，扁平状长水口，侧壁双孔出钢。丹涅利公司开发了一种新的类似凸透镜状，上口、下口截面尺寸一样的全鼓肚型结晶器，认为这种结晶器既可解决浸入式水口插入，又可减少铸坯表面裂纹等问题。这种结晶器内钢水容量在相同铸坯厚度时比其他类型多60%，且坯壳生成应力低于漏斗型，气隙也小，能浇铸易裂钢种。

从结晶器形式的演变可知，为提高薄板坯连铸单流产量，提高铸坯质量，扩大品种，漏斗型乃至全鼓肚型更为实用。也正因为这两种极具特色的结晶器的问世，才使薄板坯连铸工艺得以成功。有关结晶器的研究仍有待进一步深入。

此外，由于拉速比传统板坯高，结晶器液面的稳定性就更为重要，故必须使用可靠有效的结晶器液面控制系统。在结晶器钢液面上需保持足够的液渣层，能连续渗漏到坯壳与铜板之间，起到良好的润滑作用，可有效地防止粘接漏钢和表面纵裂纹。然而薄板坯拉速高，结晶器空间有限，很难获得恒定的液渣层，液渣量的消耗比传统板坯明显减少，为解决这一问题可采以下措施：①采用低熔点低黏度的保护渣；②结晶器采用高频率（300次/min以上）、小振幅（3mm）的非正弦振动，有利于减少对初生坯壳的拉应力，并减轻振痕，提高铸坯表面质量。

5.2.4.2 薄壁浸入式水口

与结晶器相关的还有浸入式水口的开发，其中包括形状、出口角度、材质等。薄板坯要求较高的拉速，一般为6m/min，使其流量达到2～3 t/min，产量才能与传统铸机相比。薄板坯结晶器的几何形状要受到下列因素的限制：一是要求浸入式水口与铜板之间有一定间隙而不凝钢；二是水口直径要有足够的流通量；三是水口壁要有足够的厚度（最小10mm）。为延长水口的使用寿命，开发了薄壁扁形浸入式水口，水口上部为圆柱形，下部为扁平形或椭圆形，采用等静压成形。水口本体材料为Al_2O_3-C，流体冲刷区材料为MgO-C，渣线材料为ZrO_2-C。

对薄板坯连铸而言，浸入式水口及保护渣直接关系到连浇炉数和作业率的提高，同时影响到铸坯质量，各公司都进行了大量研究。目前西马克公司已开发出第四代浸入式水口，CSP及FTSR工艺的浸入式水口寿命也达到500min，可连浇12炉以上，采用平板式结晶器的QSP及ISP工艺的浸入式水口寿命为400min左右。

5.2.4.3 铸轧工艺

世界首台薄板坯连铸连轧生产线阿维迪ISP技术中采用带有液芯及固相铸轧的技术，出结晶器下口60mm的铸坯带液芯时经软压下变至45～50mm，形成固相后再轧至15mm厚。实践表明，液芯铸轧对细化晶粒的作用比相应尺寸减薄的铸坯大，由于晶粒细化，在相同轧制温度下，铸坯获得的韧性更好，当浇铸厚度为60～100mm时，采用铸轧技术后，最终的成品质量比减薄结晶器厚度的效果更佳，液芯铸轧的好处已被公认，现在该技术已得到广泛应用，并在不断改进完善。丹涅利公司的灵活薄板坯连铸连轧工艺（flexible thin slab rolling for quality，FTSRQ）中应用了动态软压下技术（专利），可根据带卷最终厚度的要求连续调整薄板坯的厚度，产品质量达一级标准。ISP 和 FTSRQ 两种技术采用的带液芯铸轧工艺均根据浇铸速度、钢种和一冷、二冷及中间罐钢水过热度及实际浇铸时间来计算薄板坯截面尺寸和液芯长度的变化，并通过调整辊缝来实现软压下。CSP 和 CONROLL 生产工艺是依靠全凝固轧制来使铸坯变薄的，而近期投产的新的 CSP 生产线也均采用了液相轻压下的铸轧工艺，液芯铸轧可以看成是降低能耗、提高产品质量的一种生产薄板带的技术发展方向。新开发出的铸压轧（casting pressing rolling，CPR）技术，则将“铸、压、轧”融为一体，出结晶器下口的坯壳仅为 10～15mm 的铸坯，此时在 1300℃左右即受辊压，使芯部焊合，随后由四辊轧机将铸坯轧成 15～24mm 的热轧板卷。

5.2.4.4　高压水除鳞

薄板坯表面积大，易出现二次氧化，生成氧化铁皮，如不及时清除，会与轧辊在高温下接融，不仅损坏轧辊，也常因轧制速度远高于浇铸速度而将氧化铁皮轧入。为此，各种薄板坯连铸机的设计方案都对除鳞相当重视，新的结构都将除鳞机布置在粗轧机前，进而在入加热炉和精轧前再次除鳞，FTSRQ 生产线甚至在第一、第二精轧机架后仍进行多道除鳞，确保氧化铁皮被清除。除鳞装置有高压水、旋转高压水多种类型，其水压从 10～20MPa 提高至 40MPa。奥钢联还开发了圆环形和网状旋转式高压水除鳞装置，均是想利用高压水以一定角度打到铸坯上，以更有效地清除氧化铁皮。

5.2.4.5　加热方式

薄板坯连铸连轧的工艺要求铸坯直接进入精轧机，铸坯薄且温度高，还需均匀，必须在线对铸坯加热保温。ISP 生产线经铸轧后的铸坯厚度为 15mm，先进入感应加热区，再由克日莫那炉（Cremona）天然气加热保温；CSP 生产线生产厚度为 50mm 以下的铸坯，经剪切后长为 47m，送到均热炉，用天然气加热，该炉长达 240m，可放 5 块铸坯。前者布置紧凑，对环境污染小，但设备较复杂，维修困难；后者有利于铸坯储存，一旦轧机出现故障，整个生产线有缓冲时间。均热炉又有辊底式、隧道式、步进式几种。选择哪一种加热方式更有利于薄板坯连铸连轧工艺仍是当今研究的问题，也是极为重要的一环，直接影响到整条生产线的连接协调。

5.2.4.6　精轧机架

从投资额来分析，薄板坯连铸连轧生产线中连铸机部分占 30%，轧机部分则占 70%。现有的各种类型的热精轧机组有四机架、五机架、六机架乃至七机架（美国阿克梅钢公司），其生产能力均可达 135 万～200 万吨/流，大大超过薄板坯连铸机的单流生产能力。目前热精轧机组均配有轧辊轴向移动、板形平整度、厚度在线调控、轧辊表面热凸度控制等装置，轧制 1.0mm 甚至更薄的热轧带卷已不成问题，关键的是如何发挥出投资比例如此大的轧机能力。就其经济效益来讲，薄板坯连铸应配置两流才能与一套热连轧机组匹配，同时薄板坯连铸机的拉速也应最大限度地提高，薄板坯连铸连轧的高温、高速、连续生产的衔接技术仍有待继续开发。

5.2.4.7　电磁制动技术

薄板坯连铸拉速远远高于传统连铸，钢液由浸入式水口高速进入结晶器，使熔池产生强烈的冲击或扰动。铸速越高，扰动越剧烈，致使液面保护渣分层结构不稳定，以至于发生卷渣，在初生坯壳上造成缺陷。熔池内的冲击流股还会冲刷坯壳，使坯壳凝固传热不均，严重时产生纵裂。

生产应用情况表明，结晶器采用电磁制动技术有如下优点：①减少了结晶器液面的波动，避免保护渣卷入，据报道，采用电磁制动技术后，结晶器液面波动可控制在±2mm；

②减少了流股对结晶器侧面的冲击，从而有利于坯壳的均匀生成，避免了纵向裂纹；③减少了流股的冲击深度，有利于液相线夹杂上浮。

美国纽柯公司 Berkeley 和 BHP 北极星薄板坯厂，均在结晶器中安装使用了电磁制动技术。采用电磁制动技术后，当拉速为 5m/min 时，经浸入式水口流出的钢水的冲击深度、结晶器钢水表面流速波动及卷渣均明显降低。与采用电磁制动技术前相比，钢板因铸坯卷渣造成的缺陷减少了 90%，纵裂纹指数减少了 80%。

5.2.4.8 铁素体轧制技术

CSP 生产工艺可实现控制轧制从奥氏体区（包括再结晶区和未再结晶区）发展到铁素体区，甚至在珠光体区进行温加工。由中等厚度的连铸坯直接进行铁素体轧制，其产品可替代部分冷轧薄板和退火钢板。对超低碳 IF 钢，应用铁素体轧制能改善钢带的拉拔性能，提高 r 值。铁素体轧制不仅能节约能源，减少轧辊磨损和氧化铁皮，而且，利用其生产的产品柔性和加工成形性好的特点，可以扩大产品品种规格范围，目前许多钢铁厂正在应用铁素体轧制，以低廉的成本生产 CQ 钢。

5.2.4.9 严格的生产组织协调

整个连铸连轧生产线是一条紧凑、连续、高效的生产线，各个环节互相连接，相互影响，要使生产顺利进行，就必须使各个环节协调运行，实行车间计算机控制是实现这一点的根本保证。

5.2.5 连铸连轧技术的发展趋势

当今薄板坯连铸连轧生产技术的发展趋势具有以下特点。

① 高速化、大型化。高速化体现在连铸机拉坯速度不断提高。薄板坯连铸拉坯速度高达 8m/s 的连铸机，浇铸过程非常稳定，拉坯速度的提高对于减少轧制次数起到了至关重要的作用。棒材轧机末架出口速度已达 20m/s，高速无扭线材轧机末架出口速度已达 120～140m/s，坯料单重超过 3.0 吨。

② 新技术相互渗透。围绕着防止坯壳裂纹产生和提高拉坯速度，将进一步优化结晶器形状。液芯压下技术不但改善了铸坯的结晶组织的形态，而且提高了连铸机的生产效率。集肤效应的感应加（补）热过程正好与连铸坯自然散热过程相反，具有显著的节能降耗作用，成为绿色钢铁的首选方案。

③ 高度连续化。100%热装工艺的实现为连铸连轧生产方式的构成创造了必要的条件。连铸和连轧工序之间的柔性连接和刚性连接形成了高度连续化生产工艺，EWR 和 ECR 就是这两种工艺的典型代表，其中 ECR 是连铸连轧最受欢迎的工艺方式。

④ 高精度轧制。其目的是实现尺寸的高精度和保证轧件优异的形状。高精度轧制的物质保证主要由两个方面构成，一是指设备和检测装置，二是指控制手段。薄带钢的高精度指厚度控制精度和板形控制精度；长材高精度轧制是指轧件纵向尺寸公差和截面形状公差，尺寸公差由 AGC（含长材的在线辊缝调节）手段解决，形状公差分别靠板形仪和在线测径仪检测，通过调整具有特殊功能的（如板带钢的 CVC、PC 和型钢的 RSM、TMB 等）设备来保证。

⑤ 开发新钢种，成品规格尺寸越来越薄。连铸连轧成品范围不断扩大。薄板坯连铸连轧技术围绕着开发生产包晶钢、铁素体钢和不锈钢已经取得了显著成果，钢种范围和产品规格在不断扩大。20 世纪 90 年代初建成的薄板坯连铸连轧生产线热轧带卷的厚度，阿维迪厂碳钢为 1.7～12mm、不锈钢为 2.0～12mm，实际生产以 5mm 以上的居多；纽柯Ⅱ厂（黑克曼）则为 1.8～12.7mm，2mm 以下的带卷产量也较少。随着市场需求的变化和技术的不

断进步，热轧带卷的厚度越来越小，1995年投产的希尔沙（Hylsa）厂的CSP生产线，配有6架热连轧机架，轧制产品厚度为1～12.5mm，其厚度和形状可控制在标准公差的1/4内。未来的薄板坯连铸连轧生产线的产品规格将以1mm为主。

⑥ 高度自动化。无论是刚性连接还是柔性连接的连铸连轧生产过程，围绕提高作业率、尺寸和外形公差的问题，都在不断进行研究，不断提高。所有这些都需要采用自动控制手段来保证，自动控制系统的硬件和软件都已经达到了非常完善的程度。

⑦ 高性能辅助设备。棒材轧机末架轧制速度的提高受到了精轧机后飞剪机剪切速度的限制，而连轧机组第一架的最低轧制速度又受到了轧辊与轧件接触时间的限制，前者呼唤着高速定尺飞剪的问世，而后者则需要进一步提高ECR生产线上连铸机的拉坯速度。除此之外，还需要诸如在线的温控设备、高速在线切头、尾的高速飞剪机等设备。

⑧ 采用控轧控冷技术。控轧控冷是近代轧钢生产过程永恒的主题。新建连铸连轧生产线考虑了适应控轧控冷和低温轧制工艺的需要。通过对轧制过程的变形温度、变形程度、变形速度及其轧后的冷却过程的控制，以求最大限度地发挥材料的潜能，满足不同用户对钢材性能的特殊要求。如采用低温轧制、形变热处理、轧后余热处理等手段。

⑨ 生产计划调度系统。连铸连轧生产过程的物流状态、物流流量的定量分析和以温度为约束条件的在线、离线协调一致性，是保证刚性和柔性连接的连铸连轧过程顺利实施的基本条件。以温度为约束条件，以物流状态、物流流量为研究对象，以优化理论为研究手段来制定生产计划，就形成了连铸连轧过程优化问题。解决这一问题的关键是建立描述连铸连轧过程的数学模型。

⑩ 产量规模趋大。西马克公司为美国纽柯公司设计的策一条生产线生产能力为50万吨、第二条生产线生产能力为70万吨，德马克公司为意大利阿维迪设计的生产线生产能力也是50万吨左右热轧带卷，新建的希尔沙CSP生产线设计年产量为75万吨。究其原因，产量受限均不是热连轧机的能力问题，而是这些生产线的冶炼设备均是一座电炉。世界第一套转炉配CSP技术的生产厂（2座90吨转炉、1流连铸机配1套热轧机）的年产量可达97万吨，已于1996年投产。要充分发挥热连轧机的能力，合理的薄板坯连铸连轧生产线年产量应大于100万吨/流。目前各企业都已充分注意发挥连轧机的能力（200万～250万吨/流），新建的产量都定为200万～300万吨/流。为此，炼钢炉的能力要求和薄板坯连铸机的能力相匹配，采用转炉可能更有利于轧机能力的发挥。薄板坯连铸机在拉速、厚度、宽度等参数上更需优化。

⑪ 薄板坯连铸机的各工艺参数面临进一步优化选择。铸坯厚度、凝固时间、冶金长度间的关系直接影响轧机架数和布置方式及铸机本身结构。如铸坯厚度适当加厚，则凝固时间延长，冶金长度增加，这样，立弯式铸机应改为立弧型，更易避免产生鼓肚。

⑫ 薄板坯连铸连轧技术的先进性也决定了它的投资额是可观的，无论是阿维迪、纽柯，还是后建的浦项、韩宝、希尔沙等几条生产线，投资均在3.5亿美元以上。而建设一家以热轧卷为主要产品的高炉-转炉联合企业总投资不会低于30亿美元，相比之下，采用薄板坯技术生产热轧带卷还是合理的，且建设周期短得多。截至1996年，80%左右的热轧卷产品已可用薄板坯连铸连轧生产的产品替代。墨西哥的希尔沙钢厂1997年计划生产的约68.039万吨薄板中，有20%的热轧超薄板与冷轧薄板竞争市场，其最大厚度为1.5mm，大部分在1～2mm之间。这些超薄板的价格比商品热轧钢带每吨高40美元，但比一般冷轧薄板约低5%。

可以预计，随着薄板坯连铸连轧技术的不断成熟，流程会更加合理化，相关设备会进一步优化和标准化，可望一次性投资额有所下降，而生产技术的进步又将会使产品的成本进一步降低。

5.2.6 连铸连轧技术在我国的技术应用现状与前景

薄板坯连铸连轧技术的出现、成功及其走向成熟，在我国也产生了巨大的反响。并已开展了自主知识产权连铸连轧生产线的研制及生产，其中邯钢的1680CSP生产线曾创造了1996年薄板坯连铸连轧生产线达产时间全世界范围内最短（28个月）的记录。我国已经成为世界薄板坯连铸连轧生产能力和产量最大的国家。与世界上各种类型的薄板坯连铸连轧生产线一样，中国在不断提高生产效率和产品质量、扩大产品品种范围方面取得了显著进展。目前我国已建和拟建的不同类型的薄板坯连铸连轧生产线有唐山的FTSR（FTSC铸机＋三菱精轧机）、马钢CSP、涟钢CSP，珠钢CSP、邯钢CSP、包头CSP、鞍钢ASP（CONROL铸机＋1700精轧机）。近两年新增第2流铸机的珠钢CSP、邯郸CSP、鞍钢ASP，我国已投产的7条近终形连铸连轧生产线生产薄板材的能力超过1450万吨/流。2004年共生产1360万吨薄带卷（包括冷轧坯料），超过了美国，成为世界上紧凑型钢铁生产能力最大的国家。现在本钢集团FTSC已热试，而且已在建设与准备建设通辽钢铁公司FTSR、武汉钢铁公司CSP、济南钢铁集团ASP、鞍山钢铁集团公司ASP、梅山钢铁公司国产的薄板坯连铸连轧生产线，未来几年，我国的薄板坯连铸连轧生产线将在10条以上，产能将达3500万吨/年。

薄板坯连铸连轧生产线开发研制并投入到大规模工业化生产中，标志着钢铁工业又产生一次重大革命，近终形连铸技术与热连轧技术的紧凑衔接因其经济性和合理性得到了迅速推广。尤其是第二代薄板坯连铸连轧技术的研制成功，该技术更加成熟、合理，并且其部分产品可替代冷轧产品。我国引进该技术，提高了国内钢铁企业冶金设备的装机水平，轧制产品在国际市场更有竞争力，同时通过吸收、消化、理解该技术，为我国完全独立研制该技术打下了坚实的基础。

然而，薄板坯连铸连轧技术毕竟是近年新开发出来的高科技产物，一方面有待完善，另一方面熟练掌握并充分发挥其先进性也需时间。摆在国内引进厂家和广大冶金科技工作者面前的紧迫任务是如何尽快做好引进、消化、吸收工作，使之以最快的速度实现国产化。可喜的是，鞍钢新轧钢股份有限公司的1700mm中薄板坯连铸连轧机组采用世界上先进的串辊和闭环控制技术、短流程紧凑布置、热送直装技术等，轧钢部分的液压AGC、层流冷却、三级计算机控制、热装热送工艺都达到目前国际先进水平。该机组是我国第一次完全依靠自己的技术力量，创造性地开发出中薄板坯连铸连轧工艺技术、生产流程及国产化装备，自行设计、制造、软件编程、施工、调试、技术总负责，并拥有全部知识产权的新型短流程生产线，并获2003年国家科技进步二等奖，2002年冶金科学金属特等奖。这表明，国内钢铁企业已慢慢开始了自主创新之路，突破了核心技术，实现了重大装备国产化，并后来居上。

由于在已建和在建的薄板坯连铸连轧生产线流程中，钢水多由电炉提供，这种短流程工艺已积累了较多经验，而在我国已建成的三条生产线中，除珠钢外，包钢、邯钢和鞍钢均是以高炉-转炉为头，面临一个如何将薄板坯连铸连轧技术嫁接到长流程中的问题，其中不少环节需认真考虑，包括规模、投资、经济效益、质量等诸多方面，困难不小。如果嫁接成功，不仅有利于我国现有老企业（包括炼铁系统）的技术改造，还可大大发挥薄板坯连铸连轧技术的固有优势，充分提高企业的经济效益。就目前情况来看，如废钢价格高于130美元/吨，年产80万吨的电炉流程薄板坯连铸连轧产品成本有可能竞争不过传统高炉-转炉流程在380万吨/流规模下生产的板材成本，市场废钢的价格直接影响两种方案产品生产的竞争力。当然，新建年产200万吨的传统流程加上薄板坯连铸连轧工艺，投资会很大，而利用现有老厂改造时，增设薄板坯连铸连轧生产线，不仅投资会降低，而且产品成本也会有良好的竞争力。

5.2.7 连铸连轧技术前沿

目前，薄板坯连铸连轧生产的主要热点技术如下。

一是薄及超薄规格产品的轧制问题。目前，用薄板坯连铸连轧技术生产的薄及超薄规格带钢，已经达到相当高的水平。就产品的尺寸和形状而言，薄板坯连铸连轧流程已经可以完全满足冷轧产品的要求，这方面的技术已经基本过关。

二是表面质量问题。基于薄板坯连铸连轧生产线的特点，其产品尤其是薄规格产品的表面质量一直是普遍关注的问题。经过不懈的努力，目前在这方面已经取得了显著的进展。

表面粗糙度是评价表面质量的重要指标之一，它与冷成形性能有关。表面形貌也是表征表面质量的重要因素之一。据有关样品的测试结果显示，薄板坯连铸连轧产品经过平整后的表面形貌与通常的喷丸处理轧辊板相当。从“以热代冷”制造汽车外部件的冷成形钢板的角度出发，薄板坯连铸连轧的带材在表面质量方面仍然需要进一步提高。

三是薄及超薄钢板的力学性能问题。薄板坯连铸连轧生产的薄规格产品的成形性较冷轧深冲板的还有较大的差距，且稍逊于烘烤硬化冷轧薄板的。因此，就薄板坯连铸连轧生产的薄规格产品的力学性能而言，目前只能取代强度比较高的冷轧产品；至于冷轧深冲板，则只能在深冲件相当简单、对成形性要求不太严格的条件下部分取代。

自薄板坯连铸连轧技术问世以来，相关的新工艺、新技术层出不穷，日新月异，并且不断得到开发应用，目前第一代产品已成为过去，发展到以半无头轧制和铁素体轧制为主要技术特征的第二代产品，今后一段时间内将对传统的钢铁企业造成较大的冲击。预计薄板坯连铸连轧技术必将会有更广阔的应用和发展前景。

5.3 高能束熔积快速成形与铣削复合精密制造金属零件

5.3.1 快速金属零件复合精密制造技术的提出

快速原型和制造（rapid prototyping/manufacturing，RP/M）技术诞生于20世纪80年代，融合了数控、新材料、材料加工、计算机和光电子科学技术，是一门新兴的多学科综合性应用技术。

通常，快速原型和制造技术可以由三维计算机实体模型直接制造复杂零件，但是目前的商用快速原型和制造技术大都只能用树脂、塑料或者纸之类的低熔点、低强度材料制造原型，其零件原型可以进行形状和装配测试，却无法满足实际金属零件的功能性的要求，因此如何进行金属零件的快速原型和制造成为目前快速原型和制造技术领域的热点问题。

现在进行的金属零件的快速原型和制造研究包括：①三维打印原型技术（3D printed model，3DP），该技术可以用同桌面打印系统类似的技术制造出熔点较低、非完全致密的金属零件；②激光工程化净成形技术（laser engineered net shaping，LENS）；③等离子熔积制造技术（plasma deposition manufacturing，PDM）；④直接金属熔积技术（direct metal deposition，DMD）；⑤融合沉积原型技术（fused deposition modeling，FDM）；⑥多相喷射固化技术（multiphase jet solidification，MJS）。

在所有金属熔积零件制造的过程中，每一个熔积层都会由于熔积过程工艺参数多和存在不可控的随机因素导致熔积后的轨迹出现凸凹现象，同时由于熔积原型制造的原理是基于三维数字实体模型离散化为二维半切片分层制造的，不同的切片厚度会在熔积层之间存在程度不同的阶梯现象。为了实现金属零件的直接快速制造和弥补熔积制造中的零件形状误差，减小零件的表面粗糙度，国内外有关研究者开展了高能束熔积快速成形与铣削复合精密制造金属零件技术的研究。台湾 Jeng-Ywan Jeng 小组开发了以激光为高能束源的激光熔积制造过程与 CNC 机床铣削加工复合的 lens & milling 工艺。华中科技大学张海鸥教授研究室研制了以等离子弧为高能束源的等离子熔积制造过程与 CNC 机床铣削加工复合的 PPDM 系统与工艺。

5.3.2 快速金属零件复合精密制造的基本原理

快速金属零件复合精密制造技术作为快速成形技术发展的新方向，是基于离散/堆积成形的数字化制造技术的。其基本原理和工作过程是：首先，由三维 CAD 软件设计出零件的三维数字实体模型；其次，根据具体工艺要求，把计算机上构成零件的三维实体模型，沿堆积平面的法方向 z 向离散成系列二维层面，即分层（slicing），获得分层文件，得到各层截面的二维轮廓；然后，路径产生程序根据相应的工艺要求输入加工参数，生成熔积成形路径代码，控制金属熔积快速制造单元进行加工成形。在熔积成形的过程中，根据需要确定熔积一层或几层截面轮廓后，进行铣削加工，在熔积过程中堆积和铣削交替进行，并逐步顺序叠加成三维零件，获得与零件数字模型对应的最终金属零件。

5.3.2.1 金属熔积制造与铣削复合系统组成

快速金属零件复合加工制造系统主要包括以下几部分。

① 数控单元（集成快速原型制造控制部分和 CNC 机床的数控铣削控制部分）。

② 快速原型制造单元（等离子熔积制造系统或激光金属直接制造系统）。

③ CNC 数控铣削机床单元。

④ 相应的复合制造控制软件：能够对输入的零件 3D 实体模型进行合理的切片操作；能够生成快速原型制造的运动轨迹来进行金属零件的熔积成形；能够生成数控铣削的刀具运动轨迹，对金属零件进行铣削；能够对铣削参数和金属原型熔积制造过程的参数进行控制；能够对金属原型熔积制造过程和铣削过程的加工顺序和工艺进行控制。

5.3.2.2 零件实体模型切片过程

任何快速原型和制造过程的第一步都是将要制造的零件三维实体模型输入切片软件中，使用一定的切片策略进行零件切片，厚度的确定和选择要适合零件制造的切片方向。

如图 5-10 所示，当零件的三维模型输入到软件中后，软件读取相应的零件信息，然后自动或人机交互式地确定最佳切片方向，再用与选定切片方向平行的一系列平面去截取三维模型，得到分层后的每一层切片信息，并将切片信息传递到后续的路径产生软件中，分别产生金属原型熔积制造路径和铣削路径。

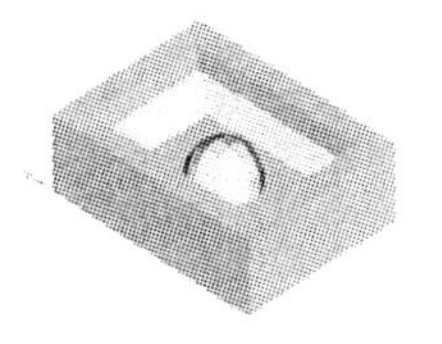

(a) 零件模型

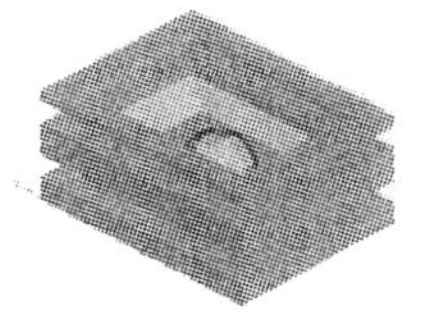

(b) 粗略切片法

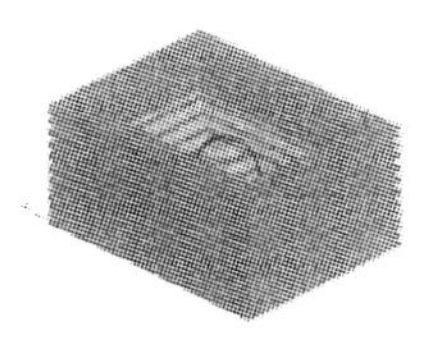

(c) 定层厚切片法

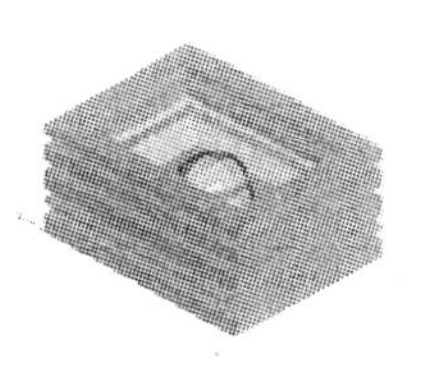

(d) 自适应切片法

图 5-10 切片策略

5.3.2.3　金属零件熔积制造路径

当零件实体模型切片过程完成后，就要用路径产生软件产生金属零件熔积制造路径和铣削路径（图 5-11）。在等离子熔积制造工艺和激光金属直接成形制造工艺的路径规划和产生的过程中，必须考虑金属的冷却收缩余量和后续的 CNC 机床铣削的加工余量。所以，由切片过程产生和传递过来的轮廓数据将根据计算和总结实验的数据进行偏置处理。对于切片软件得到的切片外轮廓，由于金属冷却后会产生收缩，需要将外轮廓数据进行正偏置。同样道理，对切片得到的内轮廓数据要进行负偏置。

路径规划软件判断切片的内轮廓和外轮廓，然后产生许多将要进行金属原型熔积的封闭区域，采用一定的策略对封闭轮廓进行网格化划分，从而产生符合需求的金属原型熔积制造路径。

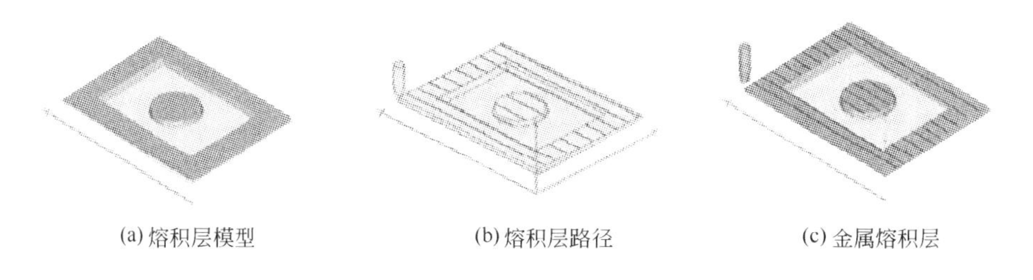

(a) 熔积层模型　　(b) 熔积层路径　　(c) 金属熔积层

图 5-11　金属零件熔积路径

由于金属熔积制造的特点，在进行熔积路径规划的时候，必须考虑熔积过程中熔积层内和熔积层间的热量传递的均匀性，在等离子熔积制造和激光金属直接成形制造过程中，等离子和激光的高能量密度的热输入容易产生熔积时的金属自流淌现象和熔积零件的熔塌现象，在路径规划的过程中，应该设法将熔积产生的高温不利影响减小到最低程度。

5.3.2.4　金属原型熔积过程参数控制

在等离子熔积制造和激光金属直接成形制造过程中，必须对熔积过程中的参数进行有效的控制，才能使熔积制造的金属零件符合使用需要。

在等离子熔积制造过程中，几个对熔积过程影响较大的关键参数包括等离子电源的焊接电流，焊接电压的调整和匹配，等离子枪的工艺参数（等离子枪的喷口直径、孔道压缩比、枪口距离），等离子熔积的粉末粒度，粉末干燥程度，熔积过程的粉末输送速度，粉末输送气体流量，熔积保护气体的流量以及等离子工作气体的流量，熔积过程中的进给速率等。

在等离子熔积制造过程中，等离子电源的电压、电流、金属粉末的输送速度和熔积过程的进给速率等参数必须正确地被设置，从而保证等离子熔积过程能以较好的工艺形态进行金属零件的堆积。熔积过程中的参数应能方便地人工或自动实时设置和调整。

在激光金属直接成形制造过程中，激光功率和扫描速度反映了激光加热粉末的能量大小和时间长短。激光功率高，熔覆轨迹的厚度和宽度会增大；扫描速度增加，激光加热粉末的时间减少，熔覆轨迹的厚度和宽度会减小。激光功率、扫描速度和光斑直径以及扫描轨迹对金属熔积成形具有较大的影响。这些过程参数应能在复合制造系统中进行设置和调整。

5.3.2.5　CNC 机床铣削

在熔积过程中，零件熔积轨迹的宽度和高度取决于等离子熔积过程焊接电源电压、电流的设定和金属粉末的送粉速度、熔积零件的熔积进给速度的设定（在激光熔积过程中）。高能量输入产生的焊接熔池的存在会导致熔积轨迹的开始端高于金属轨迹的其他部分，通过多层的熔积过程以后，零件轨迹会明显地与原始的零件实体模型的切片数据产生误差。同时由于熔积轨迹的前、后高度差太大，导致等离子熔积过程的中断和激光光束聚焦不良。为了保证熔积过程能较好地持续进行，可以采用金属熔积几层后用CNC机床铣削的方法去除熔积轨迹中的不良部分（图5-12）。通过铣削的方法，可以使熔积的轨迹保持相同的高度，这样就可以使后续的熔积过程比较容易进行下去。当所有的熔积轨迹完成以后，可以采用铣削加工的轮廓铣削和清根铣削方法对金属零件进行最后的半精加工和精加工，来达到与期望一致的金属零件形状，获得较好的金属零件表面质量。

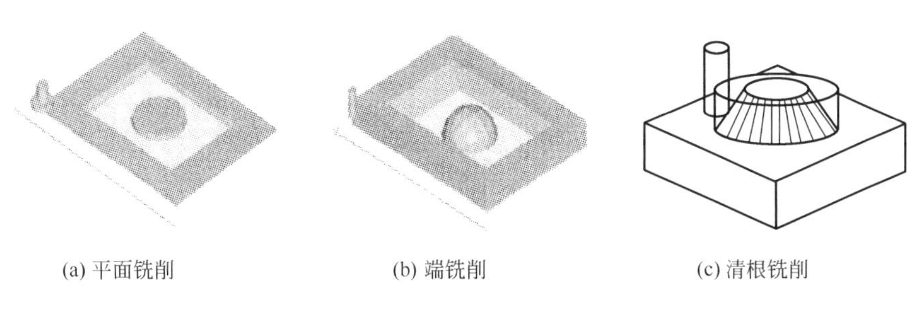

(a) 平面铣削　　(b) 端铣削　　(c) 清根铣削

图5-12　CNC机床铣削

5.3.3　关键技术问题

快速金属零件复合精密制造技术是一种新兴的将基于焊接的快速零件制造技术融入CNC机床数控铣削加工的复合技术。其技术核心就是提供高精度的具有直接使用功能的金属零件的快速直接制造方法。

5.3.3.1　金属零件熔积过程成形性的控制

金属零件熔积成形是基于焊接的快速零件制造技术，利用焊接工艺方法产生的高温使金属熔化，通过液态金属熔积实现金属材料的连续堆积。由于材料的堆积是以高温液态金属熔积的方式进行的，增加了精确控制堆积材料数量及能量的难度，材料堆积时，高温液态金属熔池的存在使零件边缘形状及零件精度的控制变得困难；而CNC机床数控铣削加工具有高精度的加工能力。两种技术的结合能够促进成形金属零件的几何精度控制。显然，提高熔积成形时零件的精度能减少CNC数控铣削的加工时间，从而提高快速金属零件复合精密制造的效率。在金属零件熔积成形过程中，如何控制熔积过程中金属熔池热量的输入，控制金属熔池的形状及液态金属的冷却和凝固过程，有效抑制液态金属的流淌，对于提高复合制造技术具有重要意义。另外，在复合加工的快速原型制造过程中，材料堆积路经的选择在很大程度上影响着最终熔积零件的成形精度。这是因为熔积堆积成形技术的材料堆积路径对零件几何边缘形状的影响要比其他RP/M技术大得多，金属的堆积路径与金属堆积过程的热量输入一样在很大程度上决定着金属零件堆积过程中温度场的分布，对金属零件的焊接变形和零件的成形精度产生影响。由于复合加工技术中材料堆积过程存在液态金属熔池，这对保证零件边缘形状、尺寸极为不利，因此，如何采用合适的堆积路径和堆积方式，减少熔积堆积过程中高能量输入带来的对成形金属零件边缘的影响，也是复合加工技术中的研究课题。

5.3.3.2　复合制造技术中金属成形零件的性能研究

复合制造技术是基于焊接的快速制造技术，其金属材料的堆积过程也是一个冶金过程，成形件的微观组织主要由生长方向不一的细长枝晶组成，液态金属的凝固过程是随着液、固界面的推进而进行的，同时伴随着零件的内部组织转变、焊接变形及焊接残余应力等问题，这些问题都显著影响着成形零件的性能。复合制造技术的本质是采用焊接技术，用逐层堆焊的方法制造零件，因此其熔积成形的零件制造过程的热循环比一般焊接过程的热循环复杂得多，组织转变过程也更复杂，增加了零件性能控制的难度。采用不同的等离子堆焊工艺方法和不同的激光加工规范，零件几何尺寸的改变都将影响零件成形的热循环过程及零件的性能。因此，目前进行系统研究快速金属零件复合精密制造技术中焊接热影响区的热循环变化对于最终成形零件的性能影响以及熔积成形零件的去应力处理，有很大的现实意义。

5.3.3.3 CNC 机床铣削过程的高效化研究

在复合加工技术中，采用金属零件熔积工艺过程和 CNC 机床铣削工艺过程交替进行的方式，从而使铣削加工条件为热态干铣削加工。在铣削工艺过程中不能加润滑液冷却，导致刀具、工件和切屑之间的摩擦加剧，铣削热急剧增加，铣削刀具加工环境恶化。尽管选择的铣削刀具具有高的硬度、红热硬性、耐磨性、韧性并能承受一定冲击（如综合各种涂层成分优点的 TiC-TiCN -TiN 复合涂层硬质合金刀具，其耐磨、耐高温性能好，比较适合热状态下熔积金属的铣削加工），刀具的使用寿命和加工效果往往不很理想。因此研究在复合加工技术特定的铣削工艺环境下，如何提高铣削效率和零件表面质量，减少刀具的消耗，都是有待解决的问题。

5.3.4 激光铣削复合快速精密制造金属零件实例

台湾 Jeng-Ywan Jeng 小组开发了以激光为高能束源的激光熔积制造过程与 CNC 机床铣削加工复合的 lens & milling 工艺（图 5-13)。直接激光金属熔积加工与铣削复合精密制造是在激光多层（或称三维/立体）熔积直接快速成形技术的基础上发展起来的。它利用高能激光束局部熔化金属表面形成熔池，同时将金属原材料送入熔池而形成与基体金属冶金结合且稀释率很低的新金属层的方法，加工过程中采用数控系统控制工作台根据 CAD 模型给定的路径往复扫描，便可在沉积基板上逐线、逐层地熔覆堆积出任意形状的功能性三维金属实体零件，其实质是在计算机控制下的三维激光熔积。由于激光熔覆的快速凝固特征，所制造出的金属零件具有均匀细密的枝晶组织和优良的质量，其密度和性能与常规金属零件相当。

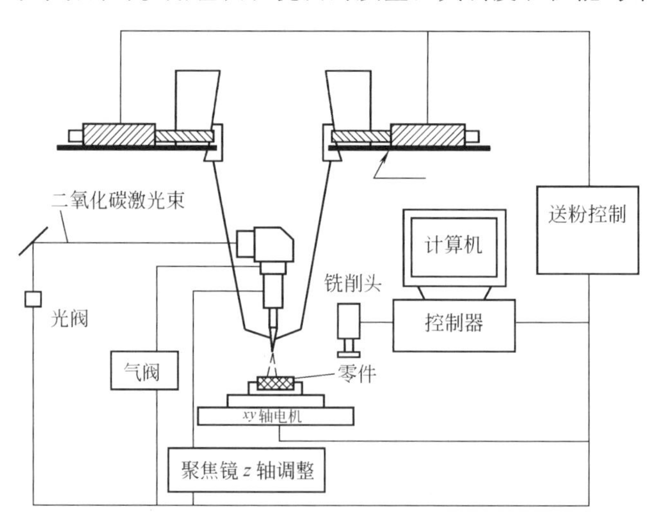

图 5-13 激光熔积与铣削复合制造系统

如图 5-14～图 5-16 所示为应用直接激光金属熔积制造和 CNC 机床铣削工艺加工的金属粉末注射模。

图 5-14(a) 为注射模的零件，尺寸长为 72mm，宽 13mm；图 5-14(b) 为注射模模腔，尺寸为 122mm×40mm×13.5mm。为了减少模具制造时间，零件堆积切片的层厚取为 0.5mm，根据零件形状产生的零件熔积路径如图 5-15 所示；图 5-16 为通过激光熔积金属直

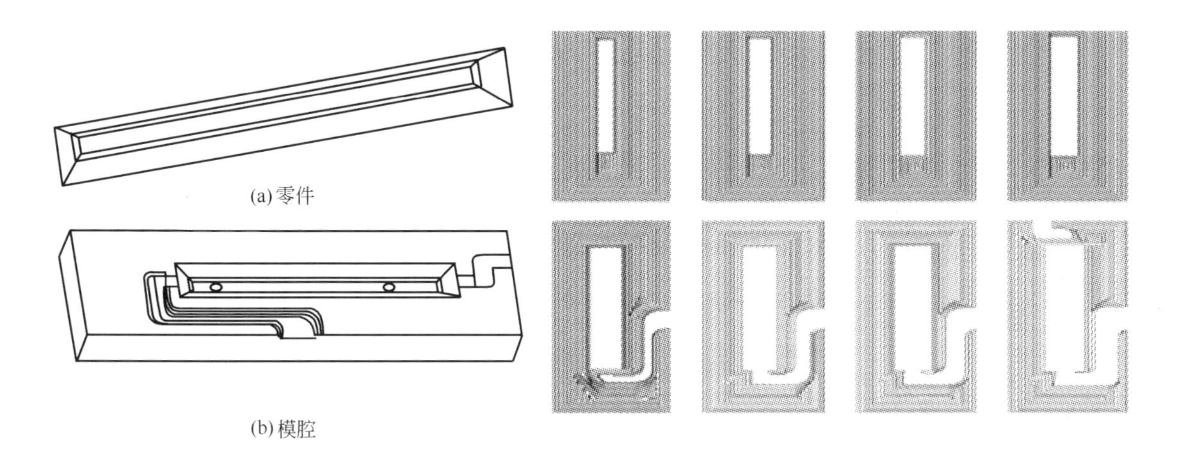

图 5-14　注射模原型与零件

图 5-15　注射模熔积路径

接制造和 CNC 机床铣削工艺完成后的注射模模腔，模腔的分模面经过铣削，没有发现气孔和夹杂。模腔的内部倾斜壁有较明显的台阶效应。这是由于切片的分层层高为 0.5mm，模腔内部铣刀无法进入。

图 5-16　通过激光熔积和铣削复合系统制造的注射模模腔

5.3.5　快速金属零件复合直接原型制造技术工艺特点及其应用前景

基于离散/堆积成形原理的快速金属零件熔积制造技术与基于净去除材料成形的 CNC 机床速切削技术两者是相辅相成的，都得到了 CNC 技术的支持。直接金属零件熔积制造技术可以说是真正意义上的数字化制造，因为金属零件熔积制造技术不但支持工具轨迹运动的控制，而且可以直接涉及材料本身，因而可以完成更复杂形状的加工，也可以制造具有功能梯度、材料梯度的模具，但也正是其成形原理限制了它制造零件的精度和表面粗糙度。虽然 CNC 机床数控切削技术只是数字化模拟加工，只能是对同种材料的切削加工，但在精度与表面粗糙度控制方面有着熔积制造技术无法比拟的优势，快速金属零件熔积制造技术与 CNC 机床铣削技术结合的复合加工技术综合了模具制造体系中材料增长制造和去除加工两种原理，对于实现金属模具和零件的快速制造具有重要意义。

快速金属零件复合精密制造技术能够根据计算机三维立体模型经过单一加工过程快速地制造出形状结构复杂的全密度、高性能实体模型，较之于烦琐的传统模型制造过程具有巨大的技术优越性。采用快速复合直接制造技术能大大缩短新产品开发到投入市场的时间，缩短产品加工周期，降低产品加工成本，特别适合现代技术快速、柔性、多样化、个性化发展的特点，在新型汽车制造、航空航天、仪器仪表、医疗卫生、国防军工的高性能特种零件以及民用高精尖零件的制造领域尤其是用常规方法很难加工的梯度功能材料、超硬材料和金属间化合物材料零件的快速制造以及大型模具的快速直接制造方面将具有极其广阔的应用前景。复合直接制造技术的主要应用范围包括特种材料复杂形状金属零件直接制造；模具内含热流管路和高热导率部位制造；模具快速制造、修复与翻新；表面强化与高性能涂层；金属零件或梯度功能金属零件的快速制造；航空航天重要零件的局部制造与修复；特种复杂金属零件制造；医疗器械的制造和修复等。

综上所述，快速金属零件复合精密制造技术将金属熔积制造和CNC机床铣削制造技术相结合，能快速成形全密度、高性能的金属零件，以其独特的优势正引起研究人员和业界人士越来越广泛的关注，具有极其广阔的市场需求与应用前景。

5.4 复合能量场成形

传统的材料成形加工基本上是通过工具或模具对工件产生机械力和热场来成形，而现代成形加工将电磁、等离子、激光等复合能量场引入材料的成形过程，使无模成形和一些难熔难加工零件的成形成为可能。下面以电磁连续铸造和等离子激光复合喷涂为例说明复合能量场成形技术。

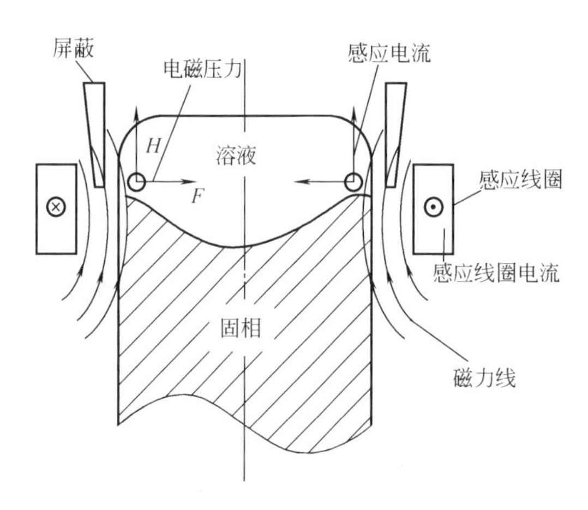

图 5-17 电磁连续铸造基本原理

5.4.1 电磁连续铸造

电磁铸造的原理及特点在 2.9.3 中已有描述，电磁连续铸造的基本原理如图 5-17 所示。给感应线圈通以交变电流，在其内将产生交变磁场，金属熔体与之构成的闭合回路内的感应电流借助集肤效应集中在金属熔体表面，在熔体的侧面就产生垂直于表面指向金属熔体内部的电磁压力来压缩限制熔体，形成柱形。在电磁压力、表面张力和熔体静压力相平衡条件下，当底部冷却凝固时，底模引锭杆逐渐下拉，就实现了连铸。

电磁铸造长宽比大的钢坯主要有两种方式：水平铸造和垂直铸造。水平铸造是利用水平的高频（HF）电磁场与由HF感应生成的涡电流相互作用，从而使金属液沿水平方向悬浮起来，实现熔体成形，垂直铸造是使金属液垂直穿过由长宽比大的电磁感应线圈产生的HF电磁场，熔体成形正是通过来自感应线圈的垂直HF电磁场与感应的涡电流共同作用来实现的。静力的影响受垂直移动的电磁场控制。虽然水平铸造和垂直铸造两种方法都进行过理论分析，但水平铸造的试验效果较有限。同时，不论是水平铸造还是垂直铸造，最难解决的问题是怎样克服施加在金属熔体上使之成形的磁流体动力学(MHD）的不稳定性。目前这方面的研究还在进行中。

新兴的电磁铸造还有软接触电磁铸造，原理如图 5-18 所示。

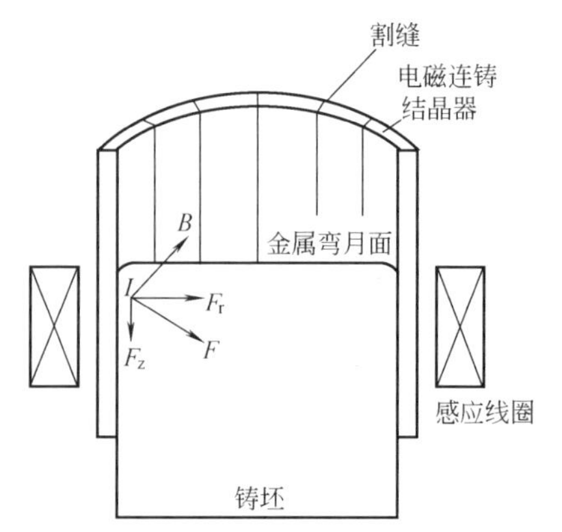

图 5-18 软接触电磁连铸原理

5.4.1.1 水平电磁铸造

对于水平铸造法，由于钢液静压力小，实现水平铸造所需的电磁力也小，但是其流体动力学(MHD）稳定性不好控制。水平铸造的方法要求在液体金属下方有均匀分布的水平磁场，而上方则要求有尽可能小的磁场。理论上设计了这样一个磁场，它是由交流线圈、磁铁轭和磁极组成的。这种磁铁通常又称为“窗框”或“白圈”磁铁，已广泛用于粒子加速器中。在磁铁的上部和下部线圈之间能产生出非常均匀的水平磁场。在线圈横截面方向上以及沿磁轭的反方向上，水平磁场强度呈线性下降。水平铸造的开发研究主要致力于以下方面：一是水平小型铸机的磁铁设计，二是设计并制造出用于该方法的试验性磁铁。按水平铸造的理论，设计的关键设备有以下几种：

① 磁铁使水平高频磁场与悬浮铸坯下表面表层产生的涡电流相互作用来支撑液体金属；

② 冷却系统尽可能地加速液体金属的凝固；

③ 供料系统以机械的和电磁的方式来控制金属液流量；

④ 感应热屏蔽保护电磁感应线圈和磁铁芯。

绝大多数研究分析的对象是水平小型铸造机。对试验性磁铁进行的详细设计，尤其是励磁线圈和对这些线圈采取的涡电流屏蔽的设计，只适用于水平小型铸造机。为了促进水平小型铸造机的开发，设计并制造了一种用于低温悬浮试验的磁铁。这种磁铁可以提供均匀的水平磁场，此外还进行了水平铸造机磁铁的模拟设计。设计这种试验性的磁铁，主要目的是研究液体金属的MHD稳定性，另外，也能验证理论上计算出的电流及流量的分布、涡电流的损失以及优化磁回路部件（如边侧护围、感应热屏蔽、涡电流屏蔽等）。液体金属和边侧护围为涡电流提供了平行的“通道”。它们在磁铁的端部与铜铸模相连，并且在磁铁内部形成了单圈涡电流环路。当交流线圈试图激励磁流体穿过这一环路时，几乎所有的磁流体都受到该环路中涡电流的排斥，因此，铜模壁和液体金属间的磁场相对于液体金属下方的磁场而言要小一些。除边侧外，液体金属产生了垂直方向上的均匀电磁力。如果液体金属从一个电极延伸至另一个电极，那么这种垂直电磁力分布将更均匀。边侧护围材料的电导率与液体金属的相似。除了边侧与液体金属之间有少量空气间隙外，本质上，边侧护围的作用是使液体金属延伸至电极处。计算机模拟的这种结构显示，在液体金属边侧附近，通过调节液体金属和边侧护围的相关垂直位置，就可以使施加在液体金属上的垂直电磁力均匀。

5.4.1.2 垂直电磁铸造

垂直铸造是目前采用较多的一种铸造方法。由于很难实现完全无模铸造，所以国外在电磁铸钢的试验中均采用类似冷坩埚的结构，即在感应线圈中放置一些铜板条，钢液与铜板条以点接触来实现铸造。在垂直电磁铸造中，由于可以分别对电磁力和液体金属悬浮进行分析，因此其不稳定性是可控的，但此控制方法不适用于水平铸造。另外，垂直连铸具有一个优点，其涡电流在铸坯内是闭合回路，从而减少了外部电流的电磁干扰。有关电磁力和液体金属悬浮技术方面的研究已经有三种方案。第一种，用高频电磁场来提供电磁力，靠提高电磁力与钢液静压力的平衡来实现金属熔体的悬浮。尽管这种方法具有简单和自动对中的优点，但是它伴随有电磁感应线圈过度发热的问题，使这种方案不可行。第二种，侧封和悬浮都由高频磁场向上移动来提供。使用这种方法可以减少电磁感应线圈的发热，但依然存在诸多不便。第三种，采用高频低振幅的静磁场来对液体金属进行侧封，利用低频移动磁场能穿透液体金属的特点来实现悬浮作用，这种方法虽然电磁感应线圈发热较少，但是由于铸坯边部悬浮力减少，所以需要采取有力措施来维持边部悬浮。

综上所述，垂直铸造应用了三种电磁场：

① 高频低振幅磁场，用于约束液体金属；

② 低频移动磁场，能覆盖到金属熔体宽度方向的绝大部分，以便抵消液体金属静压力的作用；

③ 高频移动磁场，可以提高悬浮力，用于补偿铸坯边部的重力。

近年来，国内对电磁连铸方面的研究逐渐增多，如图 5-19 所示国内设计的调幅磁场下无结晶器振动电磁连铸装置示意图。

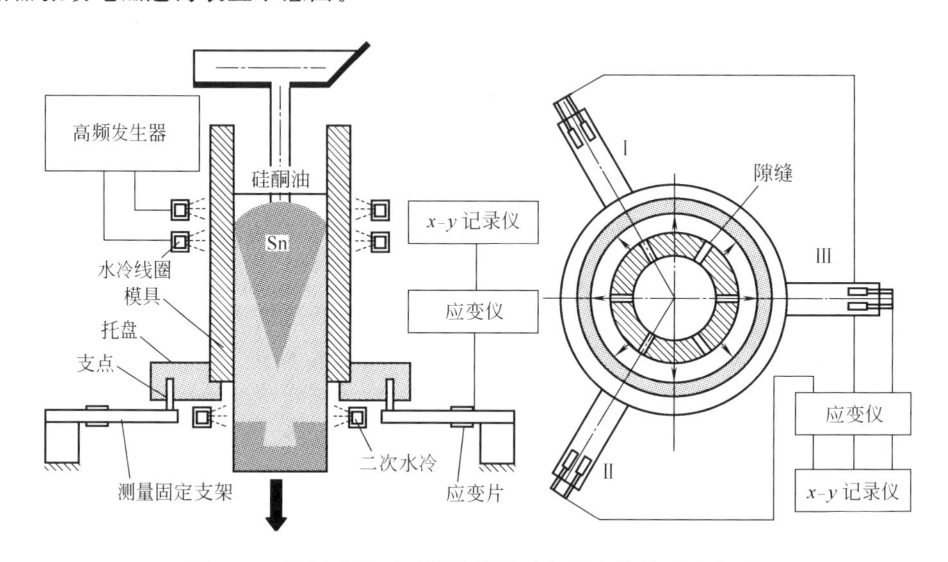

图 5-19 调幅磁场下无结晶器振动电磁连铸装置示意图

5.4.2 等离子激光复合喷涂

等离子喷涂是以刚性非转移弧为热源，主要以喷涂粉末材料为主的热喷涂方法。喷枪的电极（阴极）和喷嘴（阳极）分别接整流电源的负、正极，向喷枪供给工作气体，通过高频火花引燃电弧，气体被加热到很高温度而电离，在机械压缩效应、自磁压缩效应和热压缩效应的作用下，从喷嘴喷出，形成高温、高速等离子射流，送粉气流推动粉末进入等离子射流后“被迅速加热和加速”形成熔融或半熔融的粒子束，撞击到经预处理的基材表面，在基体表面流散、变形、凝固，形成涂层。自等离子喷涂技术问世以来，等离子喷涂法已成为现代工业和科学技术各个领域不可缺少的先进涂层制备手段。与堆焊、火焰喷涂等表面涂层技术相比，等离子喷涂具有沉积速度快、生产效率高、适用范围广等优势，解决了难熔材料和陶瓷材料的喷涂问题，在材料的防护与再制造方面有重要的用途。但是，等离子喷涂涂层的组织呈粗大的片层状、孔隙率较高、裂纹较多，且涂层与基材间主要为机械结合，故影响了涂层的使用寿命，难以满足在较为苛刻的条件下工作的工件要求。于是，国内外研究者采用激光重熔方法对等离子涂层进行后处理，以细化晶粒、增强致密度和提高涂层结合强度。激光能量密度高，作用区域集中，加工仅在材料表面部分区域进行，加工后变形甚微，而且激光加热和冷却速度极快。这一方法能够消除涂层的层状结构、大部分孔隙和氧化物夹杂，形成均匀致密的涂层，因此提高了涂层的防腐性能，可延长使用寿命。但这种等离子激光非同步喷涂技术送粉速度过慢，工作效率很低，这些缺点严重限制了其大规模的工业化应用。此外，在激光处理陶瓷层过程中，因激光极快的加热和冷却速率以及涂层与基体之间存在的热膨胀系数、弹性模量和热导率等的差异，导致激光处理后的涂层易产生裂纹等缺陷。多年来，在激光处理陶瓷层中，尽管许多研究者在激光处理工艺和材料上采取了诸多措施，并在不同程度上取得了一定的效果，但陶瓷-金属界面上因热力学性能不匹配产生裂纹等缺陷而未能彻底解决，故至今（尤其在国内）未达到实用阶段。等离子激光同步复合喷涂为这一技术难题的解决提供了新的途径。

所谓“等离子激光同步复合喷涂”技术（图 5-20），指利用等离子束的高能粒子流场、电磁场、热辐射场及其吸收激光高能光子能量的特性，以等离子束和激光束为能源，形成同步复合的等离子体载能束流场，并将高性能粉末送入此高能束射流，在基体表面形成致密和结合强度高的功能涂层（图 5-20）。将等离子束和激光束同时作为热源，并辅助采用精确自动控制的送粉装置，同步进行涂层制备的新工艺方法，可克服非同步喷涂时存在的缺陷，发挥这两种高能束的特点，提高工作效率，加速粒子熔化，使涂层与基体成冶金结合，涂层组织均匀、致密，减少涂层元素偏析和孔洞，避免等离子喷涂涂层的典型层状结构，是高性能梯度材料高温零件的高效成形新方法。组织结构的改善使得涂层的结合强度显著增加，表面性能（耐磨性、耐蚀性、硬度等）大幅度提高，涂层的使用寿命得到非常有效的增加。

图 5-20　等离子激光同步复合喷涂实景照片

目前国内外相关的研究工作开展得较少，仅有美国的涂层与激光应用中心和日本的几家研究所在进行初步探索，基本上处于实验室研究的初期阶段。美国涂层与激光应用中心分别用普通等离子喷涂与等离子激光同步复合喷涂制备了 NiCrBSi 涂层。等离子激光复合喷涂的 NiCrBSi 涂层结构非常致密，涂层与基体成冶金结合，结合强度从普通等离子喷涂涂层的 20～30MPa 变为等离子激光复合喷涂涂层的 110MPa 以上，提高到了 5～6 倍；而且与基体进行喷丸以后制备的涂层相比，未喷丸涂层的结合强度基本维持不变，因此等离子激光复合喷涂能节省传统喷涂中喷丸处理的工序。他们还比较了激光熔覆、普通等离子和等离子激光复合喷涂的区别：与前两种方法相比，等离子激光复合喷涂适用于大面积涂层制备，沉积效率适中，涂层结构致密、与基体成冶金结合，所需能量较少。因此它基本保留了普通等离子喷涂方便、快捷的特点，又引入了涂层致密、结合强度高、消耗能量低的新优点。

日本在 20 世纪 90 年代开始了等离子激光同步复合喷涂的研究，并且通过在真空下的等离子激光同步复合喷涂的方法，某机械工程实验室、三洋特殊钢公司、Teikouku 活塞环公司以及日本精工 K. K 公司共同成功地改进了三元（钨铬钴）合金的耐磨性，硬度增加了 20%～40%，耐磨性能增加了 20 倍。由于 NiTi 优异的耐腐蚀性能，日本的实验室在 Ti6Al4V 上采用真空下的等离子激光同步复合喷涂的方法制备了 NiTi 涂层，并对这一工艺展开了研究。镍、钛纯金属粉按 50∶50 混合，采用 5.5kW 的多模激光器作为激光辅助热源，用真空等离子喷涂的方法制备了 NiTi 涂层。与普通真空等离子喷涂的涂层相比，激光辅助真空等离子喷涂涂层的剪切强度提高了 6 倍。

因此，将等离子激光同步复合喷涂技术应用于宇航、武器装备构件的表面，将大大提高成形效率和涂层与基体的结合强度，对表面工程和再制造技术的发展将起巨大的推动作用。

5.5 新材料制备与成形一体化

在现代航天技术中，飞行器表面内、外要承受高达 1000K 以上的温差，传统的单相均匀材料已不能满足要求。若采用多相复合材料，如金属基陶瓷涂层材料，由于各相的热膨胀系数和热应力的较大差别，很容易在相界处出现涂层剥落现象。其关键在于基底和涂层间存在一个物理性能突变的界面。为解决这个问题，日本科学家于 1987 年提出了梯度材料的新概念，即以连续变化的组分梯度来代替突变界面，消除了物理性能的突变，使热应力降至最小，如图 5-21 所示。可见，功能梯度材料（functionally graded materials，FGM）是其组分或结构呈有规律的空间变化，从而其性能也呈空间变化以满足特定要求的一类复合材料。显然这是一种非均匀材料，但它与传统意义上的非均匀材料（inhomogeneous materials）具有很大的不同，尽管后者也是多相复合材料。两者的重要区别在于功能梯度材料的宏观组分、结构及性能是非均匀的，而传统的非均匀介质的宏观组分、结构与性能都是均均匀的，即它是由不同相（化学组分不同）均匀混合而形成的材料。梯度材料的实质是材料内部要有一个固有的梯度场（某一参量的空间函数），据此可以派生出各种功能梯度材料来，最主要的是化学组分呈连续变化的功能梯度材料，如 Al/Al_2O_3（金属/陶瓷）功能梯度材料。但是，组分的变化往往带来结构的变化，最终对宏观性能的影响由两者共同决定。也可以利用结构相同但组分不同的材料来制备 FGM，此时 FGM 中主要是组分变化，而结构的变化则大大减小，如由某些不同组分的钙钛矿型金属氧化物所制备的 FGM。另一类 FGM 则可以是化学组分不变而结构呈空间变化，这是利用了同分异构现象。此时材料中必然存在许多结构的缺陷及失配，它们对宏观性能有什么样的影响目前尚不清楚。由于同分异构是有机材料中的普遍现象，因此制备有机纯结构梯度材料比制备无机梯度材料有着更大的选择性，这方面的工作应该引起研究人员的重视。

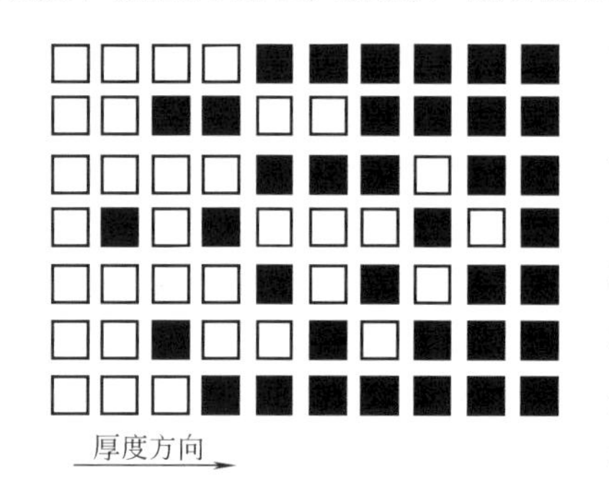

图 5-21 FGM 的组分和结构示意图

□A 相物质；■B 相物质

从 20 世纪后期以来，由于电子信息、航空航天等尖端技术的迅速发展，对新材料的研究与开发起到了很大的刺激与促进作用，以高温超导材料、精细陶瓷材料、纳米材料为代表的新材料与新材料技术不断涌现。但存在一个较为普遍的问题，即新材料研制与制备加工工艺开发的非同步发展。高温超导材料、金属-陶瓷梯度功能材料等，作为先进材料的优越性与实用价值非常明显，但尚缺少高效、低成本的制备与加工技术。材料加工技术的发展明显落后于关于材料设计、材料性能的研究进展，从而制约了这些高性能先进材料的实际应用。

因此，发展材料的先进制备、成形与加工技术的重要性比以往任何时候都更加突出。在进入 21 世纪后的可以预见的较长一段时期内，材料科学的发展将具有以下两个主要特征：①按照使用要求来设计材料的性能，实现性能设计与制备加工工艺设计一体化；②在材料设计、制备、成形与加工处理的全过程中，对材料的组织、性能和形状、尺寸实行精确控制。展望 21 世纪，材料加工技术的总体发展趋势，可以概括为三个综合，即“过程综合、技术综合、学科综合”。功能梯度材料的制备成形一体化即为过程综合的具体表现。

传统的功能梯度材料制备方法只能制备形状和结构简单的梯度材料，如块、板和环，不能根据材料设计的需要任意改变材料的组分；不能精确控制每种材料组分在结构中位置，影响材料的性能；由于不能实现零部件的近形制造，造成原材料极大的浪费；需要特殊的环境

（真空、高温、悬浮液等环境），制造成本高，周期长。高能束快速制造技术以逐点、逐线的材料累加完成零件的加工，其数字化增材成形特点为功能梯度材料的制备成形一体化开辟了新的途径。通过改进快速成形的送粉系统，使其可同时输送两种以上的粉末材料，在成形过程中，按照需要对不同材料的比例进行调节控制，将不同粉末直接熔化，然后熔覆在基体上，逐层形成零件所需的型腔和各种型面，制备出在各个层面材料组分的连续均匀变化的复杂的功能梯度零部件，从而实现梯度零部件的直接快速低成本制造。

根据前述材料加工技术的总体发展趋势，新型梯度功能材料的制备与成形一体化不容置疑地成为了21世纪材料加工技术的前沿发展方向之一。这主要体现在以下几个方面。

① 新材料加工工艺的短流程化和高效化，打破了传统的材料成形与加工模式，可缩短生产工艺流程，简化工艺环节，实现近终形、短流程的连续化生产，提高生产效率。

② 发展先进的成形加工技术，实现组织与性能的精确控制，可以提高传统材料的使用性能，改善难加工材料的加工性能，开发高附加值材料。

③ 发展材料设计、制备与成形加工一体化技术，可以实现先进材料与零部件的高效、近终形、短流程成形。激光快速成形技术和喷射成形在梯度功能材料的制备与成形一体化制造方面已有应用实例。

5.5.1 激光快速成形技术制备功能梯度零件

5.5.1.1 激光快速制备功能梯度材料零件的应用背景

20世纪20年代末，日本科学家为了解决航天飞机的热保护问题，首先提出了梯度材料的新概念，但由于它可以根据应用条件对材料性能的特殊要求进行微观和宏观的设计，因此其应用很快扩大到了核能源、电子、化学、生物医学工程等领域，引起了世界范围的普遍关注。然而，目前国内、外普遍采用的大多数梯度材料的制备方法通常仅能用来制备成形梯度薄膜、涂层或一些形状简单和尺寸有限的块体梯度材料，且材料内部的成分及结构梯度不能任意控制。近年来发展起来的金属零件激光快速成形（laser rapid forming，LRF）技术为功能梯度材料的制备提供了一种更为高效、便捷的途径。1995年，Abboud. JH等通过双路送粉激光多层涂覆的办法在镍基基板和铁基基板上制造出4mm的镍铝氧化物和铁铝氧化物功能梯度涂层，Kahlen. FJ采用多模CO_2激光器进行多层涂覆，制造了墙式结构的梯度材料零件，其中零件的成分从100%不锈钢过渡到100%镍基超合金，并对低凝固速度下材料成分和力学性能的影响规律进行了初步研究，Sandia国家实验室则通过激光近终形制造技术实现了不锈钢-镍基高温合金梯度渐变材料的制造。另外，除了金属-金属之间可以进行功能梯度材料的激光快速立体成形制备外，对金属与非金属复合梯度材料的激光快速成形制备，目前也有一些学者进行了一定的探索性研究。

5.5.1.2 金属零件激光直接快速成形的基本原理

金属零件激光直接快速成形技术融合了选择性激光烧结技术和激光熔覆技术，以“离散+堆积”的成形思想为基础，首先在计算机中生成最终功能零件的三维CAD模型，然后将该模型按一定的厚度分层“切片”，即将零件的三维数据信息转换为一系列的二维轮廓几何信息，层面几何信息融合成形参数生成扫描路径数控代码，控制成形系统采用同步送料激光熔覆的方法按照轮廓轨迹逐层扫描堆积材料，最终形成三维实体零件或仅需进行少量加工的近终形件。从金属零件激光直接快速成形技术的原理可以看出，该技术与RP技术的基本思路是一致的，其实质就是CAD软件驱动下的激光三维熔覆过程。因此，它具有与快速原型技术相同的特点，如柔性好（不需要专用工具、模具和夹具），加工速度快，对零件的复杂程度基本没有限制等。除此之外，金属零件激光直接快速成形技术还具有一些独特的优点：①全面提高材料的力学性能和耐腐蚀性能；②制造速度快，节省材料，降低成本；③在零件的不同部位可以有不同的成分和组织；④可以很方便地加工高熔点、难加工的材料；⑤可以加工具有倾斜薄壁、悬垂结构、复杂空腔和内流孔道的特殊零件；⑥成形的近终形件仅需少量的后续机加工。

5.5.1.3 激光快速制造功能梯度零件的基本工艺

激光快速成形过程如图 5-22、图 5-23 所示。图 5-22 所示为同轴进粉激光快速成形制备功能梯度零件示意图，图 5-23 所示为侧向进粉激光自由成形系统示意图。在成形过程中，激光在基板表面形成熔池的同时，将成形材料粉末送入熔池熔化，随后激光束与基板按运动轨迹要求做相对运动，从而在基板表面熔覆上一层材料，在熔覆完零件的每一层后，激光沉积头相对基板向上移动一层的高度，继续沉积下一层，直至零件制备结束。当沉积新的一层时，需将已沉积材料的表面熔化一薄层，以保证层与层之间的良好冶金结合，在多道搭接时，还必须保证相邻熔覆道之间的熔合。

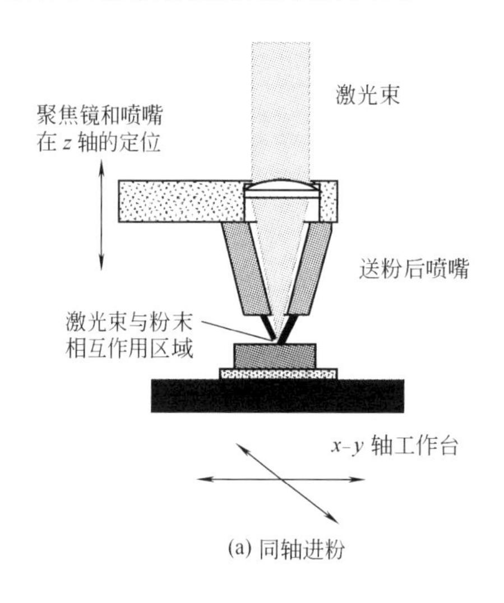

(a) 同轴进粉

(b) 薄壁零件制造

图 5-22 激光快速成形制备梯度功能零件

传统的功能梯度材料制备方法，如粉末冶金法、等离子喷涂法、自蔓延高温合成法（SHS）、物理气相沉积法（PVD）、化学气相沉积法（CVD）、电沉积法、离心铸造法等，都仅限于制备一个简单的块材或者是一层梯度层，不能满足大尺寸复杂形状 FGM 的制备、梯度组成和外形尺寸的精确控制、缩短制备时间以及降低制造成本等要求，运用激光快速成形技术则能较好地解决这一问题。激光快速成形技术制备功能梯度零件的工艺流程如下。

基材选用 1Cr18Ni9Ti，熔覆材料采用 Rene 88DT 高温合金粉末和 316L 不锈钢粉末，合金粉末的化学成分见表 5-1。系统包括 RS2850 型 5kW CO_2 激光器，LPM2408 四轴三联动数控工作台，JPSF-1 型送粉器，积分铜镜，自行研制的侧向送粉装置及惰性气体保护箱。为了防止在成形过程中高温氧化的干扰，成形过程在保护箱内进行，激光光束经过聚焦后照射到基材上，并在基材表面形成熔池。在梯度材料成形过程中，以控制扫描速度为主，同步控制功率的匹配，以保证成形过程中熔池表面的温度在整个成形过程中基本一致。表 5-2 给出了相关的梯度材料制备的控制工艺范围。根据梯度区组分连续变化的要求，将 Rene 88DT 高温合金粉末和 316L 不锈钢粉末从不同的送粉器中分别连续调节，然后将混合粉末经侧向送粉喷嘴送入熔池，进行激光多层熔覆。载粉气体和激光熔池保护气体同为氩气。利

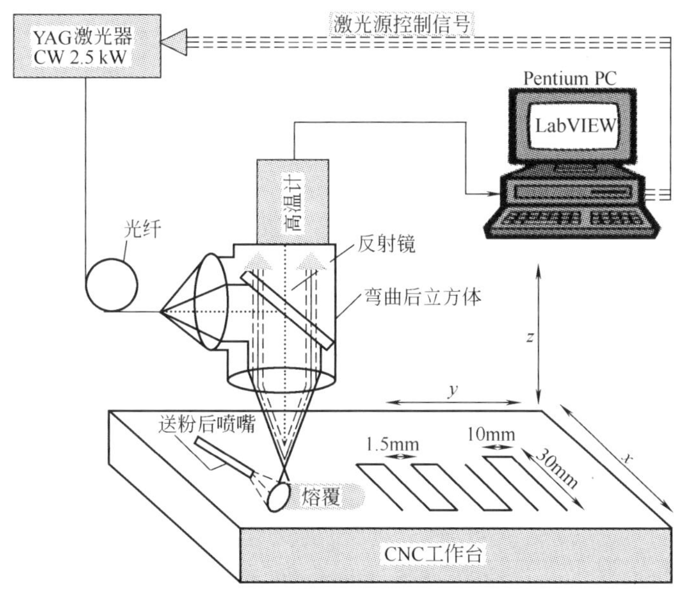

图 5-23 侧向进粉激光自由成形系统示意图

用 Leica 公司的 Leitz LABORLUX 12 ME S/ST 定量金相分析仪及附带的 Quantimet 500 图像处理软件对试样的金相组织进行观察；利用扫描电镜拍摄显微结构照片及利用其附带的能谱分析仪进行定性的元素分布分析，并利用 HB21000 显微硬度仪测试梯度材料的硬度，硬度取值间隔为 2mm，载荷 500 克。

表 5-1 实验用合金粉末的化学成分

Rene 88DT/%		316L/%	
Cr	17.0	Cr	17.17
Co	14.0	Co	0.11
W	4.2	Si	0.44
Mo	4.0	Mo	2.34
Ti	3.3	Ti	0.005
Al	2.2	Al	0.24
Nb	0.7	Mn	0.24
C	0.04	C	0.034
O	0.03	P	0.033
N	0.02	Fe	Bal
Ni	Bal	Ni	14.31

表 5-2 梯度材料制备的控制工艺参量

参量	数值
激光功率/kW	2.0～3.3
扫描速度/(m/min)	0.3～0.6
光斑直径/mm	ϕ3
送粉速度/(g/min)	8～12
保护气流量/(L/min)	4～8

图 5-24 所示为利用激光快速成形技术所制备的 316L 不锈钢和 Rene 88DT 镍基高温合金梯度渐变试样，尺寸为 80mm×3.1mm×60mm，成形试样为墙式结构，其中底部为 100% 316L 不锈钢区，高 10mm，梯度区厚度共 40mm。组分由 316L 不锈钢：镍基高温合金＝100：0 线性连续变化到 0：100，顶部为 10mm 的 100% Rene 88DT 高温合金区。具体参量为激光功率 2300～2500W、扫描速度 10mm/s、光斑直径 3mm，保

图 5-24 梯度材料的激光快速成形件

护气流量 8L/min，做完一层后，z 方向精确升高 0.4mm，梯度过渡区共 100 层。因为成分是连续变化的，所以可以根据试样的高度推算出成分的大概组成。从图中可以看出，试样表面光洁，基本没有粘粉现象。将试样垂直于生长方向切开，发现整个试样呈现定向外延生长的枝晶组织，并且枝晶组织在梯度过渡区内从 100% 316L 不锈钢区到 100% Rene 88DT 高温合金区连续外延生长，从试样底部到顶部不同部位的显微结构如图 5-25 所示。

从图 5-25 中可以看出，试样最顶部的枝晶组织明显比其他枝晶发达，并且生长方向发生了偏转。这主要是由于在该处固液界面温度梯度的方向发生了改变，由激光熔池底部的垂直方向变为基本水平，因此，沿该方向生长的枝晶组织在生长竞争中占据较为有利的地位，在底部外延组织还没有生长到表面时，熔池尾部沿水平方向生长的枝晶就已经在该处凝固，因而使凝固组织呈现出生长方向改变的现象。至于在前面的熔覆层界面处观察不到顶部的转向枝晶组织，则是由于在涂覆下一层时它被完全熔化掉，而仅仅在整个涂层的顶部才保留了最后的一薄层转向枝晶组织。这就使得成形试样的各层组织之间能够以冶金结合的方式结合在一起，没有明显的分层界面。这不仅保证了各层之间整体的结合强度，还保证了组织在生长方向上的连续性。

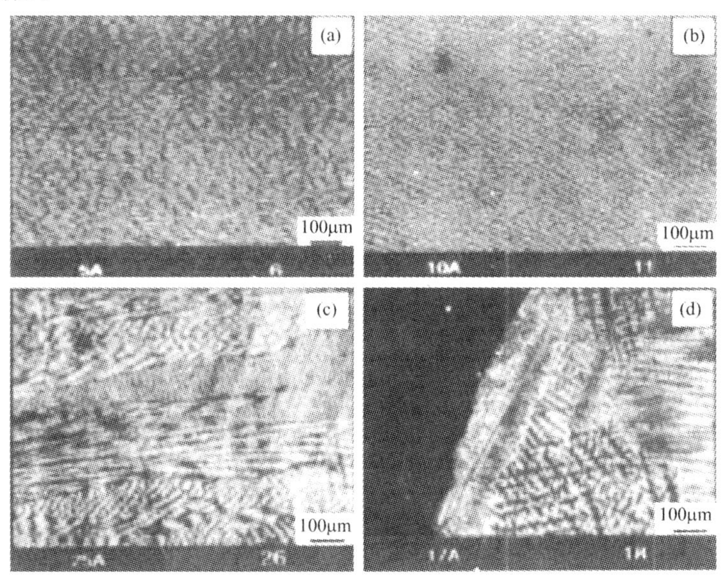

图 5-25 激光快速成形梯度材料不同部位的显微形貌

(a) 100% 316L；(b) 75% 316L∶25 % Rene 88DT；

(c) 40% 316L∶60% Rene 88DT；(d) 100% Rene 88DT

利用激光快速成形技术制备功能梯度材料，不仅能得到成分渐变的功能梯度材料，而且还能根据材料所期望的力学和物理性能的要求，通过灵活的设计来控制材料成分的梯度分布。利用这种方法，通过控制激光功率、扫描速度和送粉量等来改变冷却速度，进而获得所需的组织和性能。但是，利用激光快速成形技术制备功能梯度材料与制备单一成分的材料相比有其特有的困难，材料密度、熔点和激光吸收率的不同将会给制备过程带来一定的难度。制备功能梯度材料所选用的是两种材料的粉末，由于其熔点和激光吸收率不同，存在易熔和不易熔的问题，这就要求在实际操作中精确控制，选择合适的功率，使其所制备的材料达到所需的组织和性能。另外在制备梯度材料时，由于其组分在变化，要不断地改变激光功率以保证成形过程的顺利进行。在激光快速成形系统中建立熔池监控系统在一定程度上能够解决这个问题，监控系统通过传感器测得熔池的温度，然后反馈给系统，系统再根据所得的信息调节激光功率使熔池的温度保持在所要求的范围内。还应该引起注意的是，由于两种材料的密度不同，在用气体输送粉末时，密度较小的一方很可能在喷嘴到溶池过程中被吹到熔池的外面，造成设计的组分和实际得到的组分有一定差距，在进行工艺设计时，要把设计和实际测得的组分含量都考虑进去。通过优化送粉系统来提高粉末的利用率在一定程度上可以解决这个问题。

5.5.1.4 激光直接快速制造功能梯度材料零件的研究概况

利用激光技术制备功能梯度材料的研究开始得较早，而激光快速成形技术制备功能梯度材料零件则是最近才发展起来的。激光快速成形技术的一个重要发展方向就是制备功能梯度材料零件。利用激光快速成形技术制备功能梯度材料零件的原理很简单，通过改进激光快速成形系统的送粉系统，使其可同时输送 2 种以上的粉末材料，并可按照需要对不同材料的比例进行调节控制。激光快速成形系统通常采用同轴方式送粉。粉末 A、B 由可调送粉器输送，在激光扫描过程中，利用同轴送粉装置将粉末同步送到熔池中，扫描第一层时，送粉器输送的粉末组分可以全为 A，当扫描第二层时，可以输送少量的粉末 B，A 粉末的输送量相应减少。随着层数的增加，粉末 B 的含量不断增加，最后可以完全输送粉末 B。激光熔积法采用的是大功率 CO_2 或 Nd：YAG 激光器，直接同步熔化送粉系统沉积到基底上的金属粉末，并快速凝固形成实体的各个部分，LENS（laser engineered net shaping，激光工程近成形技术）法是这类方法的典型代表。目前，金属零件的激光熔积直接成形法已经成为国内外研究开发的重点。

在制备过程中，其送粉和产生梯度的方式却不尽相同，利用粉末在熔池的自由沉降自然形成梯度制备功能梯度材料的方法源于激光表面改性，即先用激光束在基材上照射产生溶池，然后在光斑后面的熔池内紧跟着送粉末（要保证粉末不能和激光束接触），随着熔池的逐渐冷却，粉末在溶池中因重力而自由沉降，自然形成梯度层。利用这种方法，荷兰 Groningen 大学的 Y. T. Pei 等制备了 AlSi40 功能梯度材料层，基材用的是铝合金，粉末颗粒为 Si 颗粒，试验结果如图 5-26 所示。从图中可以看出，黑色的颗粒为 Si 颗粒，白色的基体为 Ti6Al4V，在功能梯度材料的上部，Si 颗粒较多，而在下部，Si 颗粒较少。用同种方法，Y. T. Pei 等还制备了 SiCp/Ti6Al4V 梯度层，以色列 M. Riabkina

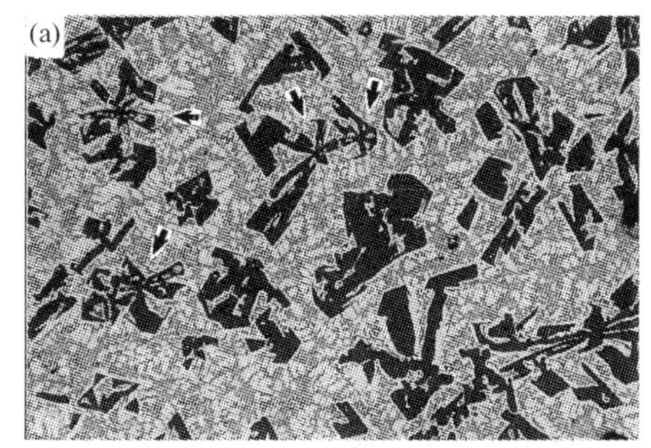

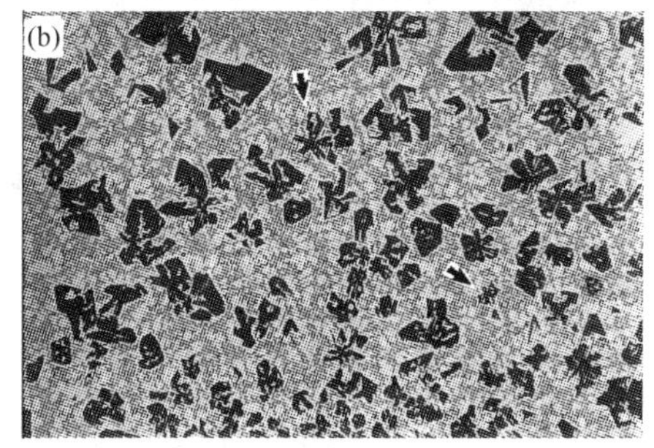

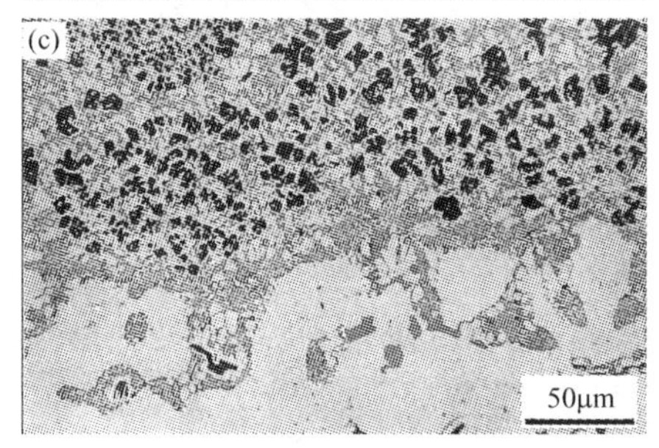

图 5-26 ALS_i40FGM 的梯度微观组织结构是在 3000W 激光能量和 26.7mm/s 的激光束速度大产生的（所有箭头指示五个分支的颗粒）

(a) 顶端；(b) 中部；(c) 底端

等制备了 WC/M_2 高速钢梯度层。此法的优点是工艺简单，适合于表面改性，缺点是材料的梯度变化难控制。从图 5-26 中还可以看出，在功能梯度材料的上部和中间部分变化不是很明显。另外，如果熔池的温度控制不好，粉末就可能在熔池冷却前沉到熔池的底部。

而采用预铺粉制备功能梯度材料的方法比较简单。将粉末 A、B 以不同的比例混合、研磨均匀后加工形成 A、B 的合金化层。第一次重熔前，基体材料上预置 A、B 合金粉末中 A 的含量较少；第二次扫描前，试样上预置 A、B 合金粉末中 A 的含量相应增加，第二次激光重熔在第一次激光重熔的轨迹上进行，两次扫描轨迹叠加，依此类推就可制得成分非渐变的功能梯度材料。大连理工大学王存山等利用此技术在 40 钢表面用宽带激光熔覆了 Ni-WC 复合梯度涂层。这种方法的优点是材料的成分容易控制，在粉末不容易使用送粉器输送的情况下，这种制备方法体现出了优势。

美国 Lehigh 大学的 Weiping Liu 等在 Optomec LENS^{TM}750 系统上制备了 12.7mm×12.7mm 20 层的 Ti/TiC 功能梯度材料，其组分变化由一边的纯 Ti 变化到另一边的 95%的 TiC，并有效抑制了裂纹的产生。美国新墨西哥州的 Optomec 公司用直接金属沉积法（DMD）制成功能梯度钛结构。DMD 的原理基于激光近终形成形（LENS），这种成形法是由新墨西哥州的桑地亚国家实验室开发的。工艺过程从部件 CAD 实体模型开始。用一台计算机控制的高功率的激光器按 CAD 的外廓将激光集中在基体上。由一个多粉末供给器将粉末注射到熔池中，逐渐形成结构。这种成形法又将 CAD 设计解读为一系列的薄片，可以根据 CAD 实体模型一次沉积一层，直至整个零件完成为止。每一层粉末供给不同的成分材料，使不同部位有性能上的变化。这种可编程能力可确定零件的最终成分，制出具有可变强度、塑性及幅度强度或热导率的单一结构。为制造功能梯度钛结构，由坩埚研究院提供三种不同的钛粉末成分。三种材料是 Ti-6Al-2Sn-4Zr-2Mo，Ti-48Al-2Cr-2Nb 以及 Ti-22Al-23Nb。在零件半英寸长度上，显示出功能不同的区。每一层的成分上的差别为 2%。Texas 大学 Larry Ray Jepson 研究了采用传统的 SLS 原理制备石油井钻头，梯度为一维结构。

Rutgers 大学研制出 FDC（fused deposition of ceramics）成形机，它的原理类似于 FDM 成形，即把丝状陶瓷材料由供丝系统送至喷头，并在喷头中加热至熔融状态，然后被选择性地涂覆在工作台上，快速冷却后形成截面轮廓。因为该成形机最多能用四个喷头同时进行作业，因此，能够制造出功能梯度材料零件及某些细结构。

美国 Sandia 国家实验室在本国能源部支持下，与 Allied Signal Inc.，Eastman Kodak Co.，Hasbro Inc.，Laser Fare Inc. 等公司合作，研制开发出 LENS 技术，其方法是使用聚焦的 Nd：YAG 激光在金属基体上熔化一个局部区域，同时利用喷嘴将金属粉末喷射到熔池里，工作台由固定的喷嘴下的 x-y 轴控制，随着工作台的移动，在基体上形成一层金属，一层完成后，系统上升一个分层厚度，新金属层就可沉积，如此层层叠加，形成金属实体。金属粉末是从一个固定于顶部的料仓内送到喷嘴的，成形室内充满了氮气，以防止熔融金属氧化。采用该方法已经成功制造了 316、304 不锈钢，Inconel625、690、718 镍基高温合金，H13 工具钢，Ti-6Al-4V 钛合金以及镍铝金属间化合物零件，组织具有快速凝固特征，性能较常规铸造和锻造方法略有提高。目前，Optomec 设计公司专门从事该技术的商业开发，已经开发出了 550W 的 LENS^{TM}750 和 1kW 的 LENS^{TM}850 商业成形机，运动定位精度在 x-y 方向为 0.05mm，z 方向为 0.5mm，成形最小层厚为 0.0756mm，最大成形速度为 8.19cm^3/h。Los Alamos 国家实验室同样在美国能源部支持下，与 SyntheMet 合作，开发了与 LENS 原理相似的 DLF 技术（directed light fabrication-直接光制造）[88]，该方法采用 1kW 左右的 Nd：YAG 激光器和同轴粉末输送系统，沉积速率为 12cm^3/h，表面粗糙度与熔模铸造相当。并进行了AISI316和400不锈钢、FeNi合金、AlCu、Ag、Cu合金，P20工具钢、Ti、W、Re合金以及钛铝、镍铝、钼硅等金属间化合物材料的零件直接成形研究。

Michigan大学的J. Mazumder教授等提出了DMD技术（direct metal deposition，直接金属沉积），DMD技术与LENS和DLF技术的区别是前者增加了实时反馈系统，采用2.4kW的CO_2激光器，CNC控制激光器运动。DMD成形单层最小厚度为0.025mm，最小宽度为0.1mm，成形速度可达16.4mm^3/h。1998年成立的POM公司专门从事DMD技术的商业开发，1999年开发出了第一代成形机DMD 2400，2001年开发出了第二代成形机DMD 5000。2000年，DMD的创始人J. Mazumder又提出了激光直接制造新型金属梯度材料零件技术，把HDM（homogenization design method，均质设计法），HSM（heterogeneous solid modeling，异质实体建模）和DMD等三项核心技术计算机集成，构筑了能设计新型材料成分，制造具有良好力学和物理性能的功能零件的快速成形系统，该系统可以根据所要求的性能进行成分设计、显微组织设计和CAD模型优化，通过DMD成形机直接沉积制造多材料或功能梯度材料零件。美国RCAM实验室采用LBAM（laser based additive manufacturing）制备了呈梯度分布的简单零件试样（图5-27）。

图5-27 激光快速成形制备的梯度功能合金零件

与国外相比，国内在激光直接成形技术制造功能梯度材料零件方面的研究起步晚。1997年，西北工业大学凝固技术国家重点实验室与北京航空工艺研究所联合，开始研究激光直接成形技术，黄卫东等利用激光快速成形技术制备高温合金-不锈钢梯度材料，在自制的激光快速成形（LRF）系统上，利用优化的激光快速成形工艺参量，制备了从100% 316L到100% Rene 88DT成分连续渐变的梯度材料（FGM）。沈阳自动化研究所针对功能梯度零件制备的特点，提出了功能梯度零件直接成形的可行算法和金属零件成形多任务并行控制方法，并实现了工作台三维运动与送粉器及激光系统的精确同步运行，模拟了飞机叶片的加工，耐热材料比例从外表面的30%变化到内部的0%。从1998年开始，中国有色金属研究院和清华大学等单位也先后开始进行这方面的研究。但总体看来，国内的研究水平在硬件系统、工艺手段、理论水平等多方面相对于国外先进水平还存在较大差距。

5.5.2 喷射成形法制备金属基复合材料

5.5.2.1 喷射成形技术产生的背景

快速凝固技术是近几十年来冶金材料领域中凝固技术的一项重要技术进展，由于该技术具有很高的冷却速率（≥103～106K/s）和大过冷度下高的界面生长速率（≥1～100cm/s）的凝固特性，能使材料的微观组织均匀细化，消除成分宏观偏析，抑制微观偏析生成，形成亚稳结构，减少脆性相，从而表现出一系列特殊优异的使用性能。可以说它的出现和发展直接促进了新一代金属玻璃、微晶和纳米晶合金的形成。在世界各国研究者的不懈努力下，快速凝固方法层出不穷。迄今为止，已相继发展出几十种新方法。但是采用快速凝固技术制得的新材料，由于冷却速率高，大多呈颗粒状、纤维状或片状，尺寸小，即从宏观角度看，至少有一维尺寸趋于零，难以直接加工成产品，极大地限制了这类材料的应用，更不用谈作为结构件使用了。为了利用这些小尺寸材料，通常借助粉末冶金工艺使其成形，但是粉末冶金方法本身存在诸多缺点（如氧化严重、工序复杂、颗粒边界难以消除等）。正是以上问题的存在促使了新的材料制备技术的诞生。喷射成形（spray forming）技术即在这种技术背景下产生的。目前在众多文献中，喷射成形还没有统一的称谓，有的称为喷射铸造（spray casting），也有的称为喷射沉积（spray deposition），它们实质上都是一种用快速凝固方法制备大块致密金属材料的高新技术，而且它们兼有半固态成形、近终形成形和快速凝固成形等特点，因此喷射成形理论提出之后，立刻赢得世界工业发达国家的注目，大学、科研院所和著名公司投入大量财力、物力争相研究，目前已在铝合金、镁合金、铜合金、钛合金、高温合金、钢铁及复合材料制备方面得到了广泛的应用。

喷射成形是英国 Swansea 大学的 A. R. E. Singer 教授于 1968 年首先提出的。为了降低传统铸造-轧制工艺的消耗，Singer 等发明了将熔融金属喷射沉积到旋转辊上并直接轧制成带材的一体化工艺，即喷射轧制工艺。此后 Singer 的学生 Brooks R G 等继续发展了该技术，成立了 Osprey 金属公司，于 1974 年将喷射沉积原理应用于锻造毛坯的生产，发明了著名的 Osprey 工艺，设计制造了多种 Osprey 成套设备，取得多项专利，使喷射沉积技术获得迅速发展。此后，喷射成形技术经历了适用合金系统的实验研究（1975～1984 年）、工艺优化和雾化沉积机理的研究（1984～1992 年）、雾化技术规模的扩大与产业化（1992～1998 年）等自身发展和重大改进的历程。近年来，喷射成形技术已成为材料科学与工程界研究和产业化发展的热点之一。

5.5.2.2 喷射成形技术基本原理及优缺点分析

图 5-28 所示为喷射成形快速凝固技术的原理图。熔融金属从坩埚底部或漏斗中垂直流向下方的雾化器，在某一点，金属液流与来自雾化器喷嘴的会聚高速惰性气流相遇，并被气流破碎成细小的熔滴颗粒。这些熔滴颗粒在表面张力的作用下球化，被周围的雾化气流加速而形成高速运动的熔滴颗粒群（一般为圆锥状），直接碰撞在水冷沉积器的表面，改变成片状，凝固成大块沉积体。颗粒群的尺寸与速度分布随雾化器的设计、雾化介质的流速及流量而变化，而且变化的范围很宽。颗粒的总能量在碰撞时，除一部分继续以亚稳储能被颗粒保留外，其余部分转变为颗粒的再度升温放热、变形流动或传入先期到达的沉积颗粒内使之变形破碎以及热耗散。最后颗粒被沉积器或先前的沉积层冷却凝聚。沉积器的表面状态必须根据沉积产品的要求设计确定（如具有微小的凹凸、表面膜等）。

颗粒在飞行过程中，熔融雾滴群完全固化和熔融雾滴群完全以液态形式存在的两种极端情况必须避免。因为第一种情况不能实现紧密的金属键结合，无法获得沉积体；第二种情况不能实现高的冷却速率，与传统熔铸方式相似，无法获得理想的微观组织。一般来说，颗粒尺寸小于 5μm，颗粒在飞行过程中完全固化；颗粒尺寸大于 500μm。颗粒处于完全液态，熔融雾滴群的颗粒尺寸分布应加以控制，使熔融雾滴群由固态、半固态和液态三部分组成，通过调整、控制工艺参数获得理想的沉积体。

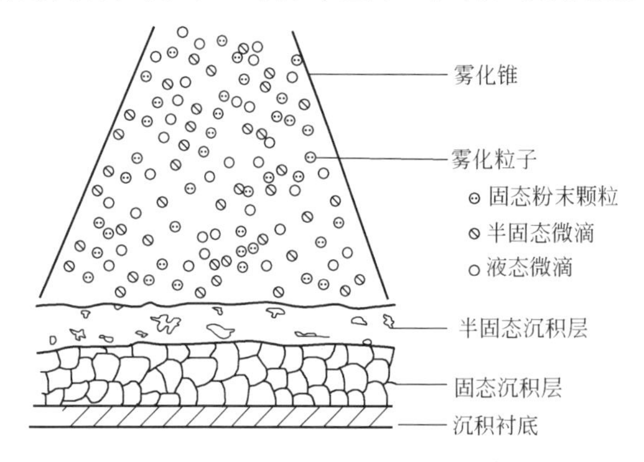

图 5-28 喷射成形快速凝固技术原理图

就目前而言，金属材料的常规制造采用的铸锭冶金法与粉末冶金法由于其工艺本身的特点，很难获得高性能的特殊合金材料（如前者），或是所需工序繁多，由此造成装备复杂、成本高等诸多问题（如后者）。相比之下，喷射沉积成形技术由于以下一系列特点而受到越来越多的重视。

① 致密度高。喷射沉积后的密度

一般可达理论值的95%以上，经冷、热加工后很容易达到完全致密，即理论密度。

② 形成合金的氧含量低。金属液流的雾化和沉积过程均在惰性气体保护下进行，其沉积体的氧含量（小于25×10^{-6}）一般低于同类粉末合金水平，而与同类铸造合金相近。

③ 具有快速凝固的显微组织特征。形成细小的等轴组织（15～25μm），可以消除宏观偏析。显微偏析相的生成受到抑制，一次相的析出均匀细小（0.5～15μm），二次析出和共晶相细化。合金成分更趋均匀，并形成亚稳过饱和固溶体等。

④ 合金性能比常规铸锻材料有较大提高（如耐蚀、耐磨、磁性各向同性及强度和韧度等物理化学和力学性能），且容易加工成形，甚至可以获得超塑性。而同类材料经铸造成形后很难甚至几乎不可能再热加工成形。

⑤ 工艺流程短，成本降低。喷射沉积成形可能是目前从熔炼到形成产品最短的工艺路线，与传统的粉末冶金工艺相比，可以减少粉末制造、筛分、装罐、去气、压实和烧结等工序，因而避免了这些工序可能产生的污染，增加了产品的可靠性和竞争力。

⑥ 充分利用能源。常规的喷雾制粉（水雾化及气体雾化）能量利用率极低，仅为3%～4%，而且粉末的收得率，即合乎粒度要求的粉末量不高，相当部分粗粉要回炉重熔。而喷射沉积工艺熔炼金属的热能及喷雾气体的能量得到了直接而又充分的利用，不仅制得了粉末颗粒金属，而且作为形成预成形坯的动力，节约了粉末预成形至烧结全过程的能源消耗。如果让沉积块脱模后直接进行后续锻造，其余热也得到了充分的利用。

⑦ 沉积效率高。Osprey雾化器的生产效率达到25～200kg/min。单个产品的质量可达数吨，有利于实现工业化生产。

⑧ 灵活的柔性制造系统。产品具有通用性和多样性，可以进行多种金属材料（如高、低合金钢，铝合金，高温合金，镁和铜合金及金属间化合物等）的制备。

⑨ 近终形成形。可以直接成形零件。

喷射成形技术的主要不足之处是：

① 存在“过喷现象”，过喷粉末的处理与应用增加了成本，降低了沉积效率；

② 产品的尺寸均匀性难以严格控制；

③ 综合理论研究深度不够，无法有效指导各种实际应用。

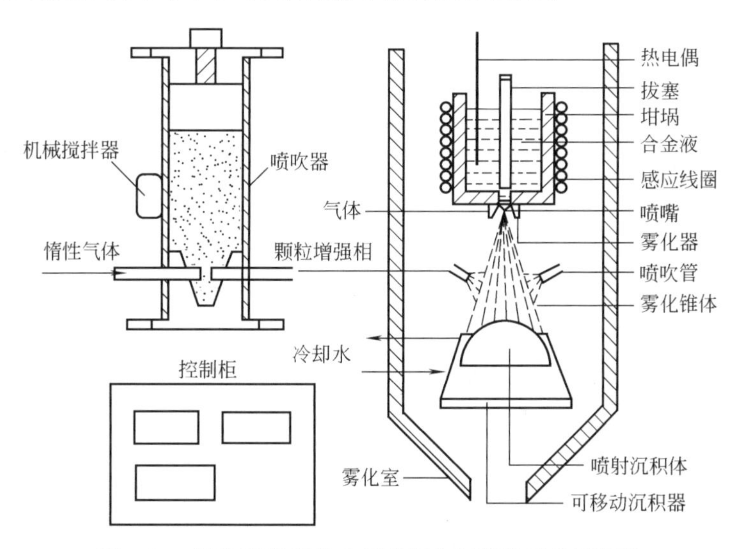

图5-29 **雾化沉积制备金属基复合材料的工艺原理图**

5.5.2.3 喷射共沉积法制备金属基复合材料

(1) 喷射共沉积法的原理和工艺过程　喷射共沉积技术是雾化沉积技术的进一步发展，是在非平衡条件下将强化相粒子与金属基体强制混合来制备复合材料的一种工艺，它属于快速凝固的范畴。

喷射沉积包含雾化和沉积两个工艺过程，即借助于惰性气体喷嘴将液态金属雾化成显微尺度的熔滴，随后将这些呈液态、半液态或固态的熔滴沉积在一个水冷衬底表面上。前一工序称为雾化过程，后一工序称为沉积过程。而喷射共沉积工艺则多了一个强化相的注入过程。强化相是在金属液被高速惰性气流变成细小的熔滴的同时利用一个或多个喷嘴注入的，注入的强化相可以是一种或几种颗粒的混合物。图 5-29 基本上显示了这一工艺的全过程。

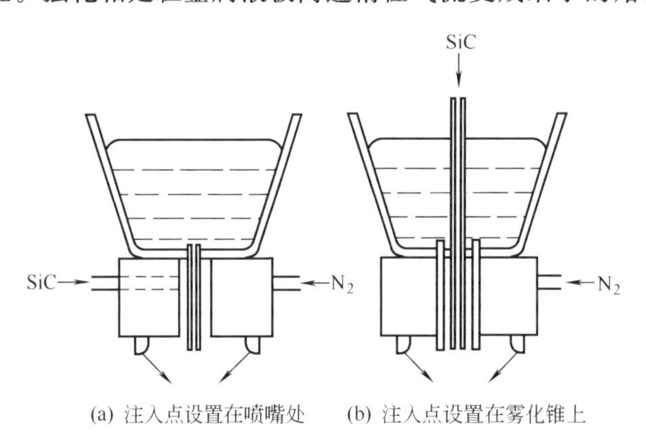

(a) 注入点设置在喷嘴处　(b) 注入点设置在雾化锥上

图 5-30　两种典型的雾化沉积工艺

可供选择的强化相注入方式主要有两类（图 5-30）：一类是把注入点设置在喷嘴处，另一类是将注入点设置在雾化锥上，后一种是较为普遍采用的。这是因为后者的注入距离可调范围大。注入距离的优化是通过数值分析的方法，以飞行距离作为雾化过程的函数来实现的。注入距离的优化控制可以精确而有效地控制粒子与金属的连接时间、强化颗粒的热暴露时间以及界面反应等，从而获得强化粒子与金属颗粒的最佳复合。

(2) 喷射共沉积法工艺参数的控制及其特点　雾化沉积工艺参数依不同的雾化系统（如雾化喷嘴、颗粒加入装置结构）及雾化介质、基体合金成分和增强相颗粒性质而变化，目前还没有统一的数学关系式，只能依经验而定，但总的说来，雾化压力小于 2.5MPa，沉积距离（雾化器喷嘴至衬底）为 300～400mm，过热度大于 60℃，粒子加入压力小于雾化压力，粒子加入距离在 150～300mm 之间变化。适当提高雾化气体压力，减少金属导液管直径，将有助于减少雾化熔滴尺寸；高的冷却速度、小的熔滴尺寸将促使沉积前的大量凝固；这些都会促使组织细化。但雾化压力过大，将增加气体消耗，且易产生反喷现象。导液管直径过小，易引起金属流阻塞（以 3.0～3.5mm 为佳)。沉积距离过大，则熔滴在飞行时即已大部分凝固，从而得到松散的粉末；过小，则凝固前沿液膜过厚，引起金属液的流动，同样得不到沉积体。过热度太低，则黏度大，导液管易阻塞；太高，则使耗电量升高，且黏度无太大改善，从而使成本提高。粒子加入压力过大，则可能将雾化流吹偏，得不到均匀分布的粒子。粒子加入距离也应适当，太大，则雾化流已有大部分为固态，易形成松散粉末；太小，易使导液管端部产生正压，造成反喷现象。

喷射共沉积法是一个复杂的工艺过程。它主要取决于金属的雾化与沉积条件，如金属熔体的过热度、雾化压力、沉积距离、导液管尺寸和喷嘴结构等，强化相的注入方式、注入压力、注入距离以及注入角度等。

喷射共沉积工艺的特点表现为在雾化过程中，由于传热效率很高，所以成形温度较低，大尺寸偏析和粗化得到抑制，难以构成产生有害界面反应的热力学条件；由于采用惰性气体保护，避免了氧化；具有快速凝固的组织特征，如产生细小的晶粒组织、过饱和的固溶体及非平衡亚稳相等；可作为难成形材料的净成形工艺，如可用于以金属间化合物为基的金属基复合材料的制备；喷射共沉积工艺是将微粉（强化相粒子）强制喷射到液流中并使之快速凝固，这一复合过程大大降低了对润湿性的要求，因而在金属液与强化相的共喷射快速冷却过程中不易发生颗粒的偏析。此外，原始颗粒在射入金属液流时的机械冲击和急剧升温造成粒子冲击破碎，可以由微米级的原始颗粒的射入制成毫微米级的颗粒增强复合材料，从而使制得的材料具有更好的综合性能，尤其是耐高温性能。

（3）喷射共沉积金属基复合材料研究概述　李淼泉研究了 LY12/SiCp 复合材料的制备方法与力学性能。结果表明，LY12/SiCp 复合材料的室温弹性模量、抗拉强度和屈服强度基本上随 SiC 颗粒含量的增加而提高，但延展率下降；复合材料的高温抗拉强度和弹性模量优于基体；孔隙率比颗粒分布对室温抗拉强度的影响程度大，但孔隙率和颗粒分布对室温弹性模量的影响较小。张济山、张淑英、谭明照等研究了 2XXX/SiCp 复合材料的制备方法与力学性能。顾敏、顾金海、柏振海等研究了 6XXX/SiCp 复合材料的加工、热处理及阻尼性能。张福全等研究了 7075/SiCp 铝基复合材料的摩擦、磨损特性。

M. Gupta 等研究了喷射沉积 Al-Ti/SiCp 金属基复合材料的显微组织、热稳定性及高温力学行为；当温度达到 400℃时，喷射沉积材料仍显示出较好的热稳定性，而且喷射沉积热挤压材料的屈服强度比相同成分的粉末冶金材料优越，并且超过了铸锭合金。White 等研究了用 SiCp 和 B_4C 强化喷射沉积 Al-Li-Cu-Mg-Zn8090 系合金的组织和性能。结果表明，与铸造合金相比，最显著的性能改进是在弹性模量方面——喷射沉积材料的弹性模量比铸锭合金高出 25%。

蔡叶、苏华钦等研究了 SiC 颗粒增强 AZ80 镁合金的摩擦、磨损特性，研究表明 AZ80/SiCp 复合材料的耐磨性优于 AZ80 合金。

Petersen 等分别研究了 Al_2O_3 增强喷射钢基复合材料的组织与性能。Wei 和张丽英等分别研究了喷射沉积 WC 增强高速钢基复合材料的组织与性能。张济山等研究了 Al_2O_3 颗粒增强马氏体时效钢的组织与性能。另外，徐映坤等利用雾化沉积加气动扫描工艺制备了铝锡-钢双金属复合板，并对气动扫描的工艺参数、基板的预热温度和轧制温度进行了研究，观察和分析了沉积态和轧制态的双金属界面的组织结构。

5.6 汽车覆盖件模具的 CAD/CAE/CAM 及其并行工程

5.6.1 CAD/CAE/CAM 技术在汽车覆盖件模具中的应用与发展

随着汽车工业竞争日趋激烈，汽车换型时间不断缩短，要想在竞争中取胜，就必须依托先进的科学技术，大大缩短改型换代的周期。欧美推出一款新车型需要 48 个月，而日本只需 30 个月，这在很大程度上归功于日本先进的 CAD/CAE/CAM 技术。利用这些技术，可以使模具结构设计最优化，实现一次成模。从而大大缩短模具调试周期、降低制模成本、加速换型周期、增强国际市场竞争力。

5.6.1.1 汽车覆盖件的特点与要求

汽车覆盖件是指构成汽车车身或驾驶室、覆盖发动机和底盘的由薄金属板料制成的异形体表面和内部零件。车身以及驾驶室的全部外部和内部形状都是由汽车覆盖件组装而成的。由于汽车覆盖件属于外观装饰性零件，它不仅要满足结构上的功能要求，更要满足表面装饰的美观要求。因此对表面质量要求很高，表面必须光洁，不允许有任何皱裂和拉痕等缺陷，任何微小的缺陷都会破坏外形的美观。这给覆盖件成形的关键工序——“拉延”提出了很高的要求，而传统的手工设计制造方法难以保证拉延件的质量，这也是车身制造技术的难点和关键所在。

此外，汽车覆盖件又是封闭、薄壳状的受力零件，当汽车高速行驶时，如果覆盖件刚性分布不均匀，刚性较差的部位受到振动会产生空洞声，从而产生较大噪声。因此在拉延成形时，我们必须克服由于塑性变形的不均匀性而产生的覆盖件刚性分布不均匀。除此之外，由于汽车覆盖件多为空间立体曲面，还具有形状复杂、结构尺寸大、材料薄等特点，所有这些，都对汽车覆盖件模具设计和制造提出了特殊的要求。

5.6.1.2 CAD/CAE/CAM 技术在汽车覆盖件模具设计制造中的应用

CAD/CAE/CAM 技术以计算机和数控机床为主要设备，以覆盖件的数学、力学模型为依据，在模具设计、成形分析及制造技术各环节中直接发挥作用。

汽车覆盖件模具设计主要包括工艺设计和结构设计。工艺设计主要是指汽车覆盖件的三维设计以及工艺补充面的三维设计，工艺设计主要解决曲面造型问题。由于汽车覆盖件空间曲面多、形状复杂，因此这个过程技术难度较高。而结构设计是依据工艺设计的结果，设计模具具体部件，对这个过程要求速度快、效率高。要解决上述问题，必须借助先进的计算机辅助设计（CAD）技术。

在汽车覆盖件模具的制造过程中，采用计算机辅助制造（CAM）技术具有加工精度高、生产周期短等优点。传统的车身开发是以实物模型来表示车身表面的几何信息，这样，在传递过程中，很容易发生模型变形、数据传递误差、误差积累等诸多问题，严重影响车身覆盖件模具的制造精度。同时延长生产周期，采用 CAM 技术制造模具，省略了制造工艺模型这一环节，首先是按产品图或数据表把零件的特征点元素输入计算机，利用软件提供的曲线、曲面功能建立零件表面的数学模型，从而生成数控加工所需的刀具轨迹文件，用来控制数控机床的运动，加工出所需的零件表面。由于加工过程是基于高准确性的计算机模型，从而减少了产生制造误差的因素，提高了制造精度。

对于一个已掌握 CAD、CAM 技术的厂家，更加关心的则是冲压件能否成形，产品质量能否合格，但这往往是难以预知的。由于汽车覆盖件形状复杂，在冲压成形过程中，板材成形性难以预先估计，模具设计正确与否无法事先知道，模具加工完成以后问题才会暴露出来，这样给模具调试带来很大困难，计算机辅助工程（CAE）技术可以协助 CAD、CAM，对冲压成形过程进行模拟，对实际冲压件的成形性进行分析，及早发现问题，并通过计算机模拟改进模具设计，从而大大缩短模具调试周期，降低制模成本。采用 CAD/CAE/CAM 技术和各种数控机床及三坐标测量仪相结合，使汽车覆盖件模具的开发制造呈现前所未有的面貌，模具精度大幅度提高，模具寿命延长两倍以上，模具开发周期缩短到原来的 1/3，开发制造的成功率也大幅度提高。

5.6.1.3 汽车覆盖件模具 CAD/CAE/CAM 技术的发展

伴随着计算机软硬件技术、图形学、人工智能、数值计算方法以及板料塑性变形理论等的发展，与传统的模具设计、制造技术相结合，CAD/CAE/CAM 技术应运而生，并广泛应用于汽车覆盖件模具的设计和制造过程中，开创了系统化、集成化、智能化的研究新领域。以下介绍几种汽车覆盖件模具 CAD/CAE/CAM 技术的新进展。

(1) 汽车覆盖件模具的面向对象编程技术　目前，汽车行业较常用的商用 CAD/CAM 软件，以 UG、Pro /Engineer、CATIA 为代表，它们为汽车覆盖件从设计到制造提供了一系列支持，但从实质上来说，他们都属于通用 CAD/CAM 软件，如何在其基础上进行二次开发，将其强大功能与企业自身的经验与专业知识结合起来，使其具有专用性和智能性，这是众多使用上述软件的企业所共同关心的一个问题，如今，有不少的研究机构已经开始了这方面的研究，并且已经取得了一定的进展，例如，为了简化汽车覆盖件模具数控编程的复杂性，利用面向对象编程技术，用UG/API、GRIP以及VC++等工具，对汽车覆盖件模具的数控编程系统进行二次开发，把类和对象的概念引入到参数定义中，利用参数的继承性和关联参数的程序计算，实现程序的自动批处理生成，从而简化了编程操作，大大提高了编程效率。此外，利用Pro/Engineer自带的J-Link接口，对其进行模块扩展，建立常用零件库管理系统；或以Auto CAD为开发平台，利用其二次开发工具，建立汽车覆盖件模具标准件库，所有这些研究成果都可以大大减少设计的重复性，提高生产效率。

（2）激光快速成形技术在汽车覆盖件模具方面的应用　激光快速成形（laser rapid prototyping：LRP）是将CAD、CAM、CNC、激光、精密伺服驱动和新材料等先进技术集成的一种全新制造技术，近期发展的LRP主要有：立体激光造型（SLA）技术、激光熔敷成形（LCF）技术、选择性激光烧结（SLS）技术、激光诱发热应力成形（LF）技术、激光薄片叠层制造（LOM）技术等，其中，立体激光造型（SLA）技术又称为光固化快速成形技术，其原理是计算机控制激光束对以光敏树脂为原料的表面进行逐点扫描，被扫描区域的树脂薄层（约为十分之几毫米）产生光聚合反应而固化，形成零件的一个薄层，工作台下移一个层厚的距离，进行下一层的扫描加工，如此反复，从而制造出整个原型，由于光聚合反应是基于光的作用，没有热扩散，加上链式反应能够得到很好的控制，聚合反应不会发生在激光点之外，因而加工精度高，表面质量好，原材料利用率接近100%，能制造出形状复杂的零件。对于尺寸较大的零件，可以把成形过程分成几部分，先分块成形，然后再粘接起来。

美国、日本、德国、比利时等都投入了大量的人力、物力研究该技术，并不断有新产品问世，我国西安交通大学也成功研制了立体激光造型机LPS600A。SLA技术可制造出所需比例的精密铸造模具，从而浇铸出一定比例的车身金属模型，利用此模型可进行风洞和碰撞等试验，从而完成对车身的最终评价，以决定其设计是否合理，美国克莱斯勒公司已用SLA技术制成了车身模型，并将其放在高速风洞中进行空气动力学试验分析，取得了令人满意的结果，大大节约了试验费用，目前该技术已被运用于汽车覆盖件以及其他异形件的成形中。

（3）逆向工程在汽车覆盖件模具方面的应用　逆向工程是通过对实物模型的数据采集，进行计算机三维模型重建过程的总称，目前已发展成为CAD/CAM中一个相对独立的范畴，将汽车覆盖件的实物模型，经过三坐标数据扫描，进行计算机3D几何模型的重建是整个汽车工业设计与生产过程中最重要的环节之一，根据逆向工程所生成的计算机3D模型，才能利用现有的先进的CAD/CAM技术，进行新车型的产品设计、工艺设计、模具设计、模具制造及质量检验等后续生产过程。

在数据采集方面，随着激光技术的发展，在扫描中充分运用激光定向性好的特性，采用非接触式测量方法，如光栅法、全息法、激光三角法等，可以有效地克服机械接触式测量（如三坐标测量仪中探测杆的补偿和刚性）等因素所引起的系统误差，使逆向工程得到了新的发展。

在几何建模方面，建模过程也就是对采集的数据进行处理的过程，传统的逆向工程方法是将测量的点云数据，经过必要的编辑、多模型自动匹配、偏置、滤波、排序等优化处理，人工或半自动化寻找结构特征线，根据结构特征线及域内点云拟合出各局部的曲面3D模型，不仅效率低，而且几何模型的精度与曲面的光顺之间相互矛盾的问题一直无法解决。Delcam公司经过多年的研究，提出局部逆向技术的概念，认为逆向（反求）工程的基本原则是模型的保型性，所生成的CAD模型与实物的主要部分应该是一致的，如果需要变化模型，一定是局部区域的变化，在此基础上，推出逆向工程软件CopyCAD及相关PowerSHAPE、PowerMILL等一系列软件，该系列软件可方便快捷地生成STL模型，并通过局部特征添加、调整、工艺补充部分及拉延筋设计等，生成覆盖件拉延模具的3D模型，还能自动生成粗加工、半精加工、精加工的数控程序，完成模具的数控加工，从而大大提高了逆向工程的处理效率。

汽车覆盖件模具CAD/CAE/CAM技术目前正向着智能化、专业化、集成化方向发展。

为了真正实现汽车覆盖件模具设计制造的自动化，必须开展智能化研究工作，把总结出来的以往设计、制造中的成功经验应用到模具设计中去，形成计算机里的知识库和智能库，并采用检索、修订、创成等混合决策技术和多智能体技术的综合智能化，从而形成基于知识的智能化交互式系统框架，真正达到先进性和实用性的要求。在未来几年里，对国外先进的CAD/CAM软件进行二次开发，使之更加专业化，也将是许多模具厂家的经济可行的选择。此外，汽车覆盖件模具设计制造过程是一个信息处理、交换、流通和管理的过程，将CAD/CAE/CAM技术有机地集成在一起，能够更好地对设计和制造过程中信息的产生、转换、存储、流通、管理进行分析和控制，从而实现效益最大化，一些发达国家在这方面的应用技术已经相当成熟，我国在这方面的研究也已取得一定的进展，但还未进入实质性的应用阶段，在接下来的时间里，CAD/CAE/CAM的系统集成技术也必然在我国得到广泛应用。

在汽车覆盖件模具设计制造过程中引入CAD/CAE/CAM技术，不仅提高了模具设计质量，而且缩短了模具制造、调试周期，降低了制模成本。随着科研人员的不断努力，许多新技术、新设备、新工艺将陆续投入到生产实际中，从而缩短与国际先进水平的差距，而汽车覆盖件模具CAD/CAE/CAM技术的不断成熟必将推动我国汽车工业的进一步发展。

5.6.2 基于并行工程的模具设计及制造

近年来，小批量、个性化、尺寸精度高的产品越来越多，这对模具设计、制造的质量和效率提出了更高的要求。传统的设计和制造往往采用如图5-31所示的顺序作业方式，遵循“产品设计—模具设计—模具制造—试模—修改设计”的大循环。这种传统的部门制及串行流程的开发模式存在着很多不足，部门之间的信息交流存在严重的障碍，设计、制造各个阶段相对孤立，在模具设计之初，不能有效地评价模具的可制造性、可装配性、可维护性以及产品的质量，到了模具的实际装配和调试阶段才发现问题，造成模具从设计到制造的大返工。

我国模具企业普遍在模具的敏捷设计和制造方面能力较弱。加上现在的模具制造一般是承接式生产模式，模具的设计及制造者、产品设计者及产品用户均分处异地，要制造出满意的模具，各方必须进行充分的沟通，这些因素都会延长模具生产周期，增加成本。在市场经济的大环境下，模具业要想获得进入世界竞争的机会，必须增强自身的开发能力和快速制造能力，并行技术的运用是解决问题的有效办法，也是模具行业势在必行的选择。

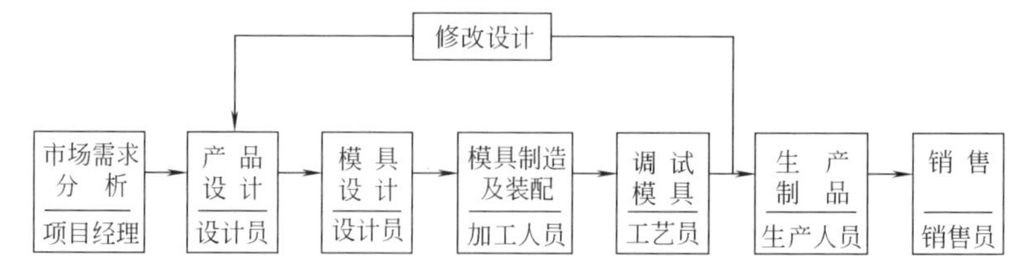

图5-31 模具设计及制造的顺序作业方式

并行工程（concurrent engineering）是全新的系统化方法。这种方法的思路就是并行、集成地开发和设计产品，它要求产品开发人员在设计阶段就能考虑整个产品在生命周期中可能出现的各种问题，充分预见该产品在制造、装配、销售、使用、售后服务以及报废、回收等环节中的“表现”，通过组织多学科产品开发队伍，利用各种计算机辅助工具，有效地缩短产品开发周期，提高产品质量，降低产品成本。

模具的设计与其成形的产品息息相关，模具的制造又直接关系着产品的质量和模具的成本。人们运用并行设计方法，变串行设计中信息的单向流为并行设计中信息的多向流，在产品概念设计阶段全方位地考虑其成形模具中的种种问题，确保产品信息控制的统一性和连贯性，应用小循环和计算机模拟技术来代替大规模的返工。这就有效地保证了模具从设计到制造的一次成功，实现了模具的快速制造，其市场竞争力是不言而喻的。

模具设计和制造并行工程系统如图 5-32 所示。这里的并行处理，不仅是物料、设备的集成，更是以信息集成为本质的技术、组织机构、人和制造环境的集成。从图 5-32 可以看出，在模具设计和制造并行工程系统中，“多学科项目开发动态联盟组”实现了并行工程中人力资源的集成，“模具设计制造工程数据库系统”实现了信息的高度集成和共享，它们在整个并行工程系统中占有很重的分量。

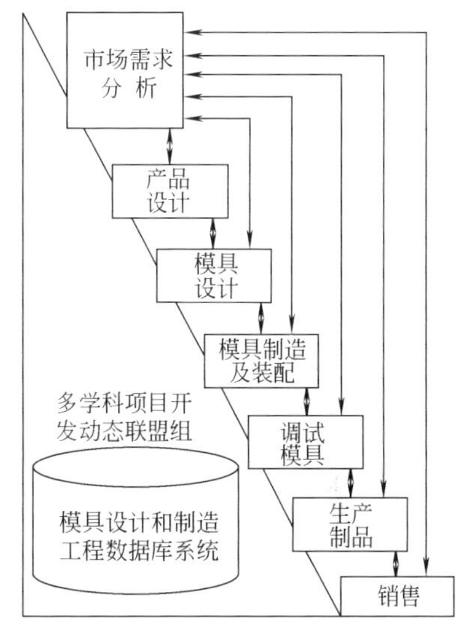

图 5-32　模具设计和制造并行工程系统

5.6.2.1　建立多学科项目开发动态联盟组，充分发挥人在并行工程中的作用

多学科项目开发动态联盟组是将具有一定技术的单位和企业组成一个临时的联盟体，共同开发某一项目，联合参与市场竞争。由于各组织在合作前具有各自独立的技术和资源，一旦结成联盟，技术和资源将被共享，显然，这种共享的技术和资源拥有比单个组织更大的优势，是实现模具合理设计和敏捷制造的主要途径。当然，动态联盟的成功运作还需要解决好下面两个问题。

一是建立信息交流的网络平台，提供协同工作环境。联盟组的成员往往是位于不同城市甚至不同国家的，如何让身处异地的各成员自由讨论、发表见解，并实时见到产品在各个环节的表现和各方面的结果呢？计算机高速信息网络是实现交流的有效途径。通过计算机网络可以实现异地各组织的协同和信息资源的共享，缩小各成员单位在空间上的距离，围绕产品设计制造上的问题及时地、面对面地进行虚拟会议式的讨论和处理，使得异地协同设计制造成为现实。如天津汽车工业集团有限公司在开发汽车覆盖件模具时，其模具的设计和制造就是分别在天津、上海、西安、成都等地同时、同步进行的，一个新车型整套汽车覆盖件模具从设计到制造只用了不到一年的时间。作为信息交流的网络平台，信息的实时共享和加密是关键技术。目前的网络环境在实现异地同步设计和制造时存在很大不足，数据文件的传输也容易受到攻击。我们现在的网络平台主要是在 Internet 下进行相关开发，增加 Internet 浏览器与服务器之间的数据库交互功能，利用 CGI 程序实现远程的数据查询和分析计算，通过加密传输来实现数据的交流。理想的网络平台应该在同步运行和实时共享上更进一步，甚至建立专用的网络通道，以保证数据的高速传送和信息的保密。

二是建立适合的协调系统，解决成员组之间可能存在的冲突。在模具开发过程中，由串行设计变为并行设计，虽然节约设计和制造的时间，避免了后期的大返工，却使原本简单的工作复杂化了，预定好的设计信息往往会发生变化，这是因为设计过程的并行化大大增加了设计的不确定性信息。加上各小组之间、各专家之间由于各自的背景和知识领域的差异，可能会产生冲突，因此需要通过协同式的工作方式，解决各方的矛盾，最终达到一致。怎样来协调呢？首先，对并行设计中重要的约束条件必须要监控，建立一种约束网络负责制的协同设计模式，以监控整个设计过程，预测设计中可能产生的冲突。这种新型模式的核心技术为一致性算法，采用约束满足来求解问题。其次，发现冲突后要利用合理的手段加以解决。其中冲突仲裁可利用实例法，以基于规则和基于优化的方法来解决设计冲突。当然，在联盟组之间建立的协调系统，应以产品设计的实际情况为依据，建立健全的部门责任制，每个成员在各自的设计权限和责任的基础上，按部就班地完成整个项目，从而实现模具设计和制造的“一次成功”。

5.6.2.2　建立完整的模具设计制造工程数据库，实现并行工程中信息的集成和共享

从图 5-33 可以看到，“模具设计制造工程数据库系统”是一个共享的系统。在产品造型，模具设计、分析，模具制造等各个环节中，都会用到大量数据，既有各种工艺参数、图表和线图（如《模具设计手册》中的各种经验数据），又有很多标准件、模具结构图形文件（如各种模具标准件、模具结构手册），这些数据都需要在数据库系统中查询。同时，在模具 CAD/ CAM 过程中，不仅要处理大量的二维和三维图形的静态数据，还要处理在设计分析中生成和变化的动态数据。因此，建立一个包括设计对象的几何、拓扑、工艺和物理等各方面信息及信息间相互联系的工程数据库系统 EDBMS（engineering data base management system)，是十分必要的。图 5-33 是典型的模具设计和制造集成数据库系统，在该系统中，模具设计、分析、制造、管理等各分系统都围绕一个中心数据库集合，所有的应用程序都从一个共同的数据库中存、取数据，不同的应用程序之间通过数据库来传递数据。各分系统之间由“全系统级控制系统”进行协调处理。“模具设计和制造集成数据库系统”同时也是一个开放式的系统，它支持目前流行的一般程序设计语言进行的二次开发。联盟组中的每个单位和企业都可以随时将自己开发的数据库补充到数据库系统中，实现信息的实时共享。

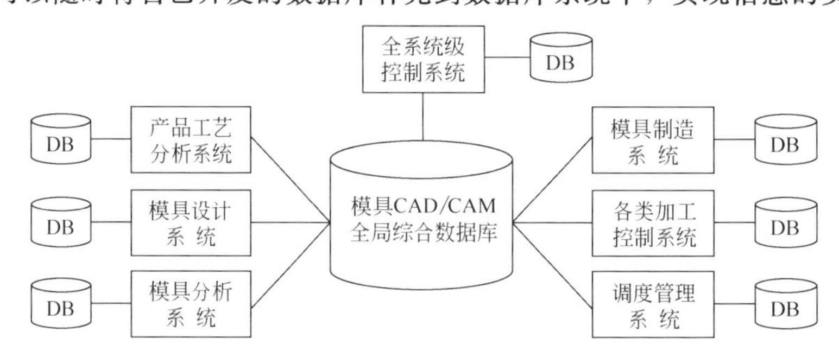

图 5-33　模具设计和制造集成数据库系统

“模具设计和制造集成数据库系统”是否完善，直接关系着模具设计和制造是否合理和快捷。目前新一代的数据库技术发展很快，主要有分布式数据库、主动数据库、多媒体数据库、面向对象数据库等，对模具行业来说，主动数据库和面向对象数据库是比较可取的。主动数据库（active database）是数据库技术与人工智能相结合的产物。面向对象数据库（object oriented database）是指对象的集合、行为、状态和联系均以面向对象提供数据模型来定义。这两类数据库适合模具单件、多变、信息量大的特点，虽然目前还只是一种新兴的技

术，尚不成熟，但其应用前景是不容忽视的。

模具设计和制造中的并行工程强调了以产品为中心，以市场为导向的快速开发机制，在团体式的协作工作中，及时沟通产品生产厂、模具设计者和模具制造厂之间的信息，强调了设计过程中的实时性和并行性，通过组建动态联盟和合理的协同工作环境，在计算机高速信息网络技术的支持下，实现了人力、物力资源的集成和信息的共享，从而把模具设计和制造带入了一个全新的快速发展的阶段。

参 考 文 献

1 高静娜，李强，任廷志等．薄板坯连铸连轧技术综述 [J]．重型机械，2005 (6)：1～5，10

2 袁嘉轩，王快社，沈祥．薄板坯连铸连轧技术发展 [J]．铸造技术，2005，26 (11)：1082～1084

3 李频．薄板坯连铸连轧技术特点浅析 [J]．钢铁研究，2005，(45)：50～53

4 薛凌．薄板坯连铸连轧技术的进展 [J]．北京科技大学学报，2003，25 (3)：207～210

5 任吉堂，朱立光，王书恒．连铸连轧理论与实践 [M]．北京：冶金工业出版社，2002

6 田乃媛．薄板坯连铸连轧 [M]．北京：冶金工业出版社，1998

7 材料科学技术百科全书编辑委员会．材料科学技术百科全书（上册）．北京：中国大百科全书出版社，1995

8 谢建新．材料加工技术的发展现状与展望，机械工程学报，2003，39 (9)

9 新野正之，平进敏雄，渡边龙三．倾斜功能材料，日本复合材料学会志，1987，13：257

10 黎文献，张刚，赖延清，田忠良，秦庆伟．功能梯度材料的研究现状与展望，材料导报，2003，17 (9)

11 叶波，李庆余，赵恒勤．梯度功能材料制备方法研究现状与展望．矿产保护与利用，2004，8 (4)

12 魏增敏，张永忠，高士友，杜宝亮，石力开．激光快速成形技术的发展及其在功能梯度材料制备上的应用．材料导报，2005，5 (19)

13 杨海欧，林鑫，陈静，杨健，黄卫东．利用激光快速成形技术制造高温合金-不锈钢梯度材料．中国激光，2005，32 (4)：567～570

14 Lin，T. M. Yue.，H. O. Yang，W. D. Huang，Laser rapid forming of SS316L/Rene88DT graded material. Materials Science and Engineering A 391，2005：325～336

15 彭超群．喷射成形技术．长沙：中南大学出版社，2004

16 Gang Jin，Makoto Takeuchi，Sawao Honda，et al. Properties of Multilayered Mullite/Mo Functionally Graded Materials Fabricated by Powder Metallurgy Processing. Materials Chemistry and Physics，2005，(89) 238～243

17 Y. T. Pei，J. Th. M. De Hosson. Functionally Graded Materials Produced by Laser Cladding. Acta Materialia. 2000，(48)：2617～2624

18 Zhang X. D.，Zhang H.，Grylls R. J.. Laser-deposited Advanced Materials. Journal of Advanced Materials，2001，33 (1)：17～23

19 Grylls Richard. Laser Engineered Net Shapes. Advanced Materials and Processes，2003，161 (1)：45～46

20 周满元，刁俊通，严隽琪．基于 STEP 的多功能梯度材料信息融合方法．上海交通大学学报，2003，37 (1)

21 Larry Ray Jepson，B. S. M. E. Multiple Material Selective Laser Sintering. The University of Texas at Austin，2002，12

22 Prashant Kulkarni，Anne Marsan，Debasish Dutta. A review of process planning techniques in layered manufacturing. Rapid Prototyping Journal，2000，6 (1)：18～35

23 Bradford. Synthesis of Functional Gradient Parts via RP Methods. Rapid Prototyping Journal，2001，7：207～212

24 Griffith Michelle L.，Keicher David L.，Romero J.. Laser Engineered Net Shaping (LENS^{TM}) for the Fabrication of Metallic Components. American Society of Mechanical Engineers. Materials Division (Publication) MD，1996，74：175～176

25 Gorman Pierrette，Smugeresky John E.，Keicher D. M.. Evaluation of Property Dependence on Build Rate for LENS^{TM} Powder Metal Deposition. Proceedings of the TMS Fall Meeting，2002，167～173

26 Optomec Corporation web site：http：//www. optomec. com 13/12/2004

27 Lewis Gary K.，Lyons Peter.. Direct Laser Metal Deposition Process Fabricates Near-net-shape Components Rapidly. Materials Technology，1995，10 (3～4)：51～54

28 Lewis Gary K. , Milewski John O. , Memec R. B. . Free Form Fabrication of Metallic Components Using the Directed Light Fabrication Process. Proceeding of the 15th ITSC, France, 1998: 1357～1362
29 Thoma D. J. , Charbon C. , Lewis G. K. . Directed Light Fabrication of Iron-based Materials. Materials Research Society Symposium-Proceedings, 1996, 397: 341～346
30 Lewis Gary K. , Thoma Dan J. , Nemec Ron B. . Directed Light Fabrication of Refractory Metals. Advances in Powder Metallurgy and Particulate Materials, 1997, 3: 21, 43, 49
31 Mah Richard. Directed Light Fabrication. Advanced Materials & Processes, 1997, 151 (3): 31～33
32 Milewski John O. , Thoma Dan J. , Fonseca Joe C. . Development of a Near Net Shape Processing Method for Rhenium Using Directed Light Fabrication. Materials and Manufacturing Processes, 1998, 13 (5): 719～730
33 Milewski J. O. , Dickerson P. G. , Nemec R. B. . Application of a Manufacturing Model for the Optimization of Additive Processing of Inconel Alloy 690. Journal of Materials Processing Technology, 1999, 91 (1): 18～28
34 POM Corporation web site: http: //www. pom. net/index. html
35 Mazumder Jyotirmoy. , Dutta D. , Ghosh A. . Designed Materials: What and How. Proceedings of SPIE——The International Society for Optical Engineering, 2002, 4831: 505～516
36 Shin Ki-Hoon, Natu Harshad, Dutta Debasish. A Method for the Design and Fabrication of Heterogeneous Objects. Materials and Design, 2003, 24 (5): 339～353
37 Abbott David H. , Arcella Frank G. Laser Forming Titanium Components. Advanced Materials & Processes, 1998, 153 (5): 29～30
38 AeroMet Corporation web site: http: //www. aerometcorp. com
39 Arcella F. G. , Froes F. H. Production Titanium Aerospace Component from Powder Using Laser Forming. JOM, 2000 (5): 28～30
40 Chen J. -Y. , Xue L. The Effects of Heat Treatment on the Microstructural Characteristics of Laser-consolidated IN-625 and IN-738 Superalloys. Processing and Fabrication of Advanced Materials X, 2001: 394～407
41 Pinkerton A. J. , Li L. . Rapid Prototyping Using Direct Laser Deposition——The Effect of Powder Atomization Type and Flowrate. Proceedings of the Institution of Mechanical Engineers, Part B: Journal of Engineering Manufacture, 2003, 217 (6): 741～752
42 McLean Mark A. , Shannon Geoff J. , Steen William M. Laser Direct Casting High Nickel Alloy Components. Advances in Powder Metallurgy and Particulate Materials, 1997, 3
43 Rabinovich Joshua. Net Shape Manufacturing with Metal Alloys. Advanced Materials and Processes, 2003, 161 (1): 47, 86
44 黄亚娟，丘宏扬，陈松茂. CAD/CAE/CAM技术在汽车覆盖件模具中的应用与发展. 机电工程技术，2004，33 (5)
45 黄晓燕. 模具设计和制造中的并行工程. 成都电子机械高等专科学校学报，2004，(2)
46 孙先伟，童隽，陈瑞秋，周传宏. 并行工程技术及优化工序法在模具生产中的应用. 电加工与模具，2002，(5)

第 6 章　粉末材料及其成形技术

粉末材料的种类繁多，主要有金属粉末、陶瓷粉末、塑料粉末等。粉末材料的成形方法也多种多样，主要有冶金成形、压制成形、注射成形、复合成形等。任何粉末材料成形的第一步，都必须获取原料粉末。下面就以金属粉末材料为主，介绍其制备及成形的基本原理与应用。

6.1　金属粉末材料的制备

6.1.1　金属粉末制备概述

金属粉末从形状上看，有球形、片状、树枝状等；从粒度上看，有几百微米的粗粉、纳米级的超细粉末；从制取粉末的方法看，有机械法、物理化学法等，金属粉末的主要制备方法见表 6-1。另外，一些难熔的金属化合物（如碳化物、硼化物、硅化物、氮化物等）可采用还原-化合、化学气相沉积（CVD）等方法制备。

表 6-1　金属粉末的主要制备方法

生产方法			原材料	粉末产品举例	
				金属粉末	合金粉末
物理化学法	还原	碳还原	金属氧化物	Fe,W	
		气体还原	金属氧化物及盐类	W,Mo, Fe, Ni,Co,Cu	Fe-Mo,W-Re
		金属热还原	金属氧化物	Ta,Nb,Ti,Zr,Th,U	Cr-Ni
	气相还原	气相氢还原	气相金属卤化物	W,Mo	Co-W,W-Mo 等
		气相金属热还原		Ta,Nb,Ti,Zr	
	气相冷凝或离解	金属蒸气冷凝	气态金属	Zn,Cd	
		羰基物热离解	气态金属羰基物	Fe,Ni,Co	Fe-Ni
	液相沉淀	置换	金属盐溶液	Cu,Sn,Ag	
		溶液氢还原		Cu,Ni,Co	Ni-Co
		从熔盐中沉淀	金属熔盐	Zr, Be	
	电解	水溶液电解	金属盐溶液	Fe,Cu,Ni,Ag	Fe-Ni
		熔盐电解	金属熔盐	Ta,Nb,Ti,Zr,Th,Be	Ta-Nb,碳化物等
机械法	机械粉碎	机械研磨	脆性金属与合金	Sb,Cr,Mn,高碳铸铁	Fe-Al,Fe-Si,Fe-Cr
			人工增加脆性的金属与合金	Sn,Pb,Ti	
		旋涡研磨	金属和合金	Fe,Al	Fe-Ni,钢
		冷气流粉碎		Fe	不锈钢,超合金
	雾化	气体雾化	液态金属和合金	Sn,Pb,Al,Cu,Fe	黄铜,青铜,合金钢,不锈钢
		水雾化		Cu,Fe	黄铜,青铜,合金钢
		旋转电极雾化		难熔金属,无氧铜	铝合金,钛合金,不锈钢等

粉末原料在成形之前，通常要根据产品最终性能的需要或成形过程的要求，经过一些处理，包括粉末退火、混合、筛分、加润滑剂、制粒等。详细要求及过程可参见有关著作。

6.1.2　金属粉末的常用制备方法

金属粉末的常用制备方法包括雾化法制粉、机械粉碎法制粉、还原法制粉、气相沉积法制粉等。

6.1.2.1 雾化法制粉

雾化法是在外力的作用下将液体金属或合金直接破碎成为细小的液滴，并快速冷凝而制得粉末的方法，粉末的直径一般小于150μm。雾化法可以制取多种金属和合金粉末，任何能形成液体的材料都可以进行雾化制粉。

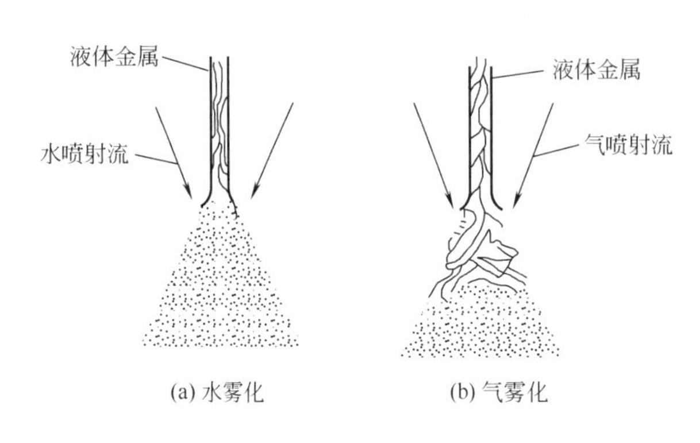

图 6-1 水雾化和气雾化示意

借助高压水流或气流的冲击作用来破碎液流，称为水雾化或气雾化，也称为二流雾化，如图 6-1 所示。利用机械离心力的作用破碎液流称为离心雾化，如图 6-2 所示。在真空中实施的雾化叫作真空雾化，如图 6-3 所示。利用超声波能量来实现液流的破碎称为超声波雾化，如图 6-4 所示。与机械粉碎法比较，雾化法是一种简便且经济的粉末生产方法。

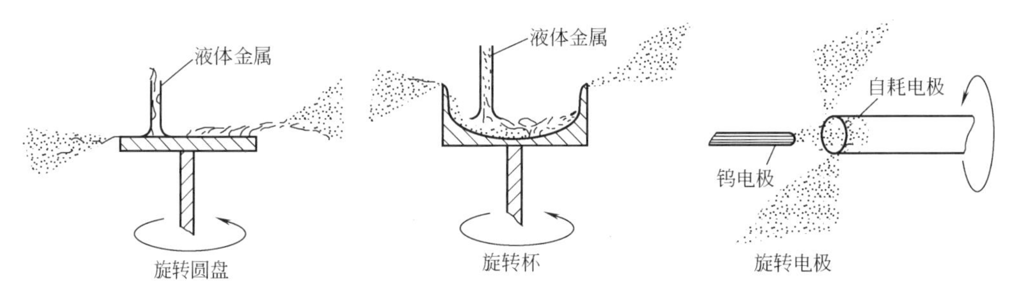

图 6-2 离心雾化示意

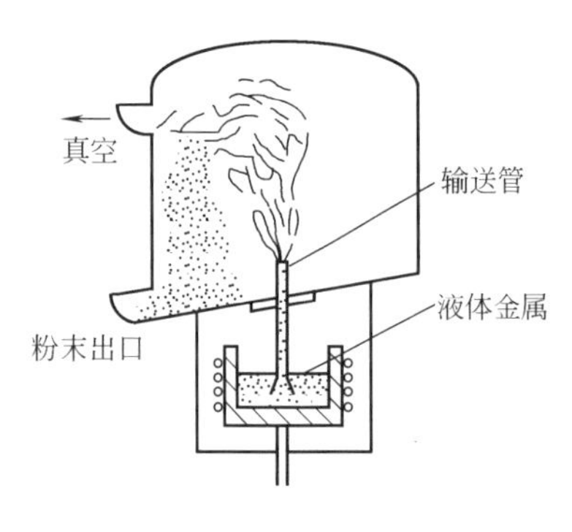

图 6-3 真空（溶气）雾化示意

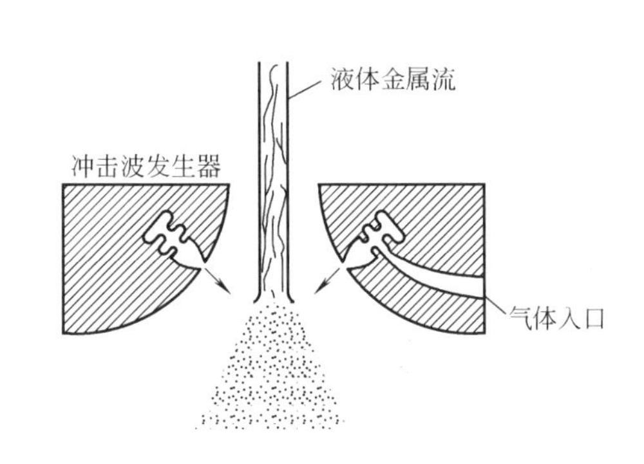

图 6-4 超声波雾化示意

在各种雾化法制粉中，二流雾化法最为常用。根据雾化介质（气体、水）对金属液流作用的方式不同，雾化具有多种形式（图 6-5）。

① 平行喷射式——气流与金属液流平行。

② 垂直喷射式——气流或水流与金属液流成垂直方向。

③ V 形喷射式——雾化介质与金属液流成一定角度。

④ 锥形喷射式——气体或水从若干均匀分布在圆周上的小孔中喷出，构成一个未封闭

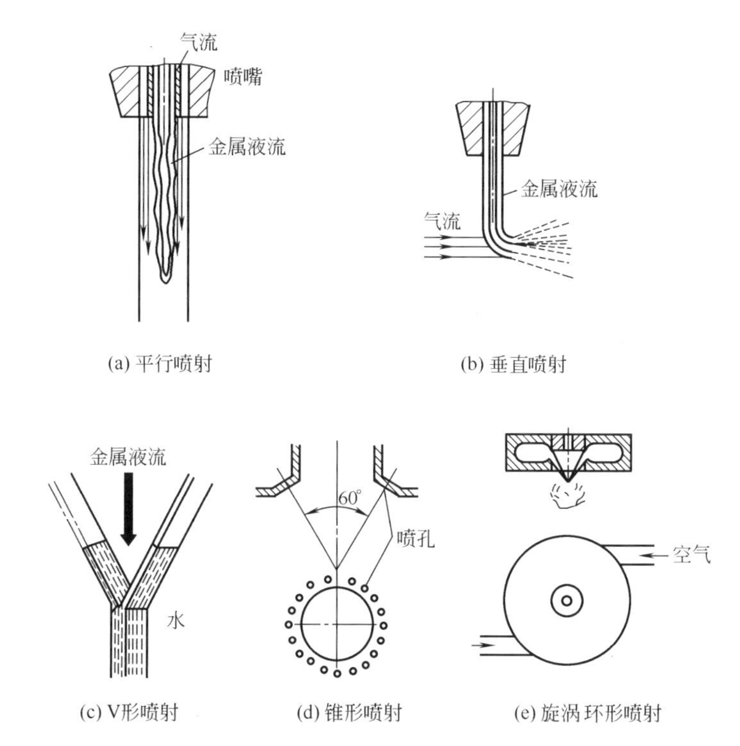

(a) 平行喷射　(b) 垂直喷射
(c) V形喷射　(d) 锥形喷射　(e) 旋涡环形喷射

图 6-5　雾化的多种形式

的锥体，交汇于锥顶点，将流经该处的金属液流击碎。

⑤ 旋涡环形喷射式——压缩空气从切向进入喷嘴内腔，然后以高速喷出，造成一个旋涡封闭的锥体，金属液流在锥底被击碎。

雾化过程是一个复杂过程，按雾化介质与金属液流相互作用的实质，既有物理机械作用，又有物理化学作用。高速的气流或水流，既是破碎金属液流的动力，又是金属液流的冷却剂。因此在雾化介质与金属液流之间既有能量交换，又有热量交换。并且，液态金属的黏度和表面张力在雾化过程中不断发生变化，加上液态金属与雾化介质的化学作用（氧化、脱碳等），使雾化过程变得较为复杂。

当金属液流不断被击碎成细小液滴时，高速流体的动能转变为金属液滴的表面能，这种能量交换过程的效率极低，估计不超过 1%。目前，定量研究液流雾化的机理还很不够。

在雾化装置或设备中，喷嘴是使雾化介质获得高能量、高速度的部件，它对雾化效率和雾化过程的稳定性起重要作用。除尽可能地使介质获得高的出口速度与能量外，喷嘴还要保证雾化介质与金属液流之间形成最合理的喷射角度，使金属液流变成明显的紊流；另外，喷嘴的工作稳定性要好，雾化过程不会被堵塞，加工制造方便。喷嘴的详细要求与结构可参见有关著作。

在各种雾化装置中，气雾化是种常用的雾化方法。图 6-6、图 6-7 分别为垂直气雾化装置和水平气雾化装置。垂直气雾化，金属由感应炉熔化并流入喷嘴，气流由排列在熔化金属四周的多个喷嘴喷出，雾化介质采用惰性气体，雾化可获得粒度分布范围较宽的球形粉末；水平气雾化，金属液由熔池经虹吸管进入喷嘴，气流沿水平方向作用于液流，为了让气体能够逸出，需要一个大的过滤器。

气雾化过程可用图 6-8 来说明。膨胀的气体围绕着熔融的液流，在金属液表面引起扰动，

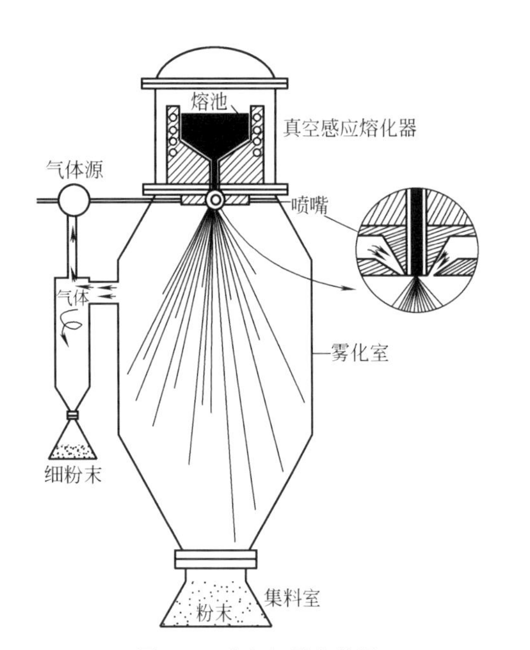

图 6-6　垂直气雾化装置

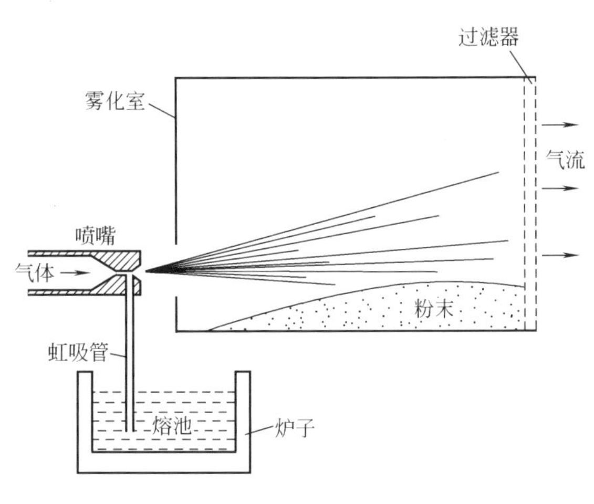

图 6-7　水平气雾化装置

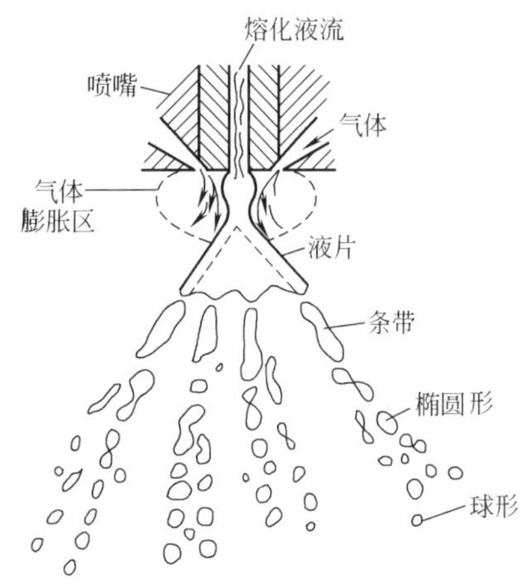

图 6-8　气雾化时金属粉末的形成过程

形成一个锥形。在锥形的顶部，膨胀气体使金属液流形成薄的液片。由于高的比表面积，薄液片是不稳定的。若液体的过热是足够的，可防止薄液片过早地凝固，并能继续承受剪切力而成为条带，最终成为球形颗粒。

在上述过程中，条带直径 D_L 取决于薄液片厚度 δ 和气体速度 v：

$$D_{\mathrm{L}}=3\left(\delta\,\frac{3\pi\gamma}{\rho_{\mathrm{m}}v^2}\right)^{1/2}$$

式中，ρ_m 为熔融金属密度；γ 为熔融金属表面张力。

颗粒尺寸 D 与喷嘴几何尺寸 c 和熔融金属的黏度 μ_m 有关，可表示为：

$$D=\frac{c}{v}\left(\frac{\gamma}{\rho_{\mathrm{m}}}\right)^{0.22}\left(\frac{\mu_{\mathrm{m}}}{\rho_{\mathrm{m}}}\right)^{0.57}$$

应该指出，由不同的研究者所得的上述关系有所不同。

采用雾化法生产的粉末，具有三个重要特性：一是粒度，它包括平均粒度、粒度分布、可用粉末收得率等；二是颗粒形状及与其有关的性能，如松装密度、流动性、压坯密度、比表面积等；三是颗粒的纯度和结构。影响这些性能的主要因素是雾化介质、金属液流的特性、雾化装置的结构特征等。

6.1.2.2　机械粉碎法制粉

机械粉碎是靠压碎、击碎和磨削等作用，将块状金属、合金或化合物机械地粉碎成粉末。根据物料粉碎的最终程度，可以分为粗碎和细碎两类。以压碎为主要作用的有碾碎、辊轧及颚式破碎等；以击碎和磨削为主的有球磨、棒磨、锤磨等。实践表明，机械研磨比较适用于脆性材料，塑性金属或合金制取粉末多采用冷气流粉碎、涡旋研磨等。常用的机械粉碎法有机械研磨法、机械合金化两种。

(1) 机械研磨法　机械研磨的任务可以包括减小或增大粉末粒度，合金化，固态混料，改善、转变或改变材料的性能等。在大多数情况下，研磨的任务是使粉末的粒度变细。球磨机是当代最广泛地被选用于粉料研磨与混合的机械。球磨机工作时，筒体内腔装填适量的料、水、磨球。装填物料的球磨机起动后，筒体做回转运动，带动筒体内众多大大小小的研磨体以某种规律运动，使物料受到撞击、研磨作用而粉碎，直至达到预定的细度。

研磨体在筒体内的运动规律可简化为三种基本形式，如图 6-9 所示。其中，泻落式是在转速很低时，研磨体靠摩擦作用随筒体升至一定高度，当面层研磨体超过自然休止角时，研磨体向下滚动泻落，主要以研磨的方式对物料进行细磨，此时研磨体的动能不大，碰击力量不足；离心式是在筒体转速很高时，研磨体受惯性离心力的作用贴附在筒体内壁随筒体一起回转，不对物料产生碰击作用，主要靠研磨；抛落式是筒体在某个适宜的转速下，研磨体随筒体的转动上升一定高度后抛落，物料受到碰击和研磨作用而粉碎。当代球磨机选用抛落式的最多。

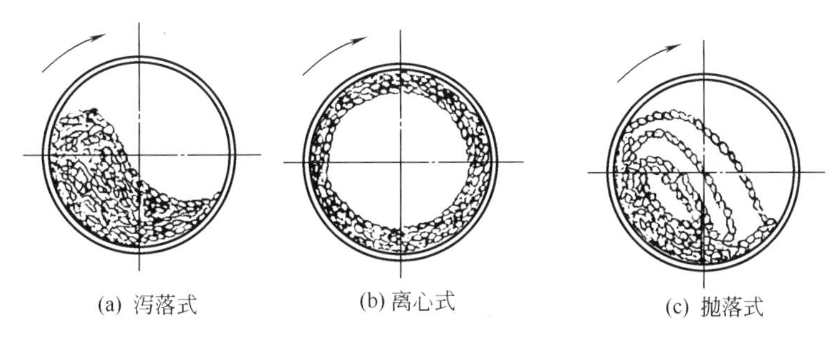

图 6-9　研磨体在筒体内的运动形式

筒体内研磨体的运动轨迹如图 6-10 所示。取筒体截面中半径为 R 的任意层为研究对象，研磨体随筒体运动上升获得一定的速度 v，设质量 m，研磨体离开圆弧轨迹抛落的条件是：

$$\frac{mg}{g}\times\frac{v^2}{R}\leqslant mg\cos\alpha$$

即

$$\frac{v^2}{gR}\leqslant\cos\alpha \quad 或 \quad \frac{Rn^2}{900}\leqslant\cos\alpha \qquad (6\text{-}1)$$

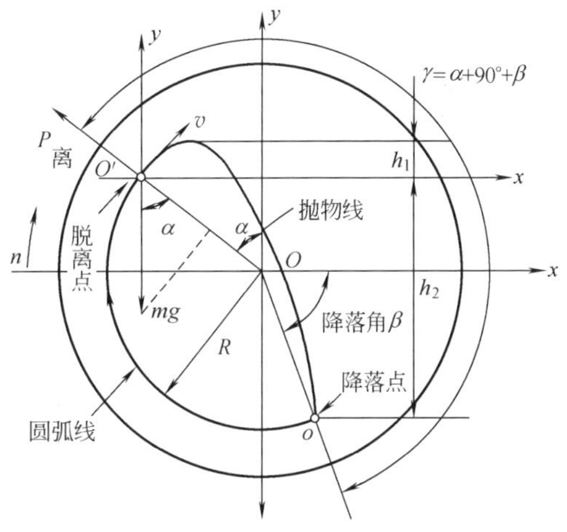

图 6-10　研磨体运动轨迹分析

式中，α 为脱离角，脱离点 o' 和筒体中心 O 的连线与 Y 轴的夹角；R 为研磨体所在层的半径，m；n 为筒体的转速，r/min；v 为研究层研磨体圆弧运动的线速度，m/s。显然，α 越小，研磨体上升越高；当 $\alpha=0$ 时，升高至顶点，此时筒体的转速，称为临界转速。

式 (6-1) 称为球磨机研磨体运动的基本方程式，用以表达 R、n、α 的关系。这说明，当筒体转速一定时，各层研磨体上升的高度是不同的，靠近筒壁的升得较高；α 与研磨体的质量无关，大、小研磨体在同一层上都在同一位置抛出。由于在实际工作中，筒体内除装填研磨体外，还有物料、水等，研磨体之间会有一定的干扰。

影响球磨机工作效率最大的因素是筒体内衬，研磨体的质量、形状、大小匹配和装填量。它们直接和物料接触，并且是直接粉磨物料的工作件。为了使研磨体实现抛落式高效工作，装填的研磨体不能太多，否则塞在一起，在空间相互干扰而无法自由降落。必须建立控制条件：其一是控制转速，其二是控制研磨体的装填质量。

令填充系数以 ϕ 表示，则

$$\phi=\frac{A}{\pi R^2}=\frac{G}{\pi RL\gamma} \tag{6-2}$$

式中，A 为研磨体在筒体有效截面上的填充面积，m^2；G 为研磨体装填质量，N；R 为磨膛半径，m；L 为磨膛长度，m；γ 为研磨体重度，N/m^2。通常，填充系数 ϕ 取 0.4～0.5 为宜。

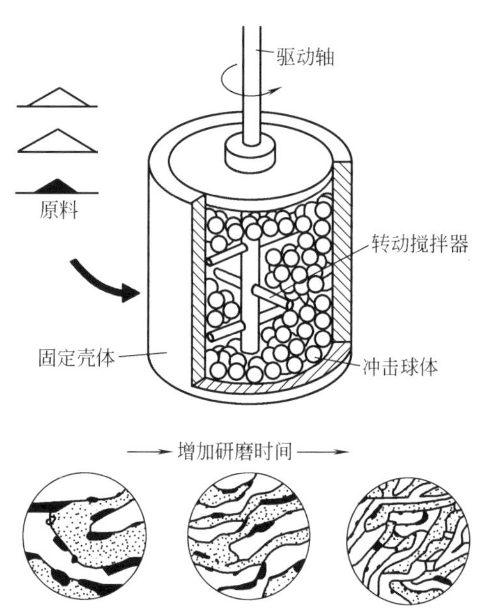

图 6-11 机械合金化装置示意图

由式（6-1）可知，当 $\alpha=0$ 时，研磨体升至最高点。研磨体随筒体转动而不抛落时，筒体的最低转速称为临界转速 n_c 表示为：

$$n_c=\sqrt{\frac{900\cos\alpha}{R}}=\frac{30}{\sqrt{R}}\approx\frac{42.4}{\sqrt{D}}\ (\mathrm{r/min}) \tag{6-3}$$

（2）机械合金化　机械合金化是一种高能球磨法（图 6-11）。用这种方法可制造具有可控细显微组织的复合金属粉末。它是在高速搅拌球磨的条件下，利用金属粉末混合物的重复冷焊和断裂进行机械合金化的。也可以在金属粉末中加入非金属粉末来实现机械合金化。

与机械混合法不同，用机械合金化制造的材料，其内部的均一性与原材料粉末的粒度无关。因此，用较粗的原材料粉末（50～100μm）可制成超细弥散（颗粒间距小于 1μm）的粉末颗粒。机械合金化弥散强化高温合金的原材料都是工业上广泛采用的纯粉末，粒度约为 1～200μm。对用于机械合金化的粉末混合物，其惟一限制（上述粒度要求和需要控制极低的氧含量除外）是混合物至少有 15%（容积）的可压缩变形的金属粉末。这种粉末的功能是在机械合金化时，对其他组分起基体或黏结作用。

机械合金化与滚动球磨的区别在于使球体运动的驱动力不同。转子搅拌球体产生相当大的加速度，并传给物料，因而对物料有较强烈的研磨作用。同时，球体的旋转运动在转子中心轴的周围产生旋涡作用，对物料产生强烈的环流作用，使粉末研磨得很均匀。

6.1.2.3 还原法制粉

用还原剂还原金属氧化物及盐类来制取金属粉末是一种广泛采用的制粉方法。还原剂可呈固态、气态或液态；被还原的物料也可以采用固态、气态或液态物质。用不同的还原剂和被还原的物质进行还原作用来制取粉末的常用实例见表 6-2。

工艺上所说的还原是指通过一种物质（还原剂），夺取氧化物或盐类中的氧（或酸根）而使其转变为元素或低价氧化物（低价盐）的过程。最简单的反应可用下式表示：

$$\mathrm{MeO+X=\!=\!=Me+XO}$$

式中，Me 为生成氧化物 MeO 的任何金属；X 为还原剂。

表 6-2 常用还原法的应用举例

被还原物料	还原剂	举　例	备　注
固　体	固　体	$FeO+C \longrightarrow Fe+CO$	固体碳还原
固　体	气　体	$WO_3+3H_2 \longrightarrow W+3H_2O$	气体还原
固　体	熔　体	$ThO_2+2Ca \longrightarrow Th+2CaO$	金属热还原
气　体	固　体		
气　体	气　体	$WCl_6+3H_2 \longrightarrow W+6HCl$	气相氢还原
气　体	熔　体	$TiCl_4+2Mg \longrightarrow Ti+2MgCl_2$	气相金属热还原
溶　液	固　体	$CuSO_4+Fe \longrightarrow Cu+FeSO_4$	置　换
溶　液	气　体	$Me(NH_3)_nSO_4+H_2 \longrightarrow$ $Me+(NH_4)_2SO_4+(n-2)NH_3$	溶液氢还原
熔　盐	熔　体	$ZrCl_4+KCl+Mg \longrightarrow Zr+$产物	金属热还原

对于还原反应来说，还原剂 X 对氧的化学亲和力必须大于金属对氧的亲和力，即凡是对氧的亲和力比被还原的金属对氧的亲和力大的物质，都能作为该金属氧化物的还原剂。常用的粉末制备方法有碳还原法、气体还原法和金属热还原法。对于难熔化合物粉末（碳化物、硼化物氮化物、硅化物等）的制取，其方法与还原法制取金属粉末极为相似。碳、硼和氮能与过渡族金属元素形成间隙固溶体或间隙化合物，而硅与这类金属元素只能形成非间隙固溶体或非间隙化合物，而碳化物 MeC 可以用碳还原氧化物 MeO 来制取。

$$MeO+2C = MeC+CO$$

6.1.2.4 气相沉积法制粉

应用气相沉积法制备粉末有如下几种方法。

（1）金属蒸气冷凝　这种方法主要用于制取具有大的蒸气压的金属（如锌、镉等）粉末。由于这些金属的特点是具有较低的熔点和较高的挥发性，如果将这些金属蒸气在冷却面上冷却下来，便可形成很细的球形粉末。

（2）羰基物热离解法　某些金属特别是过渡族金属能与 CO 生成金属羰基化合物 $Me(CO)_n$。这些羰基物是易挥发的液体或易升华的固体。如 $Ni(CO)_4$ 为无色液体，熔点为-25℃；$Fe(CO)_5$ 为琥珀黄色液体，熔点为-21℃；$Co_2(CO)_3$、$Cr(CO)_4$、$W(CO)_6$、$Mo(CO)_6$ 均为易升华的晶体。这类羰基化合物很容易离解成金属粉末和一氧化碳。

羰基物热离解法（简称羰基法），就是离解金属羰基化合物而制取金属粉末的方法。用这种方法不仅可以生产纯金属粉末，而且可同时离解几种羰基物的混合物，制得合金粉末；如果在一些颗粒表面上沉积热离解羰基物，就可以制得包覆粉末。

（3）气相还原法　包括气相金属热还原法和气相氢还原法。用镁还原气态四氯化钛、四氯化锆等属于气相金属热还原。气相氢还原是指用氢还原气态金属卤化物，主要是还原金属氯化物。气相氢还原可以制取钨、钼、钽、铌、铬、钒、镍、钴等金属粉末。如六氢化钨的氢还原反应为

$$WCl_6+3H_2 \longrightarrow W+6HCl$$

（4）化学气相沉积法（CVD）　是从气态金属卤化物（主要是氯化物）还原化合沉积制取难熔化合物粉末和各种涂层，包括碳化物、硼化物、硅化物和氮化物等的方法。从气态卤化物还原化合沉积各种难熔化合物的反应通式如下。

碳化物：金属卤化物$+C_mH_n+H_2 \longrightarrow MeC+HCl+H_2$

硼化物：金属氯化物$+BCl_3+H_2 \longrightarrow MeB+HCl$

硅化物：金属（或金属氯化物）$+SiCl_4+H_2 \longrightarrow MeSi+HCl$

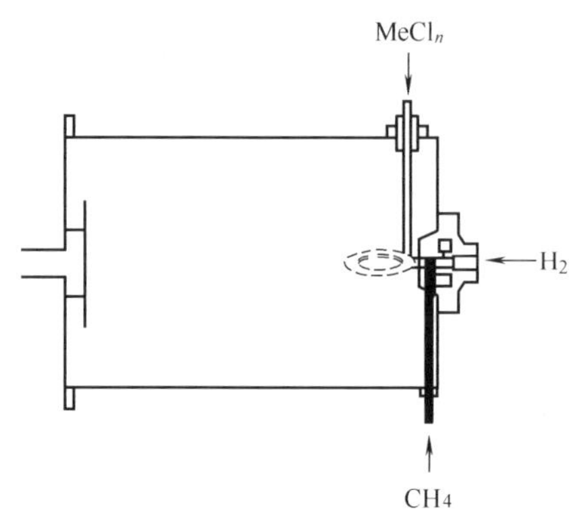

图 6-12　等离子弧法装置示意

氮化物：金属氯化物$+N_2+H_2 \longrightarrow MeN+HCl$

在沉积法中，也可用等离子弧法。等离子弧法的基本原理是使氢通过一个等离子体发生器，将氢加热到平均 3000℃的高温，再将金属氯化物蒸气和碳氢化合物气体喷入炽热的氢气流（火焰）中，则金属氯化物随即被还原、碳化，在反射壁上骤冷而得到极细的碳化物，如图 6-12。用这种方法可制取微细的碳化物，如碳化钛、碳化钽、碳化铌等。

6.1.2.5　超微粉末的制备

超微粉末通常是指粒径为 10～100nm 的微细粉末，有时也把粒径小于 100nm 的微细粒子称为纳米微粉。纳米微粉具有明显的体积和表面效应，因此它较通常的细粉有显著不同的物理、化学和力学特性。作为潜在的功能材料和结构材料，超微粉末的研制已受到了世界各工业国家的重视。纳米微粉的制造方法有溶胶-凝胶法、喷雾热转换法、沉淀法、电解法、汞合法、羰基法、冷冻干燥法、超声粉碎法、蒸发-凝聚法、爆炸法、等离子法等。

制备超微粉末遇到的最大困难是粉末的收集和存放。另外，湿法制取的超微粉末都需要进行热处理，因此可能使颗粒比表面积下降，活性降低，失去超微粉的特性，并且很难避免和表面上的羰基结合，所以现在一般都倾向于采用干法制粉。

纳米微粉活性大，易于凝聚和吸湿氧化，成形性差，因此作为粉末冶金原料还有一些技术上的问题有待解决。另外，纳米微粉作为粉末制品原料，必须具有经济的制造方法和稳定的质量。纳米微粉烧结温度特别低（粒径为 20nm 的银粉烧结温度为 60～80℃，20nm 的镍粉 200℃开始熔接），一旦能实现利用纳米微粉工业化生产粉末冶金制品，将对粉末冶金技术带来突破性的变化。

6.2　普通粉末冶金技术原理及方法

粉末冶金是一门制造金属粉末，并以金属粉末（有时也添加少量非金属粉末）为原料，经过混合、成形和烧结，制造成材料或制品的技术。粉末冶金的生产工艺与陶瓷的生产工艺在形式上相似，因此粉末冶金法又称为金属陶瓷法。

6.2.1　粉末冶金工艺过程

粉末冶金工艺的基本工序如图 6-13 所示，主要包括粉末准备、加工成形、性能测试等。

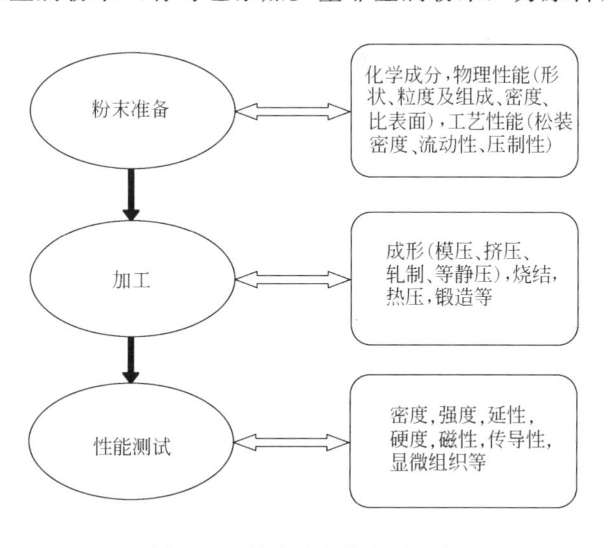

图 6-13　粉末冶金的主要工序

6.2.2　粉末冶金成形的特点

粉末冶金成形具有以下几方面的特点。

① 可以直接制备成形出具有最终形状和尺寸的零件，是一种无切削或少切削的新工艺，故可有效地降低零部件生

产的材料和能源消耗。

② 可以容易地实现多种材料的复合，充分发挥各组元材料的特点，是一种低成本生产高性能金属基和陶瓷基复合材料与零件的工艺技术。

③ 可以生产普通熔炼法无法生产的具有特殊结构和性能的材料和制品，如多孔含油轴承材料、过滤材料、生物材料、分离膜材料、难熔金属与合金材料、高性能陶瓷材料等。

④ 可以最大限度地减少合金成分偏聚，消除粗大、不均匀的铸造组织，在制备高性能稀土永磁材料、稀土储氢材料、稀土发光材料、稀土催化剂、高温超导材料、新型金属材料（如 Al-Li 合金、耐热铝合金、超合金、粉末高速钢、金属间化合物高温结构材料等）具有重要作用。

⑤ 可以制备非晶、微晶、准晶、纳米晶和过饱和固溶体等一系列高性能非平衡材料，这些材料具有优异的电学、磁学、光学和力学性能。

⑥ 可以充分利用矿石、尾矿、炼钢污泥、轧钢铁鳞、回收废旧金属作为原料，是一种可有效进行材料再生和综合利用的新技术。

6.2.3 粉末的主要成形方法

粉末成形是将松散的粉末体加工成具有一定尺寸、形状、密度和强度的压坯的工艺过程，它可分为普通模压成形和非模压成形两大类。普通模压成形是将金属粉末或混合粉末装在压模内，通过压力机加压成形，这种传统的成形方法在粉末冶金生产中占主导地位；非模压成形主要有等静压成形、连续轧制成形、喷射成形、注射成形等。

6.2.3.1 模压成形

模压成形是指粉料在常温下、在封闭的钢模中、按规定的压力下（一般为 150～600MPa）、在普通机械式压力机或自动液压机上将粉料制成压坯的方法，如图 6-14。当对压模中的粉末施加压力后，粉末颗粒间将发生相对移动，粉末颗粒将填充孔隙，使粉末体的体积减小，粉末颗粒迅速达到最紧密的堆积。

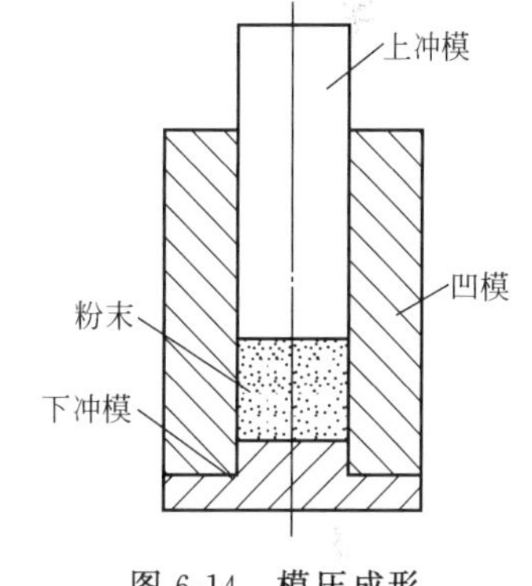

图 6-14 模压成形

模压成形工装设备简单、成本低，但由于压力分布不均匀，会使压坯各个部分的密度分布不均匀而影响制品零件的性能，适用于简单零件、小尺寸零件的成形。但普通模压成形仍然是粉末冶金行业中最常见的一种工艺方法，通常经历称粉、装粉、压制、保压、脱模等工序。

6.2.3.2 温压成形

温压成形的基本工艺过程是将专用金属或合金粉末与聚合物润滑剂混合后，采用特制的粉末加热系统、粉末输送系统和模具加热系统，升温到 75～150℃，压制成压坯，再经预烧、烧结、整形等工序，可获得密度高至 7.2～7.5g/cm^3 的铁基粉末冶金件。温压成形的工艺流程见图 6-15。

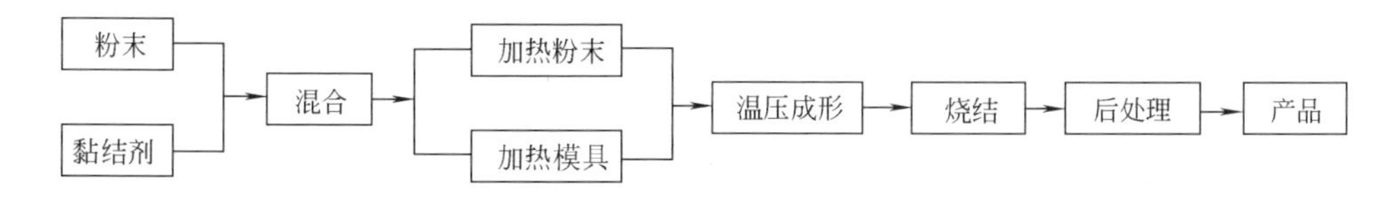

图 6-15 温压成形的工艺流程

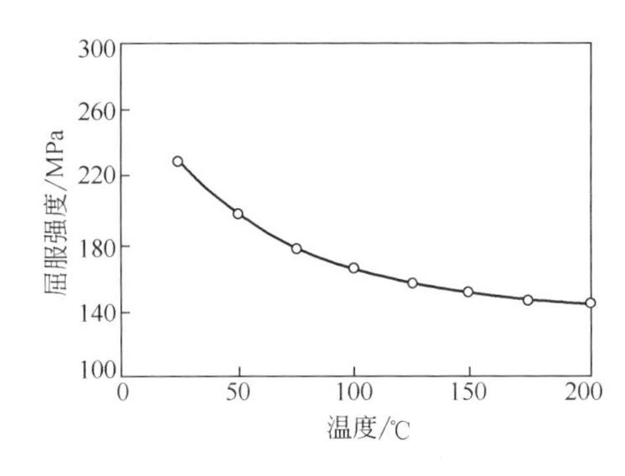

图 6-16 温度对纯铁粉屈服强度的影响

温压成形可以显著提高压坯密度的机理一般归于在加热状态下，粉末的屈服强度降低（图 6-16）和润滑剂作用增强。在材料达到同等密度的前提下，温压成形工艺的生产成本比粉末锻造低 75%，比“复压/复烧”低 25%，比渗铜低 15%；在零件达到同等力学性能和加工精度的前提下，温压成形工艺的生产成本比现行热、冷机械加工工艺低 50%～80%，生产效率提高 10～30 倍。

温压成形因其成本低、密度高、模具寿命长、效率高、工艺简单、易精密成形和可完全连续化、自动化等一系列优点而受到关注，被认为是 20 世纪 90 年代粉末冶金零件致密化技术的一项重大突破，被誉为“开创粉末冶金零件应用新纪元的一项新型制造技术”。该技术已广泛应用于制造汽车零件和磁性材料制品，如蜗轮轮毂、复杂形状齿轮、发动机连杆等。

6.2.3.3 热压成形

热压成形又称为加热烧结，是把粉末装在模腔内，在加压的同时，使粉末加热到正常烧结温度或更低一些，经过较短的烧结时间，获得致密而均匀的制品。热压可将压制和烧结两个工序一并完成，可在较低压力下迅速获得冷压烧结所达不到的密度，适用于制造全致密难熔金属及其化合物等材料。热压成形的最大优点是可以大大降低成形压力和缩短烧结时间，并可制得密度较高和晶粒较细的材料或制品。

热压模可选用高速钢及其他耐热合金，但使用温度应在 800℃以下。当温度更高（1500～2000℃）时，应采用石墨材料制作模具，但承压能力要降低到 70MPa 以下。热压成形加热的方式分为电阻间接加热式、电阻直接加热式、感应加热式三种，见图 6-17。为了减少空气中氧的危害，真空热压机已得到广泛应用。

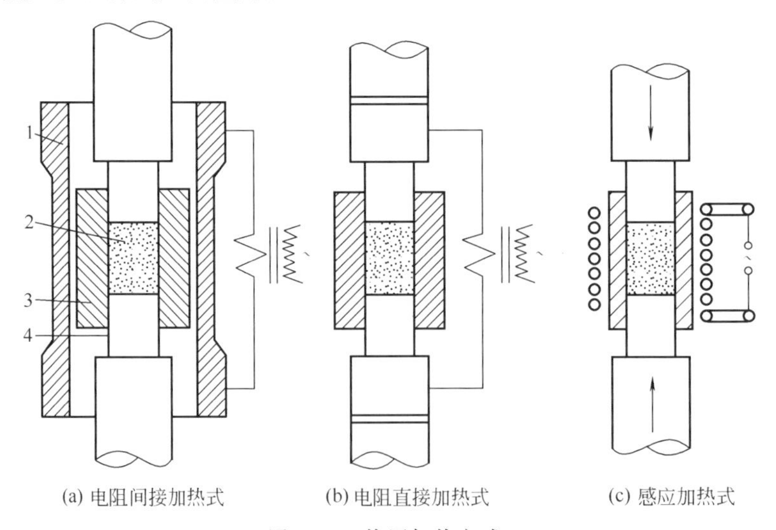

图 6-17 热压加热方式

1—碳管；2—粉末压坯；3—阴模；4—冲头

6.2.3.4 轧制成形

轧制成形如图 6-18 所示。将金属粉末通过一个特制的漏斗喂入转动的轧辊缝中，可轧出具有一定厚度的、长度连续的、且强度适宜的板带坯料。这些坯料经预烧结、烧结，又经轧制加工和热处理等工序，可制成有一定孔隙率的或致密的粉末冶金板带材。

与模压成形相比，粉末轧制法的优点是制品的长度可不受限制、轧制制品密度较为均匀。但是，由轧制法生产的带材厚度受轧辊直径的限制，一般不超过 10mm，宽度也受到轧辊宽度的限制。轧制成形只能制取形状较简单的板带及直径与厚度比值很大的衬套。

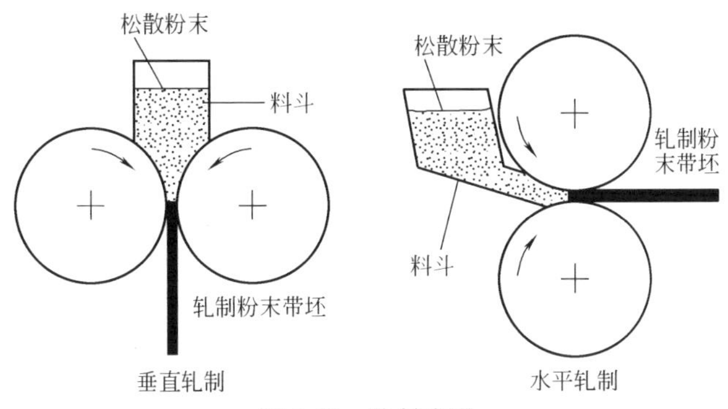

图 6-18　**轧制成形**

6.3　粉末材料及其成形新技术

近年来，粉末材料及其成形作为材料技术研究与应用领域的热点之一，取得了长足的进步，出现了大量新技术、新工艺。新的制粉技术包括快速冷凝雾化制粉、机械合金化制粉、超细粉或纳米粉制备技术、溶胶-凝胶制粉技术等，新的粉末成形技术有静压成形、喷射成形、注射成形、增塑挤压成形、激光快速成形、反应烧结、自蔓延高温合成等。典型粉末冶金产品的成形方法及工艺过程如图 6-19。喷射成形技术在第 2 章中已有介绍，下面就介绍等静压成形、粉末注射成形、激光快速烧结成形等几种具有广泛应用前景的粉末成形新技术。

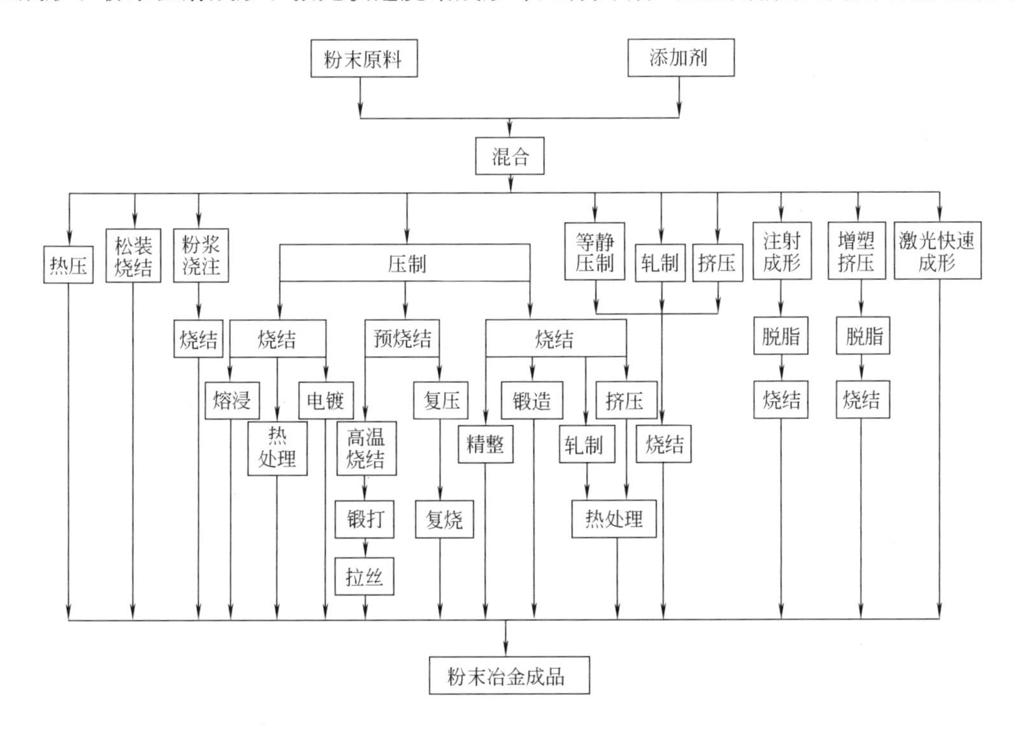

图 6-19　**典型粉末冶金产品的成形方法及工艺过程**

6.3.1 等静压成形

等静压成形原理如图 6-20 所示。这种方法借助高压泵的作用把流体介质（气体或液体）压入耐高压的钢质密封容器内，高压流体的静压力直接作用在弹性模套内的粉料上，粉料在同一时间内、在各个方向上均衡地受压而获得密度分布均匀和强度较高的压坯。

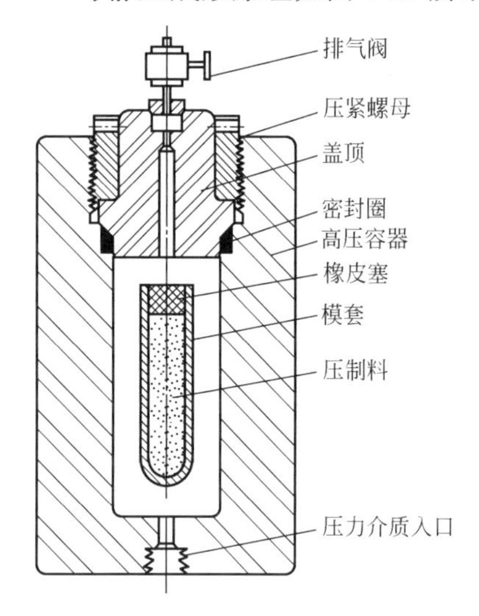

图 6-20 等静压成形原理

等静压成形与一般的钢模压制法相比有下列优点：①能够压制具有凹形、空心等复杂形状的零件；②压制时，粉末体与弹性模具的相对移动很小，所以摩擦损耗也很小，单位压制压力较钢模压制法低；③能够压制各种金属粉末和非金属粉末，压制坯件密度分布均匀，对难熔金属粉末及其化合物尤为有效；④压坯强度高，便于加工和运输；⑤冷等静压的模具材料是橡胶和塑料，成本较低；⑥能在较低的温度下制得接近完全致密的材料。

等静压成形的缺点是：①压坯尺寸精度和压坯表面的精度都比钢模压制法的低；②尽管采用干袋式或批量湿袋式的等静压成形，生产效率有所提高，但通常其生产效率仍低于自动钢模压制法；③所用橡胶或塑料模具的使用寿命比金属模具要短得多。

等静压成形按其特性分成冷等静压（CIP）和热等静压（HIP）两种。前者常用水或油作为压力介质，故有液静压、水静压或油静压之称；后者常用气体（如氩气）作为压力介质，故有气体热等静压之称。

6.3.1.1 冷等静压成形

冷等静压成形由冷等静压机完成，冷等静压机主要由高压容器和流体加压泵组成，其辅助设备有流体储罐、压力表、输送流体的高压管道和高压阀门等。图 6-21 为冷等静压机的工作系统。物料装入弹性模套内，被放置入高压容器内，压力泵将过滤后的流体注入压力容器内，使弹性模套受压，施加压力达到了所要求的数值之后，开启回流阀，使流体返回储罐内，备用。

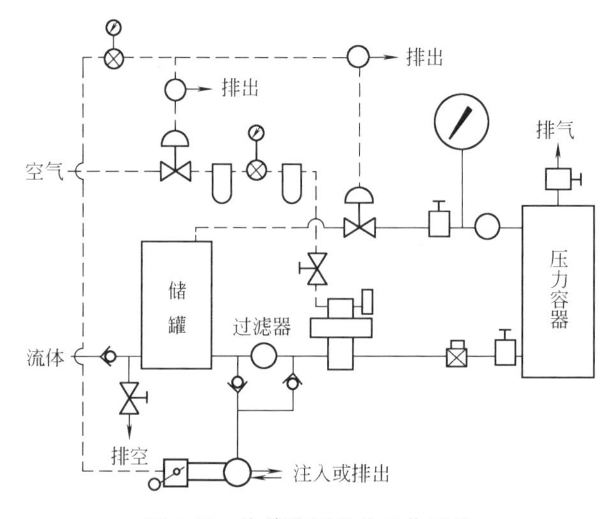

图 6-21 冷等静压机的工作系统

压力容器是压制粉末的工作室，其大小由所需要压制工件的最大尺寸按一定的压缩率放大计算。工作室承受压力的大小应由粉末特性、压坯性能、压坯尺寸来确定。根据不同的要求，高压容器可被设计成单层筒体、双层筒体或缠绕式筒体。

冷等静压按粉料装模方式及其受压形式可分为湿袋模具压制和干袋模具压制两类。

湿袋模具压制的装置如图 6-22(a) 所示，把无需外力支持也能保持一定形状的薄壁软模装入粉末料，用橡皮塞塞紧封袋口，然后套装入穿孔金属套，一起放入高压容器中，使模袋泡浸在液体压力介质中，经受高压泵注入的高压液压制。湿袋模具压制的优点是能在同一压力容器内同时压制各种形状的压件，模具寿命长、成本低；其缺点是装袋、脱模过程中消耗时间多。

干袋模具压制的装置如图 6-22(b) 所示，干袋固定在筒体内，模具外层衬为穿孔金属护套板，粉末装入模袋内靠上层封盖密封，高压泵将液体介质输入容器内，产生压力使软模内粉末均匀受压，压力除去后，从模袋中取出压块，模袋仍然留在容器内，供下次装料使用。干袋模具压制的特点是生产率高，易实现自动化，模具寿命长，生产率较高。

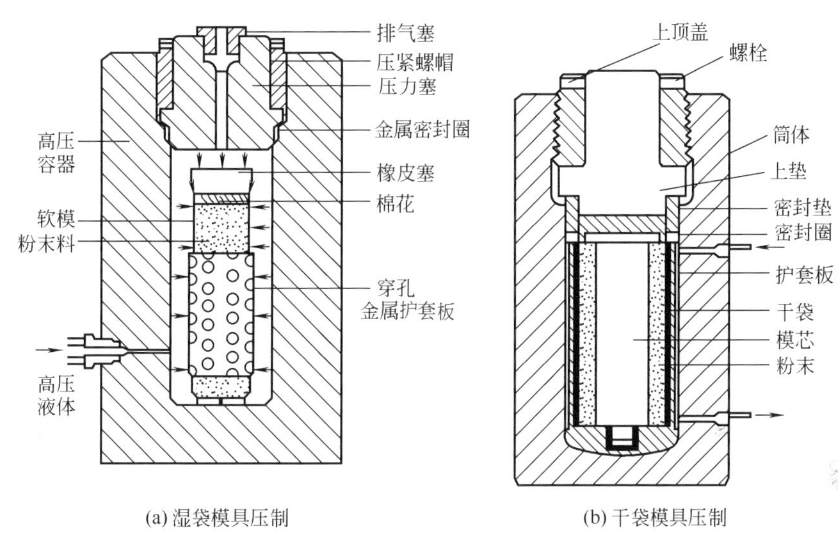

(a) 湿袋模具压制　　(b) 干袋模具压制

图 6-22　两种形式的冷等静压模具

6.3.1.2　热等静压成形

把粉末压坯或把装入特制容器（粉末包套）内的粉末体置于热等静压机高压容器中，施以高温和高压，使这些粉末体被均匀压制和烧结成致密的零件或材料的过程称为粉末热等静压成形。粉末体（粉末压坯或包套内的粉末）在等静压高压容器内同一时间经受高温和高压的联合作用，可以强化压制与烧结过程，降低制品的烧结温度，改善制品的组织结构，消除材料内部颗粒间的缺陷和孔隙，提高材料的致密度和强度。

热等静压设备通常是由装有加热炉体的压力容器和高压介质输送装置及电气设备组成的。但热等静压技术最新的发展趋势是，用预热炉在热等静压机外加热工件，省去压力容器内的加热炉体，这将会提高压力机容器的有效容积，消除了由于容器内炉体装接电极柱造成密封的困难，成倍地提高了热等静压机的工作效率。

热等静压机的压力容器是用高强度钢制成的空心圆筒体，直径一般为 150～1500mm，高为 500～3500mm，工件的体积在 0.028～2.0m^3 之间。通常压力范围为 7～200MPa，最高使用温度范围一般为 1000～2300℃。

国内外已采用热等静压技术制取核燃料棒、粉末高温合金涡轮盘、钨喷嘴、陶瓷及金属基复合材料等。如今它在制取金属陶瓷、硬质合金、难熔金属制品及其化合物、粉末金属制品、金属基复合材料制品、功能梯度材料、有毒物质及放射性废料的处理等方面都得到了广泛应用。

6.3.1.3 烧结-热等静压

烧结-热等静压（sinter-HIP）过程是把经模压或冷等静压压制成的坯块放入热等静压机的高压容器内，依次进行脱蜡、烧结和热等静压压制，使工件的相对密度接近于100%。这是继常规热等静压压制技术之后开发出的一种先进工艺。脱蜡（或其他成形剂）和烧结可在真空状态下或在工艺确定的气体（如氢气、氮氢混合气、甲烷）保护下进行。按照传统的烧结概念，液相和固相烧结都会促进烧结坯块内部孔隙减少，并产生收缩和致密化。在这一过程中，烧结温度和时间是要准确控制的参数。热等静压压制的目的是使烧结坯块密度进一步提高，以接近理论密度值。

烧结-热等静压过程中的热等静压阶段使产品均匀收缩与致密化，温度、压力、时间三个工艺参数相互关系见图6-23。粉末体的致密化是由材料的塑性、高温下蠕变和原子扩散速度所确定的。烧结-热等静压已在硬质合金、钛合金、先进陶瓷材料的制备方面获得了广泛应用。

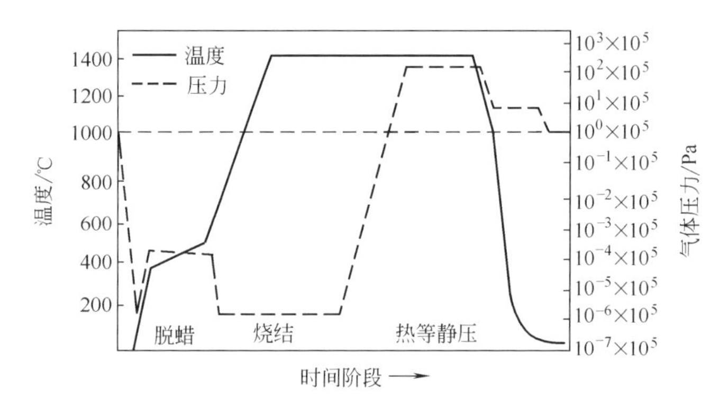

图6-23 脱蜡-烧结-热等静压时温度、压力及时间的关系

6.3.2 粉末注射成形原理及应用

粉末注射成形（powder injection molding，PIM）是一种采用黏结剂粘接金属粉末、陶瓷粉末、复合材料、金属化合物的一种特殊成形方法，它是在传统粉末冶金技术的基础上，结合塑料工业的注射成形技术而发展起来的一种近净成形（near-shaped）技术。PIM工艺主要包括黏结剂与粉末的混合、制粒、注射成形、脱脂及烧结五个步骤。注射成形装备结构见图6-24。

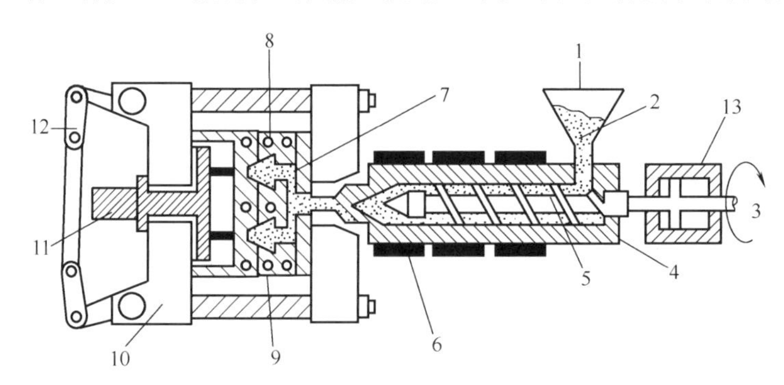

图6-24 注射成形装备结构示意图

1—装料斗；2—注射混合料；3—转动联轴器；4—料筒；5—螺杆；6—加热器；7—制品；8—冷却套；9—模具；10—移动模板；11—液压中心顶杆；12—活动撑杆；13—注射液压缸

常见的粉末注射成形方法是金属粉末的注射成形（metal powder injection molding，MIM）和陶瓷粉末的注射成形（ceramic injection molding，CIM）两种，下面以金属粉末的注射成形（MIM）为例，概述其过程原理及关键技术。

6.3.2.1 MIM技术的发展

1972年，R. E. Wiech等人发明了Wiech工艺，在此技术基础上，创建了“金属粉末注射成形公司”——Parmatech公司，并开发了几种新产品。

MIM技术的出现为精密零件的制造尤其是形状复杂的零件的制造带来了一场革命。20世纪80年代，美国Remington武器公司、IBM公司、Form Physics公司、Ford航天和通讯公司等纷纷加入MIM技术的开发和生产中。到20世纪末，全球有250余家公司和机构从事MIM技术的研究、开发、生产和咨询业务。在我国，中南大学、华中科技大学等科研单位也开始了MIM技术的研究与应用开发工作。

6.3.2.2 MIM的基本工艺流程

MIM的基本工艺流程如图6-25所示，注射过程的自动化、智能化框图如图6-26所示。主要经过金属粉末与黏结剂的混炼制粒、注射成形制坯、脱脂、烧结等工序。全自动化的注射成形机对成形过程可采用全自动化操作，对成形过程中的各工艺参数（注射压力、注射速度、模具温度等）可实施自动化监控和调整。

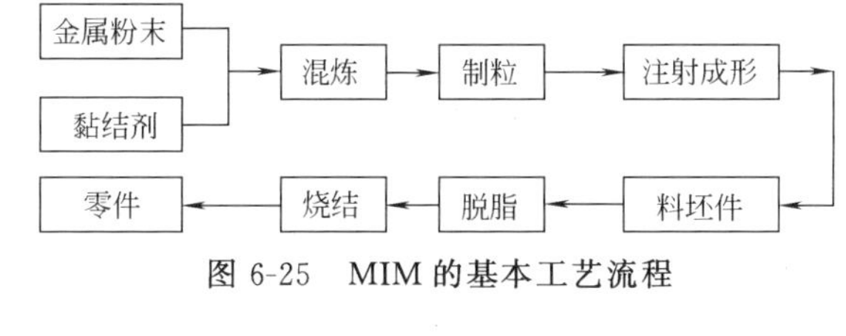

图6-25　MIM的基本工艺流程

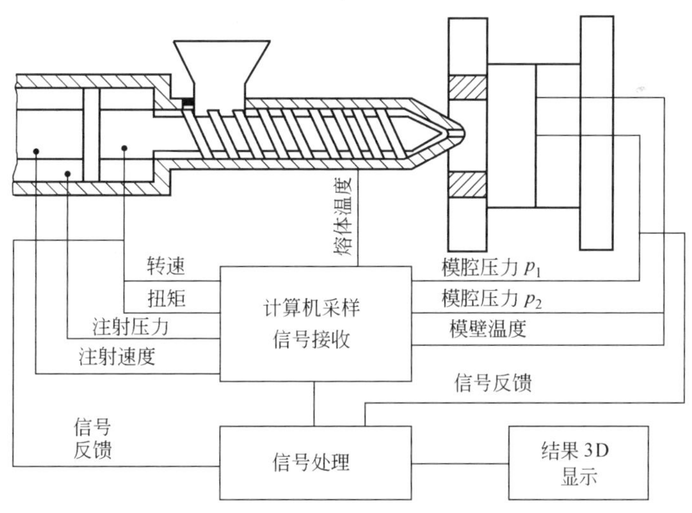

图6-26　注射过程的自动化、智能化框图

6.3.2.3 MIM技术的特点

(1) 技术优势　MIM技术具有以下优点。

① 与传统粉末冶金技术相比，MIM技术可以制造传统粉末冶金技术无法制造的零件，拓宽了粉末冶金的应用范围。

② 传统粉末冶金产品大多存在密度不均，造成性能差异；而用MIM技术制造的产品具

有性能各向同性，组织均匀的优点。

③ 与精密（熔模）铸造相比，MIM 的尺寸精度更高、没有铸造的成分偏析，见表 6-3。

④ 与传统粉末冶金（powder metallurgy，PM）技术相比，见表 6-4。

表 6-3　MIM 与精密铸造（investment casting）成形能力的比较

项　目	精密铸造	MIM
最小孔直径/mm	2	0.4
盲孔最大深度/ϕ2mm	2	20
最小壁厚/mm	2	<1
最大壁厚/mm	—	10
4mm 直径的公差/mm	±0.2	±0.06
表面粗糙度 R_a/μm	5	1

表 6-4　MIM 与传统粉末冶金技术的对比

名称	粉末	黏结剂	成形	脱脂	烧结
MIM	球形、微细粉	大量，提供流动性	注射	时间长	收缩大、均匀、密度高
PM	粗粉	少量，作为润滑剂	模压	时间短	收缩小、不均、密度低

（2）MIM 技术的不足　MIM 技术的不足之处表现在以下几个方面。

① 采用大量高分子聚合物作为黏结剂，提高了粉末的流动性，可以形成复杂形状的零件，但黏结剂的脱除却是一个需要严格控制的长时间的过程。

② 需要采用微细粉作为原料，而微细粉的价格高。

③ 小批量生产形状简单的零件，MIM 无法取代传统粉末冶金技术的主导地位。

④ 受到脱脂的限制，MIM 技术难以制造壁厚较大的零件（这一点，也大大地限制了 MIM 技术的应用）。

但随着 MIM 技术研究的不断深入，制约 MIM 技术的障碍正在不断被打破。

6.3.2.4　MIM 技术关键

MIM 的技术关键是黏结剂技术（包括黏结剂的制备技术、黏结剂的脱除技术）。对于特定的粉末，要选择恰当的黏结剂体系，且必须保证黏结剂在脱脂阶段快捷、顺利地脱除，使产品在烧结前不出现变形、开裂等缺陷。黏结剂的配方和脱脂工艺往往是企业或公司的保密核心或受专利保护。

（1）黏结剂技术　黏结剂技术是 MIM 技术的核心。正是由于采用了黏结剂，才使得粉末具有良好的流动性和填充模腔的能力，并使 MIM 突破了传统粉末冶金在成形复杂形状零件时填充困难的障碍；并且，注射出的物料具有流体的性质，使得注射出的坯料的密度和成分均匀，烧结收缩一致性好，所得产品的性能具有各向同性，故解决了传统粉末冶金产品存在的密度不均匀性问题。

但黏结剂的脱除是一道过程复杂、需要精确控制且耗时的工序，要经历一系列复杂的物理化学反应过程，它取决于黏结剂体系的性能、金属粉末的性质、脱脂气氛、脱脂温度、气体压力、催化剂等因素。

不恰当的黏结剂体系和脱脂方法会产生塌陷、鼓泡、变形、开裂等缺陷；而理想的黏结剂既能提供良好的流动性、又能方便地脱除。

MIM 技术对黏结剂的基本要求如表 6-5 所示。

表 6-5　MIM 对黏结剂的基本要求

工　序	要　求
流动性	黏度＜10Pa・s(注模温度)；黏度随温度变化小；冷却时具有较高的强度；以小分子形式填到粉末间
与粉末的相互作用	与粉末结合的黏附力强，接触角小；对粉末有毛细管作用；不腐蚀粉末，对粉末是化学惰性的
脱除要求	黏结剂是由具有不同特性的多组元组成的；分解产物无腐蚀性，无毒性；低灰分，低金属盐类；分解温度高于注射和混炼温度
生产要求	成本低，容易得到，安全，不污染环境；强度高，有良好的润滑性；可重复使用，放置长时间不变质；热导率高，热膨胀系数低，易溶于常规溶剂

部分用于 MIM 的黏结剂组成如表 6-6 所示。

表 6-6　部分用于 MIM 的黏结剂组成

编　号	组　成（质量分数）
1	70%石蜡、20%微晶蜡、10%甲基乙基酮
2	67%聚丙烯，22%微晶蜡，11%硬脂酸
3	33%石蜡，33%聚乙烯，33%蜂蜡，1%硬脂酸
4	69%石蜡，20%聚丙烯，10%巴西棕榈蜡，1%硬脂酸
5	45%聚苯乙烯，45%植物油，5%聚乙烯，5%硬脂酸
6	65%环氧树脂，25%石蜡，10%硬脂酸丁酯
7	75%花生油，25%聚乙烯
8	50%巴西棕榈蜡，50%聚乙烯
9	55%石蜡，35%聚乙烯，10%硬脂酸
10	58%聚苯乙烯，30%矿物油，12%植物油

（2）脱脂技术　黏结剂的脱除是利用黏结剂的物理化学性质来实现的。如利用黏结剂随温度变化而产生的物态的变化，采用热脱脂；利用黏结剂在溶剂中具有一定的溶解度，可用溶剂脱脂；利用黏结剂与气态物质反应生成气态或液态产物，可采用该物质作为催化剂的催化脱脂；利用毛细管作用，采用的虹吸脱脂等。

常用的脱脂方法有热脱脂、溶剂脱脂＋热脱脂、虹吸脱脂＋热脱脂、催化脱脂等。

传统的黏结剂在热脱脂过程中，由于几乎是在成形坯内、外同时分解的，脱脂速度极慢，往往需要数十小时甚至数天，加快热脱脂速度往往会造成鼓泡和开裂等无法弥补的缺陷。采用液/固或气/固界面反应脱脂（即溶剂脱脂和气相脱脂），可以使脱脂过程由表及里推进，可以有效地提高脱脂速度，这已成为黏结剂开发的主要方向。由于水的价格低廉、无毒、有利于环保等原因，开发水溶性黏结剂体系是溶剂脱脂技术研究的重点。

最有代表性的是，20 世纪 90 年代初，美国 BASF 公司开发的 Meta-mold 法，采用草酸作为聚醛树脂分解为甲醛的催化剂。催化剂使聚醛树脂在软化温度下进行分解，避免了液相的生成，减少了生坯变形，从而保证了烧结后的尺寸精度，大大缩短了脱脂时间，是 MIM 产业的一个重大突破。Meta-mold 法可生产大零件，但废气（甲醛）需处理后才能排放，投资成本较高。

（3）MIM 专用设备技术　在 MIM 工艺中，粉末对注射机螺杆的磨损要远高于塑料对注射机螺杆的磨损。为此，必须对螺杆进行表面涂覆处理，以提高其耐磨性。德国的 Boy 公司开发了耐磨螺杆，寿命高。

为了实现真空和气氛脱脂，还需要有专用的脱脂炉。德国的 Cremer 公司已开发出了适合该技术的连续脱脂和烧结一体化炉，该技术的脱脂速率可达到 1～4mm/h。

（4）零件尺寸精度的控制　MIM 零件的尺寸精度与粉末体性质、混炼工艺、注射工艺、脱脂及烧结工艺等密切相关。

① 粉末松装密度高、粉末装载量高，则烧结收缩率小，尺寸控制要容易得多。

② 混炼工艺会影响金属粉末与黏结剂混合的均匀性，剪切速度较高的混料机混合的均匀性较好。

③ 在注射过程中，喂料在流道中的流动方式会影响生坯的均匀性；而不恰当的注射工艺及模具设计与制造，会导致欠注、塌陷、鼓泡、起皮、开裂、飞边等缺陷。

④ 黏结剂的脱除需要精确的控制，否则会造成变形或开裂，严重影响制品的尺寸精度和性能。

⑤ 烧结阶段，样品会发生 14%～18%的线收缩，以实现致密化。烧结条件（如烧结温度、烧结气氛、升温速度、烧结时间等）会影响烧结收缩率，从而影响零件的尺寸。

目前世界上最好的 MIM 制件精度为±0.05%，一般为±0.1%。

（5）MIM 技术的发展动向　MIM 技术由于受到金属粉末成本和黏结剂技术不完善等因素的影响，目前它仍主要用于生产体积小、形状复杂的精密零件。最新的发展举例如下。

① 粉末共注射成形技术（powder co-injection molding，PCM）。英国 Cranfield 大学将 MIM 与表面工程技术结合起来，利用双筒注射机，第一个喷嘴注入表面层材料，第二个喷嘴注入芯部材料，采用一次注射可以生产出复合材料零部件。

② 微型注射成形技术（micro-MIM）。德国第三材料研究所发明的 micro-MIM 技术，源于印刷制版术。经 X 射线辐射制成模型，再经过电子成形来实现粉末沉积，制成坯体。由这种方法可生产出最小尺寸达 20μm，最小单件质量 0.02g 的金属结构件（微型泵、微齿轮等）；也可生产陶瓷和塑料件。该技术在微（精、细）型制造领域具有巨大的应用前景。

MIM 零件举例如图 6-27 所示。

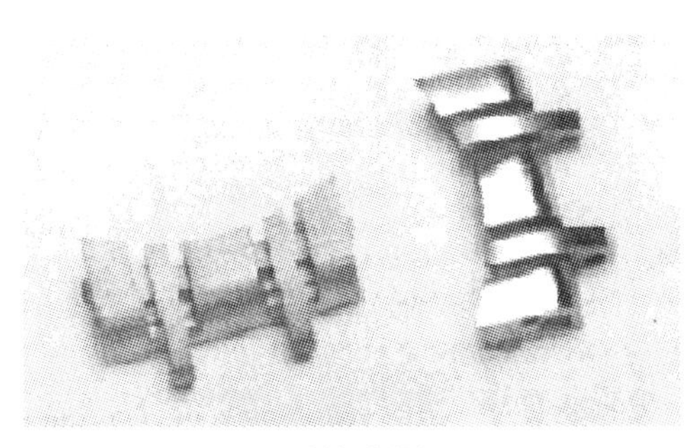

(a) 不锈钢表带扣环

(b) 汽车制动器零件

图 6-27　MIM 零件举例

6.3.3　激光快速烧结成形

6.3.3.1　快速成形技术原理概述

快速成形（rapid prototyping，RP）技术又称为快速原型制造（rapid prototype manufacturing，RPM）技术，它是近年来颇受学术界和制造业关注的先进成形加工技术。它基于“离散/堆积”的成型思想，集数控技术、CAD/CAM技术、激光技术、新材料和新工艺技术等于一身，以极高的柔性给予制造业全新的概念。

相对于传统的切削加工制造技术，快速原型制造又称为材料生长型制造（material increase manufacturing，MIM）或桌面原型制造（desktop prototyping）。它的基本原理是根据计算机辅助设计所产生的零件的三维数据进行处理，按高度方向离散化（即分层），用每一层的层面信息来控制成形机对层面进行加工（采用分层制作的方法），当一层制作完后，成形机重新布料，再加工新的一层，这样层层堆积、重复进行，直至整个零件加工完毕。

快速原型制造工艺流程如图6-28所示。它与传统的零件加工成形（图6-29）比较，突出的优点是零件的成形速度快、修改很容易。快速成形技术充分地利用了现代计算机信息处理速度快的特点，在辅助零件的设计、制造过程中，使得零件的制造工艺大为简化，也使得过去极为复杂庞大的零件加工成形过程可以在小小的办公室内完成。

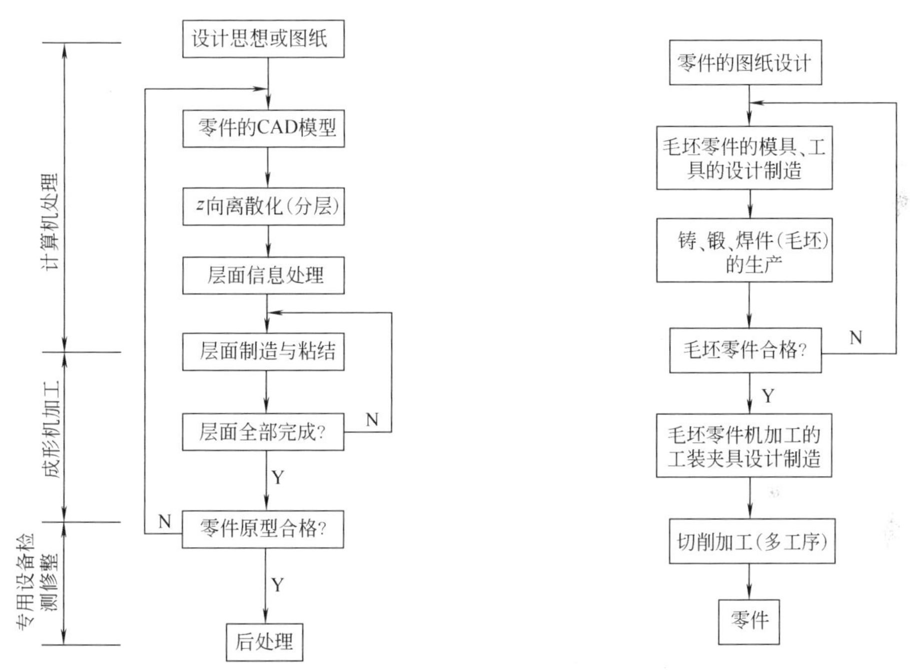

图6-28　快速原型制造工艺流程　　图6-29　传统零件加工成形工艺流程

自从快速成形技术被发明和其设备系统商业化以来，快速成形技术得到了飞速发展，出现了许多种不同类型的快速成形方法和系统。其中，运用最为广泛的有立体平版印刷机（stereo lithography apparatus，SLA）、分层物体制造（laminated object manufacturing，LOM）、选择性激光烧结（selective laser sintering，SLS）、熔丝沉积制造（fused deposition modeling，FDM）、粉末材料选择性粘结（three dimensional printing，TDP）等五种。其中的选择性激光烧结（SLS）采用各类粉末作为成形原材料。

6.3.3.2　选择性激光烧结成形系统

选择性激光烧结（selective laser sintering，SLS）成形系统如图6-30所示，主要由激光器、激光光路系统、扫描镜、工作台、供粉筒、铺粉辊和工作缸等构成。为了把零件中的热应力减小到最低程度，防止翘曲变形，工作台面粉末和供粉筒的温度事先分别进行预热。工作台面粉末预热温度一般在材料的软化温度和熔点温度之下，而供粉筒的预热温度一般以保持使粉末能够自由流动和便于辊子铺开为宜。另外，在成形过程中，为了防止氧化和保持温度场均匀，成形腔应密闭，并充满保护气体。

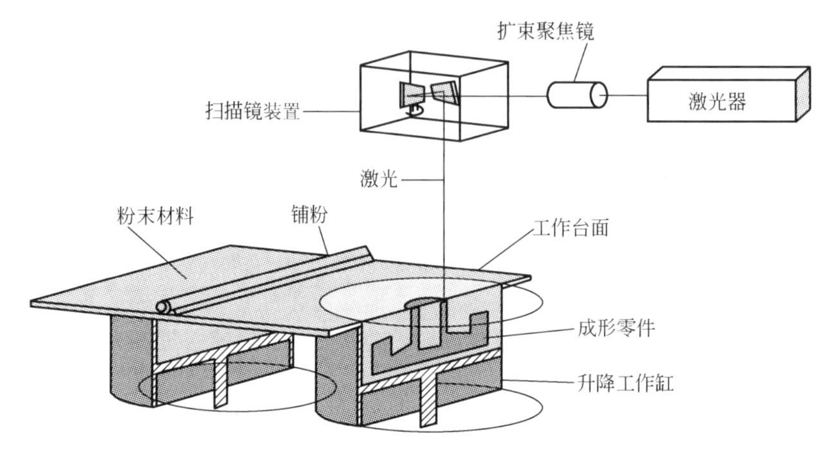

图 6-30 SLS 成形过程示意

成形时，在事先设定的预热温度下，先在工作台上用辊筒铺一层粉末材料，然后，激光束在计算机的控制下，按照截面轮廓的信息，对制件的实心部分所在的粉末进行扫描，使粉末的温度升至熔化点，于是粉末颗粒交界处熔化，粉末相互粘接，逐步得到各层轮廓。在非烧结区的粉末仍呈松散状，作为工件和下一层粉末的支撑。一层成形完成后，工作台下降一截面层的高度，再进行下一层的铺料和烧结，如此循环，最终形成三维工件。

三维工件完成后，未熔化的粉末可以被刷掉或刮离制件。SLS 系统的工作过程如图 6-31 所示。

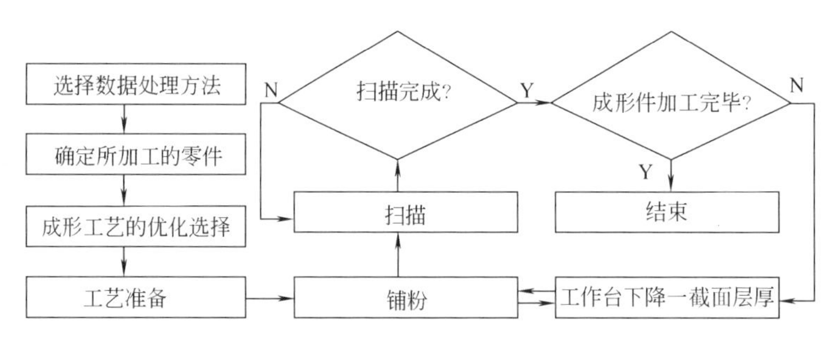

图 6-31 SLS 系统的工作过程流程

6.3.3.3 系统组成

由华中科技大学开发的 HRPS 系列 SLS 成形机，其主机外形如图 6-32 所示，图 6-33 为实物照片。该机主要由可升降工作缸、废料桶、铺粉辊装置、送料装置、加热装置等组成。

6.3.3.4 用 SLS 原型快速铸造金属零件

SLS 原型的原材料一般为粉末材料。当材料为石蜡、塑料等时，制出的 SLS 原型用于生产金属零件的方法与 SLA 原型用来生产金属零件的方法相同。当材料为金属粉末时，直接烧结成金属零件（目前，直接由 SLS 烧结成的金属零件在强度和精度上都很难达到理想的结果）。当前用 SLS 法直接制作金属件的成功方法是在 SLS 原型经焙烧后渗入低熔点的金属。例如，美国 DTM 公司开发的快速制模工艺技术，就是采用 SLS 方法烧结包覆树脂的钢粉末制成模具的半成品，再经渗铜和其他后处理工艺，得到钢铜合金（钢约占 60%，铜约占 40%）的注塑模块等。

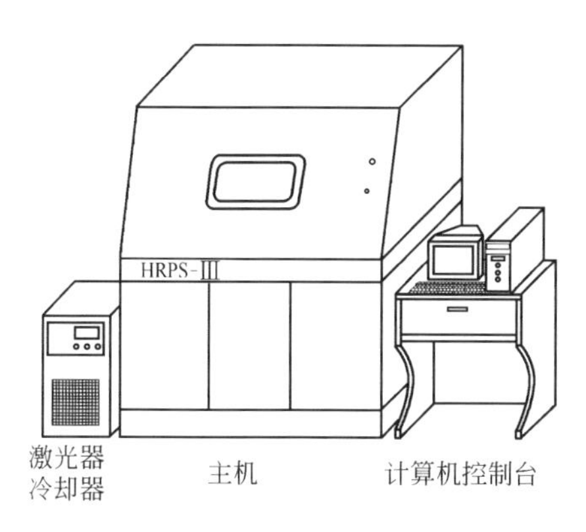

图 6-32　HRPS 系列 SLS 快速成形系统示意

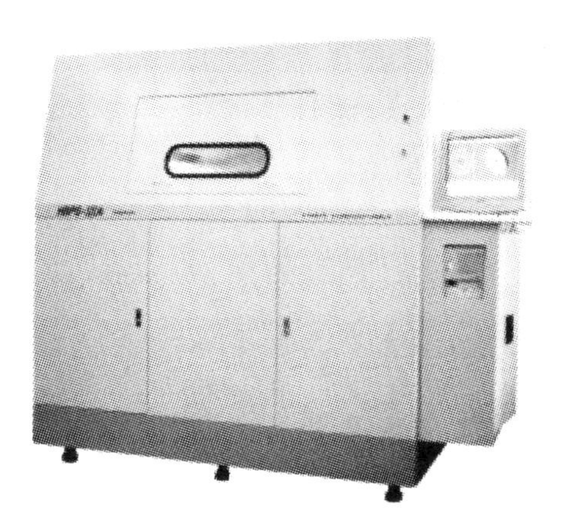

图 6-33　HRPS 系列 SLS 快速成形系统实物图照片

当材料为陶瓷粉末或铸造砂等时，可直接烧结铸造用（陶瓷等材料）壳型来生产各类铸件，甚至是复杂的金属零件。用这种方法直接快速生产各类金属铸件具有很大的实用价值。

用 SLS 方法快速烧结的覆膜砂型及铸件的照片如图 6-34 所示。采用 SLS 方法烧结成形蜡基原型，再用该原型翻制精密壳型，最后浇注成形涡轮铸件，其过程照片如图 6-35 所示。

目前，SLS 快速制造方法的发展目标是直接烧结 SLS 金属制件；而不需要通过精密铸造的方式转制。

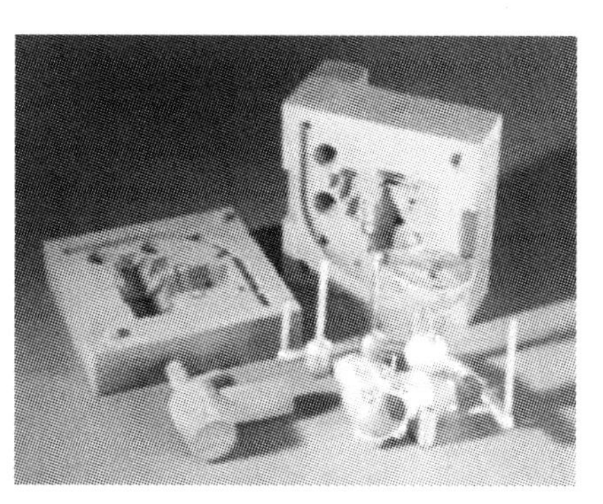

图 6-34　用 SLS 方法快速烧结的覆膜砂铸型及铸件

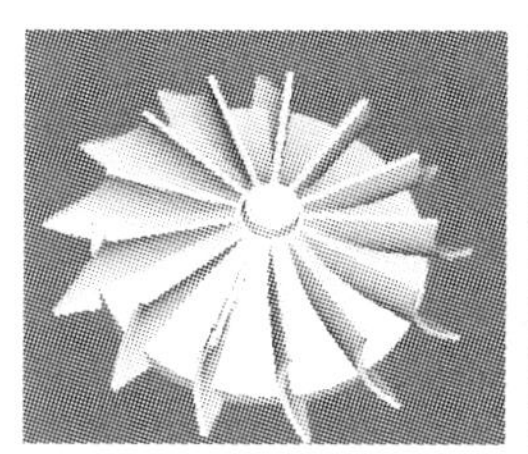

(a) 三维实体

(b) SLS蜡基原型

(c) 由SLS原型翻制的壳型

(d) 铸件

图 6-35　采用 SLS 方法与熔模精密铸造技术翻制铸件的过程照片

6.4　粉末成形料坯的烧结及气体保护

由粉末材料压制成形的压坯，其强度和密度通常较低，为了提高压坯的强度，需要在适当的条件下进行热处理，从而使粉末颗粒相互结合起来，以改善其性能，这种热处理就叫烧结。

烧结是粉末冶金生产过程中必不可少的最基本的工序之一，对粉末冶金材料和制品的性能有着决定性的影响。在烧结过程中，压坯要经历一系列的物理化学变化，且不同的材料组成有着不同的变化过程。通常烧结可分为不加压烧结和加压烧结两种。典型的烧结过程分类如图 6-36 所示，各烧结工艺的原理详见有关著作。

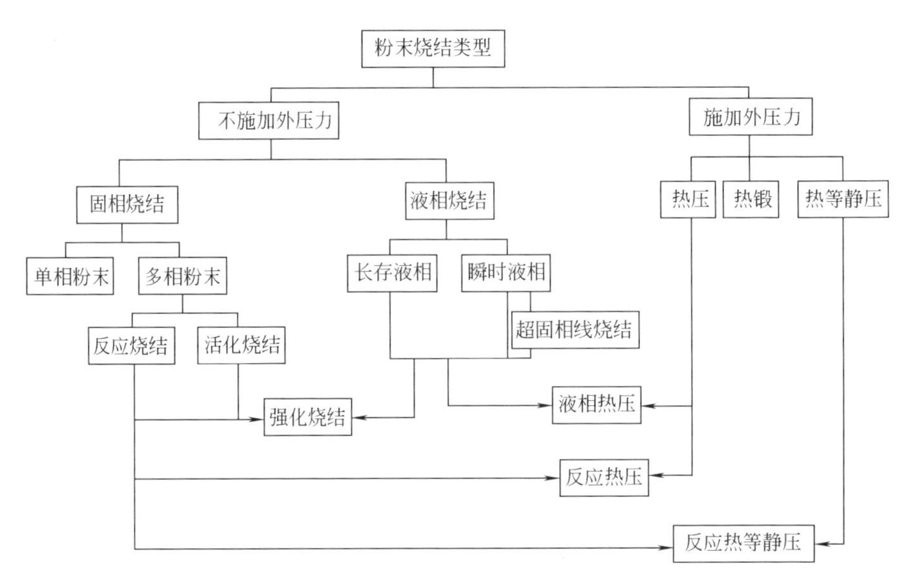

图 6-36 典型的烧结过程分类

烧结过程通常是在烧结炉内完成的，它是在低于压坯中主要组分熔点的温度下进行加热，使相邻的颗粒相互间形成冶金结合。除在高温下不怕氧化的金属（如铂）外，所有金属的烧结都是在真空或保护气氛中进行的。在保护气氛中进行烧结，可将烧结过程分为预热或脱蜡、烧结、冷却等三个阶段，故烧结炉一般也是由这三个部分组成的。

烧结炉按热源可分为燃料加热炉和电加热炉两种；按生产方式的不同可分为连续式和间歇式两类。而常用的连续式烧结炉按制品在炉内移动（传送）方式又可分为推杆式烧结炉、网带式烧结炉、步进式烧结炉等。下面介绍几种典型的烧结及气体保护工艺与设备。

6.4.1 钟罩式烧结

钟罩式烧结采用一种电加热的间歇式钟罩烧结炉，其结构如图 6-37 所示，主要由炉底座、外罩、内罩三个部分组成。

烧结操作时，先把粉末压坯整齐排好垛放在炉中央的台座上，罩好内罩，降下外罩后充入保护气体并开始通电加热。

因为钟罩炉采用两层钟罩，成批生产时，每一个加热外罩可配用两个炉座及内罩，当其中一个内罩里的零件烧结保温完成后，外罩吊起上升，并转移到另一个待烧结的内罩上。采用钟罩式烧结炉，由于炉体中热容量最大的外罩常常在高温下继续使用，故可以减少热量损失，节约预热外罩的电能，比其他间歇烧结炉经济、效率高。

6.4.2 网带传送式烧结炉

直通型网带传送式烧结炉是铁基粉末冶金零件生产中最常用的一种烧结炉。多用于质量不大的小型零件生产。如图 6-38 所示，它由装料台、烧除带、高温烧结带、缓冷带、水套冷却带及卸料台组成。在装料台上将压坯装在连续运转的网带上，在炉子后端的卸料台上将烧结件取下。

6.4.3 保护气体发生装置

在粉末冶金的烧结中，使用最广泛的保护措施是煤气、氨气、氢气、氮基气体等气体保护和真空保护。下面介绍两种主要的保护气体发生装置。

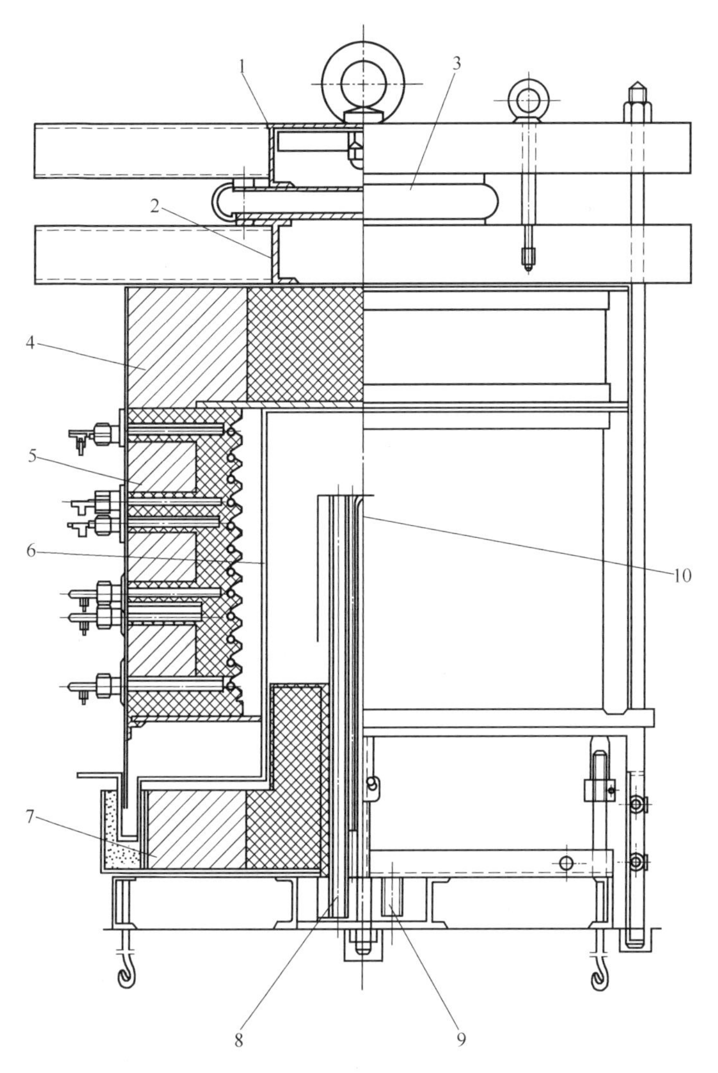

图 6-37　**钟罩式烧结炉**

1—上盖架；2—下盖架；3—气囊；4—护盖；5—炉膛；6—钢内罩；7—炉底；8—进气管；9—排气管；10—热电偶

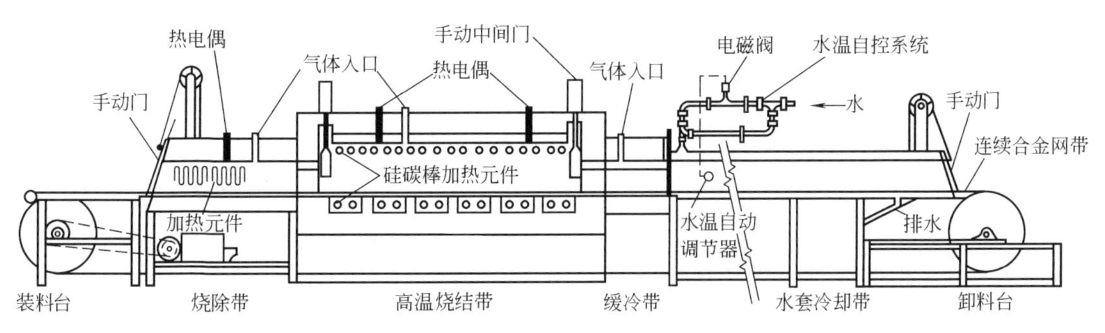

图 6-38　**直通型网带传送式烧结炉纵剖面图**

6.4.3.1　煤气发生装置

图 6-39 为常用的放热型煤气发生器示意图。右边燃料气体（天然气）及空气通过流量

计进入比例混合器。压气机加大混合气体的压力，使气体强制通过入口处的火封及燃烧器而进入反应室并通过催化剂层。催化剂被燃烧的气体加热，使得反应更加彻底。燃烧后的气体通过冷却器，进行冷凝以去掉大部分水。如果不再需要进一步净化，气体可直接通入炉内。

放热型气氛具有如下优点：可燃性低，因而使用安全；导热性差，热损失少；生产成本低；放热型气体发生器性能可靠，不易出故障。

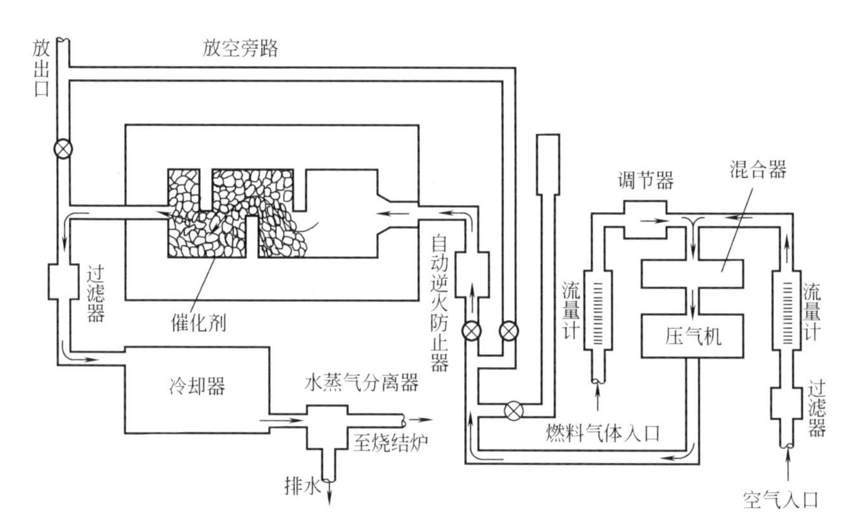

图 6-39　常用的放热型煤气发生器示意图

6.4.3.2　氨气发生装置

图 6-40 为分解氨气发生装置示意图。氨气首先经过过滤器除去所含的油，然后经过减压阀将压力降至工作压力。在分解之前，氨气先通过热交换器得到预热，分解后的气体流经热交换器后，进入水冷套冷却，然后进入干燥器。干燥器可采用活性氧化铝、硅胶或分子

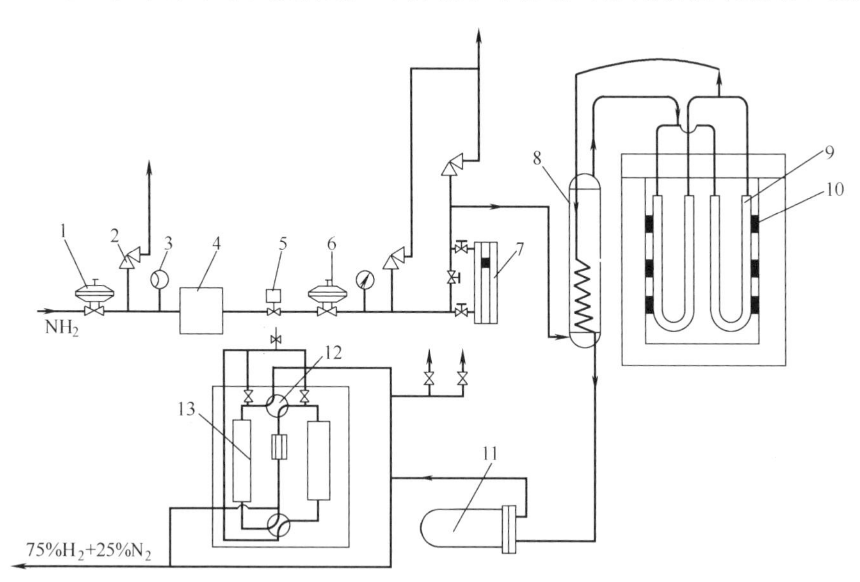

图 6-40　分解氨气发生装置示意图

1—减压阀；2—安全释放阀；3—压力表；4—油过滤器；5—电磁阀；6—减压阀；7—浮子流量计；8—热交换器；9—U 形分解器；10—加热元件；11—水冷套；12—四通切换阀；13—分子筛干燥器

筛，其作用是吸收残氨和水分，从而进一步净化并干燥分解氨气。干燥器一般为双塔分子筛，因为当一个干燥塔内的干燥剂的毛细孔隙中吸满水分后，需将其加热，进行气体循环流通，使干燥剂再生。此时便换用另一个干燥塔工作。约 8h 切换一次。

由液氨生成氨气的体积大（1kg 液氨可生成 2.83m^3 的氨气）。氨气分解后生成 75%H_2+25%N_2，氢气的含量高，具有很高的可燃性，必须和使用纯 H_2 的场合一样，注意安全、防止爆炸。

参考文献

1 German R M. Power Metallurgy Science. Metal Power Industries Federation，1984

2 黄培云主编. 粉末冶金原理. 第二版. 北京：冶金工业出版社，1997

3 谢建新等编著. 材料加工新技术与新工艺. 北京：冶金工业出版社，2004

4 王盘鑫. 粉末冶金学. 北京：冶金工业出版社，2005

5 美国金属学会主编. 金属手册，粉末冶金（中译本）. 北京：机械工业出版社，1994

6 Kondoh K，Takikawa T，Watanabe R. Effect of Lubricant on Warm Compaction Behavior of Iron Powder Particles. Journal of the Japan Society of Powder and Powder Metallurgy，2000，47（9）：941～945

7 陈帆主编. 现代陶瓷工业技术装备. 北京：中国建材工业出版社，1999

8 曹茂盛. 超微颗粒制备科学与技术. 哈尔滨：哈尔滨工业大学出版社，1996

9 国家自然科学基金委员会. 自然科学学科发展战略调研报告——冶金矿业学科. 北京：科学出版社，1997

10 马福康主编. 等静压技术. 北京：冶金工业出版社，1992

11 张健. 新型 MIM 多组元蜡基黏结剂. 硕士学位论文，长沙：中南工业大学，2000

12 樊自田主编. 材料成形装备及自动化. 北京：机械工业出版社，2006

13 樊自田. 金属零件快速成形技术中材料及工艺的基础研究. 博士学位论文，武汉：华中理工大学，1999